はじめに

　我が国においては、科学技術創造立国の理念の下、産業競争力の強化を図るべく「知的創造サイクル」の活性化を基本としたプロパテント政策が推進されております。

　「知的創造サイクル」を活性化させるためには、技術開発や技術移転において特許情報を有効に活用することが必要であることから、平成９年度より特許庁の特許流通促進事業において「技術分野別特許マップ」が作成されてまいりました。

　平成１３年度からは、独立行政法人工業所有権総合情報館が特許流通促進事業を実施することとなり、特許情報をより一層戦略的かつ効果的にご活用いただくという観点から、「企業が新規事業創出時の技術導入・技術移転を図る上で指標となりえる国内特許の動向を分析」した「特許流通支援チャート」を作成することとなりました。

　具体的には、技術テーマ毎に、特許公報やインターネット等による公開情報をもとに以下のような分析を加えたものとなっております。
- ・体系化された技術説明
- ・主要出願人の出願動向
- ・出願人数と出願件数の関係からみた出願活動状況
- ・関連製品情報
- ・課題と解決手段の対応関係
- ・発明者情報に基づく研究開発拠点や研究者数情報　など

　この「特許流通支援チャート」は、特に、異業種分野へ進出・事業展開を考えておられる中小・ベンチャー企業の皆様にとって、当該分野の技術シーズやその保有企業を探す際の有効な指標となるだけでなく、その後の研究開発の方向性を決めたり特許化を図る上でも参考となるものと考えております。

　最後に、「特許流通支援チャート」の作成にあたり、たくさんの企業をはじめ大学や公的研究機関の方々にご協力をいただき大変有り難うございました。

　今後とも、内容のより一層の充実に努めてまいりたいと考えておりますので、何とぞご指導、ご鞭撻のほど、宜しくお願いいたします。

独立行政法人工業所有権総合情報館

理事長　　藤原　譲

リチウムポリマー電池　エグゼクティブサマリー

次世代はリチウムポリマー電池

■ 「軽量」に加えて「薄型」・「デザインフレキシビリティ」へ

　1991年にリチウムイオン電池が商品化されてわずか10年の間に、そのエネルギー密度は急激に向上し、現在では、軽量かつ1回の充電で長時間使用可能な安価な電源として、携帯電話やノートパソコンには不可欠なものとなっている。現在、リチウムイオン電池の中でも、利用機器の形状に合わせて薄型或いは形状自由な電池であるリチウムポリマー電池が注目されている。

■ リチウムポリマー電池へのシフト

　1999年以降、松下電池、ソニー、ユアサコーポレーション、三洋電機などの主要な電池メーカーがリチウムポリマー電池の量産体制にはいった。リチウムポリマー電池は、上記の特徴に加え、可燃性の有機溶媒電解液を使用するリチウムイオン電池において大きな課題であった液漏れ防止および安全性確保のための複雑な内部および外部構造の解消、さらに製造工程の連続化・簡略化によるコストダウンなど、数多くの長所を有している。

■ リチウムポリマー電池の構造上の特徴および開発主体

　リチウムポリマー電池は、電解質としてポリマー電解質（真性ポリマー電解質またはゲル電解質）を用いるのが特徴である。正極および負極は基本的にはリチウムイオン電池の技術が流用されるが、電解質との界面における電気抵抗低減など新たな技術課題がある。また、外装については、電解液を用いるリチウムイオン電池では液漏れ防止のため金属缶が用いられていたが、リチウムポリマー電池においては、シート状のラミネートフィルム（金属箔と樹脂の積層体）が使用可能である。

　このようなリチウムポリマー電池について、主要な電池メーカーが技術開発に注力しているが、電解質および外装などポリマー技術が中核技術となるため、三菱化学、旭化成、昭和電工などの化学メーカーの研究開発も活発である。この結果、1996年以降は特許出願件数および出願人数が急増している。研究開発の拠点は、電池メーカーについては関東および近畿に集中する傾向であるが、化学メーカーなどでは関東・近畿以外にも開発拠点を有している。

リチウムポリマー電池　　　　　　エグゼクティブサマリー

次世代はリチウムポリマー電池

■ 最大の技術課題は電解質のイオン伝導度向上

　リチウムポリマー電池は、電解液を用いるリチウムイオン電池と比較すると大電流の出力に難点がある。リチウムポリマー電池に関する特許出願のうち約55％がポリマー電解質に関するものであり、しかも、真性ポリマー電解質においてもゲル電解質においても出願件数のうち6割以上が技術開発課題をイオン伝導度の向上としている。特に、真性ポリマー電解質は完全固体であるので、温度が60℃以上で初めて実用レベルのイオン伝導度を示すため、当面の実用化は携帯電子機器用ではなく、電気自動車など高温維持装置を併設可能な用途が検討されている。

　ゲル電解質は、構造材としてのホストポリマーに有機溶媒電解液を浸潤させたものであるが、−20℃の極寒環境でも実用レベルのイオン伝導度を有するものが開発されてこれによりリチウムポリマー電池が商品化された。しかし、イオン伝導度を上げるために、有機溶媒電解液の浸潤量を増加すると、強度が低下して、製造時の取扱いにおける難点および電池構成後の負極と正極の短絡などの問題が生じるため、イオン伝導度と機械的強度の両立が課題となっている。解決策として、モノマーの種類、重合の時期などが研究されている。

■ 飛躍的エネルギー密度向上への将来性

　負極活物質として最大の理論容量を有するのは金属リチウムであり、現在常用されている炭素系負極と比較すると約10倍に達する。しかし、電解液を用いるリチウムイオン電池においては、充放電回数が進むに従って、金属リチウム負極から樹枝状のデンドライトが成長して電極間の短絡などの問題を生じる。これを技術課題として、以前から研究開発および特許出願がなされてきたが、商品化に対する障害となっていた。

　この問題はポリマー電解質との組合せでデンドライト成長が抑制されることが知られており、今後、実用レベルのイオン伝導度を有するポリマー電解質とリチウム金属負極により、エネルギー密度が大きく向上すると期待されている。

　さらに、リチウム金属負極に見合う高容量の正極活物質として研究されている有機硫黄化合物などの高分子正極を併せて適用することにより、超高エネルギー密度のリチウムポリマー電池が展望されている。

　このような、厚み1mm以下・形状自由・超長時間使用可能な二次電池が出現すると、携帯電子機器以外にも利用機器の市場が広がる可能性がある。

リチウムポリマー電池　主要構成技術

リチウムポリマー電池に関する特許分布

　リチウムポリマー電池の構成は、起電要素すなわち、ポリマー電解質、負極活物質、正極活物質を中心として、ペースト状の電極合剤を形成する結着剤・導電剤および、これらと集電体の組合せであるシート電極・シート素電池、さらにシート素電池を封入するラミネートフィルムからなる外装からなっている。

　リチウムポリマー電池は技術的には、リチウムイオン電池の非水電解液をポリマー電解質に、また金属外装缶をラミネートフィルムに置換えたものであるので、ポリマー電解質および外装に関する特許出願件数が多い。他方、電極関係については、リチウムイオン電池の技術の応用であるので、特許出願件数は比較的少ない。

分野	技術要素
ポリマー電解質	真性ポリマー電解質
	ゲル電解質
負極	炭素系負極
	その他無機系負極
正極	リチウム複合酸化物正極
	高分子正極
	バナジウム酸化物正極、その他
結着剤・導電剤	結着剤・導電剤
シート電極・シート素電池	シート電極・シート素電池
外装	外装

1991年から2001年7月公開の出願

リチウムポリマー電池の構造例
（特開平10-74496）

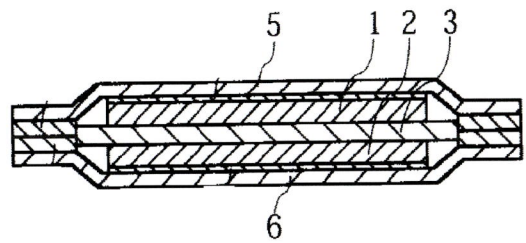

5, 6：外装　　　272件

3：電解質層
　真性ポリマー電解質・・・・・341件
　ゲル電解質・・・・・・・・・738件

1：負極
　炭素系負極・・・・・・・・・54件
　その他無機系負極・・・・・・58件
2：正極
　リチウム複合酸化物正極・・・98件
　高分子正極・・・・・・・・・29件
　バナジウム酸化物正極、その他・38件

結着剤・導電剤・・・・・・・・・123件

シート電極・シート素電池・・・・130件

リチウムポリマー電池　技術の動向

急増する参入企業と特許出願

　リチウムイオン電池の次世代商品として、一層の薄形軽量化・形状自由化・安全性向上・生産性向上などを目的に、リチウムポリマー電池の研究開発が活発に行なわれている。
　1996年以降、出願件数および出願人が急激に増加しており、ポリマー電解質およびラミネートフィルムを利用した外装に関するものが特に伸びている。
　なお、99年には主要な電池メーカーが揃ってゲル電化質のリチウムポリマー電池の量産体制に入っている。

リチウムポリマー電池の出願人－出願件数の推移

リチウムポリマー電池の技術要素ごとの出願件数推移

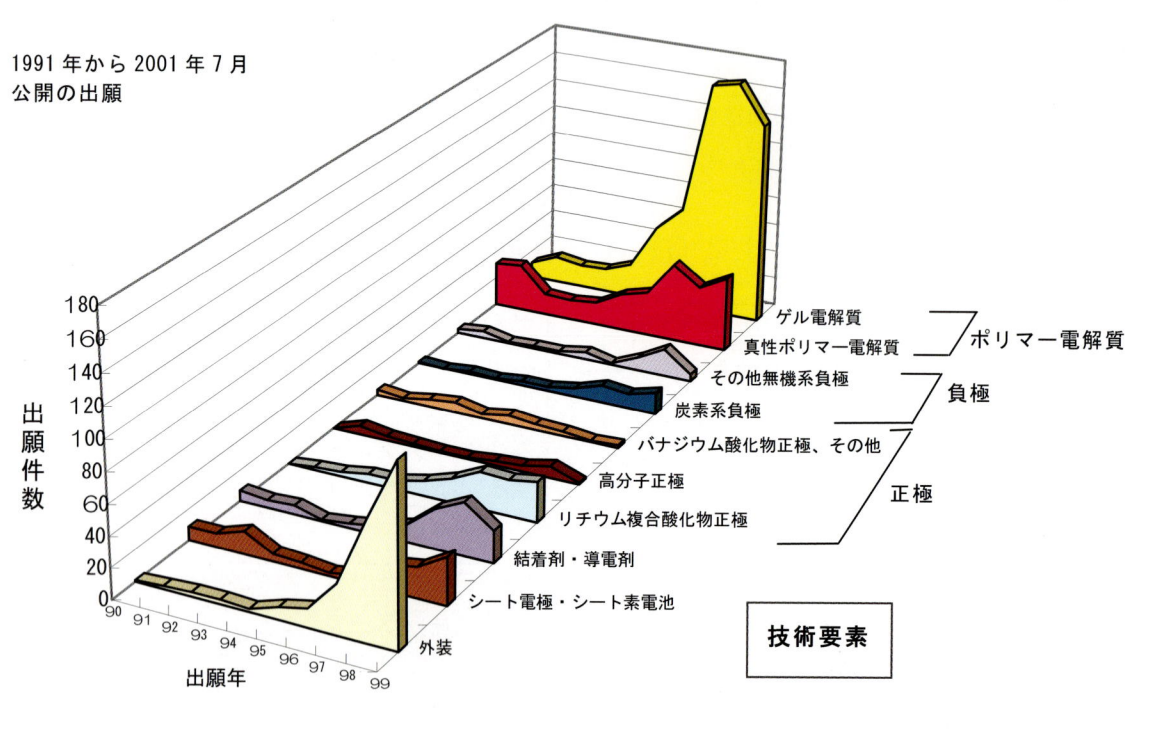

リチウムポリマー電池

課題・解決手段対応の出願人

イオン伝導度の向上が課題

> リチウムポリマー電池の最大の課題は、リチウムイオン電池相当の大電流の放電機能であり、ポリマー電解質に対して非水電解液と同レベルのイオン伝導度が要請される。ゲル電解質のリチウムポリマー電池がまず商品化されたのは、ポリマー電解質の中では、ゲル電解質のイオン伝導度が比較的高いためである。電池メーカーと並んで化学メーカーなどが活発に出願している。

ゲル電解質に関する技術課題／解決手段に対応する出願件数

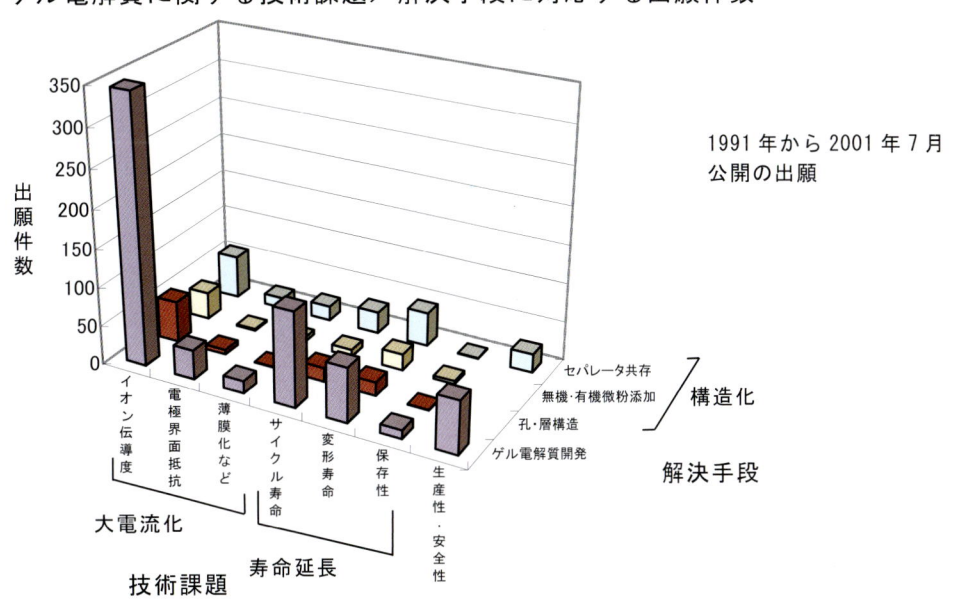

1991年から2001年7月公開の出願

ゲル電解質の技術課題／解決手段と出願件数

技術課題		解決手段	ゲル電解質開発	構造化		
				孔・層構造	無機・有機微粉添加	セパレータ共存
電気特性向上	大電流化	イオン伝導度	ユアサ 30 昭和電工 21 ソニー 15 第一工業製薬 14 リコー 12 旭硝子 11 三菱化学 10 三井化学 10 346 件	53 件	35 件	56 件
		電極界面抵抗	38 件	6 件	2 件	14 件
		薄膜化など	16 件	1 件	6 件	19 件
	寿命延長	サイクル寿命	旭硝子 16 三洋電機 15 三菱化学 10 123 件	18 件	9 件	28 件
		変形寿命	71 件	18 件	21 件	44 件
		保存性	11 件	1 件	4 件	1 件
生産性・安全性			ユアサ 11 68 件			24 件

（単位のない数字は内数、枠内最下行の件数は合計数。ユアサコーポレーションは「ユアサ」と略記。）

リチウムポリマー電池

技術開発の拠点の分布

技術開発の拠点は関東と近畿に集中

主要20社の開発拠点を発明者の住所・居所でみると、関東および近畿に集中している。特に、電池メーカーはこの傾向が顕著であるが、化学メーカーなどは地方にも拠点を有している。

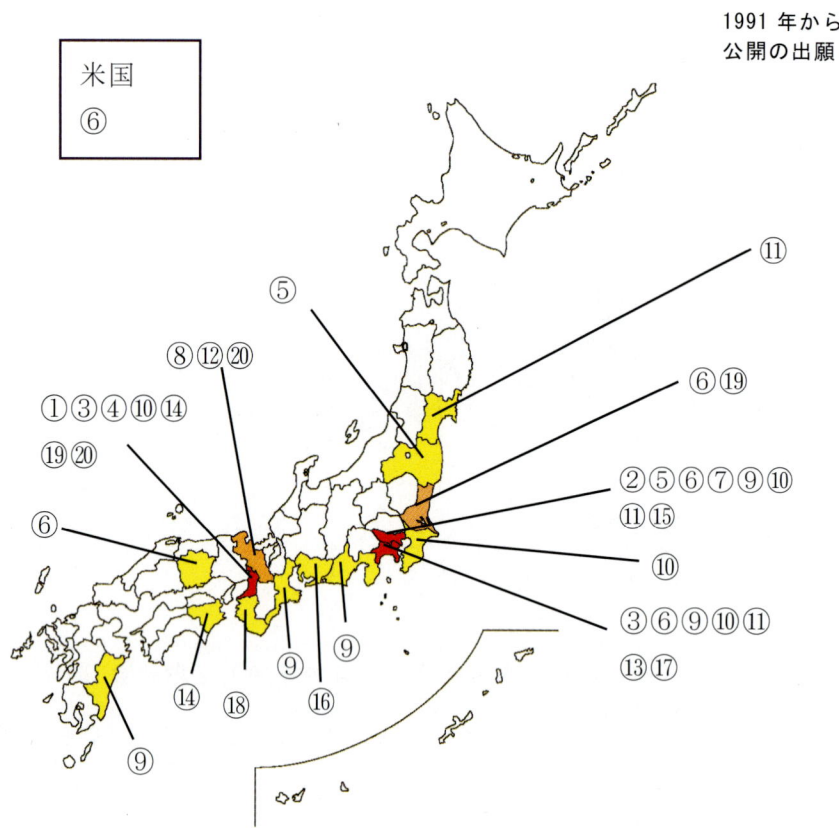

リチウムポリマー電池の技術開発拠点地図

1991年から2001年7月公開の出願

主要20社一覧表

No.	企業名	No.	企業名	No.	企業名	No.	企業名
①	ユアサコーポレーション	⑥	三菱化学	⑪	富士写真フイルム	⑯	東海ゴム工業
②	東芝電池	⑦	リコー	⑫	第一工業製薬	⑰	富士通
③	松下電器産業	⑧	日本電池	⑬	旭硝子	⑱	花王
④	三洋電機	⑨	旭化成	⑭	大塚化学	⑲	住友化学工業
⑤	ソニー	⑩	昭和電工	⑮	新神戸電機	⑳	積水化学工業

注記）①〜⑩：リチウムポリマー電池に関する出願件数の多い上位10社
⑪〜⑳：技術要素ごとに上位10社以内で6件以上出願を有するもの

リチウムポリマー電池 — 主要企業の状況

主要企業20社の半数以上は他業界から

出願件数の多い企業は、ユアサコーポレーション、東芝電池などの電池メーカーまたは松下電器産業、三洋電機などの総合電気メーカーであるが、三菱化学、旭化成などの化学業界およびその他の業界からの出願人が半数以上を占めている。

主要20社の分野別出願件数

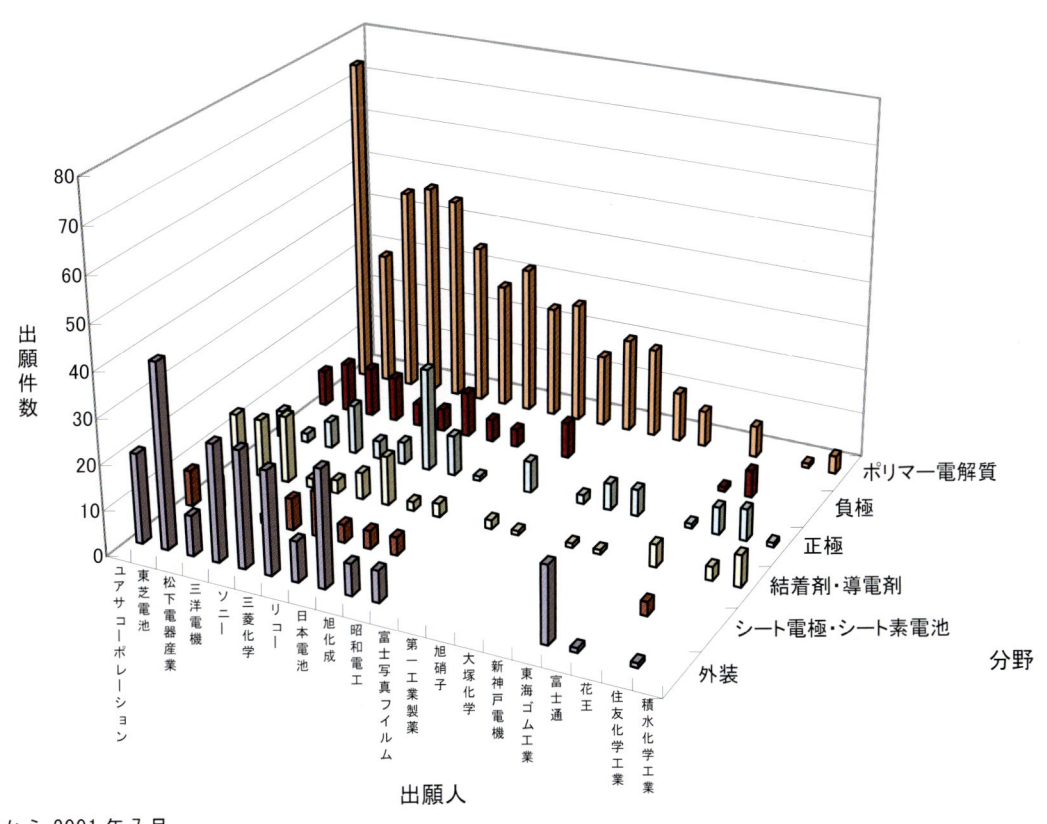

1991年から2001年7月公開の出願

主要20社の業種別比率

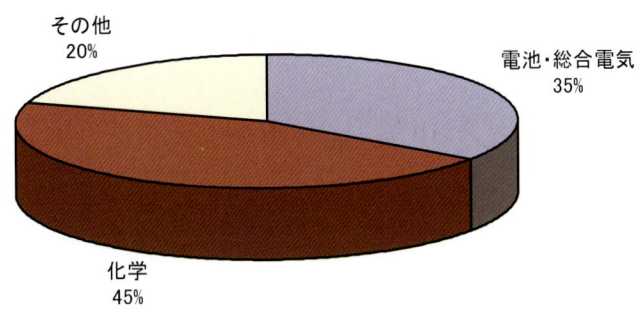

リチウムポリマー電池　主要企業

株式会社　ユアサコーポレーション

出願状況

　（株）ユアサコーポレーションの保有特許は、各分野にわたってみられるが、中でもポリマー電解質に関するものの比率が高い。

　要素技術として、真性ポリマー電解質とゲル電解質の比率はほぼ等しく、主要な技術開発課題は機械的変形による寿命（短絡など）およびイオン伝導度である。

分野別および技術要素別の保有特許比率

- 外装 13%
- シート電極・シート素電池 5%
- 結着剤・導電剤 9%
- リチウム複合酸化物 4%
- 炭素系 3%
- 真性ポリマー 25%
- ゲル 41%

内円：分野比率
外円：技術要素比率

保有特許リスト例

分野	技術要素	課題	解決手段	公報番号	発明の名称、概要
ポリマー電解質	真性ポリマー	機械的変形による寿命、イオン伝導度	均一体真性ポリマー電解質	特公平8-32752 出願日：89.12.15 特許分類： C08F299/02	**ポリマー固体電解質** 　エチレンオキシドとメチレンオキシド単位－(CH_2O)－の共重合体のジメタクリル酸エステル又は／及びジアクリル酸エステルと、ポリエチレングリコール、ポリプロピレングリコール、プロピレンオキシドとエチレンオキシドの共重合体の中より選んだ1種又は混合物のモノメタクリル酸エステル又は／及びモノアクリル酸エステルの混合物を反応させた架橋ネットワーク構造の高分子がイオン性塩を含むことを特徴とするポリマー固体電解質
ポリマー電解質	真性ポリマー、ゲル	イオン伝導度、薄膜化など	構造体真性ポリマー電解質、構造系ゲル電解質	特許3152305 出願日：91.1.31 特許分類： H01B1/06	**高分子固体電解質** 　イオン解離性の塩が溶解してなる高分子固体電解質において、高分子固体電解質中に少なくとも1種以上の表面を疎水化処理した無機化合物を含む。また、高分子固体電解質はイオン解離性の塩を溶解することができる物質を含みうる。

リチウムポリマー電池　主要企業

東芝電池　株式会社

出願状況

　東芝電池（株）の保有特許は、外装に関するものが最も多く、次いでポリマー電解質となっている。ポリマー電解質のなかではゲル電解質が大部分を占めている。外装に関する主要な技術開発課題は安全性およびシール性であり、ゲル電解質に関する技術課題は、イオン伝導度、サイクル寿命および機械的変形による寿命などである。

分野別および技術要素別の保有特許比率

- 真性ポリマー 1%
- ゲル 30%
- ポリマー電解質
- 負極
- 正極
- 炭素系 3%
- リチウム複合酸化物 2%
- 結着剤・導電剤 14%
- シート電極・シート素電池 7%
- 外装 43%

内円：分野比率
外円：技術要素比率

保有特許リスト例

分野	技術要素	課題	解決手段	公報番号	発明の名称、概要
外装		安全性	外装構造	特開平 11-97070 出願日：97.9.25 特許分類： 　H01M10/40	**リチウム二次電池及びその製造方法** 　開口部を熱融着により封止するフィルムは融着部に安全弁として機能する領域が存在し、その領域の剥離強度は正極リードなどの融着部の剥離強度の 30%～70%
ポリマー電解質	ゲル	イオン伝導度	均一系ゲル電解質	特開平 9-22725 出願日：95.7.6 特許分類： 　H01M10/40	**ポリマー電解質二次電池** 　正極、負極及び固体ポリマー電解質層のうちの少なくとも一つの部材は、ポリマーとしてエマルジョン法により合成されたビニリデンフロライド－ヘキサフルオロプロピレンの共重合体を含む

リチウムポリマー電池　主要企業

松下電器産業　株式会社

出願状況

　松下電器産業（株）の保有特許は全分野・技術要素に分布している。ポリマー電解質分野が最も多く、真性ポリマーおよびゲルともに注力している。次いで、結着剤・導電剤の比率が高い。ポリマー電解質における主要な技術課題はイオン伝導度の向上であり、結着剤・導電剤の技術課題は大電流化などである。

分野別および技術要素別の保有特許比率

- 外装 10%
- シート電極・シート素電池 5%
- 結着剤・導電剤 15%
- バナジウム酸化物、その他 2%
- 高分子 3%
- リチウム複合酸化物 1%
- その他無機系 9%
- 炭素系 2%
- ゲル 30%
- 真性ポリマー 23%

内円：分野比率
外円：技術要素比率

（内円分野：外装、シート電極・シート素電池、結着剤・導電剤、正極、負極、ポリマー電解質）

保有特許リスト例

分野	技術要素	課題	解決手段	公報番号	発明の名称、概要
ポリマー電解質	真性ポリマー	イオン伝導度	構造体真性ポリマー電解質	特公平8-884 出願日：90.5.30 特許分類： C08L 71/02	**固形電解質組成物** ポリアミン化合物に少なくともエチレンオキサイドあるいプロピレンオキサイドを付加して得られるポリエーテル化合物と、イオン交換性の層状化合物と、式MXで表されるイオン性物質（ただし、Mは電界の作用で固形電解質組成物内を移動する金属イオン、プロトン、アンモニウムイオンであり、Xは強酸のアニオンである）を少なくとも含有
結着剤・導電剤		大電流化	電解質兼用結着剤	特許3168592 出願日：91.4.3 特許分類： H01M 4/02	**固体電極組成物** π電子共役系導電性高分子粉末と、アクリロニトリルとアクリル酸メチルまたはメタアクリル酸メチルとの共重合体と、リチウム塩と、プロピレンカーボネートおよびエチレンカーボネートの少なくとも一方を含む固形電極組成物

リチウムポリマー電池　主要企業

三洋電機　株式会社

出願状況

　三洋電機（株）の保有特許は、ポリマー電解質が半数以上を占めており、最近はゲル電解質が主体になっている。次いで外装分野の比率が高い。ポリマー電解質における主要技術課題はイオン伝導度およびサイクル寿命の向上であり、外装分野の技術課題はサイクル寿命延長、シール性向上などである。

分野別および技術要素別の保有特許比率

- 外装 22%
- 真性ポリマー 20%
- ゲル 36%
- 炭素系 7%
- その他無機系 2%
- リチウム複合酸化物 9%
- 結着剤・導電剤 2%
- シート電極・シート素電池 2%

外円：技術要素比率
内円：分野比率

外装、ポリマー電解質、正極、負極、シート電極・シート素電池、結着剤・導電剤

保有特許リスト例

分野	技術要素	課題	解決手段	公報番号	発明の名称、概要
ポリマー電解質	ゲル	イオン伝導度	構造系ゲル電解質	特開平 10-189049 出願日：96.12.24 特許分類： H01M10/40	**リチウムイオン電池用薄膜状電解質** 　イオン移動媒体に微多孔膜が用いられた固体電池用固体電解質において、微多孔膜がポリオレフィン樹脂からなり、膜厚 10〜60μm、平均孔径 0.1〜0.6μm、気孔率 75〜90%で、表面の開口率が 50〜90%、縦方向の引張破断強度が 130kgf/cm^2 以上であり、リチウム塩の電解液が含浸され、不動化されているリチウムイオン電池用薄膜状電解質
外装		シール性	封止構造	特開平 8-287889 出願日：95.4.17 特許分類： H01M2/08	**薄型高分子固体電解質電池及び製造方法** 　封口体は、熱溶着性樹脂と、この熱溶着性樹脂よりも水分透過性が低い樹脂とから構成され、水分透過性の低い樹脂が、熱溶着性樹脂の外装体接触部間に介在

リチウムポリマー電池　　主要企業

ソニー 株式会社

出願状況	分野別および技術要素別の保有特許比率
ソニー（株）の保有特許は、ポリマー電解質が最も多く、中でもゲル電解質の比率が高い。次いで、外装の分野となっている。電極関係は比較的少ない。ポリマー電解質の主要な技術課題は、イオン伝導度の向上であり、外装の分野ではシール性向上と薄形軽量化に注力している。	内円：分野比率　外円：技術要素比率 真性ポリマー 17% 外装 26% 外装 ポリマー電解質 シート電極・シート素電池 シート電極・シート素電池 7% 結着剤・導電剤 正極　負極 結着剤・導電剤 3% リチウム複合酸化物 4% その他無機系 3%　炭素系 1% ゲル 39%

保有特許リスト例

分野	技術要素	課題	解決手段	公報番号	発明の名称、概要
ポリマー電解質	ゲル	イオン伝導度、薄膜化など	均一系ゲル電解質	特開平 8-217868 出願日：95.2.10 特許分類： C08G64/02	**高分子固体電解質** 次式(1) $$-\!\!\left(\!O\!-\!C\!-\!C(CH_2)n\!\right)\!\!-\!\!\quad(1)$$ （式中nは整数）のユニットを有する有機高分子、金属塩並びにこれら有機高分子及び金属塩と相溶性の有機溶媒を含有
外装		シール性	封止構造	特開平 11-312514 出願日：98.5.25 優先日：98.2.24 特許分類： H01M2/30	**リチウムイオン二次電池に用いるリード、リード用リボン、リチウムイオン二次電池、およびリチウムイオン二次電池の容器の封じ方法** 端子を特定樹脂で被覆して、熱融着する

目次

リチウムポリマー電池

1. 技術の概要
1.1 リチウムポリマー電池技術の概要 3
1.1.1 リチウムポリマー電池の構造 3
(1) 積層構造 3
(2) 結着剤（バインダー）および導電剤 4
(3) 外装構造 4
1.1.2 ポリマー電解質 5
(1) 真性ポリマー電解質 6
(2) ゲル電解質 7
1.1.3 リチウムポリマー電池の負極 9
(1) 金属リチウム負極などの金属系負極 9
(2) 炭素負極 10
1.1.4 リチウムポリマー電池の正極 10
(1) 酸化物正極 10
(2) 有機ポリマー正極 10

1.2 リチウムポリマー電池技術の特許情報へのアクセス 13
1.2.1 リチウムポリマー電池技術に関する特許分類(FI) ... 13
1.2.2 実際の検索事例―本書で検索・抽出した特許群 13

1.3 技術開発活動の状況 15
1.3.1 全体の動向 15
1.3.2 ポリマー電解質 18
(1) 真性ポリマー電解質 18
(2) ゲル電解質 19
1.3.3 負極 20
(1) 炭素系負極 20
(2) その他無機系負極 21
1.3.4 正極 22
(1) リチウム複合酸化物正極 22
(2) 高分子正極 23
(3) バナジウム酸化物正極、その他 24
1.3.5 結着剤・導電剤 25

目次

- 1.3.6 シート電極・シート素電池 26
- 1.3.7 外装 27
- 1.4 技術開発の課題と解決手段 28
  - 1.4.1 ポリマー電解質 28
    - (1) 真性ポリマー電解質 28
    - (2) ゲル電解質 31
  - 1.4.2 負極 34
    - (1) 炭素系負極 34
    - (2) その他無機系負極 37
  - 1.4.3 正極 38
    - (1) リチウム複合酸化物正極 38
    - (2) 高分子正極 41
    - (3) バナジウム酸化物正極、その他 42
  - 1.4.4 結着剤・導電剤 44
  - 1.4.5 シート電極・シート素電池 46
  - 1.4.6 外装 48

2. 主要企業等の特許活動

- 2.1 ユアサコーポレーション 55
  - 2.1.1 企業の概要 55
  - 2.1.2 リチウムポリマー電池技術に関する製品・技術 55
  - 2.1.3 技術開発課題対応保有特許の概要 56
  - 2.1.4 技術開発拠点 66
  - 2.1.5 研究開発者 66
- 2.2 東芝電池 68
  - 2.2.1 企業の概要 68
  - 2.2.2 リチウムポリマー電池技術に関する製品・技術 68
  - 2.2.3 技術開発課題対応保有特許の概要 68
  - 2.2.4 技術開発拠点 75
  - 2.2.5 研究開発者 75
- 2.3 松下電器産業 77
  - 2.3.1 企業の概要 77
  - 2.3.2 リチウムポリマー電池技術に関する製品・技術 77
  - 2.3.3 技術開発課題対応保有特許の概要 78
  - 2.3.4 技術開発拠点 85
  - 2.3.5 研究開発者 86

目次

- 2.4 三洋電機 87
  - 2.4.1 企業の概要 87
  - 2.4.2 リチウムポリマー電池技術に関する製品・技術 87
  - 2.4.3 技術開発課題対応保有特許の概要 87
  - 2.4.4 技術開発拠点 95
  - 2.4.5 研究開発者 95
- 2.5 ソニー 97
  - 2.5.1 企業の概要 97
  - 2.5.2 リチウムポリマー電池技術に関する製品・技術 97
  - 2.5.3 技術開発課題対応保有特許の概要 97
  - 2.5.4 技術開発拠点 105
  - 2.5.5 研究開発者 105
- 2.6 三菱化学 107
  - 2.6.1 企業の概要 107
  - 2.6.2 リチウムポリマー電池技術に関する製品・技術 107
  - 2.6.3 技術開発課題対応保有特許の概要 107
  - 2.6.4 技術開発拠点 113
  - 2.6.5 研究開発者 114
- 2.7 リコー 115
  - 2.7.1 企業の概要 115
  - 2.7.2 リチウムポリマー電池技術に関する製品・技術 115
  - 2.7.3 技術開発課題対応保有特許の概要 115
  - 2.7.4 技術開発拠点 122
  - 2.7.5 研究開発者 123
- 2.8 日本電池 124
  - 2.8.1 企業の概要 124
  - 2.8.2 リチウムポリマー電池技術に関する製品・技術 124
  - 2.8.3 技術開発課題対応保有特許の概要 124
  - 2.8.4 技術開発拠点 130
  - 2.8.5 研究開発者 130
- 2.9 旭化成 132
  - 2.9.1 企業の概要 132
  - 2.9.2 リチウムポリマー電池技術に関する製品・技術 132
  - 2.9.3 技術開発課題対応保有特許の概要 132
  - 2.9.4 技術開発拠点 136
  - 2.9.5 研究開発者 137

目次

2.10 昭和電工 138
- 2.10.1 企業の概要 138
- 2.10.2 リチウムポリマー電池技術に関する製品・技術 138
- 2.10.3 技術開発課題対応保有特許の概要 138
- 2.10.4 技術開発拠点 142
- 2.10.5 研究開発者 142

2.11 富士写真フイルム 144
- 2.11.1 企業の概要 144
- 2.11.2 リチウムポリマー電池技術に関する製品・技術 144
- 2.11.3 技術開発課題対応保有特許の概要 144
- 2.11.4 技術開発拠点 148
- 2.11.5 研究開発者 148

2.12 第一工業製薬 150
- 2.12.1 企業の概要 150
- 2.12.2 リチウムポリマー電池技術に関する製品・技術 150
- 2.12.3 技術開発課題対応保有特許の概要 150
- 2.12.4 技術開発拠点 153
- 2.12.5 研究開発者 153

2.13 旭硝子 154
- 2.13.1 企業の概要 154
- 2.13.2 リチウムポリマー電池技術に関する製品・技術 154
- 2.13.3 技術開発課題対応保有特許の概要 154
- 2.13.4 技術開発拠点 156
- 2.13.5 研究開発者 156

2.14 大塚化学 158
- 2.14.1 企業の概要 158
- 2.14.2 リチウムポリマー電池技術に関する製品・技術 158
- 2.14.3 技術開発課題対応保有特許の概要 158
- 2.14.4 技術開発拠点 161
- 2.14.5 研究開発者 161

2.15 新神戸電機 162
- 2.15.1 企業の概要 162
- 2.15.2 リチウムポリマー電池技術に関する製品・技術 162
- 2.15.3 技術開発課題対応保有特許の概要 162
- 2.15.4 技術開発拠点 165
- 2.15.5 研究開発者 165

目次

- 2.16 東海ゴム工業 166
  - 2.16.1 企業の概要 166
  - 2.16.2 リチウムポリマー電池技術に関する製品・技術 166
  - 2.16.3 技術開発課題対応保有特許の概要 166
  - 2.16.4 技術開発拠点 168
  - 2.16.5 研究開発者 168
- 2.17 富士通 169
  - 2.17.1 企業の概要 169
  - 2.17.2 リチウムポリマー電池技術に関する製品・技術 169
  - 2.17.3 技術開発課題対応保有特許の概要 169
  - 2.17.4 技術開発拠点 171
  - 2.17.5 研究開発者 172
- 2.18 花王 173
  - 2.18.1 企業の概要 173
  - 2.18.2 リチウムポリマー電池技術に関する製品・技術 173
  - 2.18.3 技術開発課題対応保有特許の概要 173
  - 2.18.4 技術開発拠点 175
  - 2.18.5 研究開発者 175
- 2.19 住友化学工業 176
  - 2.19.1 企業の概要 176
  - 2.19.2 リチウムポリマー電池技術に関する製品・技術 176
  - 2.19.3 技術開発課題対応保有特許の概要 176
  - 2.19.4 技術開発拠点 178
  - 2.19.5 研究開発者 178
- 2.20 積水化学工業 179
  - 2.20.1 企業の概要 179
  - 2.20.2 リチウムポリマー電池技術に関する製品・技術 179
  - 2.20.3 技術開発課題対応保有特許の概要 179
  - 2.20.4 技術開発拠点 181
  - 2.20.5 研究開発者 181
- 2.21 大学 182
  - 2.21.1 横浜国立大学工学部物質工学科 182
  - 2.21.2 東京農工大学工学部応用分子化学科 183
  - 2.21.3 岩手大学工学部応用化学科 184

目次

3. 主要企業の技術開発拠点
- 3.1 ポリマー電解質 190
- 3.2 負極 191
- 3.3 正極 192
- 3.4 結着剤・導電剤 193
- 3.5 シート電極・シート素電池 194
- 3.6 外装 195

資料
1. 工業所有権総合情報館と特許流通促進事業 199
2. 特許流通アドバイザー一覧 202
3. 特許電子図書館情報検索指導アドバイザー一覧 205
4. 知的所有権センター一覧 207
5. 平成13年度25技術テーマの特許流通の概要 209
6. 特許番号一覧 225
7. 開放可能な特許一覧 256

1. 技術の概要

1.1 リチウムポリマー電池技術の概要
1.2 リチウムポリマー電池技術の特許情報へのアクセス
1.3 技術開発活動の状況
1.4 技術開発の課題と解決手段

> **特許流通支援チャート**
>
> # 1. 技術の概要
>
> ゲル電解質の採用でリチウムポリマー電池が商品化され、リチウムイオン電池の電解質のポリマー化が進展中である。

1.1 リチウムポリマー電池技術の概要

　携帯電子機器の普及に伴い、その電源としてエネルギー密度が高いリチウムイオン電池が多く用いられるようになってきた。現在は、エネルギー密度をさらに高める技術、あるいはより安全性の高い電解質材料が求められている。これらの改善方法のひとつとしてポリマーが検討されてきた。リチウムポリマー電池は、広く電解質または電極の活物質にポリマーを用いたリチウム電池をいうが、本書では電解質としてポリマーを用いるものを対象とする。ここではリチウムポリマー電池技術の概要を述べる。

1.1.1 リチウムポリマー電池の構造
(1) 積層構造

　電解質のポリマー化は、電池の軽量化、薄型化、形状柔軟化、液漏れ防止と安全性向上、製造工程の簡略化の効果が期待できる。また、有機溶媒電解液を用いるリチウムイオン電池における必須部材であるセパレータが不要である。図 1.1.1-1 に、リチウムポリマー電池の構造例を示す。平板状の負極、正極およびポリマー電解質が積層したシート状構造が特長である。さらに、多段に積層した構造も可能である。

図 1.1.1-1 リチウムポリマー電池の構造例

(a)シート構造

1：正極合剤	6：負極側外装体
2：負極合剤	7：正極集電体
3：電解質層	8：負極集電体
4：発電要素	9：封口部材
5：正極側外装体	10：封口部材

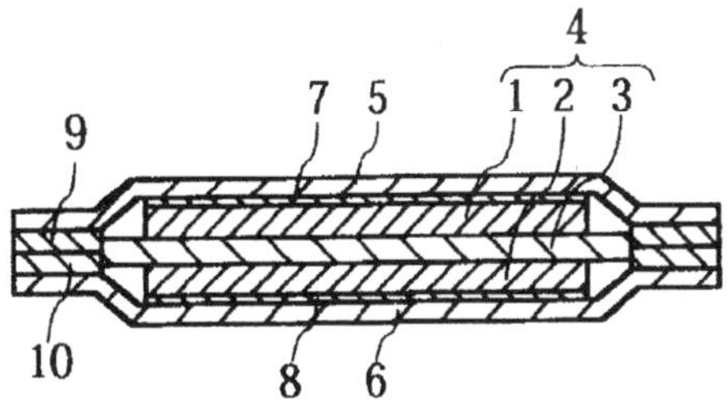

(特開平 10-74496)

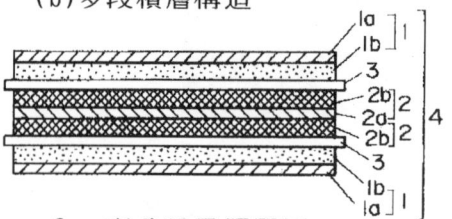
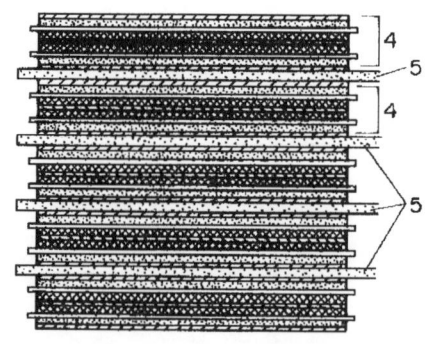

(b) 多段積層構造

1：正極板
1a：正極集電体
1b：正極活物質層
2：負極板
2a：負極集電体
2b：負極活物質層
3：高分子電解質層
4：素電池
5：高分子フィルム

(特開平11-233145)

負極および正極は、通常、パウダー状の電極活物質（負極であれば黒鉛など、正極であればリチウム複合酸化物などであり、充放電に応じてリチウムイオンを放出吸蔵する物質）と、やはりパウダー状の導電剤（炭素粉や金属粉などで、集電体への電子伝導回路を構成する）を結着剤（有機高分子など）によりペースト状に混合結着した電極合剤およびその背後の集電体からなっており、全体としてシート状の形態を有している。この両極の間に、リチウムイオンのみを伝導するポリマー電解質を挟み込んでシート状の素電池が形成される。

(2) 結着剤（バインダー）および導電剤

リチウムポリマー電池に限らず、リチウムイオン二次電池および他の二次電池に共通して、電極の体積変化が起こる充放電を繰り返して使用する二次電池では、結着剤が重要な役割を果たしている。二次電池に共通な結着剤の役割は、

① 活物質の相互結着
② 集電板と正負活物質層の接着
③ 充放電過程での①、②の維持
④ 活物質のペースト化による製造工程の改善

である。図1.1.1-1に示す薄膜構造あるいは柔軟性のある構造を求められるリチウムポリマー電池における結着剤の役割はさらに重要となる。特に真性ポリマー電解質（後述）電池では、電極活物質とポリマー電解質との界面の電気化学特性維持に不可欠な要素となる。通常は、フッ化ビニリデン共重合体などが用いられているが、ポリマー電解質自体を結着剤として使用し、電極活物質と混合させることもある。

導電剤は、充放電に応じて活物質から放出吸蔵される電子を集電体に導通させ外部負荷に電流を供給する回路を構成する。通常、金属粉・炭素粉などが用いられるが、基本的には、リチウムイオン電池における技術が適用されている。

(3) 外装構造

シート状構造、構造の柔軟性などリチウムポリマー電池には、従来のリチウムイオン電池にはない新しい商品構造が期待されている。リチウムポリマー電池の外装技術における最大の課題は、リード端子を含む外装構造のシール性を確保し、生産プロセスが量産性を満たさなければならないことである。代表的なシール構造を図1.1.1-2に示す。

図1.1.1-2 リチウムポリマー電池の外装構造シール例

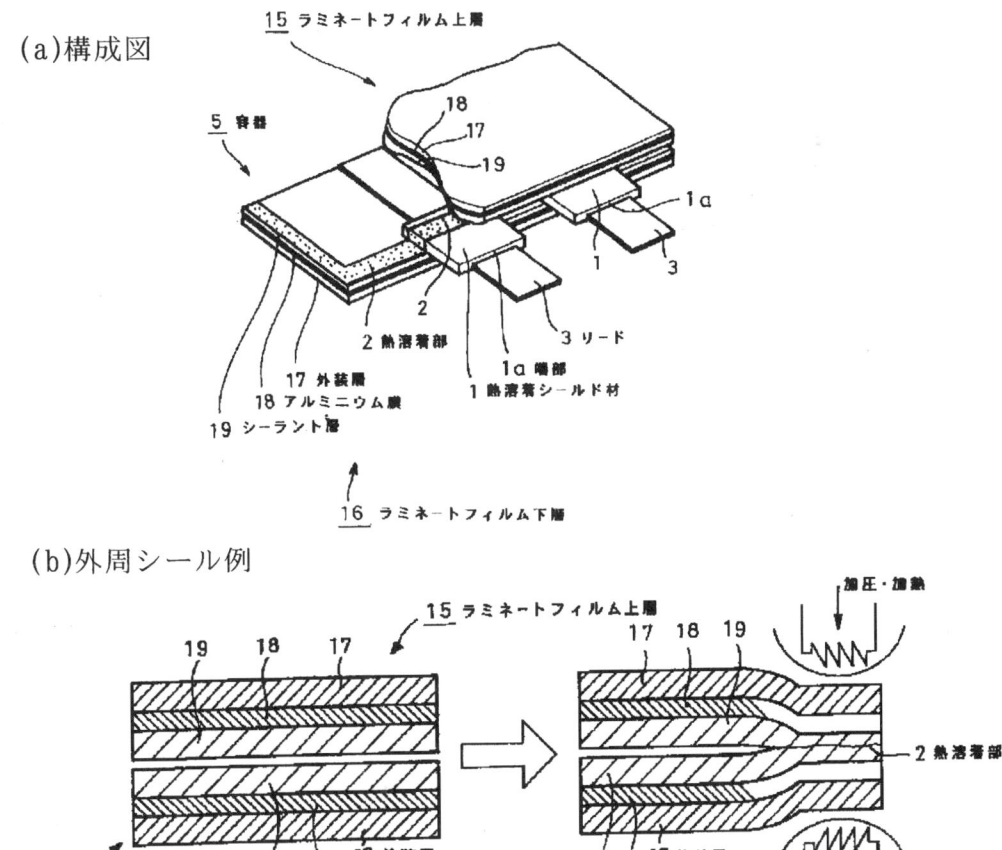

(a)構成図

(b)外周シール例

(特開平 11-312514)

1.1.2 ポリマー電解質

ポリマーを電解質とする電池は全固体型であることから、液漏れの恐れがなく、安全性が高い。また、電池の薄膜化と積層構造が可能である。リチウムポリマー電池の実用化には、ポリマー電解質が 10^{-3}S/cm オーダ以上の高いイオン伝導度を持つことを要求される。これまでに研究開発されたポリマー電解質は、大きく二つに分類される。図1.1.2-1にポリマー電解質の分類を示す。

図 1.1.2-1 ポリマー電解質の分類

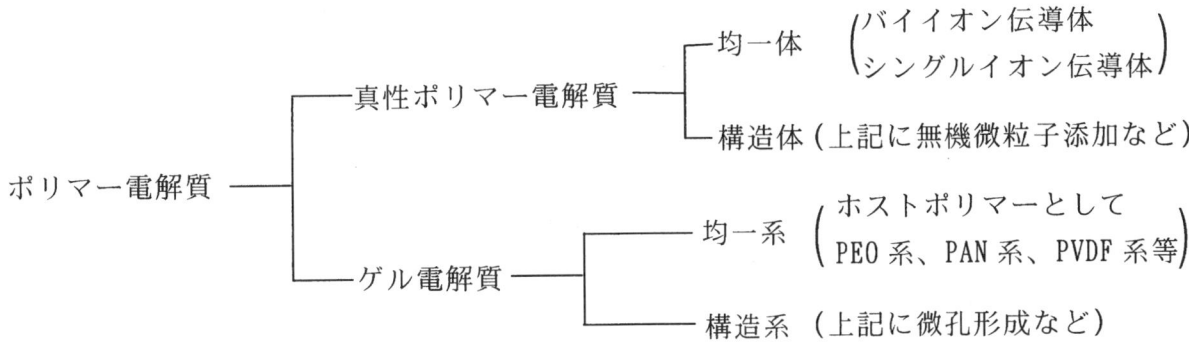

ポリマー電解質には、電解液を含まないポリエチレンオキシド(PEO)に代表される真性ポリマー電解質および、構造材としてのポリマー（ホストポリマー）を電解液で膨潤させたゲル電解質がある。さらに、真性ポリマー電解質は、イオン性解離基の固定電荷をもたないポリマーと電解質としてのリチウム塩が複合化したバイイオン伝導体、およびポリマーにイオン性解離基を固定してイオン交換膜に類似の機能をもたせたシングルイオン伝導体がある。ゲル電解質には、ポリマーがファンデル・ワールス力などの物理的な結合で架橋した物理架橋ゲル電解質と、化学結合で架橋した化学結合ゲル電解質がある。これらのポリマー電解質の開発と特性改善は、リチウムポリマー電池開発の最も重要な技術であり、以下にさらに詳しくその技術を述べる。

(1) 真性ポリマー電解質

代表的な真性ポリマー電解質であるポリエチレンオキシドがナトリウムイオン伝導体であることは、1975 年に P.V.Wright が発見した。ナトリウムイオンあるいはリチウムイオンの全固体電解質として、ポリエチレンオキシドのイオン伝導度の改善が多数試みられてきた。しかし、イオン伝導度は低く、常温以下では実用レベルの伝導度に到達してない。現状は、60℃以上の温度で実用化が検討されている。

ポリエチレンオキシドのイオン伝導性は、イオンのホッピングではなく、ポリマーの運動性に依存するとされている。すなわち、陰陽イオンの両イオンが移動するバイイオン伝導体であり、粘性が低く、柔らかいポリマーが電解質として好適となる。ポリエチレンオキシド系では、その融点以上（約 60℃以上）で高粘性である直鎖ポリエーテルの他、架橋ポリエーテル系、複数に分岐した側鎖を持つ櫛形ポリマー、酸化アルミニウム微粉の添加など無機物フィラーブレンド、あるいはポリマーアロイ化が検討されてきた。図 1.1.2-2 に分枝鎖をもつ長鎖高分子系の模式図を示す。

この側鎖をもつ櫛形ポリマーを含む共重合体である真性ポリマー電解質では 30℃以上の温度にて、実用レベルの伝導度である 10^{-3} S/cm レベルに到達している。

図 1.1.2-2 側鎖をもつ櫛形ポリマーの模式図

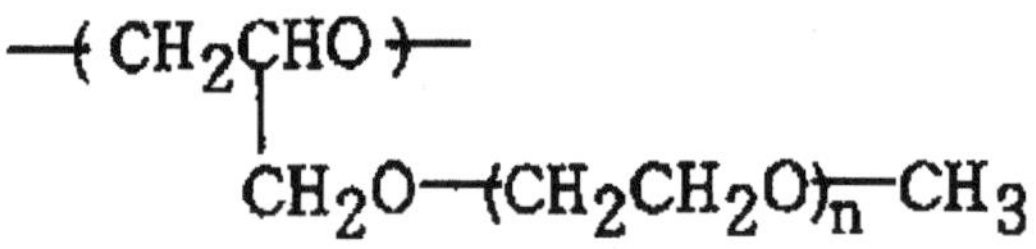

$$-(CH_2CHO)-$$
$$CH_2O-(CH_2CH_2O)_n-CH_3$$

（特許 3022317）

シングルイオン伝導体ポリマーに固定されるイオン性解離基としては、カルボン酸基、りん酸基、スルフォン酸基などの陰イオン基、あるいはシロキシルアミン基などの陽イオン基が検討されている。陽イオン基の場合は、陰イオンが移動しリチウムイオンは負極界面に塩として発生消滅する。図 1.1.2-3 にスルフォン酸基を解離基とする架橋ポリマーの構造をモデル図として示す。

図 1.1.2-3 スルフォン酸基を固定したシングルイオン伝導体ポリマーのモデル図

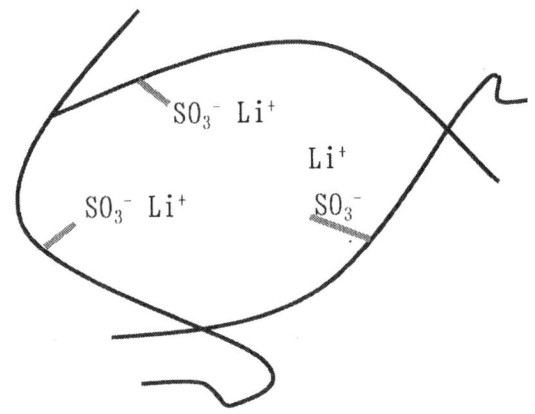

電解液を含まない真性ポリマーを電解質とするリチウムポリマー電池は、上述のようにイオン伝導度の改善に課題があるとともに、電極との界面における移動抵抗の改善も課題となる。この種の界面抵抗の改善技術は、正負極技術の項で述べる。

(2) ゲル電解質

ポリマーを電解液で膨潤させたゲル電解質は、電解液が高分子のネットワークに強く拘束されてゲル状態を呈している。真性ポリマー電解質に比較してイオン伝導度は高く、室温にても 10^{-3} S/cm 以上の値が得られている。また、電極との界面抵抗も小さく、ゲル電解質を用いたリチウムポリマー電池は既に実用化、商品化の段階に到達している。物理架橋ゲル電解質と化学架橋ゲル電解質の構造のモデルを図 1.1.2-4 に示す。ポリアクリルニトリル（PAN）系ポリマーに $LiClO_4$ などを溶解した電解質溶液を分散し、膨潤させた物理架橋ゲル電解質は古くから知られている。最近は、物理架橋ゲル電解質であるフッ化ビニリデン（VDF）と6フッ化プロピレン（HFP）の共重合体（PVDF 系）が実用化されている。この種のゲル電解質は微孔が形成された構造系ゲル電解質として用いられることが多く、この場合は電解液の保持性は悪いがイオン伝導度が高い。

図 1.1.2-4 物理架橋ゲル電解質と化学架橋ゲル電解質の構造のモデル
（a）物理架橋ゲル電解質のモデル　　　　（b）化学架橋ゲル電解質のモデル

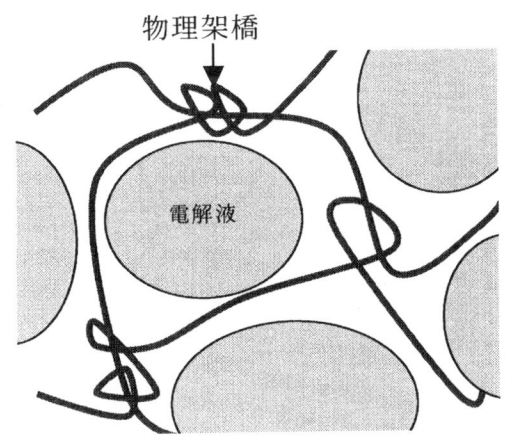 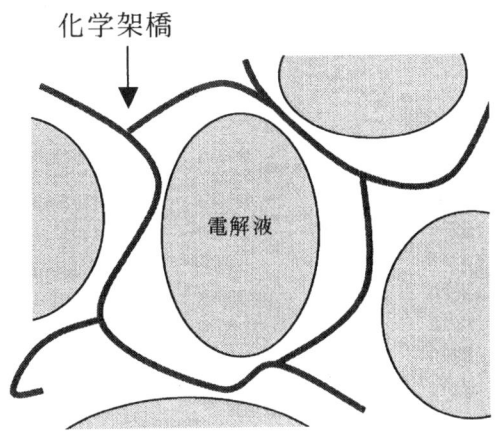

化学結合でポリマーの編み目構造を形成する化学架橋ゲル電解質は、ファンデル・ワールス力など物理的な結合で架橋した物理架橋ゲル電解質に比較して加熱処理に安定であり、また時間経過で構造変化が起こりにくい特徴がある。

　ゲル電解質のイオン伝導度は真性ポリマー電解質に比較して室温レベルでは10倍以上高く、80℃程度では 10^{-2} S/cm に到達する。また、イオン伝導度の温度依存性は小さく電解液における温度依存性と類似しているので、イオン伝導メカニズムは同じであると考えられている。図1.1.2-5に真性ポリマー電解質、ゲル電解質、および電解液におけるイオン伝導度の温度依存性の例を示す。

図1.1.2-5 ポリマー電解質のイオン伝導度の温度依存性

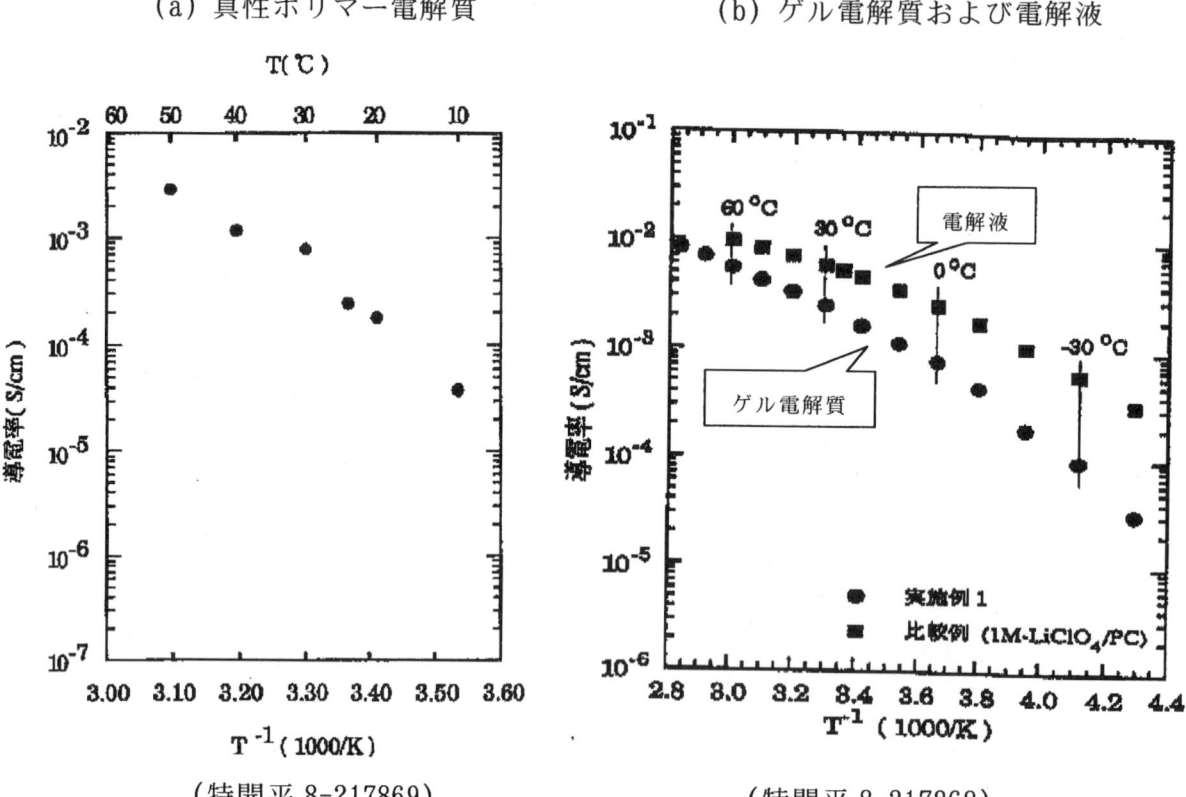

（a）真性ポリマー電解質　　　　（b）ゲル電解質および電解液

（特開平8-217869）　　　　　　（特開平8-217868）

　ゲル電解質を用いるリチウムポリマー二次電池の製品化例としては、ベルコア社（米）の発表したフッ化ビニリデン・6フッ化プロピレン(PVDF-HFP)共重合体系の多孔性ゲル電解質を用いたもの、ユアサコーポレーション社が発表したポリエチレンオキシド系化学架橋ゲル電解質を用いたものが知られている。ゲル電解質を用いたリチウムポリマー電池の充放電特性は室温付近の温度にても十分作動し、真性ポリマー電解質に比較して優れているが、20℃以下の環境では電極の利用率の低下防止が改善課題である。また、充放電サイクル特性として、0.2C充電/0.2C放電の穏和な条件の500サイクル後にて、初期容量の80%が維持されたとの報告があるものの、さらにサイクル特性を向上させる技術の開発が必要となっている。

1.1.3 リチウムポリマー電池の負極
(1) 金属リチウム負極などの金属系負極

現在市販されているリチウムイオン電池の負極材料は、充放電に伴いリチウムイオンを可逆的に出し入れする炭素インターカレーション材料が用いられている。炭素インターカレーション材料（LiC_6）の理論容量が 372Ah/kg であるのに対し、金属リチウムは 3,861Ah/kg であり、二次電池の高容量化では最も優れた材料である。しかし、金属リチウムは反応性が高く、充放電に伴い生成するデンドライトが電極間の短絡、容量の低下、サイクル寿命の低下を引き起こし、電解液を用いるリチウムイオン電池では実用化が困難であった。

ポリマー電解質はリチウムデンドライトの生成を抑制することが報告されており、金属リチウムを負極とする高電圧、超高エネルギー密度のリチウムポリマー電池の実用化が、電気自動車用二次電池として検討されている。表 1.1.3-1 にハイドロケベック社（カナダ）が発表したポリエチレンオキシドをポリマー電解質、リチウム金属を負極、バナジウム酸化物を正極とする全固体リチウムポリマー電池の性能を示す。この電池は、米国の USABC プロジェクトで開発された電気自動車用の組電池であり、容量が 119Ah である。なお、民生用炭素負極小型リチウムイオン二次電池では、重量エネルギー密度が 120～140Wh/kg、体積エネルギー密度が 290～340Wh/l、容量が数千 mAh であるものが商品化されているが、このように容量面では金属リチウム負極に及ばない。

表 1.1.3-1 ハイドロケベック社のリチウムポリマー電池の特性

容　量	119Ah
重量エネルギー密度	155Wh/kg
体積エネルギー密度	220Wh/l
重量出力密度	315W/kg
エネルギー	2,425Wh
出　力	4,923W

リチウム金属を負極とし、真性ポリマーであるポリエチレンオキシドを電解質とするリチウムポリマー電池では、電解質のイオン伝導度が小さいため、80℃以上の高温で動作させる。さらに、イオンの移動が液系電解質より小さいことにより、次のような工夫が必要となる。

① 薄い電極と薄い電解質層を組み合わせる。
② 電極の面積を大きくし、小さい電流密度にて大きい電流を取り出す。
③ 低い電流密度により、デンドライト生成の抑制と析出リチウムの不活性化を抑制する。

また、ポリエチレンオキシドとリチウムの反応性が小さいため、充放電サイクル寿命が長いことも特徴である。国内では、経済産業省ニューサンシャイン計画の電力貯蔵用二次電池開発の一環として、金属リチウムを負極、真性ポリマーを電解質とする全固体二次電池も研究開発されている。しかし、作動温度が 80℃以上であるこの種の二次電池では、休止状態から正常な作動に至るまでに時間（暖まる時間）を要することが欠点であり、低コストの保温と熱管理も技術開発の課題となっている。

金属リチウムの代わりにアルミニウムなどのリチウム合金を負極とするリチウムポリマー電池技術も数多く報告されている。リチウム合金負極は、理論容量は金属リチウムに比較して低下するが、高い安全性が特徴である。しかし、充放電特性に関しては、金属リチウムと同じ改善課題がある。リチウム（合金）よりは容量は劣るが、安定した寿命を狙ってシリコン合金やチタン、スズなどの酸化物または窒化物を負極活物質として利用する研究もなされている。

(2) 炭素負極

リチウムイオン二次電池の負極として開発された黒鉛などの炭素系材料もリチウムポリマー電池の負極として広く用いられている。リチウムポリマー電池の炭素系負極材料の課題は、負極とポリマー電解質の界面でのイオン移動に関するものである。容量特性、充放電特性、サイクル寿命の電気特性を向上させるために、以下の技術が提案されている。

①活物質の複合化
②活物質の表面処理
③集電剤や結着剤との組合せ技術

1.1.4 リチウムポリマー電池の正極
(1) 酸化物正極

リチウムポリマー電池の正極には、リチウムイオン二次電池に用いられるリチウムとコバルト、ニッケル、マンガンの複合酸化物、あるいはバナジウム酸化物がそのまま適用できるが、負極の場合と同様にポリマー電解質との界面でのイオン移動を中心とする技術課題を抱えている。

リチウムイオン電池の正極材料として広く用いられている $LiCoO_2$ の理論容量は137Ah/kg である。製品化されたリチウム・コバルト系正極の充放電容量は125Ah/kg、ニッケル系は200Ah/kg、マンガン系は100〜120Ah/kg、またバナジウム酸化物は147Ah/kg と報告されている。一方、負極材料としては LiC_6 の理論容量は372Ah/kg であり、製品としても正極材料の2倍以上の容量が期待でき、800Ah/kg 以上の高い容量の炭素材料も報告されている。金属リチウム負極の理論容量は、さらにその約5倍の 3,861Ah/kg である。すなわち、金属リチウム負極とポリマー電解質を用いた高容量リチウムポリマー二次電池の実用化において、負極とリチウム複合酸化物との容量差が大きく、高いエネルギー密度をもつ正極材料の開発が大きな課題となっている。複合酸化物系では最もエネルギー密度が高い $LiNiO_2$ のほか、有機系ポリマー正極材料が研究開発の対象となっている。

(2) 有機ポリマー正極

ドーピングと脱ドーピング反応過程を利用した導電性ポリマーは代表的なポリマー正極材料である。図1.1.4-1にポリアニリンを正極、金属リチウムを負極とするリチウムポリマー二次電池の動作原理を模式的に示す。充電過程ではポリアニリンは酸化され、ポリマー電解質中の陰イオン（ドーパント）が正極中に移動してポリアニリン分子内の電気的中性が保たれる。このとき、ポリマー電解質中のリチウムイオンも同時に負極へ移動し、リチウムに還元される（$Li^+ + e \rightarrow Li$）。放電過程ではポリアニリンは還元され、ドーパ

ントである陰イオンはポリマー電解質へ放出される。このとき、金属リチウムから金属イオンが放出され（Li → Li$^+$ + e$^-$）、ポリマー電解質中の電気的中性が保たれる。

図1.1.4-1 ポリアニリンを正極、金属リチウムを負極とする
リチウムポリマー二次電池の動作原理

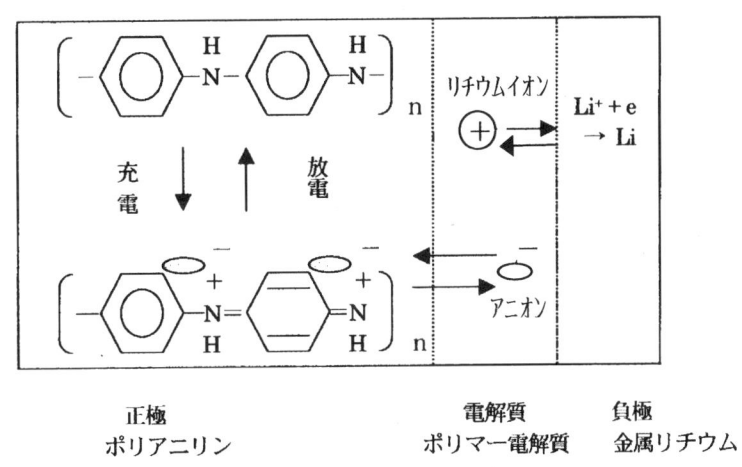

（㈱オーム社／「OHM」1999年3月号「ポリマー正極リチウム電池の現状と将来」小山昇、波戸崎修／より引用）

ポリアニリンの単位モノマー当たりの電荷蓄積量を1とすると、ポリアニリンの理論容量は 294Ah/kg となる。また、ポリアニリンを正極、金属リチウムを負極とした時の電池電圧は約 3.3V となるので、ポリアニリン正極の重量エネルギー密度として 900Wh/kg の高い値が期待できる。しかし、ポリアニリンは、単位モノマー当たり 0.5 以上の正電荷を蓄積すると、ポリマーの安定性が消失する。また、充放電には比較的分子量の大きい陰イオンの移動が伴う。したがって、充放電に関与する電子の数を単位モノマー当たり 0.5 とし、ドーパントとして移動する陰イオンを BF$_4^-$ とすると、ポリアニリンの理論容量は 100Ah/kg まで少なくなり、LiCoO$_2$ より小さくなる。

負極を金属リチウムとし、ポリアニリンをはじめとする電導性有機ポリマーを正極材料とする場合、正極において陰イオンがドープ・脱ドープされ、負極から溶解する軽量なリチウムイオンを可逆的に用いることができない。この理由により、導電性ポリマーを正極に用いることによって、金属複合酸化物を超えるエネルギー密度を得ることは難しいとされている。

他のタイプの有機正極としてチオール基(-SH)をもつ有機硫黄化合物正極がある。分子内に2個のチオール基をもつ 2,5-ジメルカプト-1,3,4-チアジアゾール(DMcT)のような有機硫黄化合物は、チオール基の酸化反応においてジスルフィド基（-S-S-）を形成して重合する。また、還元反応によって元のモノマーに戻る。

酸化反応
nDMcT → (DMcT)nポリマー + 2nH$^+$ + 2ne$^-$
還元反応
(DMcT)nポリマー + 2nH$^+$ + 2ne$^-$ → nDMcT

図 1.1.4-2 に充放電過程を示すように、2,5-ジメルカプト-1,3,4-チアジアゾールの酸化還元反応とジスルフィド結合の形成過程を利用した正極材料が提案されている。単位ジスルフィド結合当たり二つの正電荷を蓄えることができるので、DMcT の理論容量は 362Ah/kg である。さらに、分子内に 4 個のメルカプト基をもつ N,N,N',N'-テトラメルカプト-エチレンジアミンの理論容量は 582Ah/kg となる。しかし、有機硫黄化合物は、

① 電導性を有しない、
② 常温での酸化還元反応の速度が遅い、

ことから、その電極活物質としての応用はできなかった。しかしながら、電導性を有するポリアニリンと混合して複合化することにより、有機硫黄化合物の酸化還元反応の速度を速める触媒効果が発見され、高いエネルギー密度をもつ正極材料として今後の実用化が期待されている。

図 1.1.4-2 2,5-ジメルカプト-1,3,4-チアジアゾールの充放電過程と酸化還元反応

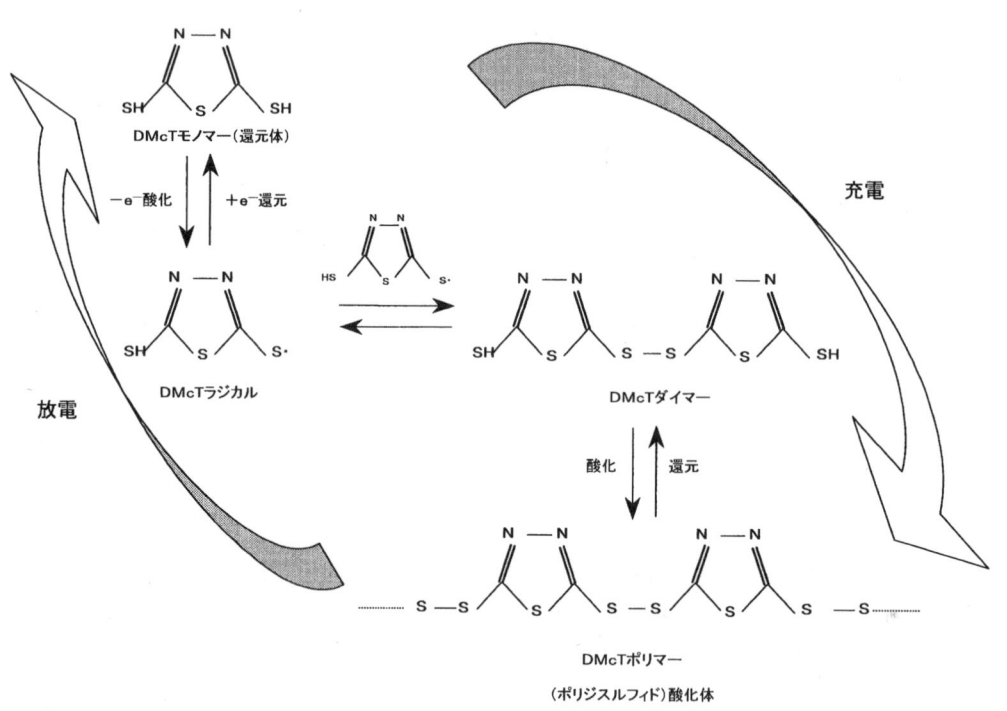

(㈱オーム社／「OHM」1999 年 3 月号「ポリマー正極リチウム電池の現状と将来」小山昇、波戸崎修／より引用)

1.2 リチウムポリマー電池技術の特許情報へのアクセス

リチウムポリマー電池の特許情報へのアクセスについては、特許分類としてFI記号・Fタームを利用すると精度の高い検索が可能である。なお、国際特許分類（IPC）は、リチウムポリマー電池技術についてはFI記号より分類が粗いという短所があるが、外国特許を調査する場合には中心となる特許分類である。

1.2.1 リチウムポリマー電池技術に関する特許分類（FI）

電池関連の技術はH01M（化学的エネルギーを電気的エネルギーに直接変換するための方法または手段）に分類されているが、直接的なリチウムポリマー電池の分類は設けられていないので、下表1.2.1-1に示す分類を中心に検索することとなる。なお、表中最右欄はFI記号に対応するFタームテーマコードであり、テーマによってはFI記号と組合せて用いることにより精度の高い検索が可能となる。

表1.2.1-1 リチウムポリマー電池の関連するFI記号と内容

FI記号		内容	Fタームテーマコード
H01M2/02	K	外装：薄形電池のためのもの　例．シート状電池	5H001
H01M2/04	Z	蓋：角形、円筒形など以外のもの	
H01M2/07	K	リード、端子：薄形電池のためのもの	
H01M2/08	K	封口物質：薄形電池のためのもの	
H01M4/02	B	有機電解質をもつ二次電池の活物質からなる電極	5H014 (5H050)
H01M4/02	C	有機電解質をもつ二次電池の活物質からなる正極	
H01M4/02	D	有機電解質をもつ二次電池の活物質からなる負極	
H01M4/04	A	有機電解質をもつ二次電池の電極の製造方法	
H01M4/40		アルカリ金属を主とする合金活物質	5H003 (5H050)
H01M4/48		無機酸化物活物質または無機水酸化物活物質	
H01M4/58		複合酸化物活物質など	
H01M4/60		有機化合物活物質	
H01M4/62	Z	結着剤，導電剤：鉛蓄電池・アルカリ電池用以外のもの	
H01M10/40	A	有機電解質をもつ二次電池の電解液〔電解質〕に関するもの	5H029
H01M10/40	B	有機電解質をもつ二次電池の固体電解質（真性ポリマー電解質およびゲル電解質）	
H01M10/40	Z	有機電解質をもつ二次電池の正極・負極・電解質の組合せ、シート電極構造・シート素電池構造、その他	

1.2.2 実際の検索事例－本書で検索・抽出した特許群

上表1.2.1-1のFI記号を使った検索でヒットするのはリチウムイオン電池に関する技術が中心であるが、さらにリチウムポリマー電池関係に絞り込むために、技術用語を組合わせる。FI記号（Fターム含む）のみによる検索は、特許庁のインターネットサイトに設置されている「電子図書館（IPDL）」において可能であるが、FI記号とキーワードの組合せ検索は、㈱パトリスの特許等検索用データベースPATOLISによる。

表1.2.2-1に、リチウムポリマー電池の分野別の検索式とヒット件数を示す。この表の検索式による一次検索と、ヒットした案件の明細書に基いてリチウムポリマー電池関係技

術を抽出した。全体として約6割がリチウムポリマー電池関係の技術であり、残りは主として電解液タイプのリチウムイオン電池関係の技術であった。

表1.2.2-1 リチウムポリマー電池の実際の検索事例とヒット件数

技術要素		検索式	ヒット特許数 （1991.1～ 2001.7公開）
ポリマー電解質	真正ポリマー電解質、ゲル電解質	FI=H01M10/40B+FI=H01M10/40A*(FT=5H029BJ04+AB=(シート状?+シート形?+シート型?+薄膜形?+薄膜型?+薄形?+薄型?+軽薄?+軽量?+ラミネート W フイルム+積層 W フイルム+固体 W 電池+ポリマー W 電池+ゲル W 電池+ゲル W 電解質+固体 W 電解質))	1534
負極	炭素系負極、その他無機系負極	FI=H01M4/02D*(FT=5H029BJ04+AB=(シート状?+シート形?+シート型?+薄膜形?+薄膜型?+薄形?+薄型?+軽薄?+軽量?+ラミネート W フイルム+積層 W フイルム+固体 W 電池+ポリマー W 電池+ゲル W 電池+ゲル W 電解質+固体 W 電解質))	318
正極	リチウム複合酸化物正極、高分子正極、バナジウム酸化物正極、その他	FI=H01M4/02C*(FT=5H029BJ04+AB=(シート状?+シート形?+シート型?+薄膜形?+薄膜型?+薄形?+薄型?+軽薄?+軽量?+ラミネート W フイルム+積層 W フイルム+固体 W 電池+ポリマー W 電池+ゲル W 電池+ゲル W 電解質+固体 W 電解質))	332
結着剤・導電剤		FI=H01M4/62Z*(FT=5H029BJ04+AB=(シート状?+シート形?+シート型?+薄膜形?+薄膜型?+薄形?+薄型?+軽薄?+軽量?+ラミネート W フイルム+積層 W フイルム+固体 W 電池+ポリマー W 電池+ゲル W 電池+ゲル W 電解質+固体 W 電解質))	250
シート電極・シート素電池		(FI=H01M10/40#FI=(H01M2/02K+H01M2/04Z+H01M2/06K+H01M2/08K+H01M4/02C+H01M4/02D+H01M4/62Z+H01M10/40B+H01M10/40A))*(FT=5H029BJ04+AB=(シート状?+シート形?+シート型?+薄膜形?+薄膜型?+薄形?+薄型?+軽薄?+軽量?+ラミネート W フイルム+積層 W フイルム+固体 W 電池+ポリマー W 電池+ゲル W 電池+ゲル W 電解質+固体 W 電解質))	437
外装		FI=(H01M2/02K+H01M2/04Z+H01M2/06K+H01M2/08K)*AB=(リチウム?+Li?))	335
		上記の和集合	2639

注）先行技術調査を完全に漏れなく行うためには、調査目的に応じて上記以外の分類も調査しなければならないことも有り得るため、注意が必要である。

1.3 技術開発活動の状況

1.3.1 全体の動向

　図 1.3.1-1 にリチウムポリマー電池に関する出願件数の推移を示す。ここで扱う特許は、1.2 で示した検索によりヒットしたもののうち、リチウム系二次電池に関するものであって、かつ、明細書の特許請求の範囲または発明の詳細な説明において「ポリマー電解質を使用する（し得る）」という意味の記載のあるものに限定している。携帯電子機器などからの要請に応じて、ここ数年の出願件数の伸びは著しい。なお、対象件数は 1991 年 1 月〜2001 年 7 月に公開された特許で 1,624 件である。

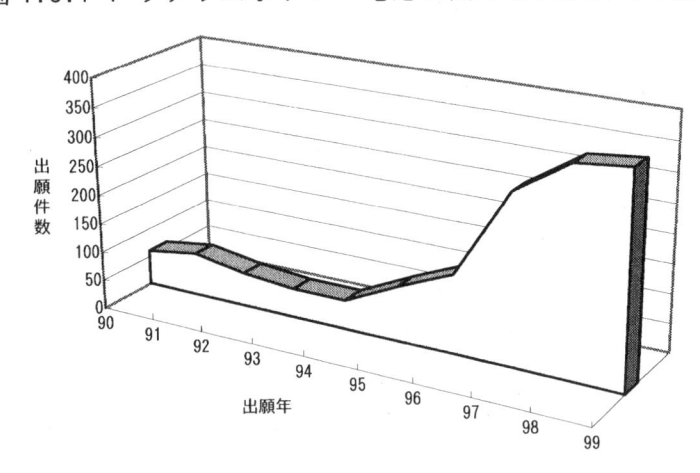

図 1.3.1-1 リチウムポリマー電池に関する出願件数の推移

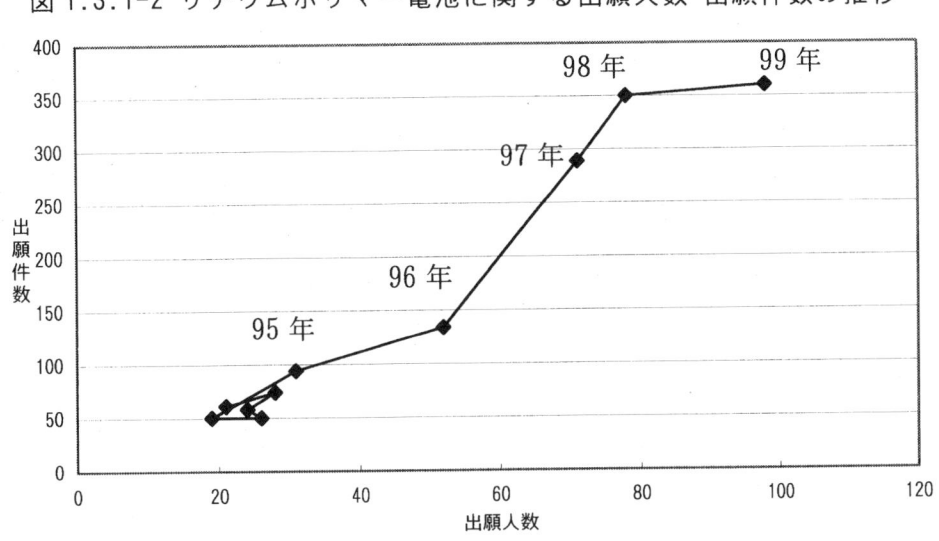

　図 1.3.1-2 にリチウムポリマー電池に関する出願人数と出願件数の推移を示す。1995 年を境にして急激に出願人数および出願件数が増加してきたが、99 年には特に出願人数の伸びが顕著であった。これは化学メーカーを中心とした新規参入によるものである。なお、99 年は主要な電池メーカーが競ってゲル電解質リチウムポリマー電池を商品化した年である。

図 1.3.1-2 リチウムポリマー電池に関する出願人数−出願件数の推移

表 1.3.1-1 に出願件数の多い主要出願人について出願件数推移を示す。電池メーカーが上位を占めているが、三菱化学・旭化成などの化学メーカーが数多くみられ、リチウムポリマー電池に使用される素材の広がりを反映している。

表 1.3.1-1 リチウムポリマー電池に関する主要出願人の出願状況

企業名	89	90	91	92	93	94	95	96	97	98	99	00	計
ユアサコーポレーション	21	13	19	22	9	13	13	10	16	19	12	2	169
東芝電池			4				9	7	19	29	31	1	100
松下電器産業	1	11	13	5	6	2	7	6	7	18	20	1	97
三洋電機		3	1		1	9	12	11	14	14	27	5	97
ソニー				2	3	7	6	9	34	28	1		90
三菱化学	2	1	1				3	8	28	33	7		83
リコー	2	4	3	4	7	2	9	11	29	6			77
日本電池			1		1	2	8	16	19	27	1		75
旭化成			1			1	10	20	10	2			44
昭和電工		1	3		2	1	8	12	7	3			37
富士写真フイルム	1	5	1	2	1		2	2	4	13		3	34
ティーディーケイ				1	1				9	14	8		33
日立マクセル	1									13	15		29
第一工業製薬		6	1	2	2		1		3	2	5		22
旭硝子								1	19	2			22
日本電気								13	5	3	1		22
大塚化学		3		2	7	2	6	1					21
新神戸電機		3		2	7	2	4	1					19
日本電信電話			5	3	4	3	1	1				1	18
東海ゴム工業										8	8	1	17

リチウムポリマー電池の構造および部材・素材などについては 1.1 で述べたが、表 1.3.1-2 に、これ以降本書において使用する技術区分を示す。

表 1.3.1-2 本書における特許解析の区分

分野	技術要素
ポリマー電解質	真性ポリマー電解質
	ゲル電解質
負極	炭素系負極
	その他無機系負極
正極	リチウム複合酸化物正極
	高分子正極
	バナジウム酸化物正極、その他
結着剤・導電剤	結着剤・導電剤
シート電極・シート素電池	シート電極・シート素電池
外装	外装

表に示すように、ポリマー電解質分野は真性ポリマー電解質およびゲル電解質の2技術要素からなるなど、リチウムポリマー電池全体では6分野10技術要素から構成されている。

図 1.3.1-3 に要素技術ごとの出願件数の推移を示す。ゲル電解質および真性ポリマー電解質についての出願件数の増加は当然として、外装についての伸びが顕著である。従来の電解液タイプにおいては、シート電極を巻き回して金属缶に詰め込んで封入していたのに対し、ラミネートフィルムを外装として用いる点において課題が大きいことの反映である。また、結着剤・導電剤における増加は、電極合剤（活物質、導電剤、結着剤よりなるペースト状混合物）の崩壊防止および集電体・電解質との界面における抵抗低減などに関する研究開発に対応している。正極、負極およびシート電極・シート素電池の分野については、基本的には電解液タイプにおける技術の応用であり、若干の増加に留まっている。

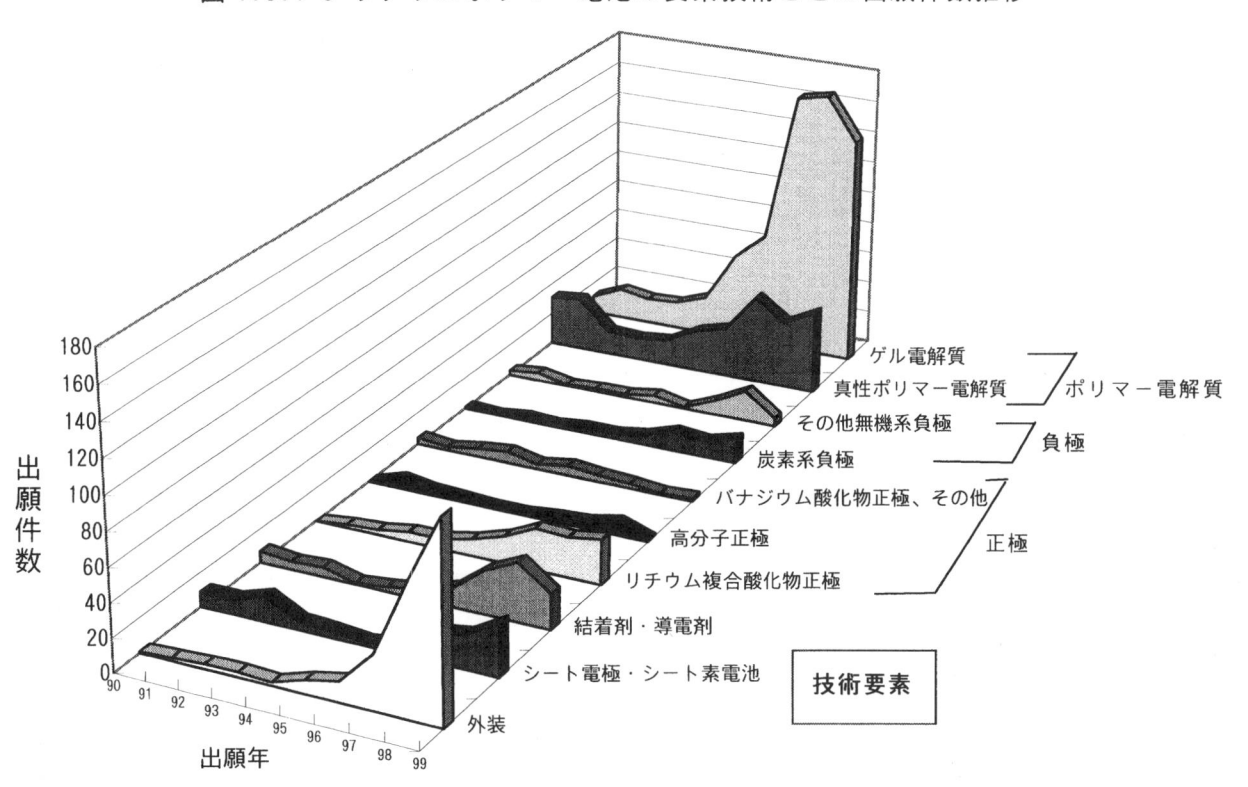

図1.3.1-3 リチウムポリマー電池の要素技術ごとの出願件数推移

なお本書においては、次項以降における解析は1991年1月〜2001年7月に公開された特許出願のうち2001年10月時点で係属中（審査請求前、審査・審判中）または権利維持中のものを対象とする。

1.3.2 ポリマー電解質

ポリマー電解質は、真性ポリマー電解質とゲル電解質に大別できる。研究開発は真性ポリマー電解質が先行したが、イオン伝導度の有利なゲル電解質によってリチウムポリマー電池は商品化された。

(1) 真性ポリマー電解質

図 1.3.2-1 に真性ポリマー電解質に関する出願人数と出願件数の推移を示す。1995 年から、出願人数および出願件数が急増し 97 年にピークとなった。その後若干足踏み状態にある。

図1.3.2-1 真性ポリマー電解質に関する出願人数-出願件数の推移

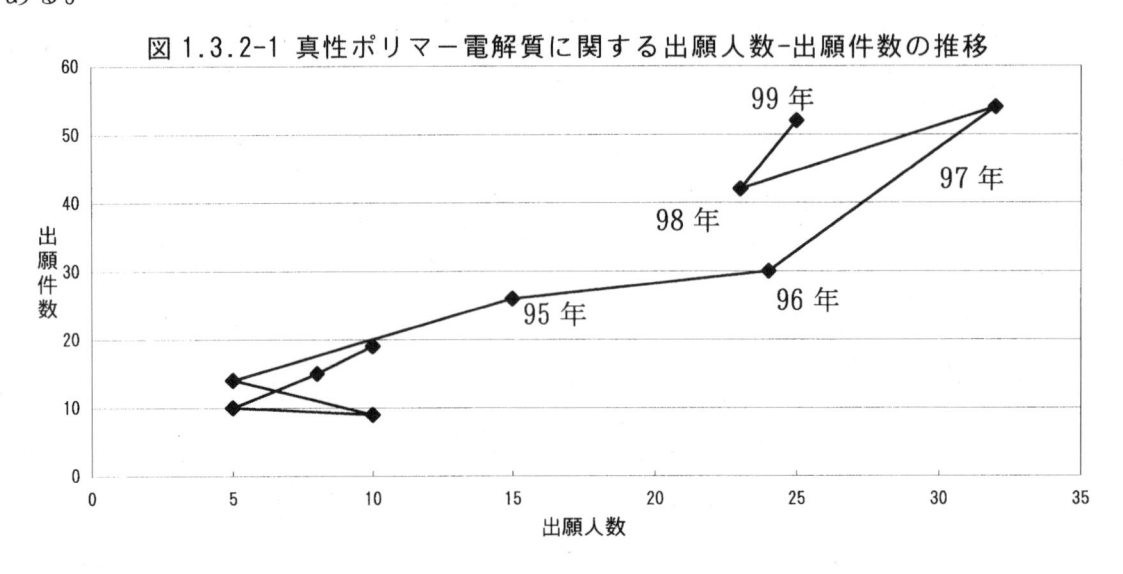

表 1.3.2-1 に主要出願人の出願状況を示す。1990 年代初頭からユアサコーポレーション、松下電器産業などの電池メーカーに加えて第一工業製薬、大塚化学などの化学メーカーが参入している。最近の出願人数の増加は、化学メーカーを中心とする他業界からの参入による。

表1.3.2-1 真性ポリマー電解質に関する主要出願人の出願状況

企業名	89	90	91	92	93	94	95	96	97	98	99	00	計
ユアサコーポレーション	3	5	6	4	1	6	2		2	5	4		38
三洋電機		2			1	4	8	2	2	1	2	1	23
昭和電工			1			2	1	5	9	4	1		23
松下電器産業	1	4	4	2			1	2	3	1	5		23
ソニー					1	1	2	2		5	6		17
第一工業製薬		4		2	1				1	1	5		14
三菱化学								3	3	2	1	1	10
大塚化学		1			3		4	1					9
日立化成工業											9		9
リコー								1	6	1			8
ダイソー								1	2	4			7
新神戸電機			1		3		2	1					7
ハイドロ ケベック (カナダ)		1			2				1	2			6
三井化学									1		4	1	6

(2) ゲル電解質

図 1.3.2-2 にゲル電解質に関する出願人数と出願件数の推移を示す。前項の真性ポリマー電解質と同様の傾向であるが、最近の出願人数は、上述の真性ポリマー電解質の約2倍、出願件数は約3倍である。

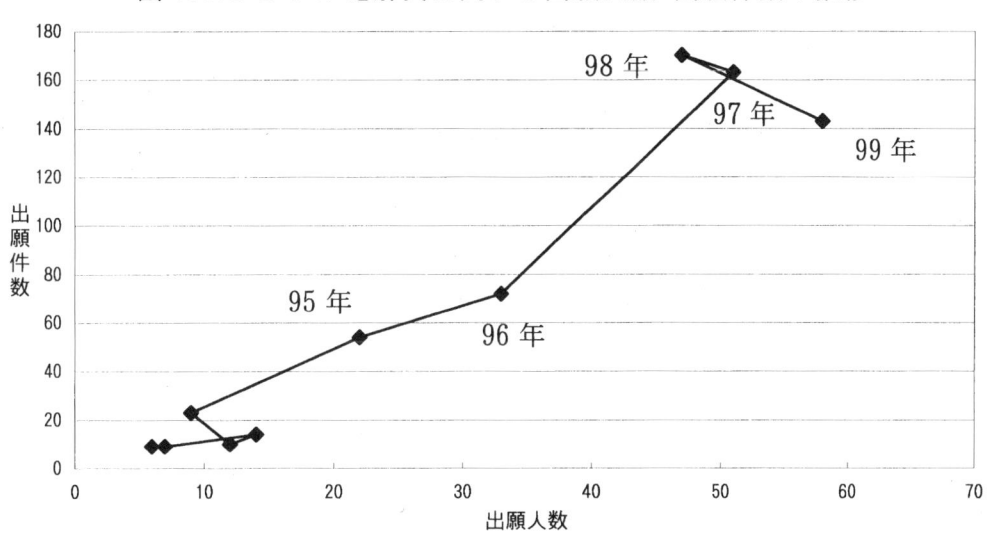

図1.3.2-2 ゲル電解質に関する出願人数-出願件数の推移

表 1.3.2-2 に主要出願人の出願状況を示す。前項のポリマー電解質と同様に化学メーカーを始めとする他業界からの参入が数多くみられる。

表1.3.2-2 ゲル電解質に関する主要出願人の出願状況

企業名	89	90	91	92	93	94	95	96	97	98	99	00	計
ユアサコーポレーション		3	5	4	3	8	8	3	9	14	4	1	62
三洋電機						4	8	4	6	6	10	4	42
ソニー							3	5	9	15	7		39
日本電池							1	5	11	6	9	1	33
三菱化学								1	1	17	10	2	31
松下電器産業				2	1	1	4	3	4	8	7		30
東芝電池			1					6	3	4	9	6	29
リコー	1	1	1	2	1		4	3	12	3			28
昭和電工						2	1	8	10	4	1		26
旭化成								1	9	7	7	1	25
旭硝子								1	18	1			20
ティーディーケイ									6	11	1		18
第一工業製薬		2	1	2	2		1		3	1	5		17
三菱レイヨン									3	7	5	1	16
日立マクセル										11	5		16
富士写真フイルム	1	2		1			1	1	7			3	16
日本電気									9	2		1	12
三井化学									3	1	5	1	10
日立化成工業											10		10

1.3.3 負極

リチウムポリマー電池の負極は活物質の種類により、炭素系負極とその他無機系負極に分類できる。現在は炭素系負極が用いられているが、特性向上のため Li(合金)、Si(合金)、Ti 酸化物など、様々な活物質が実用化に向けて研究開発されている。

(1) 炭素系負極

図 1.3.3-1 に、炭素系負極に関する出願人数と出願件数の推移を示す。1997 年から出願人数および出願件数が増え始め、現在も増加傾向が続いている。

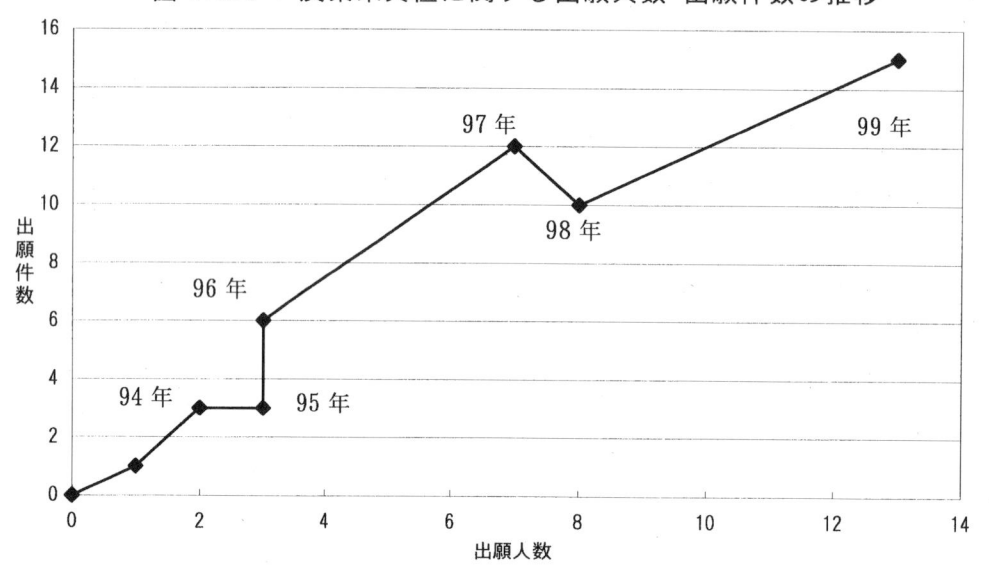

図 1.3.3-1 炭素系負極に関する出願人数-出願件数の推移

表 1.3.3-1 に主要出願人の出願状況を示す。電池メーカーとしては、三洋電機が早くから出願を行っており、累積件数も多い。1998 年以降に、同じ電池メーカーのユアサコーポレーション、松下電器産業などが出願を開始した。松下電器産業と日本電池は出願が比較的少ない。他業界からはリコー、大阪瓦斯、旭化成などの企業がかなり早くから炭素系負極の開発に取組んでいるのが注目される。

表 1.3.3-1 炭素系負極に関する主要出願人の出願状況

企業名	89	90	91	92	93	94	95	96	97	98	99	00	計
三洋電機						2		4	1		1		8
リコー				1		1		1	3				6
大阪瓦斯							1			1	2		4
ユアサコーポレーション										3	1		4
シャープ											2	1	3
旭化成									3				3
東芝電池											3		3
サムスン横浜研究所										1	1		2
ユニチカ									2				2
松下電器産業											1	1	2
日本電池										1	1		2

(2) その他無機系負極

　図1.3.3-2に、その他無機系負極に関する2年ごとの出願人数と出願件数の推移を示す。1991年から数年間は、出願件数、出願人数ともに少なく、停滞感があった。94年頃から出願人数が増加し始め、98年から出願件数も増加している。従来のLi合金系に替わり、Si合金や酸・窒化物の活物質が注目され始めた時期に対応している。

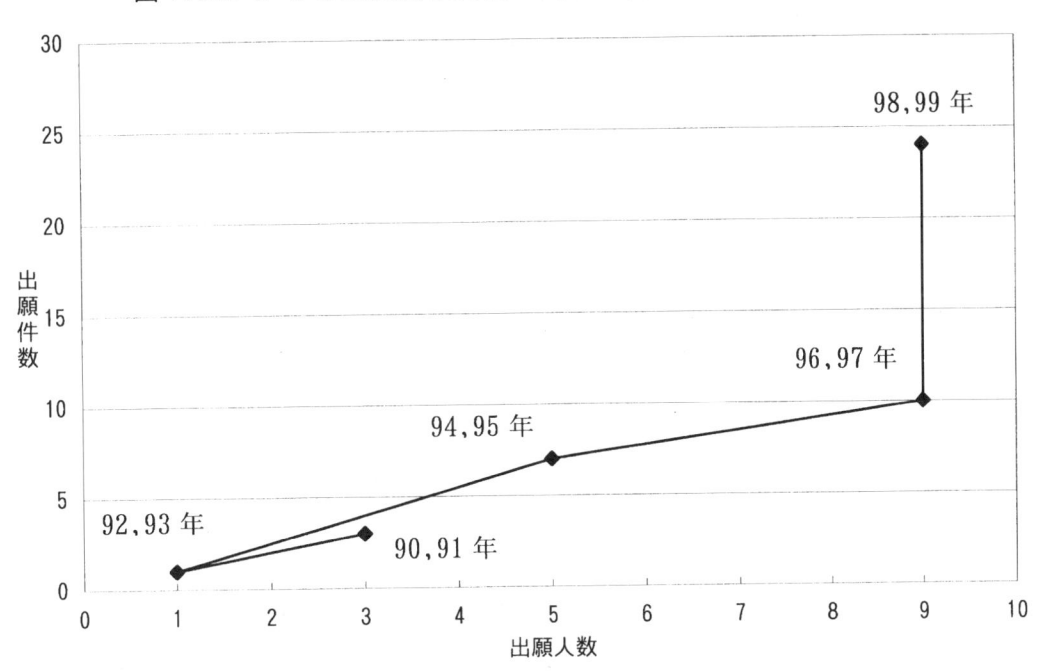

図1.3.3-2　その他無機系負極に関する出願人数-出願件数の推移

　表1.3.3-2に主要出願人の出願状況を示す。電池メーカーとしては、松下電器産業の出願が最も多い。技術の流れとしては、従来技術の延長としてのLiの析出防止技術から、Sn、Si、Znなどの金属を活物質とする技術に移行している。最近は、富士写真フイルムと花王の出願が目立つが、この両社は、Si系合金を活物質とする負極を中心に開発を行っている。

表1.3.3-2　その他無機系負極に関する主要出願人の出願状況

企業名	89	90	91	92	93	94	95	96	97	98	99	00	計
松下電器産業			1				2		1	3	2		9
富士写真フイルム										8			8
花王										3		1	4
キヤノン										2	1		3
ソニー											2	1	3
ハイドロ ケベック（カナダ）									1	1		1	3
三菱電線工業				1		2							3
リコー			1						1				2
三洋電機			1						1				2
日本電信電話							1					1	2
日立製作所									2				2

1.3.4 正極

リチウムポリマー電池の正極は活物質の種類によって、リチウム複合酸化物正極、高分子正極、バナジウム酸化物正極、その他に大別できる。携帯機器用に用いられているのはリチウム複合酸化物正極であるが、比較的高容量の負極活物質に見合う性能向上のために研究開発が行われている。

(1) リチウム複合酸化物正極

図 1.3.4-1 に、リチウム複合酸化物正極に関する出願人数と出願件数の推移を示す。1991年から出願人数と出願件数とも順調に増加傾向を示し、特に97年は大幅な増加を記録した。98年では出願件数は減少したものの出願人数は増加し、99年では出願件数も回復している。

図1.3.4-1 リチウム複合酸化物正極に関する出願人数-出願件数の推移

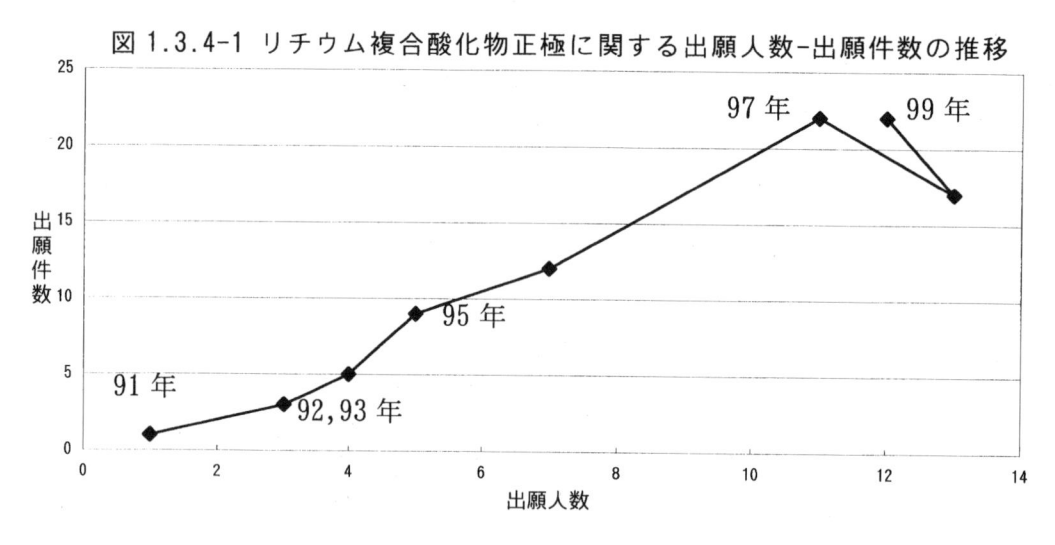

表 1.3.4-1 に主要出願人の出願状況を示す。ユアサコーポレーションや日本電池が1990年代初期から開発をスタートしている。97年以降は三菱化学、花王などの参入により出願が増加したが、最近は活物質の複合化や、集電体、導電剤、電解質、結着剤などを関連付けた特許出願が増加する傾向にある。

表1.3.4-1 リチウム複合酸化物正極に関する主要出願人の出願状況

企業名	89	90	91	92	93	94	95	96	97	98	99	00	計
リコー							2	4	7				13
三洋電機						2	3	1			5		11
住友化学工業						1	2	1	1	2			7
日本電池				1		1	1			1	3		7
富士写真フイルム							1	1	4	1			7
花王										5	1		6
ユアサコーポレーション					1	1		2	2				6
三菱化学									2	1		1	4
富士フイルムセルテック									3	1			4
村田製作所								3	1				4
ソニー										1	3		4

(2) 高分子正極

図1.3.4-2に、高分子正極に関する2年ごとの出願人数と出願件数の推移を示す。正極の容量向上の有力なシーズとして期待されている。1996年以降になって出願人数と出願件数が急激に増加した。95年以前の出願はリコーと松下電器産業の2社に限られていたが、96年以降、米国、韓国およびドイツの出願人なども含めて多くが参入している。

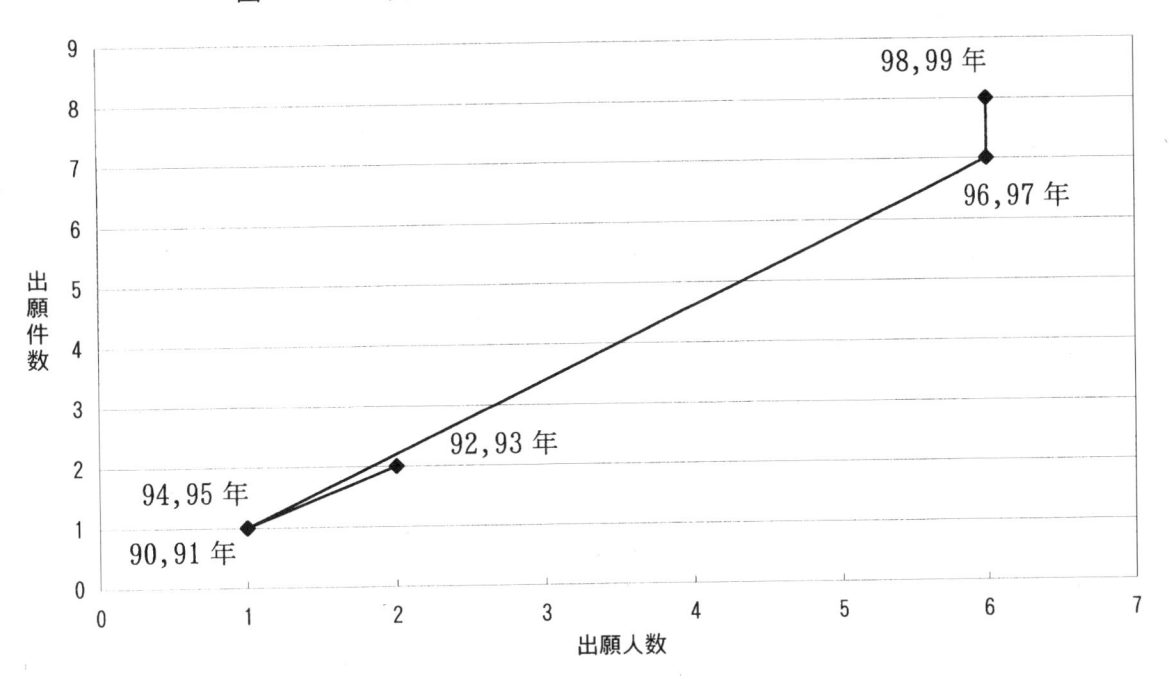

図1.3.4-2 高分子正極に関する出願人数-出願件数の推移

表1.3.4-2に主要出願人の出願状況を示す。1990年代初頭にリコーと松下電器産業の2社が出願を開始したが、95年には出願が中断されている。その後96年からアベンテイス リサーチ ウント テクノロジーズ（ドイツ）、パイオニア、モルテック（米国）、錦湖石油化学（韓国）、日本電気、矢崎総業などの各社が出願を開始している。

表1.3.4-2 高分子正極に関する主要出願人の出願状況

出願人名	89	90	91	92	93	94	95	96	97	98	99	00	計
松下電器産業			1		1	1							3
リコー					1					1			2
アベンテイス リサーチ ウント テクノロジーズ（ドイツ）										2			2
パイオニア										2			2
モルテック（米国）								1	1				2
錦湖石油化学（韓国）									1	1			2
日本電気									1	1			2
矢崎総業								2					2

(3) バナジウム酸化物正極、その他

　図 1.3.4-3 に、バナジウム酸化物正極およびその他正極に関する 2 年ごとの出願人数と出願件数の推移を示す。1992 年から 95 年の間に出願のピークがあり、最近では出願人数、出願件数ともに減少している。

図 1.3.4-3 バナジウム酸化物正極、その他に関する出願人数-出願件数の推移

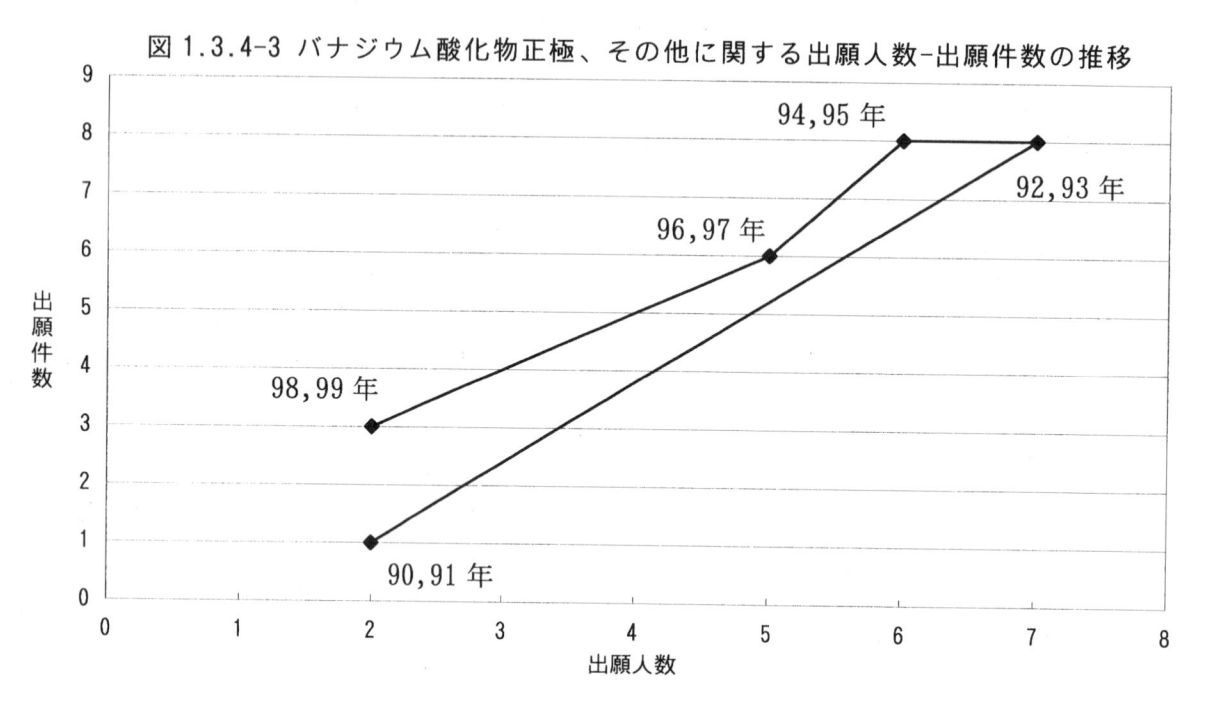

　表 1.3.4-3 に主要出願人の出願状況を示す。新神戸電機と大塚化学、エニリチエルチエ（イタリア）とオリベッティ パーソナル コンピュータ（イタリア）はそれぞれ共同で出願しているため出願状況は同期している。最近は全体として出願が減少傾向であるが、1999 年に日本電池の出願がみられる。

表 1.3.4-3 バナジウム酸化物正極、その他に関する主要出願人の出願状況

企業名	89	90	91	92	93	94	95	96	97	98	99	00	計
リコー				2	1		3		2				8
新神戸電機		1		1	3	1							6
大塚化学		1		1	3	1							6
エニリチエルチエ（イタリア）								2					2
オリベッテイ パーソナル コンピュータ（イタリア）								2					2
ダイキン工業						1		1					2
科学技術振興事業団					1		1						2
松下電器産業						2							2
日本電池											2		2

1.3.5 結着剤・導電剤

図 1.3.5-1 に結着剤・導電剤に関する出願人数と出願件数の推移を示す。1998 年をピークに研究開発活動は下火に向かっている。しかしながら、起電要素ではないものの、電池の特性を左右する重要部材であり、今後も地道な研究開発が継続するものと思われる。

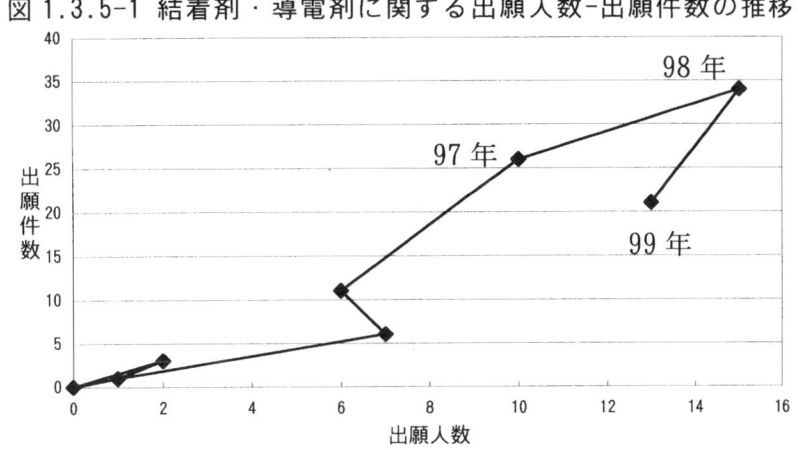

図 1.3.5-1 結着剤・導電剤に関する出願人数-出願件数の推移

表 1.3.5-1 に主要出願人の出願状況を示す。1997 年以降に積水化学工業、三菱化学、旭化成などの化学メーカーが参入して出願人数が増加した。

表 1.3.5-1 結着剤・導電剤に関する主要出願人の出願状況

企業名	89	90	91	92	93	94	95	96	97	98	99	00	計
松下電器産業		1	2				1		3	5	3		15
東芝電池							2	1		6	4		13
ユアサコーポレーション			1			1		4	2	4	1		13
リコー								1	2	8			11
積水化学工業									1	3	3		7
三菱化学									2	3	1		6
富士通									3	1	1		5
ソニー										2	1		3
旭化成									3				3
住友化学工業							1			2			3
東芝											3		3
サンスター技研								2					2
京セラ											2		2
三菱電機									2				2
三洋電機								1		1			2
日本電池										1	1		2
日立マクセル										1	1		2
日立製作所									2				2
富士写真フイルム										2			2

1.3.6 シート電極・シート素電池

図1.3.6-1にシート電極・シート素電池に関する出願人数と出願件数の推移を示す。1997年には出願件数が急増し、続いて98年には出願人数が伸びて、現在は発展期である。これは、低コスト量産体制に向けた研究開発活動に対応しているものと思われる。

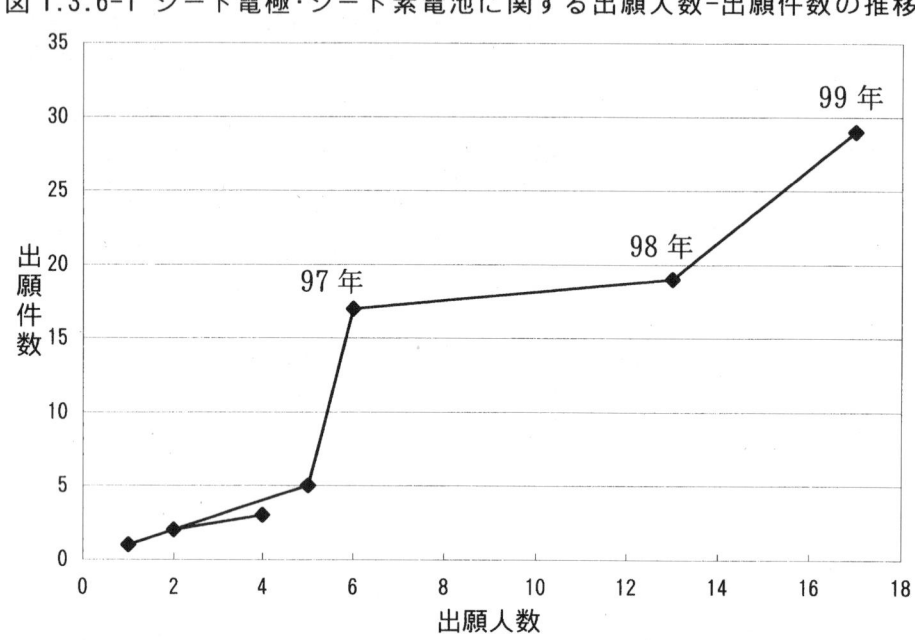

図1.3.6-1 シート電極・シート素電池に関する出願人数-出願件数の推移

表1.3.6-1に主要出願人の出願状況を示す。1990年代当初からリコー、旭化成が参入しており、最近は三菱化学、ティーディーケイ、日本製箔などの他業種メーカーが次々に参入していることがわかる。

表1.3.6-1 シート電極・シート素電池に関する主要出願人の出願状況

企業名	89	90	91	92	93	94	95	96	97	98	99	00	計
三菱化学										2	8		10
ユアサコーポレーション	1	1			1		2	1	2				8
ソニー						1				1	5		7
東芝電池									2	4	1		7
松下電器産業						1		1		1	3		6
ティーディーケイ									3	2			5
日本製箔									5				5
リコー	1	1		1				1					4
旭化成			1						2		1		4
大阪瓦斯										1	2	1	4
日本電池								1	3				4
花王								1		2			3
三星エスディアイ（韓国）											1	2	3
三洋電機										1	1		2
日立マクセル											2		2

1.3.7 外装

図 1.3.7-1 に外装に関する出願人数と出願件数の推移を示す。1997 年には出願件数が一段増加したあと、出願人は毎年 10 社程度ずつ増加していると共に、出願件数もそれに比例する形で増加する傾向にある。

図 1.3.7-1 外装に関する出願人数-出願件数の推移

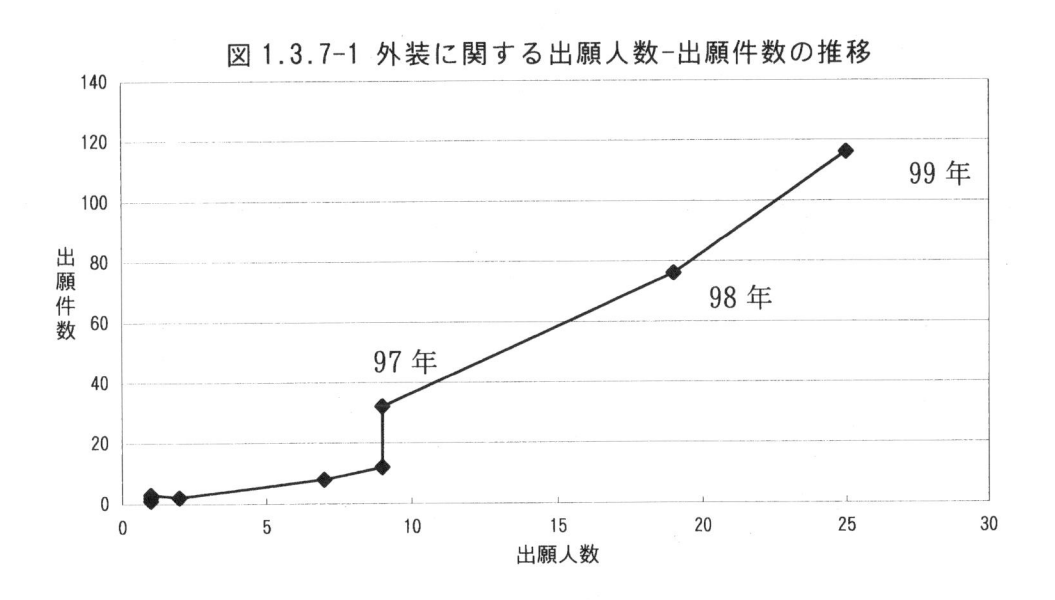

表 1.3.7-1 に主要出願人の出願状況を示す。1990 年初頭にユアサコーポレーションが先鞭をつけ、近年は、東芝電池、ソニー、三洋電機、日本電池などから多くの出願がなされている。また化学メーカーをはじめとする他業界からの参入が多い。

表 1.3.7-1 外装に関する主要出願人の出願状況

企業名	89	90	91	92	93	94	95	96	97	98	99	00	計
東芝電池							1	3	12	8	16	1	41
ソニー						1	2	1		14	8		26
三洋電機							1	1	5	6	12	1	26
日本電池								2	1	10	13		26
三菱化学									1	6	13	3	23
ユアサコーポレーション		1	2	3		1	1	1	3	2	5	1	20
東海ゴム工業										8	8	1	17
リコー					1		1	1	4	2			9
松下電器産業					1					4	3	1	9
ティーディーケイ										1	7		8
日立マクセル										1	7		8
旭化成								1	3	3			7
昭和電工									2	3	2		7
大日本印刷										1	5	1	7
三菱電機										1	3	1	5
ジーエス メルコテック											4		4
三菱電線工業											3		3
大阪瓦斯											3		3

1.4 技術開発の課題と解決手段

1.4.1 ポリマー電解質

ポリマー電解質は、当初、真性ポリマー電解質であるポリエチレンオキシドが着目され研究開発されてきた。他方、ゲル電解質は構造材としてのホストポリマーに電解液を浸潤させたもので厳密には固体電解質ではないが、イオン伝導度の面で有利であるので商品化はゲル電解質タイプが先行した。しかし、真性ポリマー電解質についても、これを適用した電池は完全固体電池として製造面および使用面で多くの利点を有するので、実用化に向けて着実な取り組みがなされている。

（1）真性ポリマー電解質

ポリマー電解質の技術開発の課題は、「電気的特性の向上（大電流化、寿命延長）」および「生産性・安全性」に大別される。前者の電気的特性向上のうち「大電流化」については、イオン伝導度の向上、電極界面抵抗の低減、薄膜化などの課題が含まれ、また、「寿命延長」については、サイクル寿命（充放電の繰返し回数）、変形寿命（変形による両極の内部短絡）、保存性などの課題が含まれている。他方、後者の生産性・安全性については、生産能率、製造コストおよび安全性（難燃性など）が含まれる。これらの技術課題に対応する解決手段としては、真性ポリマー電解質開発および電解質層の構造化（無機微粉添加、異方性化）に大別できる。

図1.4.1-1に真性ポリマー電解質に関する技術課題と解決手段に対応する出願件数の分布を示す。電解液タイプのリチウムイオン電池相当の大電流放電を可能とするべく、イオン伝導度の向上のために、真性ポリマー電解質そのもの（図1.1.2-1の分類において「均一体」に相当）の素材開発に関する出願が突出して多い。

図1.4.1-1 真性ポリマー電解質に関する技術課題／解決手段に対応する出願件数

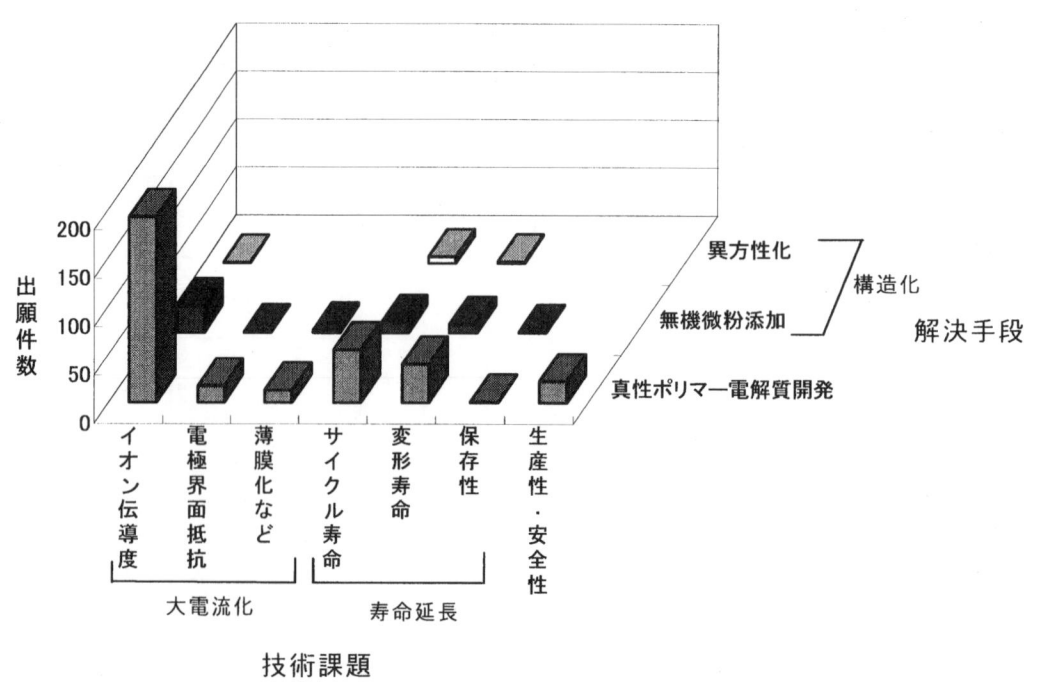

表1.4.1-1に、これらの技術開発の課題と解決手段に対応する主要な出願人（各枠内で3件以上の出願を有するもの）と出願件数を示す。また、表1.4.1-2には、出願件数の突出している真性ポリマー電解質開発の内容例を企業別に示す。

表1.4.1-1 真性ポリマー電解質の技術課題／解決手段と出願件数

技術課題		解決手段	真性ポリマー電解質開発	構造化 無機微粉添加	構造化 異方性化
電気特性向上	大電流化	イオン伝導度	ユアサ 24 昭和電工 18 第一工業製薬 12 日立化成工業 8 ソニー 7 ダイソー 6 三井化学 6 三菱化学 5 リコー 4 ハイドロケベック 4 トヨタ自動車 4 三洋電機 4 鐘淵化学工業 4 松下電器産業 4 三菱電線工業 3 矢崎総業 3 日本石油 3 フジクラ 3 コンポン研究所 3 大塚化学 3 192件	松下電器産業 9 昭和電工 8 ジェイエスアール 3 ユアサ 3 28件	 1件
		電極界面抵抗	三洋電機 3 ソニー 3 17件	 1件	
		薄膜化など	ソニー 5 13件	 3件	
	寿命延長	サイクル寿命	三洋電機 9 ユアサ 5 大塚化学 5 新神戸電機 5 三菱電線工業 3 55件	松下電器産業 3 三洋電機 3 11件	三洋電機 3 7件
		変形寿命	ユアサ 9 ダイソー 3 40件	 9件	 2件
		保存性	 1件	 1件	
生産性・安全性			ユアサ 5 リコー 3 22件		

（単位のない数字は内数、枠内最下行の件数は合計数。ユアサコーポレーションは「ユアサ」と略記。）

表 1.4.1-2 真性ポリマー電解質開発の内容例

企業名	開発内容例
ユアサコーポレーション	・エチレンオキシド、メチレンオキシドなどの共重合体を（ジ）メタクリル酸エステル、（ジ）アクリル酸エステルで架橋 ・アルキレンオキシド鎖の結晶化を防ぐため、アルキレンオキシド鎖に液晶性のモノマー分子鎖を入れたブロックコポリマー ・ポリカーボネートポリオールと（メタ）アクリル酸とのエステル化物から誘導される構成単位を含むポリカーボネート（メタ）アクリレート重合体
昭和電工	・ホスファゼン系化合物とオリゴアルキレングリコールの共重合体 ・2-（メタ）アクリロイルオキシエチルカルバミド酸オキシアルキルエステルの重合体 ・ポリまたはエルゴカーボネート基および特異なウレタンアクリレート基を有する高分子
三洋電機	・エチレンオキシド、アクリロニトリル、エポキシ、フッ化ビニリデン、エチレン、スチレン、ウレタン、シロキサン及びフォスファゼンよりなる群から選ばれた少なくとも3種の単量体の多元共重合体 ・ヒドロキシアルキル多糖類及び／又はヒドロキシアルキル多糖類誘導体と、ポリオキシアルキレン成分を含有するエステル化合物との組成物
第一工業製薬	・エチレングリコールなどの活性水素含有化合物とグリシジルエーテル類の反応による高分子 ・末端及び／又は側鎖に重合可能な二重結合を有するアルキレンオキシド重合体の架橋体
ソニー	・カーボネート基を官能基とする有機高分子 ・カーボネート基とメチレン鎖とが結合したユニットを主鎖に有する高分子 ・5員環状カーボネート基を官能基とする構造を側鎖の一部にもつモノマーユニットと該モノマーユニットと共重合可能なモノマーユニットとの重合体である有機高分子
大塚化学	・ホスファゼンポリマーもしくはこれらの混合物に、ポリアルキレンオキシド系化合物などの混合物を含有 ・アニオンをポリマーに固定した形の特定種の高分子電解質
リコー	・高分子固体電解質の高分子マトリックス中の未反応の重合性モノマー（及び又は）重合性オリゴマーが30重量％以下 ・高分子マトリックスが（メタ）アクリレートモノマーと含フッ素モノマーの共重合体
日立化成工業	・スルホン酸化合物、その誘導体又はそのハライド化合物とアミノ化合物との反応による高分子 ・ジイソシアネートなどとジカルボン酸などを反応させて得られるポリアミド系樹脂中間体とエポキシ樹脂及びポリオキシアルキレンモノアミンとの反応による高分子
ダイソー	・オリゴオキシエチレン側鎖を有するポリエーテル共重合体 ・エチレンオキシド単位を有するグリシジルエーテルおよびエチレンオキシドからなるコポリマー

　真性ポリマー電解質の最大の課題はイオン伝導度である。具体的には、室温、更には低温で如何にイオン伝導度の良い高分子物質を得るかであり、これに関して新たな真性ポリマー電解質の開発で対応するものが200件近く出願されており、構造化による対応（図1.1.2-1の分類で「構造体」に相当）は30件弱である。イオン伝導度の向上に次ぐ課題はサイクル寿命および変形寿命であるが、件数的には、それぞれイオン伝導度向上の三分の一および四分の一程度である。生産性・安全性などの課題に対応するものは、真性ポリマー電解質が未だ商品化されてないため極めて少ない。

　高いイオン伝導度を有する真性ポリマー電解質で、先ず多くの出願が見られるものとしては、エチレンオキシド、メチレンオキシドなど共重合体のジメタクリル酸エステル単独又は他のエステルとの混合物による架橋ネットワーク構造の高分子電解質で、室温での高いイオン伝導度と機械的強度（特に柔軟性）を兼備したもの（特公平8-32752、特公平8-32753：ユアサコーポレーション）、2-（メタ）アクリロイルオキシエチルカルバミド酸オキシアルキルエステルの重合体で数10μmの膜としても強度良好で室温・低温で高いイオン伝導度を有するもの（特許3161906、特許3127190：昭和電工）、エチレングリコールなどの活性水素含有化合物とグリシジルエーテル類の反応による高分子で室温以下でも高いイオン伝導度をもつもの（特許2762145、特許2813828：第一工業製薬）がある。無機微粉添加によってイオン伝導度を向上するものとして、ポリアミン化合物に少なくともエチレンオキサイドあるいはプロピレンオキサイドを付加して得られるポリエーテル化合

物にイオン交換性の層状化合物（粘土鉱物など）を添加してイオン伝導に有利な経路を形成するもの（特公平 8-884、特許 2917416：松下電器産業）がみられる。

サイクル寿命延長の課題に対して、エチレンオキシド、アクリロニトリル、エポキシ、フッ化ビニリデン、エチレン、スチレン、ウレタン、シロキサン及びフォスファゼンよりなる群から選ばれた少なくとも 3 種の単量体の多元共重合体を用いることにより内部抵抗上昇を抑制するもの（特開平 7-320782：三洋電機）などの例がある。

(2) ゲル電解質

ゲル電解質に関する技術開発の課題については上記の真性ポリマー電解質と同体系である。他方、解決手段としては、やはりゲル電解質の開発（図 1.1.2-1 の分類において「均一系」に相当）およびゲル電解質の構造化（同図で「構造系」に相当）があるが、構造化の内容として、孔・層構造、無機・有機微粉添加、セパレータ共存などがあって、真性ポリマー電解質におけるよりは若干バラエティーに富んでいる。

図 1.4.1-2 に、これらの技術課題と解決手段に対応する出願件数の分布を示す。真性ポリマー電解質と同様、イオン伝導度向上のためのゲル電解質開発に関するものが顕著に多く、全体として前図 1.4.1-1 と相似パターンとなっている。しかし、ゲル電解質が商品化されていることから、相対的に件数が多いこと、および生産性・安全性に関する課題についても相当数の出願があることが特徴である。

図 1.4.1-2 ゲル電解質に関する技術課題／解決手段に対応する出願件数

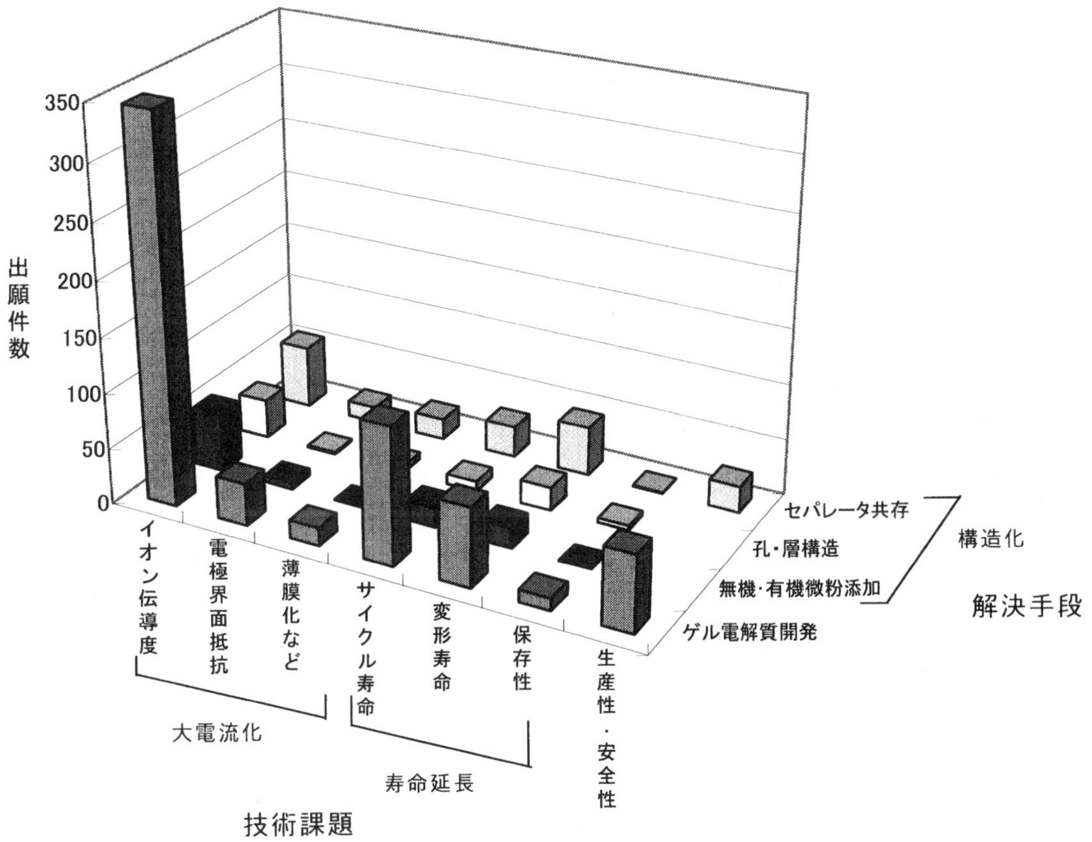

表 1.4.1-3 に、これらの技術課題と解決手段に対応する主要な出願人（各枠内で 3 件以上の出願を有するもの）と出願件数を示す。また、表 1.4.1-4 には、ゲル電解質開発におけるホストポリマー開発内容の例を企業別に示す。

表 1.4.1-3 ゲル電解質の技術課題／解決手段と出願件数 (1/2)

技術課題		解決手段	ゲル電解質開発	構造化 孔・層構造	構造化 無機・有機微粉添加	構造化 セパレータ共存
電気特性向上	大電流化	イオン伝導度	ユアサ 30 昭和電工 21 ソニー 15 第一工業製薬 14 リコー 12 旭硝子 11 三菱化学 10 三井化学 10 日立化成工業 9 日本電気 8 昭和高分子 8 富士写真フイルム 8 松下電器産業 8 三洋電機 8 三菱レイヨン 7 旭化成 7 東芝電池 6 ジェイエスアール 6 日立製作 5 ジャパンエナジー 5 フジクラ 5 ティーディーケイ 5 信越化学工業 5 東ソー 4 ダイソー 4 三菱製紙 4 日本メクトロン 4 古河電気工業 3 宇田川礼子 3 富士通 3 日本石油 3 日本電信電話 3 サンスター技研 3 ハイドロ ケベック 3 日本化薬 3 東洋紡績 3 大塚化学 3 346 件	日本電池 9 旭化成 9 松下電器産業 5 三菱レイヨン 5 53 件	昭和電工 9 ユアサ 4 松下電器産業 3 35 件	三菱レイヨン 7 帝人 5 フジクラ 4 富士写真フイルム 4 日本電池 3 三洋電機 3 ソニー 3 三菱化学 3 ユアサ 3 56 件
		電極界面抵抗	昭和高分子 6 三菱化学 5 ティーディーケイ 4 三洋電機 4 リコー 3 ソニー 3 38 件	日本電池 3 6 件	 2 件	リコー 3 ジャパンゴアテックス 3 14 件
		薄膜化など	ソニー 5 16 件	 1 件	 6 件	東燃化学 5 東芝電池 3 ジャパンゴアテックス 3 19 件

（単位のない数字は内数、枠内最下行の件数は合計数。ユアサコーポレーションは「ユアサ」と略記。）

表 1.4.1-3 ゲル電解質の技術課題／解決手段と出願件数（2/2）

技術課題		解決手段	ゲル電解質開発	構造化 孔・層構造	構造化 無機・有機微粉添加	構造化 セパレータ共存
電気特性向上（続き）	寿命延長	サイクル寿命	旭硝子 16 三洋電機 15 三菱化学 10 リコー 8 ユアサ 8 123 件	日本電池 3 三洋電機 3 18 件	三洋電機 3 9 件	東燃化学 6 28 件
		変形寿命	日本電気 8 ユアサ 6 三菱化学 5 松下電器産業 4 71 件	日本電池 5 18 件	ユアサ 3 東芝電池 3 21 件	日立マクセル 7 三菱化学 5 ソニー 5 帝人 5 44 件
		保存性	ユアサ 3 三洋電機 3 11 件	1 件	4 件	1 件
生産性・安全性			ユアサ 11 東芝電池 6 ソニー 5 リコー 4 68 件			日立マクセル 5 24 件

（単位のない数字は内数、枠内最下行の件数は合計数。ユアサコーポレーションは「ユアサ」と略記。）

表 1.4.1-4 ゲル電解質開発におけるホストポリマー開発の例

企業名	ホストポリマー開発例
ユアサコーポレーション	・エチレンオキシドとプロピレンオキシドのランダム共重合体またはブロック共重合体のジメタクリルエステルまたはジアクリル酸エステルによる架橋体 ・エポキシ基を有する化合物のエポキシ基同士がカチオン開環重合された高分子 ・フッ素を含むアルキル骨格を有し、官能基として重合性官能基を分子構造内に持つモノマーからの重合体
三洋電機	・エチレンオキシド、アクリロニトリル、エポキシ、フッ化ビニリデン、エチレン、スチレン、ウレタン、シロキサン及びフォスファゼンよりなる群から選ばれた少なくとも 3 種の単量体の多元共重合体 ・ポリアルキレングリコールアクリレート、ポリアルキレングリコールメタクリレート及びこれらの誘導体から選択される少なくとも一種の重合性モノマーの重合体
ソニー	・フッ化ビニリデンとヘキサフルオロプロピレンのブロック共重合体をマトリックス高分子として含有 ・ウレタン成分及びウレア成分の少なくとも一方とフッ化ビニリデンとを有する高分子化合物
リコー	・固体電解質中にシリコーン系化合物を含有 ・高分子固体電解質に少なくとも 1 種の難燃剤を含有
昭和電工	・ポリまたはオリゴカーボネート基および特異なウレタンアクリレート基を有する高分子 ・ウレタンアクリレート系重合性官能基を有する化合物から得られる高分子
三菱化学	・環状イヌロオリゴ糖骨格を有するモノマーが架橋された有機高分子 ・2 つの官能基を有し、それらの間に存在する原子列から分岐した構造を有する 2 官能モノマーをモノマー成分として含むポリマー
旭硝子	・フッ化ビニリデンに基づく重合単位とヘキサフルオロプロピレンに基づく重合単位とを 40／60～70／30 の重量比で含有
松下電器産業	・有機ジスルフィド化合物を含有するアクリロニトリル共重合体 ・エチレンオキシドを付加したトリメチロールプロパン・トリアクリレートとエチレンオキシド・プロピレンオキシド・ブロックポリエーテル・ジアクリレートが重合した高分子マトリックス
第一工業製薬	・三官能性高分子化合物が各々の官能性高分子鎖として特定の高分子鎖を含有する、三官能性末端アクリロイル変性アルキレンオキシド重合体

　ゲル電解質の最大の課題は、イオン伝導度と機械的強度の両立である。イオン伝導度を高めるために非水電解液を多く含ませると、機械的強度が低下して変形寿命（変形による内部短絡）が短くなる。この課題についてゲル電解質そのものの開発で解決しようとす

る発明が350件近く出願されている。次いで、サイクル寿命および生産性・安全性についても出願が相当数あり、注力分野が広がっている。

イオン伝導度の向上について、ゲル電解質の開発で対応している発明には、エチレンオキシドとプロピレンオキシドのランダム共重合体またはブロック共重合体のジメタクリル酸エステル、ジアクリル酸エステルの架橋ネットワーク高分子の固体電解質にイオン性塩を相溶する化合物を含有させるもの（特許 2518073：ユアサコーポレーション）、ウレタンアクリレート系重合性官能基を有する化合物から得られる高分子にオキシアルキレンカーボネート化合物を含ませるもの（特開平 10-69818：昭和電工）などがある。また、構造化による対応では、多孔性のリチウムイオン導電性ポリマー膜の孔中に非水電解液を保持させて低温でもイオン伝導度を高く保つもの（特開平 8-195220：日本電池）などがみられる。

サイクル寿命を課題とする発明の例として、フッ化ビニリデンに基づく重合単位とクロロトリフルオロエチレンに基づく重合単位とを 75／25～25／75 の重量比で含有する共重合体をホストポリマーとして電極との密着性を向上させるもの（特開平 10-284123：旭硝子）などがある。

変形寿命を向上する手段として、非水電解液に溶解しない高分子重合体よりなる繊維状物又はパルプ状物よりなる支持相と非水電解液により溶解又は可塑化しうる高分子重合体の繊維状物又はパルプ状物からなるマトリックス形成相とを一体化するもの（特開平 11-102612：三菱レイヨン、ソニー）、ゲル状電解質シートの芯材として、繊維状無機質フィラーを含有するもの（特開平 11-219727：日立マクセル）など、従来の電解液タイプで用いられていたセパレータが再び見直される傾向にある。

1.4.2 負極

リチウムポリマー電池の負極は活物質の種類により炭素系負極およびその他無機系負極（Li 合金、Si 合金、Ti や Sn の酸・窒化物など）があり、それぞれ、以下のような技術課題を有している。

(1) 炭素系負極

電極に係わる技術課題は、「電気特性向上」と「その他の特性向上」に大別される。

電気特性向上には、容量特性、寿命、充放電特性、伝導性の向上が含まれ、その他の特性向上には、薄形軽量化、安全性、生産性などが含まれる。また、この解決手段として、炭素系負極では、活物質の改善開発（特定炭素、複合体、表面処理・被覆）と組合せ要素の改善開発（導電・結着剤、その他）により対応が行なわれている。炭素系負極は電解液タイプのリチウムイオン電池に常用されており、そのままリチウムポリマー電池に適用されている。

各技術課題については、以下の具体的課題が含まれている。

電気特性向上のうち、容量特性の向上には充放電容量に係わる重量（体積）エネルギー密度の向上策などが含まれる。寿命の向上には電極のひび割れ、剥離、電解質の分解、漏液、デンドライトの発生、膨張、変形、腐食、などの電池寿命に直接係わる課題が該当し、電池の長期保存に関する事項もこの課題に含まれている。

充放電特性の向上には、電池の電流および電圧特性を広く包含し、電池の高温安定性や低温性能など外部環境に伴って変化する電気的特性、急速充電特性、自己放電防止策なども含まれている。充電電気量に対する放電電気量の比率であるクーロン効率や、大電流放電の性能指標であるレート特性などもここに含まれている。
　伝導性の向上には電極自体の内部インピーダンス、電極や電解質間の密着抵抗、イオン伝導性などに関する課題が含まれている。
　他方、その他の特性向上のうち、薄形軽量化には電極の薄形化、可撓性の付与、軽量化のための形状変更などが含まれ、安全性には短絡防止、ガス発生、異常加熱、過充電対策、過放電防止策などが含まれる。そして、生産性などには製造歩留、成形加工性、製膜性、均一性、品質、低コストなどの製造技術に関する課題が広く包含される。
　図 1.4.2.1-1 に炭素系負極に関する技術開発の課題と解決手段に対応する出願の分布を示す。比較的出願が集中しているのは、寿命延長のために活物質を複合体化するもの、充放電特性、安全性向上のために活物質の表面処理・被覆をするものである。これらは、いずれも商品化後の一層の特性改善要請を反映している。

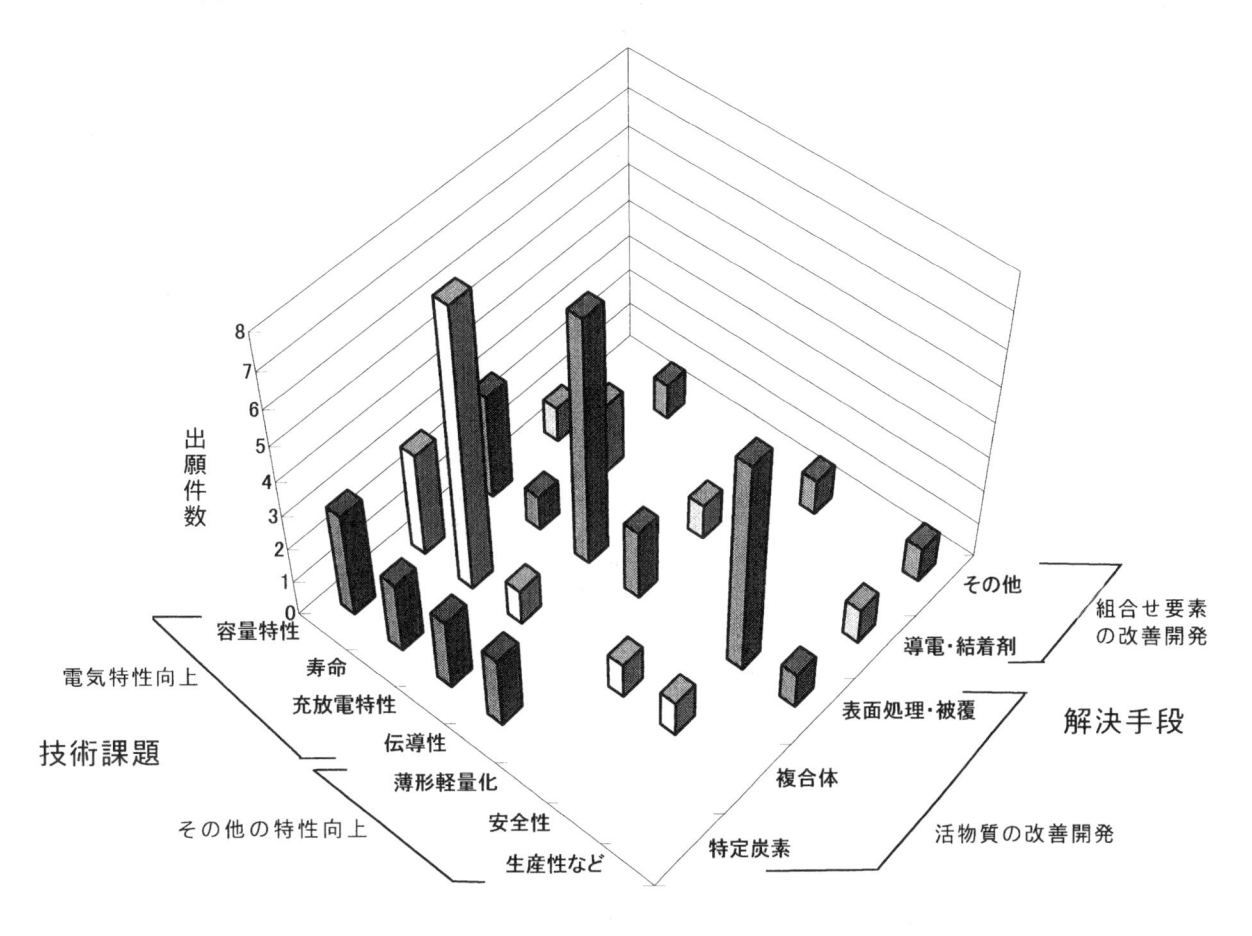

図1.4.2-1 炭素系負極の技術課題／解決手段に対応する出願件数

　表 1.4.2-1 に、これらの技術開発の課題と解決手段に対応した主要な出願人（各枠内で２件以上の出願を有する企業）と出願件数を示す。
　ポリマー電解質においては、電解液に比較してイオン伝導性が小さく、特に電極との界面における伝導性が電気特性を左右することが多い。従って、電極あるいは活物質の界

面における反応を円滑化するための技術として、活物質の複合化、活物質の表面処理、導電剤や結着剤との組合せ技術を用いるものが多い。容量特性を主課題とする発明は、活物質としての炭素の構造、複合体、および表面処理・被覆の全般にわたり、解決手段が模索されている。電解質との接触面に特定ポリマー層を介在させて接触面積を増大する（特開平 11-97071：三洋電機）、電子伝導性の大きい炭素繊維を複合化する（特開平 11-260366：東芝）などの例がある。

表1.4.2-1 炭素系負極の技術課題／解決手段と出願件数

技術課題	解決手段	活物質の改善開発			組合せ要素の改善開発	
		特定炭素	複合体	表面処理・被覆	導電・結着剤	その他
電気特性向上	容量特性					
		3件	3件	3件	1件	
	寿命		三洋電機3 東芝電池3			
		2件	8件	1件	2件	1件
	充放電特性	ユニチカ2		リコー2		
		2件	1件	7件		
	伝導性			三洋電機2		
		2件		2件	1件	
その他の特性向上	薄形軽量化					
			1件			1件
	安全性			大阪瓦斯3 シャープ2		
			1件	6件		
	生産性など					
				1件	1件	1件

（単位のない数字は内数、枠内最下行の件数は合計数。ユアサコーポレーションは「ユアサ」と略記。）

寿命に対しては、活物質の複合体化に集中し、三洋電機と東芝電池の出願が多い。炭素質にポリマーを含浸・複合化する（特開平 9-232000：三洋電機）、カーボンブラックを配合して活物質の充填密度を向上させる（特開 2000-251878：東芝電池）などの例がある。電解質との親和性向上のために金属被覆する（特開 2001-126768：日立製作所）などの例もある。

充放電特性については、表面処理・被覆で対処している企業が多く、電解質との濡れ性改善のためのポリマー被覆に関する出願（特開平 11-120992：リコー）が目立つ。また、特定の炭素材を採用（特開平 11-97011：ユニチカ）などがある。伝導性は、電極各部の接触抵抗や電気伝導性、イオン伝導性をまとめた課題であるが、特定炭素材、表面処理・被覆、および導電・結着剤などで対応していることがわかる。表面被覆で電解質との接合性を改善する技術（特開平 8-124597：三洋電機）が注目される。安全性に対しては、活物質の表面処理・被覆が多く、安価なピッチ被覆により電解質との反応を抑制する技術（特許2976299：大阪瓦斯、シャープ）がその例である。

(2) その他無機系負極

図 1.4.2-2 に「その他無機系負極」に関する技術開発の課題と解決手段に対応する出願件数の分布を示す。技術課題の体系は上記の炭素系と同様であるが、解決手段として Li 合金、Si 合金などの活物質の改善開発および組合せ要素の改善開発がなされている。いずれの活物質も未だ商品化には至っていないが、炭素系負極の電気特性を上回るべく、容量特性向上および寿命延長を狙った発明が多い。

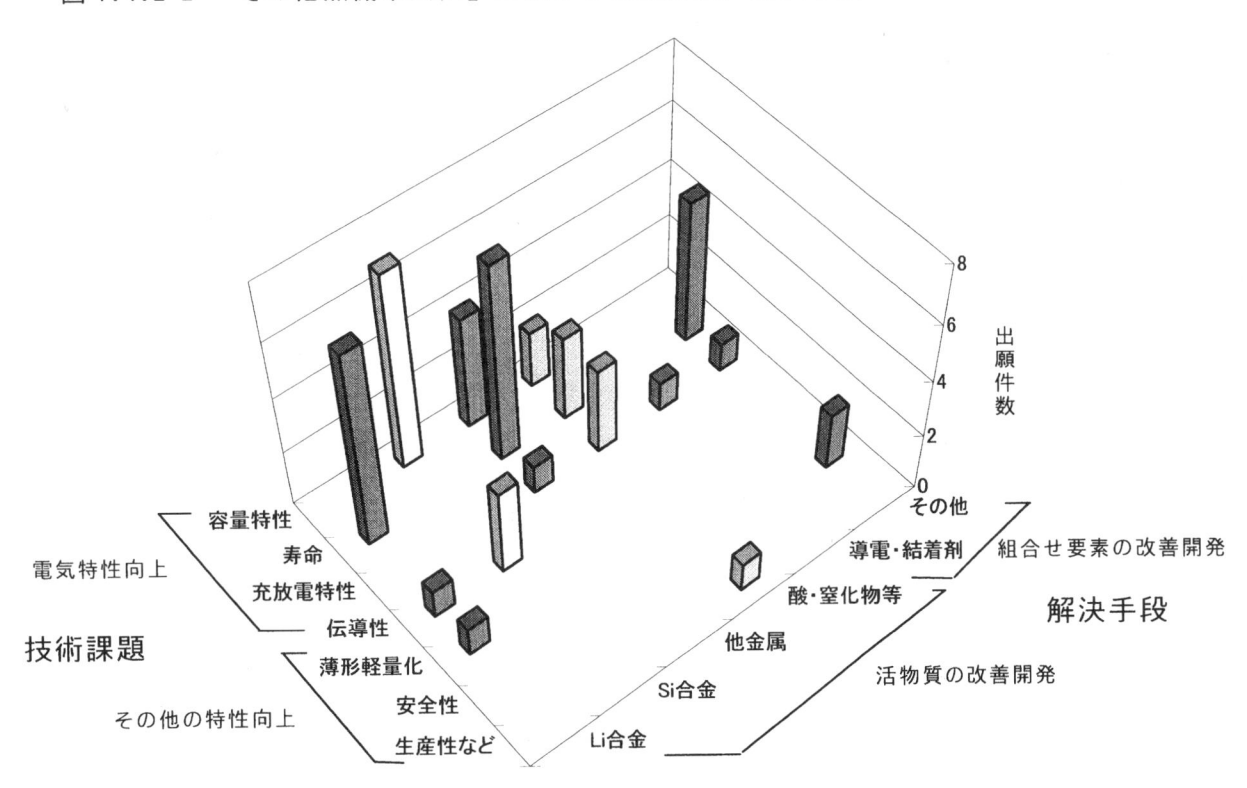

図 1.4.2-2 「その他無機系負極」に関する技術課題／解決手段に対応する出願件数

表 1.4.2-2 に、これらの技術開発の課題と解決手段に対応した主要な出願人（各枠内で 2 件以上の出願を有する企業）とその出願件数を示す。「その他無機系負極」には、理論上最も大きな容量特性を有する Li 合金負極が含まれている。Li のデンドライト状析出が商品化に対する大きな障害となっていたが、電解質をポリマー化することが有効な対策として注目されている。また、炭素系負極を上回る高容量を狙った Si 合金などの活物質も検討されている。

容量特性を主課題とするものは、Si 合金、その他の金属、および Ti や Sn の酸化物、窒化物等の化合物に出願が集中している。Si 合金に関する出願では、Si 含有化合物の伝導性や体積変化への対応も考慮している（特開 2000-21449：富士写真フイルム）。また、Sn、Si などの酸化物シート負極（特開平 11-233143：富士写真フイルム）などの例もある。上記以外の活物質の提案として、Ag を中心に Sn、In、Pb などの金属を含む特定化合物（特許 3059942：脇原将孝）があげられる。寿命を主課題とするものは件数が多く、各種の解決手段で対応している。Li 合金の代表例として、Li 負極を高分子材で被覆して電解質との界面反応を抑制するもの（特開平 9-147920：松下電器産業）が挙げられる。

表1.4.2-2 「その他無機系負極」の技術課題／解決手段と出願件数

技術課題	解決手段	活物質の改善開発				組合せ要素の改善開発	
		Li合金	Si合金	他金属	酸・窒化物等	導電・結着剤	その他
電気特性向上	容量特性		富士写真フイルム5	日立製作所2			
			7件	4件	4件		
	寿命	三菱電線工業3 松下電器産業2		松下電器産業3			キヤノン2
		7件		7件	3件		5件
	充放電特性						
				1件	3件	1件	1件
	伝導性		花王3				
		1件	3件			1件	
その他の特性向上	薄形軽量化	1					
		1件					
	安全性						富士写真フイルム2
							2件
	生産性など						
					1件		

（単位のない数字は内数、枠内最下行の件数は合計数。ユアサコーポレーションは「ユアサ」と略記。）

　その他の金属を活物質とする出願としては、Snを特定固溶体で被覆し膨張・収縮を抑制する技術（特開2000-173608：松下電器産業）の例がある。集電体などとの組合による特性改善に関するものも多く、活物質の体積変化に追従して変形する、Liと合金化しない金属製の集電体（特開平11-233116：キヤノン）の例がある。充放電特性では、酸化物系の活物質に関する出願がやや多く、酸化チタンまたはチタン酸リチウム（特開平10-312826：三洋電機）の例がある。伝導性では、Si含有粉末と集電体を焼結して接触抵抗を軽減するもの（特許2948205：花王）がある。安全性については、Liイオンの供給を工夫した過充電安全性に関するもの（特開2000-182671：富士写真フイルム）、均質な酸化スズの効率的製造技術（特開平10-92425：トクヤマ）などがある。

1.4.3 正極

　リチウムポリマー電池の正極は活物質の種類により、「リチウム複合酸化物正極」、「高分子正極」および「バナジウム酸化物正極、その他」に大別できる。正極に関する技術開発の課題は前項の負極と同様の体系を有しているので、ここでは個別技術課題の説明は省略し、主として解決手段について述べる。

(1) リチウム複合酸化物正極

　図1.4.3-1にリチウム複合酸化物正極に関する技術開発の課題と解決手段の対応した出願件数の分布を示す。各技術開発の課題に対する解決は、各種活物質の改善開発および

組合せ要素の改善開発により行なわれている。LiCo複合酸化物は常用されている正極活物質であるが、低コスト化や電気特性向上の狙いで検討されているLiNi複合酸化物などとともに一層の電気特性向上のための開発が盛んである。

図1.4.3-1 リチウム複合酸化物正極に関する技術課題／解決手段に対応する出願件数

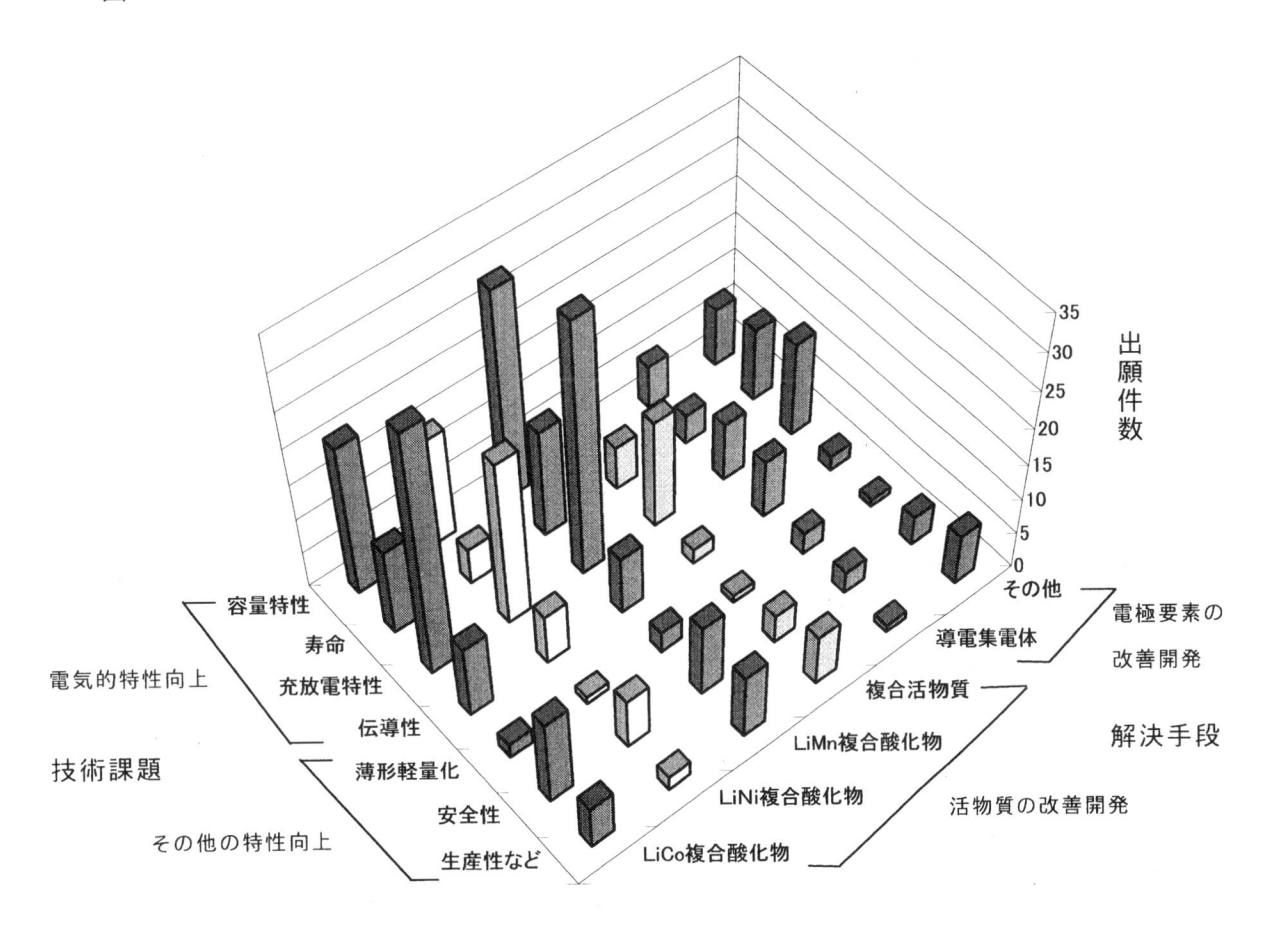

表1.4.3-1に、上図の技術開発課題と解決手段に対応した主要な出願人（各枠内で2件以上の出願を有するもの）と出願件数を示す。活物質としてのリチウム複合酸化物は、LiCo複合酸化物、LiNi複合酸化物、LiMn複合酸化物などに代表されるリチウム含有遷移金属複合酸化物およびそれらを複合化または高分子活物質と混合した複合活物質がある。一般的にLiNi複合酸化物は原料コスト、資源供給量の面では有利であるが、LiCo複合酸化物と比較して合成が難しく、取り扱いに問題があるといわれている。LiMn複合酸化物は作動電圧が約4Vと高く、資源量も豊富で安価であり魅力的な材料であるため近年多くの出願がなされている。なお、電極としては、これらの活物質に加えて導電剤や集電体の選択も重要な要素であり、更に結着剤や電解質を含めて電極を構成するため、電極要素としてこれらも含むものとしている。

解決手段の分布をみると、全体的にはLiMn複合酸化物を中心としてLiCo複合酸化物などに出願が集中しており、ポリアニリンなどの導電性ポリマーと複合化した発明が多い。LiCo複合酸化物では、500℃以下の低温で焼成したLiCo複合酸化物と導電性高分子材料で構成される電極を用いて、電位平坦性に優れた電池を提供するもの（特開平8-222221、

特開平 8-222222：リコー)、LiNi$_{1-x}$Co$_x$O$_2$ と導電性高分子および導電助剤を混合してなる電極で、電解質に高分子固体電解質を使用するもの（特開平 10-134798：リコー）などが出願されている。LiMn 複合酸化物では、正極の導電剤に膨張黒鉛を使用して活物質の利用率を高めるもの（特開平 10-188993：リコー）、資源的に豊富でかつ安価なマンガン酸化物を原料として用いた LiMn$_{(2-a)}$X$_a$O$_4$ 正極（特開平 10-188984、特開平 10-199508、特開平 10-199509：リコー）などがある。LiNi 複合酸化物では、リチウム化合物とニッケル化合物との混合物を焼成した後に低温焼鈍することにより高容量、サイクル特性に優れる電池（特開平 7-335215：住友化学工業）、またアルミニウムを添加した LiNi 複合酸化物を用いて電池の容量低下を防止するもの（特開平 10-214626：住友化学工業）などがある。リチウム複合酸化物正極の集電体としては、垂直に交差した金属網を用いてレート特性を改善する方法（特開平 11-144738：東芝電池）、LiMn 複合酸化物の Mn 溶出による内部インピーダンスの増大を防止する目的でキレート高分子を添加する方法（特開平 11-121012：ユアサコーポレーション）などがある。

表 1.4.3-1 リチウム複合酸化物正極の技術課題／解決手段と出願件数

技術課題	解決手段	活物質の改善開発 LiCo複合酸化物	LiNi複合酸化物	LiMn複合酸化物	複合活物質	電極要素の改善開発 導電集電体	その他
電気特性向上	容量特性	リコー5 富士写真フイルム2 日本電池2 21件	住友化学工業4 日本電池2 リコー2 15件	リコー10 三洋電機3 ソニー2 29件	リコー6 三菱化学3 ユアサ2 15件	リコー2 6件	富士写真フイルム2 富士写真フイルムセルテック2 8件
	寿命	リコー3 日立製作所2 12件	日立製作所2 5件	三洋電機3 日立製作所2 ユアサ2 15件	日立製作所2 6件	4件	富士写真フイルム3 富士写真フイルムセルテック2 10件
	充放電特性	三洋電機7 リコー4 富士写真フイルム3 34件	ユアサ2 富士写真フイルム2 リコー2 23件	リコー8 三洋電機6 ソニー2 旭硝子2 35件	三菱化学3 リコー3 日立製作所2 15件	8件	ユアサ3 富士写真フイルム2 リコー2 13件
	伝導性	花王2 10件	7件	8件	2件	8件	2件
その他の特性向上	薄形軽量化	2件	1件	3件	1件	花王2 3件	1件
	安全性	日立製作所2 12件	住友化学工業3 7件	リコー3 10件	日立製作所2 4件	日本電池2 3件	キヤノン2 4件
	生産性など	リコー3 6件	2件	リコー3 9件	リコー4 7件	1件	7件

（単位のない数字は内数、枠内最下行の件数は合計数。ユアサコーポレーションは「ユアサ」と略記。）

（2）高分子正極

　図 1.4.3-2 に高分子正極に関する技術開発の課題と解決手段に対応する出願件数の分布を示す。解決手段としてポリアニリン系、有機イオウ系およびこれらと無機活物質を混合した複合活物質などがある。これらは、次世代の活物質として期待されており、電池の基本特性である容量、寿命、充放電特性について研究開発がなされている。

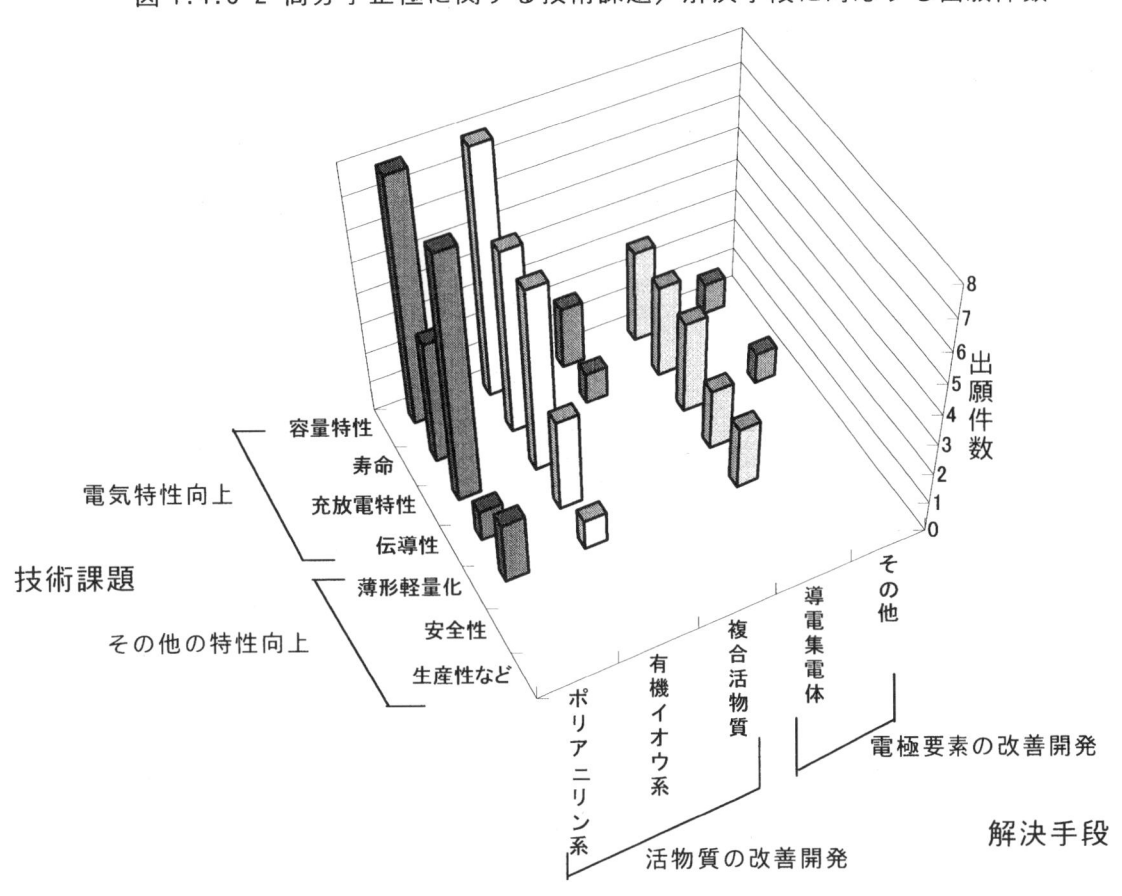

図 1.4.3-2 高分子正極に関する技術課題／解決手段に対応する出願件数

　表 1.4.3-2 に、上図の課題と解決手段に対応する主要な出願人（各枠内で 2 件以上の出願を有する企業）と出願件数を示す。

　高分子系正極活物質として用いられる導電性ポリマーではポリアニリンが有力なシーズである。また 1988 年出願の米国特許 USP 4,833,048（S.J.Visco、C.C.Mailhe、L.C.Dejonghe）で開示されたジスルフィド系化合物などの有機イオウ系に関する出願も多数みられる。一般的にはジスルフィド化合物は遷移金属酸化物よりも高い理論エネルギー密度を有する（特開平 11-307126：リコー）。

　ポリアニリンを使用する発明としては、ポリアニリン系ポリマー含有正極を、酸化還元電位の異なる二層構造とすることにより急速充放電が可能な電池（特許 3111945：日本電気）や、ポリアニリン等の高分子活物質のドーパントを、固体電解質を構成する高分子マトリックスと同一にして、活物質と電解質間の接触抵抗を低減する発明（特許 2943792：日本電気）などがある。　または、導電性高分子粉末（ポリアニリン、ポリピロ

表1.4.3-2 高分子正極の技術課題／解決手段と出願件数

技術課題		解決手段：活物質の改善開発			電極要素の改善開発	
		ポリアニリン系	有機イオウ系	複合活物質	導電集電体	その他
電気特性向上	容量特性	錦湖石油化学2 パイオニア2 リコー2　　8件	錦湖石油化学2 モルテック2 パイオニア2　　8件	2件	錦湖石油化学2　　3件	1件
	寿命	4件	アベンティス リサーチ ウント テクノロジーズ2　　6件	1件	アベンティス リサーチ ウント テクノロジーズ2　　3件	
	充放電特性	日本電気2 松下電器産業2　　8件	矢崎総業2 松下電器産業2　　6件		3件	1件
	伝導性	1件	アベンティス リサーチ ウント テクノロジーズ2　　3件		アベンティス リサーチ ウント テクノロジーズ2　　2件	
その他の特性向上	薄形軽量化	2件	1件		2件	
	安全性					
	生産性など					

（単位のない数字は内数、枠内最下行の件数は合計数。ユアサコーポレーションは「ユアサ」と略記。）

ール、ポリチオフェン、ポリアセン）とゲル状固体電解質（アクリロニトリル、プロピレンカーボネート等とリチウム塩からなる）を複合し、電解質と電極間の接触抵抗を低減するもの（特許3168592：松下電器産業）などがある。

有機イオウ系化合物では、2,5-ジメルカプト-1,3,4-チアジアゾール（DMcT）が代表的であるが、これを使用した発明としては、銅合金集電材に有機ジスルフィド（DMcT）とポリアニリンなどの伝導性高分子を担持させた正極に、銅、バナジウム、クロムあるいはマンガンなどの金属成分を添加して高いエネルギー密度をうるもの（特許2877784、特許2936097：錦湖石油化学（韓国））などがある。

有機イオウ系化合物とポリアニリンなどを複合化する発明では、有機ジスルフィド化合物（4,5-ジアミノ-2,6-ジメルカプトピリミジン（DDPy）など）とポリアニリンを複合化するもの（特開平6-231752、特開平8-138742：松下電器産業）があり、この場合ポリアニリンはジスルフィド系化合物の電解酸化・還元に際して電極触媒として作用するため、可逆性に優れた、良好な充放電サイクル特性を示すとされている。

この他にポリアニリンと粒子状遷移金属カルコゲナイドの二種の活物質を複合させた正極部材を用いてエネルギー密度と充放電容量を改善するもの（特開平7-134987：リコー）や、チオール基を有するアニリン系化合物の重合体と可溶性導電性高分子（ポリアニリンなど）を特定比率で複合化するもの（特開平11-307126：リコー）などがある。

(3) バナジウム酸化物正極、その他

図1.4.3-3に「バナジウム酸化物正極、その他」に関する技術開発の課題と解決手段に対応する出願件数の分布を示す。解決手段にはV_2O_5系、V_6O_{13}系のバナジウム酸化物お

よびこれらと高分子活物質とを混合した複合活物質などがあるが、中で多いのは、電気特性およびその他の特性向上の全般にわたって V_2O_5 および複合活物質に関する発明である。

図1.4.3-3 バナジウム酸化物正極、その他に関する技術課題／解決手段に対応する出願件数

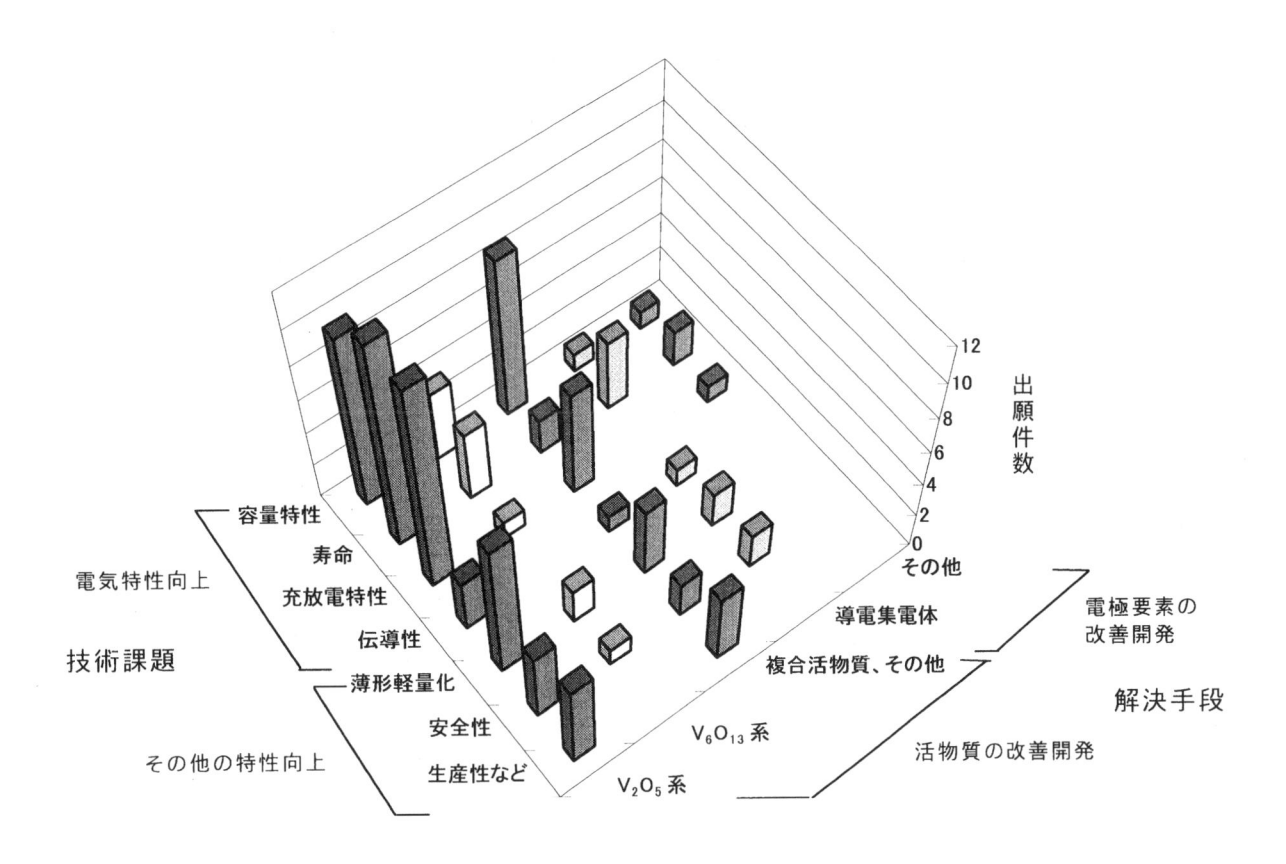

表1.4.3-3 に、上図の技術課題と解決手段に対応する主要な出願人（各枠内で2件以上の出願を有するもの）と出願件数を示す。バナジウム酸化物正極には結晶質 V_2O_5 と、結晶質 V_2O_5 の問題点である構造異方性を非晶質化し構造を柔軟化して克服した非晶質 V_2O_5、さらに V_2O_5 の構造を強化した V_6O_{13} などがある。非晶質 V_2O_5 は寿命と容量を向上させ、V_6O_{13} は電圧は低下するが可逆容量は向上すると言われている。またバナジウム酸化物は導電性が悪く導電性ポリマー等と複合化して使用される場合が多いので複合活物質に関する出願比率が高い。

V_2O_5 系を活物質とする発明では、P_2O_5 などの酸化物を含有する非晶質 V_2O_5 正極と高濃度のゲル状固体電解質を組み合わせて、高容量化、サイクル特性の改善を図るもの（特開平6-52890：リコー）、結晶性 V_2O_5 の周りをポリピロールやポリアニリンなどの導電性高分子材料で包括し、導電性を改善する方法（特開平6-168714：リコー）、さらに、V_2O_5 と複合する導電性高分子材料の重量平均分子量を限定するもの（特開平9-161771：リコー）、V_2O_5 エアロゲルと導電性高分子との複合体を正極活物質とするもの（特開平11-86855：リコー）、岩塩型バナジウム酸化物と、V_2O_5、V_3O_8 を混合した電極と、ゲル状高分子固体電解質を用いるもの（特開平11-86856：リコー）などがある。

表 1.4.3-3 バナジウム酸化物正極、その他の技術課題／解決手段と出願件数

技術課題	解決手段	活物質の改善開発			電極要素の改善開発	
		V_2O_5系	V_6O_{13}系	複合活物質、その他	導電集電体	その他
電気特性向上	容量特性	リコー6 大塚化学2 新神戸電機2 10件	4件	リコー4 9件	1件	1件
	寿命	大塚化学4 新神戸電機4 リコー2 12件	松下電器産業2 4件	2件	4件	2件
	充放電特性	リコー4 大塚化学3 新神戸電機3 12件	1件	リコー2 日本電池2 6件		1件
	伝導性	リコー2 3件		1件	1件	
その他の特性向上	薄形軽量化	大塚化学2 新神戸電機2 科学技術振興事業団2 8件	2件	科学技術振興事業団2 4件	2件	
	安全性	リコー2 4件	1件	リコー2 2件	2件	
	生産性など	大塚化学2 新神戸電機2 5件		ダイキン2 4件		

（単位のない数字は内数、枠内最下行の件数は合計数。ユアサコーポレーションは「ユアサ」と略記。）

　加圧成形法を使用せずに、含浸乾燥法を用いて容易に多孔体正極表面に $V_2O_5・nH_2O$ を主体とする正極活物質を被覆したリチウム電池（特許 2552393：新神戸電機、大塚化学）、負極活物質層と多層構造を成すキセロゲル状の正極活物質層（V_2O_5 など）とが固体電解質層を介して積層された固体電解質電池で、正極活物質層に非水有機電解液が含浸されている固体電解質電池（特許 3108186：新神戸電機、大塚化学）、V_2O_5 を主体とする正極活物質層の集電体に接する側が、固体電解質に接する側より還元された正極活物質であるリチウム電池（特許 3103703：新神戸電機、大塚化学）などがある。

　V_6O_{13} 系を活物質とする発明では、V_6O_{13} などの活性粉末とカーボンブラックなどの導電体及び特定のビニルエーテルから構成する複合カソードおよびこのカソードペーストをニッケル集電体に堆積させる方法（特開平 9-223497、特開平 9-223498：オリベッティ　パーソナル　コンピュータ（イタリア）、エニリチエルチエ（イタリア））の例がある。

1.4.4 結着剤・導電剤

　図 1.4.4-1 に結着剤・導電剤に関する技術開発の課題と解決手段に対応する出願件数の分布を示す。結着剤・導電剤は起電要素ではないが、リチウムポリマー電池のサイクル寿命・大電流化・容量特性などの電気特性を向上させる有力な手段となる。そのために結着剤・導電剤の機能を高めること、あるいは複合機能化して使用量を削減するなどの研究

開発が行われている。特に、シート状電池の弱点であるサイクル寿命の向上についての発明数が顕著である。

図1.4.4-1 結着剤・導電剤に関する技術課題／解決手段に対応する出願件数

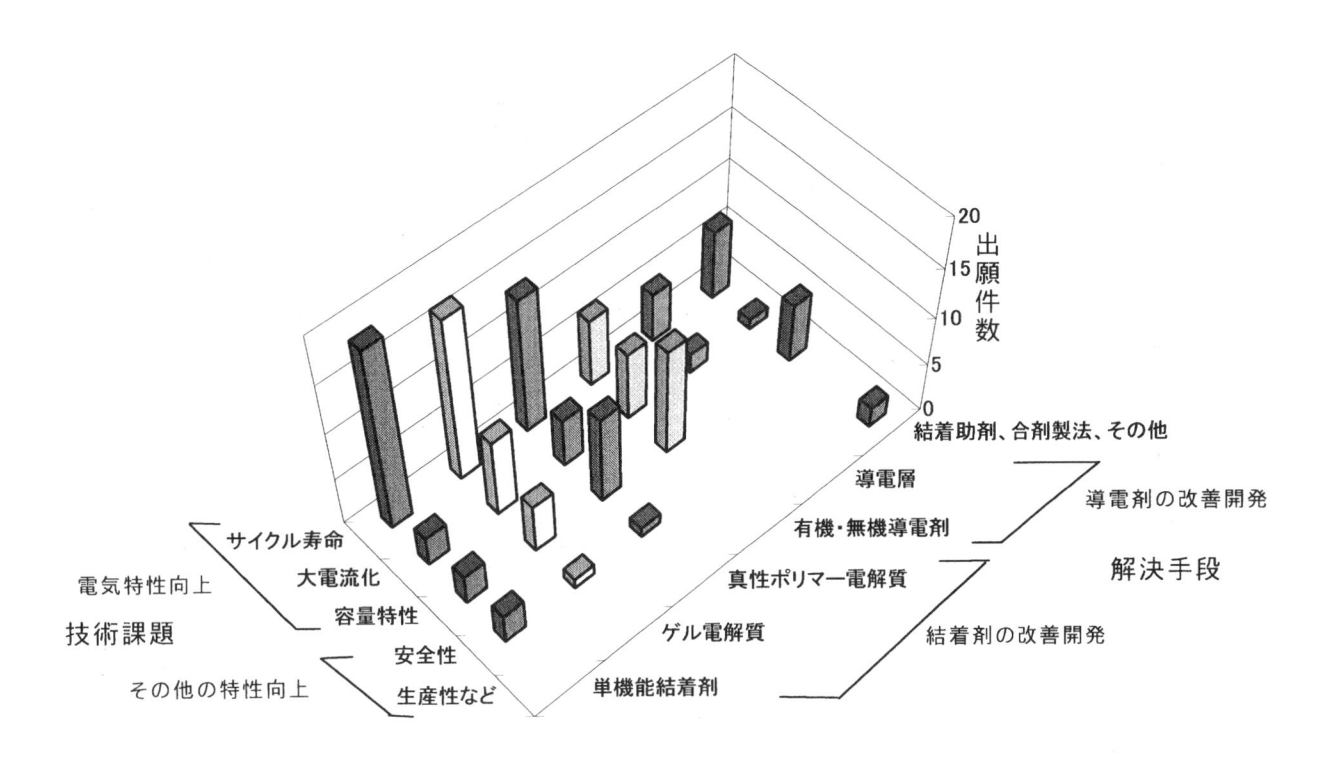

表1.4.4-1に、上図の技術課題と解決手段に対応する主要な出願人（各枠内で2件以上の出願を有するもの）と出願件数を示す。

シート状のリチウムポリマー電池においては、シート素電池を巻き回して円筒缶に収納した通常のリチウムイオン電池における固定メカニズムが働かないため、より強固な結着機能が要請される。従来から、通常のリチウムイオン電池ではビニリデンフロライドとヘキサフルオロプロピレンの共重合体などを非水電解液で膨潤させて電解質機能を持たせた結着剤が用いられてきたが、リチウムポリマー電池においては、下記のような、研究開発がなされている。

表中、単機能結着剤とは、イオン伝導機能や電子伝導機能を持たず、ゲル電解質中の可塑剤に対しても膨潤して緩む事のない素材である。例えば、プロピレンなどのオレフィンとアクリル酸などの共重合体（特開平11-329445：東芝電池）、ビニリデンフロライドなどのフッ素系モノマーとアクリル酸ビニルエーテルなどの共重合体（特開平11-329446：東芝電池）などを用いて集電体との密着性を改善する発明がみられる。

また、電解質兼用結着剤のうちゲル電解質素材については、芳香族ユニットとオキシアルキレンユニットとを有するオリゴマーが重合され、かつ分子鎖末端がアリルユニットまたはアクリルユニットの結着剤であるポリマー（特開平9-274933：ユアサコーポレーション）、分子鎖末端に重合性官能基を有するモノマーを重合するポリマー（特開平10-116620：ユアサコーポレーション）などが検討されている。これは、従来から使用されて

いるビニリデンフロライドとヘキサフルオロプロピレンの共重合体などでは、電極合剤を製造する際に使用する溶媒 N-メチル-2-ピロリドンが残存してサイクル寿命を劣化させることを回避するため、溶媒を使用する必要のない素材としたものである。さらに、電解質兼用結着剤のうち真性ポリマー電解質を素材として、結着・イオン伝導機能に加えて導電剤機能を有するもの（特開平 11-111301、特開 2000-182620：積水化学）などが研究開発されている。

表 1.4.4-1 結着剤・導電剤の技術課題／解決手段と出願件数

技術課題	解決手段	結着剤の改善開発 単機能結着剤	電解質兼用結着剤 ゲル電解質	電解質兼用結着剤 真性ポリマー電解質	導電剤の改善開発 有機・無機導電剤	導電層	結着助剤、合剤製法、その他
電気特性向上	サイクル寿命	東芝電池 4 ユアサ 2 積水化学工業 2 松下電器産業 2 三菱化学 2　　19件	ユアサ 6 富士通 2 東芝電池 2 三菱化学 2 リコー 2　　17件	積水化学工業 5 リコー 3　　14件	積水化学工業 3　　7件	東芝電池 2 三菱化学 2　　5件	リコー 4 ユアサ 2　　7件
電気特性向上	大電流化	3件	松下電器産業 3　　8件	松下電器産業 2 サンスター技研 2　　5件	松下電器産業 2　　7件	東芝電池 2　　2件	1件
電気特性向上	容量特性	3件	松下電器産業 3　　5件	積水化学工業 5　　9件	積水化学工業 3 ユアサ 2　　11件		旭化成 3 京セラ 2　　6件
その他の特性向上	安全性	3件	1件	1件			
その他の特性向上	生産性など						2件

（単位のない数字は内数、枠内最下行の件数は合計数。ユアサコーポレーションは「ユアサ」と略記。）

　導電剤については、上記の多機能有機導電剤のほか、通常用いられている炭素系および金属系などがあるが、これらについての出願件数は多くない。電極合剤への配合以外に、導電層（熱硬化性樹脂に導電性粉末を配合）を集電体と電極合剤の間に設けてサイクル寿命と大電流を確保するもの（特開 2000-133274、特開 2001-23643：東芝電池）がみられる。

1.4.5 シート電極・シート素電池

　図 1.4.5-1 にシート電極・シート素電池に関する技術開発の課題と解決手段に対応する出願件数の分布を示す。薄形軽量化（高エネルギー密度化）を始めとする技術課題に対して、集電体、正極・負極などの部材において解決手段が研究開発されている。また、シート搬送・シート剪断など生産性向上のための方法および装置が開発されている。

図1.4.5-1 シート電極・シート素電池に関する技術課題／解決手段に対応する出願件数

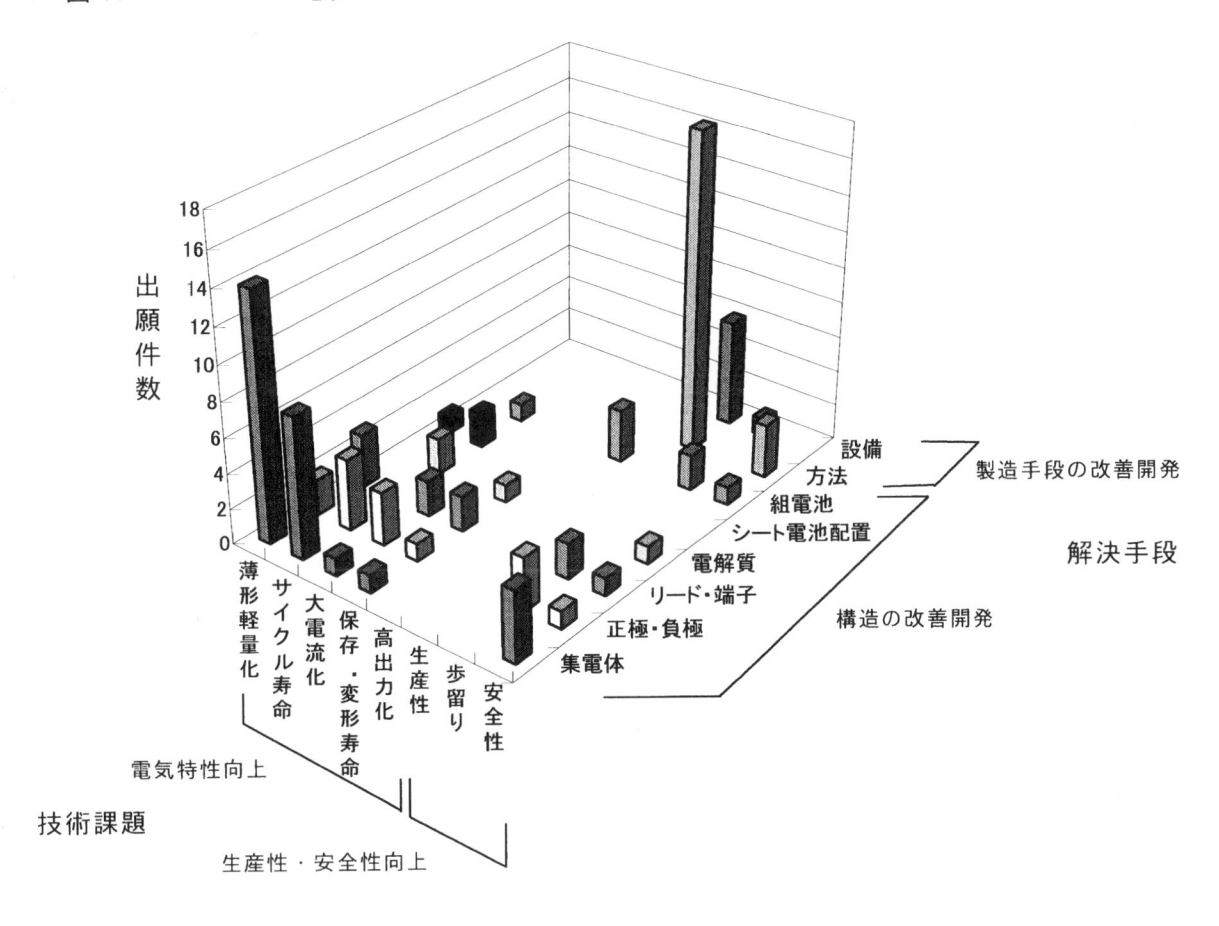

表1.4.5-1に、これらの技術開発課題と解決手段に対応する主要な出願人（各枠内で2件以上の出願を有するもの）と出願件数を示す。

薄形軽量化、サイクル寿命延長などの目的で、集電体を改善する研究開発例が多い。集電体は、通常、アルミニウムや銅の箔が用いられているが、軽量化のために超薄膜化するとハンドリングや生産性に問題が生ずる。これに対して、絶縁性の樹脂薄膜を強度部材とし導電性の薄膜との層構造としたもの（特開平10-112323、特開平10-241699：日本電池）がみられる。これは同時に安全性（内部短絡による発熱防止）確保も狙ったものである。また、銅箔の製造中および電池として使用中の破断対策として銀などを微量添加するもの（特開平11-86873：日本製箔）、金属箔にすだれ状の貫通穴を設けて、サイクル使用中の発生ガスの溜め空間とするもの（特開平11-97035：日本製箔）などがある。

シート電極・シート素電池の製造に際してシートへの電極合剤塗布、シート搬送・剪断など生産性向上に関する出願が多数みられる。例えば、重合剤を含む電解液を正極または負極シートに塗布し、シート電極として積層する工程の改善に関するもの（特開2000-243448、特開2000-268876：三菱化学）などが挙げられる。また設備としては、樹脂フィルム基材に電極合剤を均一に安定して塗布する装置（特開平11-339785：東芝電池）などがある。

表1.4.5-1 シート電極・シート素電池の技術課題／解決手段と出願件数

解決手段 / 技術課題		構造の改善開発						製造手段の改善開発	
		集電体	正極・負極	リード・端子	電解質	シート電池配置	組電池	方法	設備
電気特性向上	薄形軽量化	日本電池4 リコー2 14件	2件	3件		1件			
	サイクル寿命	日本製箔4 8件	三菱化学2 4件		松下電器産業2 2件	2件	1件		
	大電流化	1件	3件	2件					
	保存・変形寿命	1件	1件	2件	1件				
	高出力化						3件		
生産性・安全性向上	生産性							三菱化学5 ユアサ3 ソニー2 18件	東芝電池4 ソニー2 6件
	歩留り		3件	2件			大阪瓦斯2 2件		1件
	安全性	日本電池4 4件	1件	1件	1件		1件	3件	

（単位のない数字は内数、枠内最下行の件数は合計数。ユアサコーポレーションは「ユアサ」と略記。）

1.4.6 外装

図1.4.6-1に外装に関する技術開発の課題と解決手段に対応する出願件数の分布を示す。

図1.4.6-1 外装に関する技術課題／解決手段に対応する出願件数

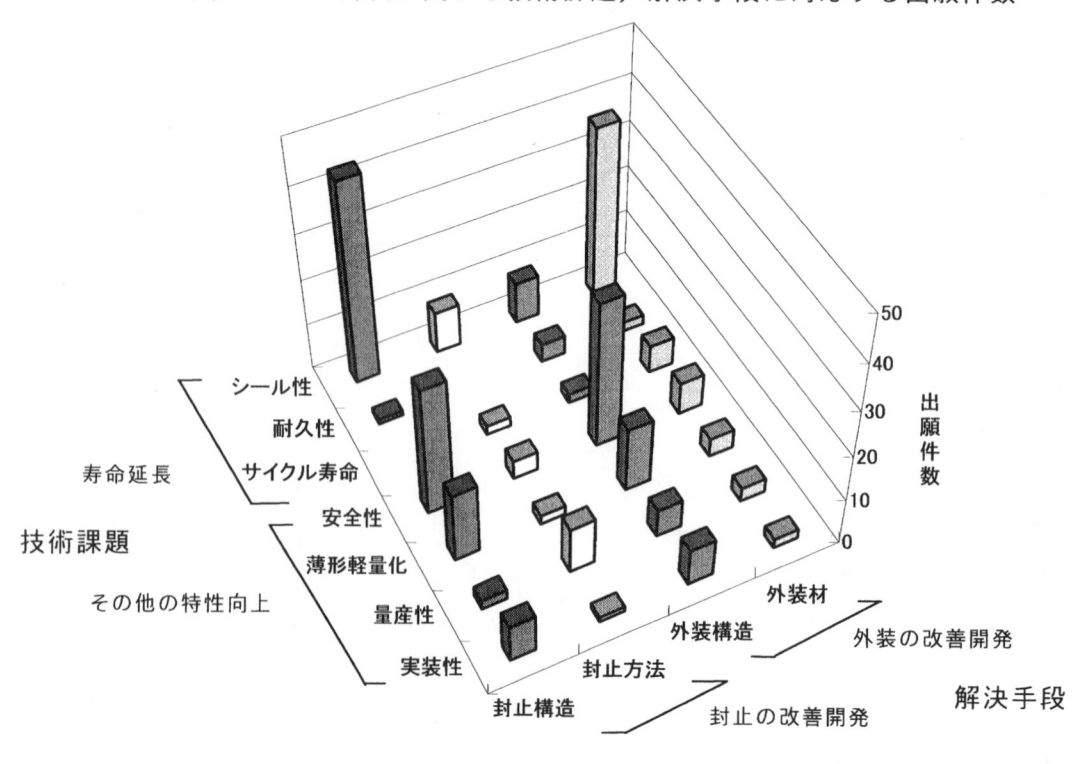

外装に関する技術開発の課題は、「寿命延長（シール性、耐久性、サイクル寿命）」および「その他の特性向上（安全性、薄形軽量化、量産性、実装性）」に関するものがある。後者の中の安全性には耐衝撃性、短絡防止、放熱性、膨れ・破裂防止などの課題が含まれている。

外装技術における最大の課題は、封止のシール性、具体的には液密性、気密性、防湿性、密封性更に密着性などをいかに高めるかであり、次いで安全性、薄形軽量化が大きな課題である。解決手段としては、「封止の改善開発（封止構造、封止方法）」および「外装の改善開発（外装構造、外装材）」で対応している。図から、シール性向上の課題に対して、封止構造および外装材で解決する研究開発が活発であることが読取れる。

表 1.4.6-1 に、これらの技術課題と解決手段に対応する主要な出願人（各枠内で3件以上の出願を有するもの）と出願件数を示す。

表 1.4.6-1 外装の技術開発の技術課題／解決手段と出願件数

技術課題		封止の改善開発		外装の改善開発	
		封止構造	封止方法	外装構造	外装材
寿命延長	シール性	三菱化学 6 三洋電機 6 ソニー 5 ティーディーケイ 5 松下電器産業 4 日本電池 4 リコー 3 44件	9件	三菱化学 4 9件	大日本印刷 6 三菱化学 4 東芝電池 4 37件
	耐久性	1件		三菱化学 4 4件	2件
	サイクル寿命		2件	2件	三洋電機 5 6件
その他の特性向上	安全性	東海ゴム工業 6 三洋電機 5 ユアサ 4 東芝電池 4 28件	4件	日本電池 8 東芝電池 7 ティーディーケイ 3 32件	7件
	薄形軽量化	ソニー 6 日本電池 3 15件	2件	東芝電池 3 14件	4件
	量産性	2件	東芝電池 4 10件	東芝電池 3 6件	3件
	実装性	ユアサ 4 8件	1件	東芝電池 4 8件	2件

（単位のない数字は内数、枠内最下行の件数は合計数。ユアサコーポレーションは「ユアサ」と略記。）

シール性を高めるための解決手段別に対応した主な出願をあげると、まず封止構造に関しては、封止周縁部を折り返し側面でシールするもの（特開平 11-67167：東芝電池）、またリード端子封止部のシール性確保の手段として、リード端子自体の表面状態を工夫するもの（特許 3141021：エイティーバッテリー、特開平 10-302756：ソニー、特開平 11-242953：旭化成）、リード端子部を特定の樹脂で被覆するもの（特開平 11-345599：ティーディーケイ、特開平 11-312514：ソニー、特開 2000-235844：日本電池、特開平 8-287889：三洋電機、特許 3059708：三菱電線工業）が多い。封止方法としては、減圧封止（特開平 8-83596：ソニー、特開平 10-199561：東芝電池）の他、金属材を介在させて外装材の金属同士も接合するもの（特開平 11-104859：昭和電工）もある。外装構造におい

ては、二重外装シール（特開平 11-120967：東芝電池）構造があり、さらに外装材に関しては、複層フィルムのシーラント層として樹脂種を特定したもの（特開 2000-340187：大日本印刷、特開 2001-43835：凸版印刷、特開平 10-74496：三洋電機、特開 2000-67823：日本製箔）が多くみられる。

　安全性に関するものとしては、短絡防止を図るための封止構造（特開 2000-173558：東海ゴム工業、特開平 11-40198：東芝電池、特許 3146461：ユアサコーポレーション）があり、膨れ破裂防止を図る外装構造として、安全弁機能を備えるもの（特開平 11-97070：東芝電池、特開平 11-312505：ソニー、特開 2001-93483：東海ゴム工業、特開 2000-260411：ティーディーケイ、特開平 11-265699：旭化成、特開 2001-93489：松下電器産業）が数多く出願されている。

2. 主要企業等の特許活動

2.1 ユアサコーポレーション
2.2 東芝電池
2.3 松下電器産業
2.4 三洋電機
2.5 ソニー
2.6 三菱化学
2.7 リコー
2.8 日本電池
2.9 旭化成
2.10 昭和電工
2.11 富士写真フイルム
2.12 第一工業製薬
2.13 旭硝子
2.14 大塚化学
2.15 新神戸電機
2.16 東海ゴム工業
2.17 富士通
2.18 花王
2.19 住友化学工業
2.20 積水化学工業
2.21 大学

> 特許流通
> 支援チャート

2．主要企業等の特許活動

出願件数の多い企業は電池メーカーであるが、化学業界
からの参入が盛んで、特定の部材のみに注力する例もある。

　リチウムポリマー電池に関する特許出願件数（1991年1月～2001年7月に公開されたもの）の多い主要企業について、その企業概要および特許出願内容などを紹介する。主要20社としては、出願件数の最も多い10社に加えて、前述の1.3.1で示した個々の技術要素において出願件数10位以内で6件以上を有する企業を抽出した。また、4件以上の出願について発明者を有している大学についても関連研究室と出願内容を紹介する。

　図2-1に、企業別および表1.3.1-2で区分した分野別に、上記のうち2001年10月時点で係属中（審査請求前、審査・審判中）または権利維持中の特許出願（以下、これらを合わせて保有特許という。）件数を示す。なお、複数の分野に関連する特許は、それぞれの分野で重複して計数している。また、以下で掲載する特許については、全てが開放可能とは限らないため、個別の対応が必要である。

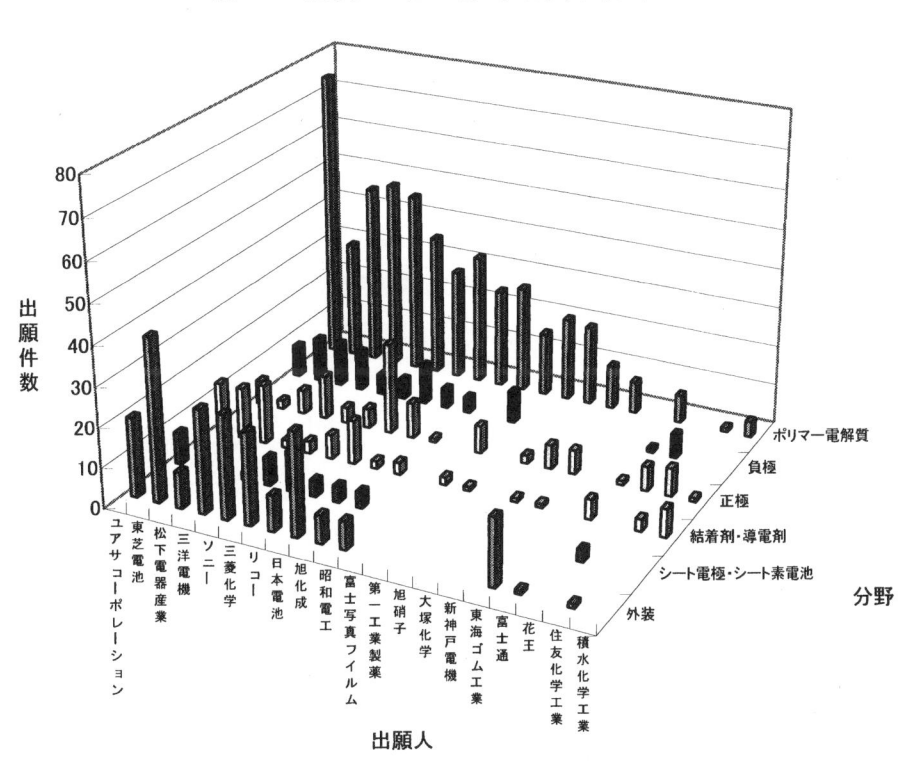

図 2-1 主要 20 社の分野別出願件数

図 2-2 に、前図について企業別ごとの分野別出願比率として示す。上位 10 社まではユアサコーポレーション、東芝電池などの電池メーカーが中心であるが、化学メーカーが 3 社（三菱化学、旭化成、昭和電工）みられる。昭和電工を除く各社とも全分野に出願しており、出願分野相互間の比率において企業ごとの特徴がみられる。11 位以下は、化学メーカーをはじめとする異業種企業が主体となっており、各社の保有技術に応じた分野から参入する傾向が顕著にでている。

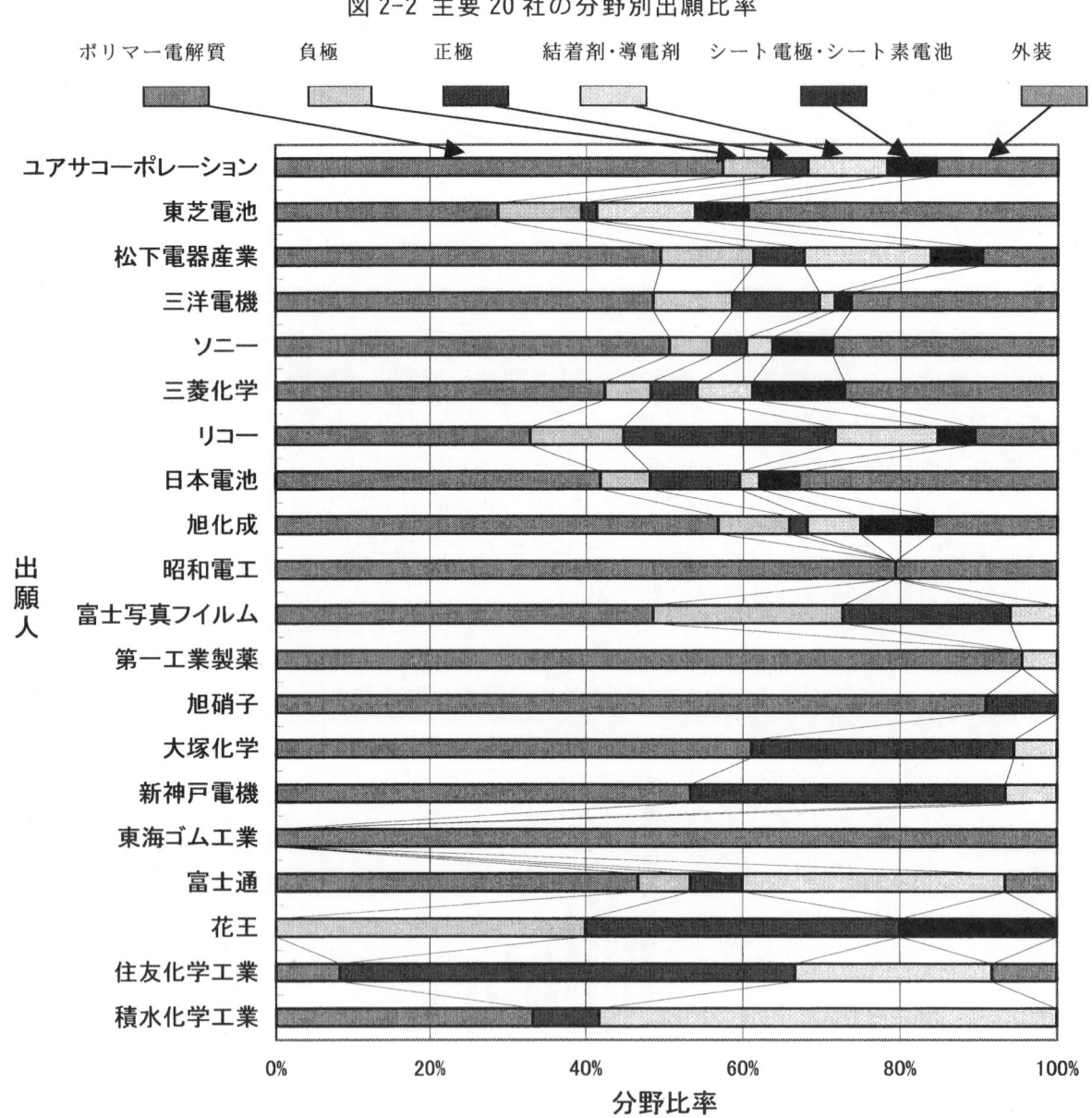

図 2-2 主要 20 社の分野別出願比率

　以降、これら主要 20 社について上記の分野別に加えてその詳細である技術要素別の傾向を出願比率から分析するが、前述した分野間の重複計数と同様に、複数の技術要素に関連するものは、それぞれの技術要素で重複して計数している。

2.1 ユアサコーポレーション

2.1.1 企業の概要

表2.1.1-1 ユアサコーポレーションの概要

1)	商号	株式会社ユアサコーポレーション
2)	設立年月日	1918年（大正7年)4月13日
3)	資本金	131億27百万円（2001年3月31日現在）
4)	従業員	1,817名
5)	事業内容	各種電池／電源システム クリーン・エネルギーシステム
6)	事業所	本社／大阪府高槻市古曾部町2-3-21(高槻第二製作所所在地)、工場／高槻第一製作所、高槻第二製作所：大阪府高槻市古曾部町2-3-21、小田原製作所：神奈川県小田原市扇町4-5-1、長田製作所：京都府福知山市長田野町1-37、研究開発本部／大阪府高槻市古曾部町2-3-21(高槻第二製作所所在地)
7)	関連会社	国内／ユアソシエ、ユアサ化成、ユアサ電器、ユアサエンタープライズ、ユアサ電工、その他 海外／Yuasa Inc.、Global & Yuasa Battery Co.,Ltd.、Taiwan Yuasa Battery Co.,Ltd.、Yuasa de Mexico S.A. de C.V、Yuasa Battery(UK)Ltd.、Yuasa Batteries France S.A.その他
8)	業績推移	（最近三年間の年間売上高）H10：71,046、H11：70,924、H12：72,074（百万円）
9)	主要製品	直流電源装置、交流無停電電源装置、ミニUSP、産業用電池、特殊電池、自動車用電池、オートバイ用電池、農機用・マリーン用電池、ポータブル機器用電池、電動車両用電池、電気自動車用電池、膜製品、充電器・テスター類
10)	主な取引先	通信事業会社、電力会社、官公庁、情報通信機器メーカー、自動車メーカー、重電機メーカー、代理店・特約店、その他
11)	技術移転窓口	大阪府高槻市古曽部町二丁目3-21 （株）ユアサコーポレーション 特許情報部 Tel：0726-86-6358

2.1.2 リチウムポリマー電池技術に関する製品・技術

　1999年にポリエチレンオキシドとポリプロピレンのランダム共重合体をホストポリマーとするゲル電解質により厚さ1.5mmのリチウムポリマー電池を商品化し、その後も負極のグラファイト化など、改良を重ねている。（表2.1.2-1参照）

表2.1.2-1 ユアサコーポレーションのリチウムポリマー電池技術に関する製品・技術

製品	製品名	発売時期	出典
リチウムポリマー二次電池	LIP-RF510175P（厚さ1.5mm）	1999年7月	電池業界に関する市場調査2000
リチウムポリマー二次電池	LIP205074（厚さ0.5～2.0mm）	2000年5月	ユアサコーポレーションのインターネット・ホームページ

2.1.3 技術開発課題対応保有特許の概要

図 2.1.3-1 にユアサコーポレーションの分野別および技術要素別の保有特許比率を示す。ポリマー電解質分野の比率が大きく、技術要素としての真性ポリマー電解質およびゲル電解質についてほぼ同様の注力がみられる。次いで、外装分野が多く、さらに電極全般（負極、正極、結着剤・導電剤、シート電極・シート素電池）にわたっている。

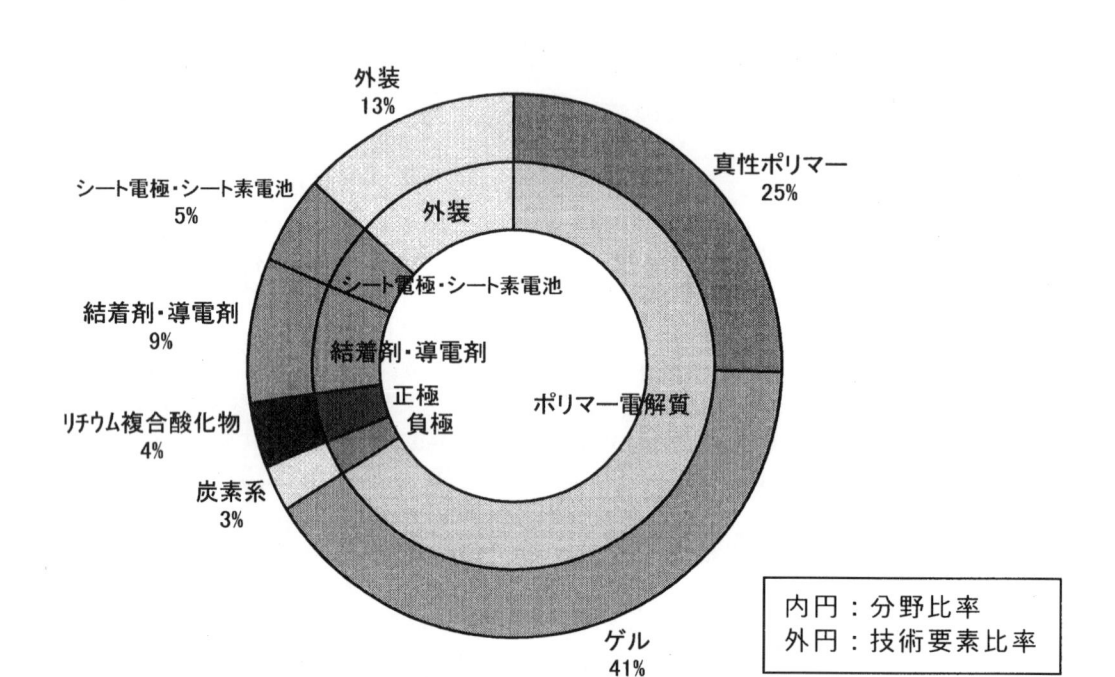

図 2.1.3-1 ユアサコーポレーションの分野別および技術要素別の保有特許比率

表 2.1.3-1 に上記の保有特許について、技術開発の課題と解決手段の概要を示す（課題と解決手段の詳細は、前述の 1.4 を参照）。なお以下の保有特許の一覧表においては、各企業の特許を技術要素ごとに出願順に掲載しているが、ポリマー電解質分野については、真性ポリマー電解質とゲル電解質の開発が密接に関連しているので、これらの技術要素をまとめて表示している。また、一つの特許が複数の開発課題を有する場合はそれらを併記したうえで、解決手段の概要を記載している。なお、ポリマー電解質分野では、解決手段を図 1.1.2-1 のポリマー電解質の種類を用いて区分している。

ポリマー電解質の分野では、イオン伝導度と変形寿命に関する技術課題が最も多く、それ以外にはサイクル寿命が散見される。当初、真性ポリマー電解質のみに注力していたが、最近はゲル電解質が中心になっている。

負極分野では、炭素系負極のサイクル寿命を課題とするものが多い。正極分野では、リチウム複合酸化物正極について容量、充放電特性の向上に注力しており、LiCo 複合酸化物以外に LiNi 複合酸化物、LiMn 複合酸化物にも着手している。

結着剤・導電剤の分野では、ほとんどがサイクル寿命延長を課題としており、シート電極・シート素電池の分野では、生産性が主な課題となっている。外装の分野では安全性を課題の中心としているが、最近は量産化を技術課題とするものが増加している。

表2.1.3-1 ユアサコーポレーションの保有特許リスト (1/10)

分野	技術要素	公報番号	特許分類	課題	概要（解決手段要旨）	
ポリマー電解質	真性ポリマー	特許3041864	H01M 6/18	イオン伝導度	均一体	電解質に占めるリチウムイオンを含む無機塩の濃度が、交流インピーダンス法で電解質の伝導度を測定した際に、最も高い伝導度を示すときの濃度の1/2の濃度である
	真性ポリマー	特公平8-32752	C08F299/02	機械的変形による寿命、イオン伝導度	均一体	ジメタクリル酸エステル（又は／及び）ジアクリル酸エステルと、モノメタクリル酸エステル（又は／及び）モノアクリル酸エステルとの混合物を反応させた架橋ネットワーク構造の高分子
	真性ポリマー	特公平8-32753	C08F299/02	機械的変形による寿命、イオン伝導度	均一体	エチレンオキシドとメチレンオキシド－（CH$_2$O）－の共重合体のジメタクリル酸エステル（又は／及び）ジアクリル酸エステル架橋ネットワーク構造物の高分子
	真性ポリマー	特公平8-32754	C08F299/02	機械的変形による寿命、イオン伝導度	均一体	ジメタクリル酸エステル（又は／及び）ジアクリル酸エステルと、モノメタクリル酸エステル（又は／及び）モノアクリル酸エステルとの混合物を反応させた架橋ネットワーク構造の高分子
	真性ポリマー	特公平7-101564	H01B 1/06	機械的変形による寿命、イオン伝導度	均一体	ポリプロピレングリコール（分子量2000-30000）のジメタクリル酸エステル（又は／及び）ジアクリル酸エステルの架橋ネットワーク高分子
	真性ポリマー	特許2586667	C08F299/02	機械的変形による寿命、イオン伝導度	均一体	ポリプロピレングリコール（分子量2000-30000）のジメタクリル酸エステル（又は／及び）ジアクリル酸エステルと、モノメタクリル酸エステル（又は／及び）モノアクリル酸エステルとの混合物を反応させた架橋ネットワーク構造の高分子
	真性ポリマー	特公平8-32755	C08F299/02	機械的変形による寿命、イオン伝導度	均一体	ポリプロピレングリコールのジメタクリル酸エステル（又は／及び）ジアクリル酸エステルと、モノメタクリル酸エステル（又は／及び）モノアクリル酸エステルとの混合物を反応させた架橋ネットワーク構造の高分子
	ゲル	特許2518073	C08F290/06	機械的変形による寿命、イオン伝導度	均一系ゲル電解質	エチレンオキシドとプロピレンオキシドのランダム共重合体（及び／又は）ブロック共重合体のジメタクリル酸エステル（又は／及び）ジアクリル酸エステルの架橋ネットワーク高分子の固体電解質がイオン性塩を相溶する化合物を含有
	ゲル	特許2914388	C08L 29/10	機械的変形による寿命、イオン伝導度	均一系ゲル電解質	ポリビニルアルキルエーテルの網状架橋化合物が、イオン性塩及びイオン性塩を相溶する化合物を含有する
	ゲル・真性ポリマー	特許2925231	H01B 1/12	イオン伝導度、サイクル寿命	均一体、均一系ゲル電解質	エポキシ基を有する化合物のエポキシ基同士がカチオン開環重合されて形成された高分子化合物
	真性ポリマー・ゲル	特許3152305	H01B 1/06	イオン伝導度、薄膜化、大面積化	構造体、構造系ゲル電解質	イオン解離性の塩が溶解してなる高分子固体電解質中に、表面を疎水化処理した無機化合物を含有させる
	ゲル・真性ポリマー	特許2581338	C08L 71/02	イオン伝導度	均一体、均一系ゲル電解質	イオン性化合物を含有するブロックコポリマーからなる高分子の液晶性のモノマー分子鎖をブロック状に入れた構造とする

表2.1.3-1 ユアサコーポレーションの保有特許リスト（2/10）

分野	技術要素	公報番号	特許分類	課題	概要（解決手段要旨）	
ポリマー電解質（続き）	真性ポリマー	特許3099838	H01M 10/40	サイクル寿命	構造体、構造系ゲル電解質	負極表面と接触する電解質層に、リチウム金属と反応する基を有さない物質からなるイオン伝導性高分子化合物層を配置、次の層にリチウム金属と反応する基を有する物質を含むイオン伝導性高分子化合物層
	真性ポリマー	特許3148768	H01M 10/40	イオン伝導度	均一体	非水電解液を正極か負極に含ませる
	ゲル 真性ポリマー	特開平5-178949	C08F299/02	イオン伝導度、薄膜化など	均一体、均一系ゲル電解質	イオン伝導性高分子化合物が特定の化学式で表される有機化合物を重合反応により、架橋ネットワーク構造を形成する高分子化合物
	ゲル 真性ポリマー	特開平5-205779	H01M 10/40	イオン伝導度、サイクル寿命	均一体、均一系ゲル電解質	有機ポリマーが一般式：Z-[(A)m-(E)p-Y]kで示される骨格を有する有機化合物を架橋反応させた有機ポリマー
	ゲル 真性ポリマー	特開平5-205780	H01M 10/40	イオン伝導度、サイクル寿命	均一体、均一系ゲル電解質	有機ポリマーが一般式：Z-[(A)m-(E)p-Y]kで示される骨格を有する有機化合物を架橋反応させた有機ポリマー
	ゲル 真性ポリマー	特許3141362	H01M 10/40	イオン伝導度、生産性	均一体、均一系ゲル電解質	複合正極表面上および複合負極表面上にイオン伝導性高分子化合物からなる電解質層を、電離性放射線の照射によって形成する
	ゲル 真性ポリマー	特開平5-295058	C08F299/02	安全性	均一体、均一系ゲル電解質	特定の化学式で表される有機化合物を重合反応により架橋ネットワーク構造を形成する高分子化合物であって、少なくとも1種のレドックス性を有する物質を含有
	ゲル 真性ポリマー	特開平6-223876	H01M 10/40	機械的変形による寿命、イオン伝導度	均一体、均一系ゲル電解質	少なくとも特定化学式の高分子化合物を重合
	ゲル	特開平7-006787	H01M 10/40	イオン伝導度	均一系ゲル電解質	三官能性高分子化合物が各々の官能性高分子鎖として特定の化学式で示される高分子鎖を含有する三官能性末端アクリロイル変性アルキレンオキシド重合体であり、かつ溶媒の使用割合が重合体に対し220～950重量％である
	ゲル	特開平6-251801	H01M 10/40	機械的変形による寿命、イオン伝導度	均一系ゲル電解質	下記①②③を電離性放射線照射による重合反応で架橋ネットワーク構造を形成 ①特定の化学式で表される有機化合物、②PF_6^-以外のアニオンであるイオン性化合物、③②のイオン性化合物を溶解可能な有機化合物、

表 2.1.3-1 ユアサコーポレーションの保有特許リスト (3/10)

分野	技術要素	公報番号	特許分類	課題		概要（解決手段要旨）
ポリマー電解質（続き）	ゲル	特許3055596	H01M 10/40	安全性、機械的変形による寿命、イオン伝導度	構造系ゲル電解質	イオン伝導性高分子化合物は①特定の化学式で表される有機化合物、②イオン性化合物、③イオン性化合物を溶解可能な有機化合物、④ポリオレフィン粉末、⑤表面を疎水化処理した無機化合物の①〜④乃至⑤を含む
	ゲル 真性ポリマー	特開平7-282850	H01M 10/40	機械的変形による寿命、イオン伝導度	構造体、構造系ゲル電解質	イオン伝導性高分子化合物は①特定の化学式で表される有機化合物、②イオン性化合物、③イオン性化合物を溶解可能な有機化合物、④20%以下の、表面を疎水化処理した無機化合物の少なくとも一つを含む
	ゲル 真性ポリマー	特開平7-302615	H01M 10/40	安全性	構造体、構造系ゲル電解質	イオン伝導性高分子化合物は①特定の化学式で表される有機化合物、②イオン性化合物、③イオン性化合物を溶解可能な有機化合物、④ポリオレフィン粉末あるいはポリオレフィン繊維の少なくとも一つを含む
	ゲル 真性ポリマー	特開平8-7924	H01M 10/40	機械的変形による寿命、イオン伝導度	均一体、均一系ゲル電解質	イオン伝導性高分子化合物は①特定の化学式で表される有機化合物、②特定化学式で示すイオン性化合物、③イオン性化合物を溶解可能な有機化合物の少なくとも一つを含む
	ゲル 真性ポリマー	特開平8-17467	H01M 10/40	機械的変形による寿命、イオン伝導度	構造体、構造系ゲル電解質	イオン伝導性高分子化合物は①特定の化学式で表される有機化合物、②イオン性化合物、③イオン性化合物を溶解可能な有機化合物、④CaI_2、KI、NaI、LiIのヨウ化物の少なくとも一つを含む
	ゲル 真性ポリマー	特開平8-115743	H01M 10/40	機械的変形による寿命、イオン伝導度	均一体、均一系ゲル電解質	イオン伝導性高分子化合物は①特定の化学式で表される有機化合物、②イオン性化合物が$M^+PF_6^-$で表される化合物、③イオン性化合物を溶解可能な有機化合物の少なくとも一つを含み、且高分子化合物中の遊離酸成分が100ppm以下
	ゲル	特開平8-171933	H01M 10/40	イオン伝導度	均一系ゲル電解質	有機溶媒とポリマーの混合比がゲル電解質中の含有有機溶媒の融解点の消失する混合比である
	ゲル 真性ポリマー	特開平8-180900	H01M 10/40	イオン伝導度、安全性	均一体、均一系ゲル電解質	電解質に一種以上の環状エステル又は／及び環状炭酸エステルを含み、かつ化学組成式が$C_nH_{2n}O_2$で、$n=6〜8$である分子内にエステル結合を有する物質を一種以上含むこと
	ゲル	特開平8-203542	H01M 6/22	イオン伝導度	均一系ゲル電解質	有機電解液を構成する有機溶媒分子とポリマーの酸素原子比が0.5〜1.0
	ゲル	特開平8-250153	H01M 10/40	イオン伝導度、安全性	均一系ゲル電解質	電解質が一種以上の環状エステル又は／及び環状炭酸エステルを含有（第1成分）を含み、且化学組成式が$C_nH_{2n}O_m$で、$n=4〜8$、$m=3〜4$である分子内にエステル結合とエーテル結合を有する物質を1種以上含有（第2成分）

表 2.1.3-1 ユアサコーポレーションの保有特許リスト（4/10）

分野	技術要素	公報番号	特許分類	課題		概要（解決手段要旨）
ポリマー電解質（続き）	ゲル	特開平8-298126	H01M 6/22	イオン伝導度	均一系ゲル電解質	ポリマーと、環状エステルあるいは環状炭酸エステルを一種以上含む有機電解液との混合で得られる電解質で、有機電解液を形成する有機溶媒がγ-ブチロラクトン
	真性ポリマー	特開平9-17449	H01M 10/40	保存性	均一体	パルス波形の電子線を照射して硬化（実質的に可塑剤を含有しない）
	ゲル	特開平9-17450	H01M 10/40	保存性	均一系ゲル電解質	パルス波形の電子線を照射して硬化（実質的に可塑剤を含有する）
	真性ポリマー	特開平9-22706	H01M 6/16	サイクル寿命	均一体	ビス（トリフルオロメチルスルホニル）イミドのアルカリ金属塩に含まれるトリフルオロメチルスルホニルアミド及び／又はトリフルオロメチルスルホニルアミドのアルカリ金属化合物の含有量はアルカリ金属塩による電解質特性を実質的に阻害しない範囲
	ゲル	特開平9-22707	H01M 6/16	サイクル寿命	均一系ゲル電解質	ビス（トリフルオロメチルスルホニル）イミドのアルカリ金属塩に含まれるトリフルオロメチルスルホニルアミド及び／又はトリフルオロメチルスルホニルアミドのアルカリ金属化合物の含有量はアルカリ金属塩による電解質特性を実質的に阻害しない範囲
	ゲル	特開平9-63647	H01M 10/40	イオン伝導度	均一系ゲル電解質	有機ゲル電解質の形成が有機電解液とモノマーの混合物をモノマーの分子間架橋を行い化学結合を用いてゲルを生成させたもので、有機溶媒とポリマーの体積混合比が0.15〜0.4
	ゲル	特開平9-63648	H01M 10/40	イオン伝導度	均一系ゲル電解質	有機溶媒を除去しても過塩素酸リチウムが高分子固体電解質に溶解可能な濃度とする
	ゲル	特開平9-92332	H01M 10/40	イオン伝導度	均一系ゲル電解質	ゲル電解質を形成しうるポリマーとエチレンカーボネートとリチウム塩の混合したハイブリッド電解質
	ゲル	特開平9-199170	H01M 10/40	安全性	均一系ゲル電解質	固体電解質中に芳香族アゾ化合物または芳香族アゾキシ化合物を含有させる
	ゲル	特開平9-213368	H01M 10/40	安全性	均一系ゲル電解質	固体電解質の中に、テトラヒドロピラン又はその誘導体を含有
	ゲル	特開平10-189048	H01M 10/40	機械的変形による寿命	構造系ゲル電解質	アルキレンオキサイド主鎖からなる分子が、合成樹脂微孔膜にグラフト重合され、かつグラフト重合された合成樹脂微孔膜が、金属塩を溶解させた非水溶媒系電解液で膨潤
	ゲル	特開平10-228913	H01M 6/18	薄膜化など	構造系ゲル電解質	繊維状の非導電性樹脂を正極板または負極板の表面に設けてなる支持体に電解質材料を含浸して形成した固体電解質
	ゲル	特開平11-67272	H01M 10/40	サイクル寿命、保存性	均一系ゲル電解質	電解質内にメルカプト基によって一置換された縮合多環複素環化合物を存在させる

表2.1.3-1 ユアサコーポレーションの保有特許リスト (5/10)

分野	技術要素	公報番号	特許分類	課題		概要（解決手段要旨）
ポリマー電解質（続き）	ゲル	特開平11-86630	H01B 1/12	イオン伝導度	均一系ゲル電解質	電解質として、架橋したポリマーに非水電解液で膨潤したポリフッ化ビニリデン又はそのコポリマーを保持させ固体状に形成
	ゲル	特開平11-121012	H01M 4/62	サイクル寿命、保存性	均一系ゲル電解質	隔離体に金属イオンの選択吸着性の高いキレート高分子を含有させる
	ゲル	特開平11-121037	H01M 10/40	イオン伝導度	均一系ゲル電解質	ポリマー骨格を3次元化可能にして、熱安定性の向上を図る
	ゲル 真性ポリマー	特開平11-144524	H01B 1/12	イオン伝導度	均一体、均一系ゲル電解質	ポリカーボネートポリオールと(メタ)アクリル酸とのエステル化物から誘導される構成単位を含むポリカーボネート(メタ)アクリレート重合体
	ゲル	特開平11-176453	H01M 6/22	生産性	均一系ゲル電解質	電解液に一種類以上の高分子化合物が分散あるいは一部分散し、一部は溶解している高分子ゾル溶液を電極上に配置後、加熱・冷却して電解質を形成
	ゲル 真性ポリマー	特開平11-185814	H01M 10/40	生産性	均一体、均一系ゲル電解質	高分子電解質の中に熱重合開始剤を含有させる
	ゲル	特開平11-185813	H01M 10/40	生産性	均一系ゲル電解質	非水電解液を注入して高分子化合物膜を膨潤、体積膨張させる
	ゲル 真性ポリマー	特開平11-238503	H01M 4/02	サイクル寿命	均一体、均一系ゲル電解質	正極および負極は高分子電解質と同一組成の高分子電解質を含み、かつ高分子ゲル電解質の場合はエステルまたはエーテル系の溶媒に対して非膨潤性である
	ゲル	特開平11-238513	H01M 4/62	イオン伝導度、保存性	構造系ゲル電解質	隔離体に芳香族有機リン化合物を含有させる
	ゲル	特開平11-260405	H01M 10/40	サイクル寿命	構造系ゲル電解質	微多孔性フィルムの空孔に固体電解質を充填
	ゲル 真性ポリマー	特開平11-260404	H01M 10/40	安全性	均一系ゲル電解質	電解質に多環形脂環式炭化水素またはその誘導体を含有
	ゲル	特開平11-329499	H01M 10/40	イオン伝導度	均一系ゲル電解質	ゲル電解質の非水溶剤はエチレンカーボネイト、ガンマブチロラクトン、ジエトキシエタンの三成分系の三角座標で規定した範囲の容量%
	ゲル 真性ポリマー	特開平11-329393	H01M 2/16	機械的変形による寿命	構造体、構造系ゲル電解質	繊維径が1～5μmである有機繊維からなり、厚さが10～35μmであり、有機繊維の目付け量が1～15g/m^{2}である電池セパレータ用不織布
	ゲル	特開2000-58128	H01M 10/40	イオン伝導度	均一系ゲル電解質	ゲル電解質が少なくとも溶媒、溶質および高分子で構成され、該高分子が特定の化学式の化合物の重合体
	ゲル	特開2000-67868	H01M 4/62	イオン伝導度	均一系ゲル電解質、構造系ゲル電解質	ゲル電解質が、ミクロ相分離型の高分子ゲル電解質（ゲル電解質が多孔性のフィルムに担持）

表2.1.3-1 ユアサコーポレーションの保有特許リスト（6/10）

分野	技術要素	公報番号	特許分類	課題	概要（解決手段要旨）
ポリマー電解質（続き）	真性ポリマー	特開2000-67916	H01M 10/40	イオン伝導度	均一体、均一系ゲル電解質	固体状電解質は炭酸リチウムで飽和させている
	ゲル	特開2000-77098	H01M 10/40	サイクル寿命	均一系ゲル電解質	高分子ゲル電解質が、特定の化学式で示される化合物のうち少なくとも一つを含み、且つスルホラン又はスルトンに類似する構造を有する溶媒を主溶媒とする
	ゲル	特開2000-106212	H01M 10/40	イオン伝導度	構造系ゲル電解質	セパレータ中のゲル電解質組成を正・負極中のゲル電解質組成と異ならせ、含有リチウム塩濃度を、正・負極中より高くする
	真性ポリマー ゲル	特開2000-113872	H01M 2/16	機械的変形による寿命、生産性	構造体、構造系ゲル電解質	平均繊維径2μm以下、目付け量7〜20g/m²、繊維充填率35%以下、最大孔径25μm以下の不織布からなる
	ゲル	特開2000-123824	H01M 4/02	安全性	均一系ゲル電解質、構造系ゲル電解質	隔離体は分子内にヘテロ原子を有する3次元架橋形ポリマーとリチウム塩とを主体とする高分子電解質
	ゲル	特開2000-182600	H01M 4/02	イオン伝導度	構造系ゲル電解質	セパレータ中のゲル状の電解質を構成するポリマーが、リチウム塩を有機溶媒に溶解してなる電解液に対して親和性が高い構造
	真性ポリマー	特開2000-251939	H01M 10/40	イオン伝導度	均一体、構造体	高分子が特定の化学式で表されるカルボン酸ビニルエステルを含有
	真性ポリマー ゲル	特開2000-319381	C08G 64/42	イオン伝導度	均一体、均一系ゲル電解質	特定の化学式で表わされるジ(メタ)アクリル酸エステル
	真性ポリマー ゲル	特開2000-322931	H01B 1/06	イオン伝導度	均一体、均一系ゲル電解質	特定の化学式で表わされるポリ（ジエチレングリコールカーボネート）ジアクリル酸エステルを重合させて得られる重合体
	ゲル	特開2001-52742	H01M 10/40	サイクル寿命	構造系ゲル電解質	不織布に保持されたゲル状電解質が、アクリレート変性ポリエチレン・プロピレンオキサイド架橋体を構造支持体に用いたゲル状非水電解質
	ゲル	特開2001-68158	H01M 10/40	イオン伝導度	構造系ゲル電解質	セパレータのゲル電解質を電極のものと異ならせ、正、負極及びセパレータ中のポリマー濃度間に特定の関係を規定する

表 2.1.3-1 ユアサコーポレーションの保有特許リスト (7/10)

分野	技術要素	公報番号	特許分類	課題	概要（解決手段要旨）	
ポリマー電解質（続き）	真性ポリマー	特開2001-135354	H01M 10/40	イオン伝導度	均一体	高分子電解質に2,3,5,6-テトラフルオロ-7,7,8,8-テトラシアノキノジメタンを溶解
	ゲル	特開2001-93573	H01M 10/40	イオン伝導度	均一系ゲル電解質	ゲル電解質の電解液中のリチウム塩濃度を、電解液1リットルに対して1.5～5.0モルとする
負極	炭素系	特開2000-12035	H01M 4/62	寿命	導電・結着剤	酸化スズ系導電層を被覆した導電材を添加して、炭素材料と電解液の濡れ性、導電性を向上
	炭素系	特開2000-123871	H01M 10/40	寿命	複合体	黒鉛系炭素材料に、非黒鉛系炭素の添加により、Liデンドライトによる内部抵抗と不可逆容量の増加を抑制する
	炭素系	特開2000-123827	H01M 4/02	寿命	特定炭素	炭素原子同士が結着した特定多孔体とし、負極表面に不導態被膜の形成を防止
	炭素系	特開2001-52742	H01M 10/40	安全性	複合体	ゲル状非水電解質で、発生ガスの移動を容易にして、膨張や接触不良を低減
正極	リチウム複合酸化物	特開平7-142093	H01M 10/40	容量特性、寿命、充放電特性	LiCo複合酸化物、LiNi複合酸化物、LiMn複合酸化物、複合活物質	正極活物質がLiMxOy（MはCo、Ni、Mn又はFeの1種以上含む）で与えられる層状構造もしくはスピネル構造を持つ複合酸化物
	リチウム複合酸化物	特開平8-138678	H01M 4/62	容量特性、充放電特性	複合活物質、導電集電体	正極活物質、導電剤およびイオン伝導性高分子固体電解質からなる結着剤を含有する正極合剤であって、前記導電剤が繊維状カーボン材料、粒状のカーボン材料からなる
	リチウム複合酸化物	特開平9-293535	H01M 10/40	安全性	LiNi複合酸化物	積層構造、最外層の正極シートにおける面積当りの正極活物質量が、内層の正極シートにおける面積当りの正極活物質量よりも小さい
	リチウム複合酸化物	特開平10-12240	H01M 4/58	充放電特性、生産性など	LiCo複合酸化物、LiNi複合酸化物、その他	正極合剤の結着剤がモノマーを重合して形成しうるポリマーであって、該正極活物質が$LiNi_y Co_{1-y} O_2$（0<y<1）である
	リチウム複合酸化物	特開平11-111266	H01M 4/02	充放電特性	その他	活物質粒子がリチウムイオン伝導性を有する無機固体電解質粒子によって全表面積の5～80％を被覆され、無機固体電解質粒子の平均粒径は活物質粒子の平均粒径の5分の1以下
	リチウム複合酸化物	特開平11-121012	H01M 4/62	寿命、充放電特性	LiMn複合酸化物、その他	リチウム含有複合酸化物、溶出したMn等を吸着するキレート高分子を配合し、キレート高分子はイミノ二酢酸形、イミノプロピオン酸形のキレート樹脂

表 2.1.3-1 ユアサコーポレーションの保有特許リスト（8/10）

分野	技術要素	公報番号	特許分類	課題	特許分類	概要（解決手段要旨）
結着剤・導電剤		特許3049694	H01M 4/62	容量特性、サイクル寿命	有機導電剤、電解質兼用結着剤	電子伝導性かつイオン伝導性高分子
		特開平7-211320	H01M 4/62	容量特性	炭素系導電剤	直径0.08～10μm、アスペクト比10以上の炭素繊維
		特開平9-274933	H01M 10/40	サイクル寿命	電解質兼用結着剤	正極合剤および負極合剤中に、芳香族ユニットとオキシアルキレンユニットとを有するオリゴマーが重合され、かつ分子鎖末端がアリルユニットまたはアクリルユニットの結着剤であるポリマーを含有
		特開平10-12240	H01M 4/58	サイクル寿命	電解質兼用結着剤	正極合剤の結着剤がモノマーを重合して形成しうるポリマー
		特開平10-116620	H01M 4/62	サイクル寿命	電解質兼用結着剤	分子鎖末端に重合性官能基を有するモノマーを混合したものであり、前記モノマーの重合により活物質間を結着
		特開平10-162832	H01M 4/62	サイクル寿命	電解質兼用結着剤	分子鎖末端に重合性官能基を有しかつ分子中にフルオロアルキル構造を有するモノマーを混合し、前記モノマーの重合により活物質間を結着
		特開平11-40163	H01M 4/62	サイクル寿命	電解質兼用結着剤	ビニル化合物がグラフト重合
		特開平11-121012	H01M 4/62	サイクル寿命	結着助剤	キレート高分子を含有
		特開平11-238503	H01M 4/02	サイクル寿命、大電流化	電解質兼用結着剤	エステルまたはエーテル系の溶媒に対して非膨潤性の架橋形樹脂
		特開平11-238513	H01M 4/62	サイクル寿命	結着助剤	芳香族有機リン化合物を含有
		特開2000-67868	H01M 4/62	サイクル寿命、大電流化	単機能結着剤	結着剤が、エステル、エーテル系の溶媒に不溶で且つ非膨潤性の架橋型樹脂
		特開2000-123824	H01M 4/02	安全性	電解質兼用結着剤	分子内にヘテロ原子を有し、分子量が200～20,000である非架橋形ポリマーとリチウム塩とからなる液状電解質
		特開2000-306585	H01M 4/62	サイクル寿命	単機能結着剤	セルロースエステル

表 2.1.3-1 ユアサコーポレーションの保有特許リスト（9/10）

分野	技術要素	公報番号	特許分類	課題	概要（解決手段要旨）	
シート電極・シート素電池		特許2546378	H01M 6/16	生産性	方法	金属フィルム集電体兼外装の金属薄膜上にリチウム又はリチウム合金を配置した後、該リチウム又はリチウム合金を誘導加熱により溶融
		特許2765222	H01M 6/16	生産性	方法	負極集電体上にリチウム塊またはリチウム合金塊を載置し、該リチウム塊またはリチウム合金塊を溶融した状態でプレス
		特開平7-065855	H01M 10/36	サイクル寿命	正極・負極	電池内に孤立電子対を持った窒素、リン、硫黄原子のうち少なくとも1以上を含む物質
		特開平9-102302	H01M 4/02	生産性	方法	二つ折りにされた極板の両面に活物質層を配置
		特開平9-180760	H01M 10/40	安全性	正極・負極	負極及び正極の表面の一部がセパレータに被覆されておらず且つ相互に対向していない
		特開平10-64514	H01M 4/02	大電流化	正極・負極	少なくとも一方の電極合剤を、集電体の平面方向に対して密度の差を設けて配設
		特開平10-340740	H01M 10/40	サイクル寿命	シート電池配置	電極群の山折りの部分が電池容器内側面に内接
		特開平11-7983	H01M 10/40	小型軽量化	リード・端子	端子部は素電池周辺部の一部を切り欠いて集電体の片面を露出
	外装	特許2058325	H01M 2/08	量産性	外装材	封口樹脂シートを貼り合わせた後樹脂不要部を切除
		特許2697369	H01M 6/40	薄形軽量化	その他	単セルを同一平面上に複数集合配置
		特許3146461	H01M 2/02	安全性	封止構造	封止材を周縁部にはみ出させる
		特許3166933	H01M 2/30	薄形軽量化	封止構造	集電体の耳部を折り曲げ端子とする
		特許3159226	H01M 2/22	実装性	封止構造	プリント配線を集電体とする
		特開平6-150903	H01M 2/30	実装性	封止構造	角部に切り欠き部を設けた集電体
		特開平8-171888	H01M 2/08	シール性	外装材	酸変成ポリオレフィン樹脂
		特開平9-134711	H01M 2/06	安全性	封止構造	端子部の接着材をはみ出させる
		特開平10-125330	H01M 4/62	安全性	外装構造	電気的短絡の防止

表 2.1.3-1 ユアサコーポレーションの保有特許リスト (10/10)

分野	技術要素	公報番号	特許分類	課題	概要（解決手段要旨）	
外装（続き）		特開平10-208710	H01M 2/02	耐久性	外装材	ステンレスクラッド
		特開平10-247480	H01M 2/02	シール性	外装材	モールド樹脂で被包
		特開平11-102675	H01M 2/08	シール性	外装材	水分透過性の低い窓枠材
		特開平11-213969	H01M 2/08	実装性	封止構造	接着領域を工夫
		特開2000-90889	H01M 2/02	量産性	封止構造	封口部に端子を取り付ける
		特開2000-353504	H01M 208 10/40	安全性	封止構造	接着剤をリード端子周縁に配置
		特開2000-357493	H01M 2/02	実装性	封止構造	集電体の突出部を端子として用いる
		特開2001-35476	H01M 2/26	量産性	外装構造	正極と負極の集電タブが互いに重ならない
		特開2001-52663	H01M 2/02	安全性	封止構造	タブ部分を熱可塑性樹脂シートで密着固定
		特開2001-52748	H01M 10/40	量産性	封止方法	全周縁部を略同時に融着
		特開2001-202932	H01M 2/02	シール性	外装材	酸変成合成樹脂

2.1.4 技術開発拠点
　神奈川県：小田原製作所
　大阪府　：研究開発本部、高槻製作所

2.1.5 研究開発者
　図 2.1.5-1 にユアサコーポレーションの発明者数と出願件数の推移を示す。また、図 2.1.5-2 に出願年ごとの発明者数-出願件数の変化を示す。1994 年に発明者数および出願件数の一段の伸びがあり、その後 97 年まで増加傾向にあったが、98 年には発明者数が減少しさらに 99 年には出願件数が減少するなど若干の変化がみられる。

図 2.1.5-1 ユアサコーポレーションの発明者数と出願件数の推移

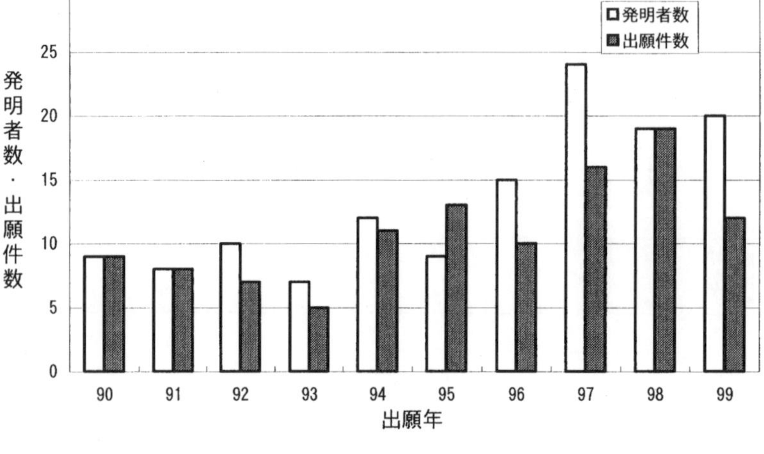

図 2.1.5-2 ユアサコーポレーションの出願年ごとの発明者数-出願件数の変化

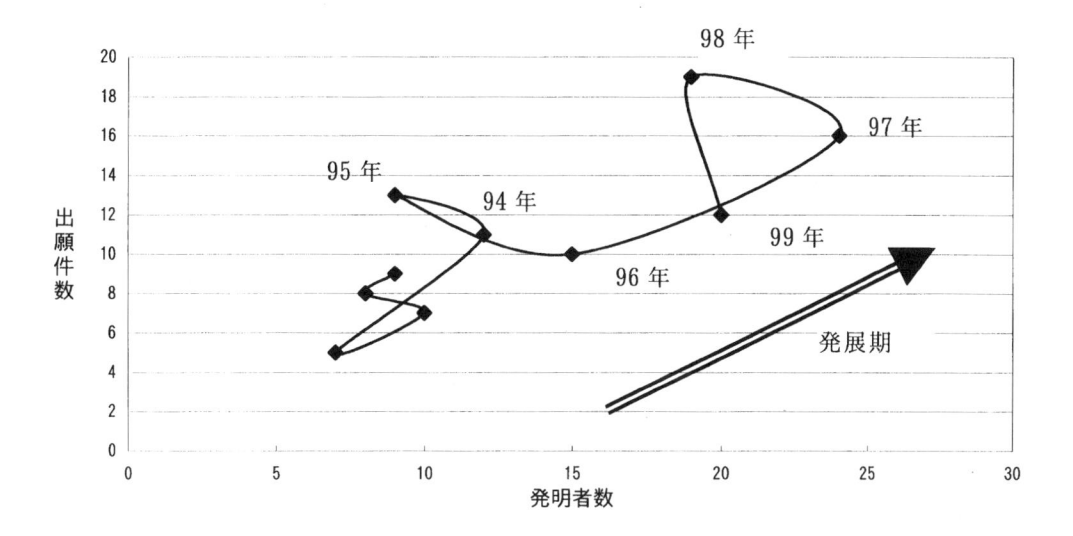

2.2 東芝電池

2.2.1 企業の概要

表 2.2.1-1 東芝電池の概要

1)	商号	東芝電池株式会社
2)	設立年月日	1954年（昭和29年）4月
3)	資本金	105億4百万円（2001年3月31日現在）
4)	従業員	500名
5)	事業内容	電池および電池応用商品の製造・販売、家庭用電気器具および電子応用機器の製造・販売
6)	事業所	本社／東京都品川区南品川3丁目4番10号、工場／安中、佐久
7)	関連会社	国内／電池リビングサービス、東芝コモディディ、エイ・ティーバッテリー 海外／バッテリーパック・アメリカ、T.G.バッテリー（香港）、T.G.バッテリー（中国）
8)	業績推移	（最近三年間の年間売上高）H10：73,654、H11：79,562、H12：64,697(百万円)
9)	主要製品	マンガン乾電池（筒形・積層）、アルカリ乾電池（筒形・積層）、アルカリボタン電池、酸化銀電池、空気亜鉛電池、リチウム電池（コイン形・筒形）、塩化チオニルリチウム電池、ニッケル・水素蓄電池（筒形・6P形）、充電器、その他応用商品
10)	主な取引先	東芝及び東芝販売・関係会社、官公庁
11)	技術移転窓口	東京都品川区南品川3-4-10 東芝電池（株） 総務部知的財産グループ Tel:03-5479-3871

2.2.2 リチウムポリマー電池技術に関する製品・技術

　リチウムイオン電池の製造は、（株）東芝との共同出資会社である（株）エイ・ティーバッテリーで行なっているが、リチウムポリマー電池は商品化しておらず、電解液タイプでリチウムポリマー電池と同様に外装にラミネートフィルムを用いた薄型のリチウムイオン電池を製造している。後述するように、外装分野の保有特許が多いのは、このような商品構成の反映であると思われる。（表 2.2.2-1、図 2.2.3-1 参照）

表 2.2.2-1 東芝電池のリチウムポリマー電池技術に関する製品・技術

製品	製品名	発売時期	出典
リチウムイオン二次電池	アドバンストリチウムイオン二次電池（LAB363562） （アルミラミネート外装、厚さ3.6mm） 生産：（株）エイ・ティーバッテリー	2000年3月	電池業界に関する市場調査2000

2.2.3 技術開発課題対応保有特許の概要

　図 2.2.3-1 に東芝電池の分野別および技術要素別の保有特許比率を示す。外装に関するものが最も多いことが大きな特徴となっている。またポリマー電解質において、真性ポリマー電解質に関するものが極めて少なくゲル電解質に集中している点で、他の電池メー

カーと異なっている。また、結着剤・導電剤およびシート電極・シート素電池に比較して負極および正極の分野が極めて少ない。

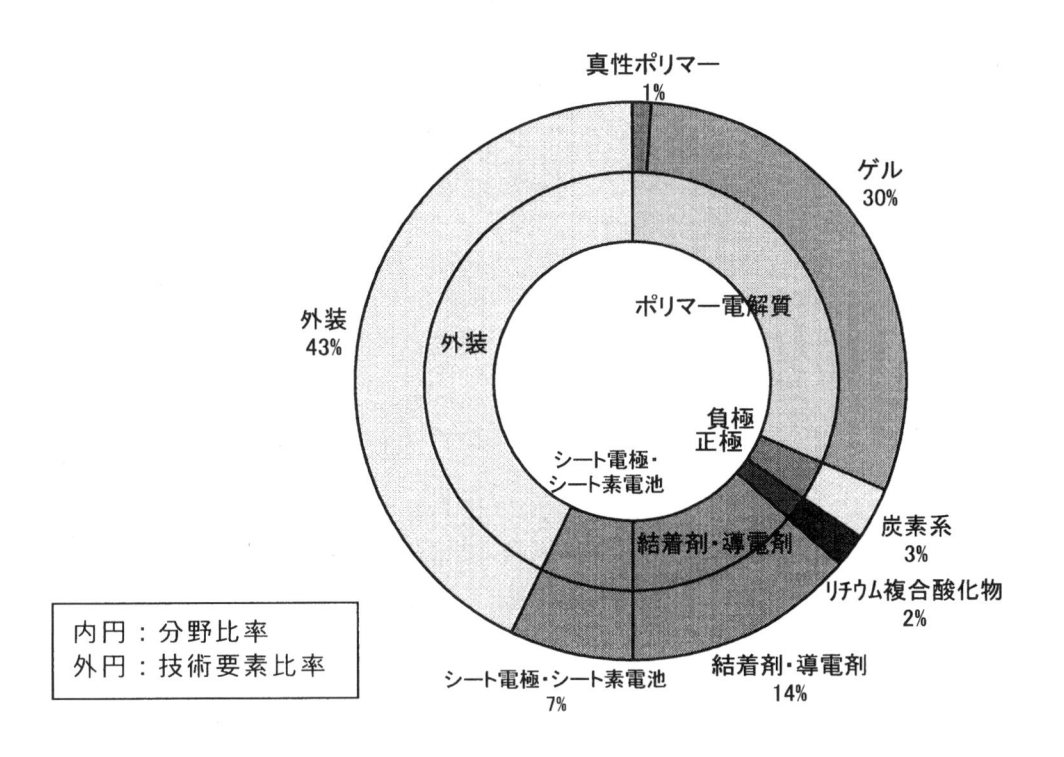

図2.2.3-1 東芝電池の分野別および技術要素別の保有特許比率

真性ポリマー 1%
ゲル 30%
外装 43%
外装
ポリマー電解質
負極 正極
シート電極・シート素電池
結着剤・導電剤
炭素系 3%
リチウム複合酸化物 2%
シート電極・シート素電池 7%
結着剤・導電剤 14%

内円：分野比率
外円：技術要素比率

表2.2.3-1に上記の保有特許について、技術開発の課題と解決手段の概要を示す（課題と解決手段の詳細は、前述の1.4を参照）。

ポリマー電解質の分野では、以前はイオン伝導度の向上を主要な技術課題としていたが、最近ではサイクル寿命および変形寿命の延長にシフトしている。負極の分野では炭素系負極のサイクル寿命延長に注力しており、結着剤・導電剤の分野でもサイクル寿命延長が主要課題である。シート電極・シート素電池の分野では生産性の向上に注力している。

最も保有特許件数の多い外装の分野では、安全性向上に注力して来たが、最近の技術課題は量産化および寿命延長に変化している。

表2.2.3-1 東芝電池の保有特許リスト（1/7）

分野	技術要素	公報番号	特許分類	課題	概要（解決手段要旨）
ポリマー電解質	真性ポリマー	特許3130341	H01M 10/40	イオン伝導度、サイクル寿命	均一体	ポリエチレングリコールジアクリレート重合体からなる網状分子中に、共重合体と、両端末がメチルエーテル化された低分子量ポリエチレングリコールと、アルカリ金属塩又はアンモニウム塩とを含有するイオン導電性ポリマーフィルムからな固体電解質

表2.2.3-1 東芝電池の保有特許リスト（2/7）

分野	技術要素	公報番号	特許分類	課題	概要（解決手段要旨）
ポリマー電解質（続き）	ゲル	特許3045852	H01M 10/40	生産性	構造系ゲル電解質 少なくとも一方にアルカリ金属塩を含む、A液とB液（ポリアルキレングリコールジアルキルエステルおよび／又は有機非水溶媒）とを混合して得た生成物を液状で電池内に注入し、セパレータに含浸または保持させその後硬化
	ゲル	特開平9-22724	H01M 10/40	薄膜化など	構造系ゲル電解質 ポリマーが溶解された揮発性非水溶媒を含む混合溶液を合成樹脂繊維製不織布に含浸させた後、前記非水溶媒を蒸発させた固体ポリマー電解質
	ゲル	特開平9-22728	H01M 10/40	保存性、生産性	構造系ゲル電解質 ポリマー電解質に吸水性粉末を含ませるか、吸水性シートを内在させて外装フィルム内に取り込まれた水分が素電池内に混入するのを回避
	ゲル	特開平9-22725	H01M 10/40	イオン伝導度	均一系ゲル電解質 エマルジョン法により合成されたビニリデンフロライド—ヘキサフルオロプロピレンの共重合体を含むポリマー
	ゲル	特開平9-22731	H01M 10/40	イオン伝導度、生産性	均一系ゲル電解質 減圧容器内に積層物を収納し、この容器内を減圧した後非水電解液を迅速に含浸させる方法
	ゲル	特開平9-22726	H01M 10/40	安全性	均一系ゲル電解質 固体ポリマー電解質層は、内部にポリオレフィン製マイクロポーラスフィルムが前記電解質層の表面と対向するように配置されている
	ゲル	特開平9-22727	H01M 10/40	イオン伝導度	均一系ゲル電解質 ポリマーが溶解された揮発性非水溶媒及びこの揮発性非水溶媒と親和性を有する揮発性液体を含む混合物を前記揮発性非水溶媒及び前記揮発性液体を揮発させて成膜した固体ポリマー電解質層
	ゲル	特開平10-144350	H01M 10/40	イオン伝導度	均一系ゲル電解質 Vdf-HFP共重合体含有ポリマー電解質フィルムの透気度を規定し、フィルムに非水電解液を含浸
	ゲル	特開平10-172615	H01M 10/40	安全性	構造系ゲル電解質 セパレータに高温において揮発性の不燃性物質を生成する難燃剤を含ませる
	ゲル	特開平10-189053	H01M 10/40	生産性	均一系ゲル電解質 非水電解液を保持するポリマー及び可塑剤を含む電解液未含浸のセパレータシートから可塑剤を溶媒を用いて抽出する際、溶媒に超音波を加えながら抽出
	ゲル	特開平10-199572	H01M 10/40	保存性	均一系ゲル電解質 セパレータシートは非水電解液を保持するポリマーと、高揮発性可塑剤と、低揮発性可塑剤を含ませることにより、長期間に亘る保管における可塑剤の揮発の抑制、可塑剤の除去が容易
	ゲル	特開平10-208774	H01M 10/40	機械的変形による寿命	構造系ゲル電解質 有機物粒子を含む補強材、非水電解液及びこの電解液を保持するポリマーを含む固体ポリマー電解質層
	ゲル	特開平11-7982	H01M 10/40	安全性	均一系ゲル電解質 セパレータ層中の可塑剤を不燃性の液体に抽出除去し、セパレータ層に非水電解液を含浸させる
	ゲル	特開平11-144758	H01M 10/40	サイクル寿命	構造系ゲル電解質 ゲル状電解質層が、熱硬化性樹脂とイオン性電解液を含浸する性質を有する熱可塑性樹脂とからなり、熱可塑性樹脂が前記熱硬化性樹脂に比べてバインダを多く配合
	ゲル	特開平11-195432	H01M 10/40	イオン伝導度	均一系ゲル電解質 ゲル状電解質層に、イオン性電解液に溶解せずにこれを保持する性質を有する融点が40℃以上のプロトン伝導性高分子と、非プロトン伝導性高分子とを含ませる

表2.2.3-1 東芝電池の保有特許リスト（3/7）

分野	技術要素	公報番号	特許分類	課題		概要（解決手段要旨）
ポリマー電解質（続き）	ゲル	特開平11-273736	H01M 10/40	生産性	均一系ゲル電解質	可塑剤を含むシート状物から可塑剤を溶媒抽出により除去する際、溶媒抽出は減圧雰囲気にて超音波を加えながら行われる
	ゲル	特開平11-297308	H01M 4/02	イオン伝導度	均一系ゲル電解質	電解質用素材（バインダと可塑剤を揮発性有機溶媒存在下で混練しペーストを調整し、膜とし、乾燥して得る）の透気度がJIS P8117で規定される10〜100とする
	ゲル	特開2000-149990	H01M 10/40	サイクル寿命	均一系ゲル電解質	非水電解液を保持するポリマーの非水電解液への膨潤率が20〜40%で、非水電解液含有量を電解質層の25〜50体積%とする
	ゲル	特開2000-149994	H01M 10/40	サイクル寿命、機械的変形による寿命	均一系ゲル電解質	電解質層のコーナ部形状に曲率を設けるか、もしくは面取りする
	ゲル	特開2000-164253	H01M 10/40	サイクル寿命、能率	均一系ゲル電解質	ポリマー電解質素材ペーストを、電極素材の片面もしくは両面に塗布、乾燥して、ポリマー電解質素材を形成
	ゲル	特開2000-173654	H01M 10/40	安全性	構造系ゲル電解質	非水電解液を保持する機能を有するポリマー電解質層にリチウムイオン伝導性結晶化ガラスを含有させる
	ゲル	特開2000-195491	H01M 2/16	機械的変形による寿命	構造系ゲル電解質	10%積算粒径が0.1μm以下で、かつ90%積算粒径はセパレーター厚の0.025〜0.25である絶縁性フィラーをセパレータに含有させる
	ゲル	特開2000-195492	H01M 2/16	機械的変形による寿命	構造系ゲル電解質	表面積が2〜50 m²/g未満と50〜250 m²/gで、かつ2〜50 m²/g未満／50〜250 m²/gの比が0.1〜10である混合絶縁性フィラーをセパレータに含有させる
	ゲル	特開2000-223155	H01M 10/40	サイクル寿命	均一系ゲル電解質	非水電解液量を、電池容量1mAh当たり2.5×10⁻³〜3.5×10⁻³mlとしたポリマー電解質
	ゲル	特開2000-340260	H01M 10/40	サイクル寿命、薄膜化など	構造系ゲル電解質	電解質が多孔性の絶縁シート中に保持されたセパレータを採用する
	ゲル	特開2001-52750	H01M 10/40	機械的変形による寿命	構造系ゲル電解質	ビニリデンフロライドとヘキサフルオロプロピレンの共重合体を含むセパレータの電極と接する表面に存在する前記共重合体のHFP共重合割合が内部に存在する前記共重合体に比べて高くする
	ゲル	特開2001-85060	H01M 10/40	サイクル寿命	構造系ゲル電解質	ビニリデンフルオライド成分を含有する樹脂及び樹脂に保持される非水電解液を含むセパレータの前記樹脂は溶融粘度（230℃／100s⁻¹）が1000〜3000Pa／secである
	ゲル	特開2001-85061	H01M 10/40	機械的変形による寿命	構造系ゲル電解質	ビニリデンフルオライド成分を含有し、かつ溶融粘度（230℃／100s⁻¹）が5000Pa／sec以上である樹脂及び前記樹脂に保持される非水電解液を含むセパレータ
	ゲル	特開2001-84987	H01M 2/16	薄膜化など	構造系ゲル電解質	非水電解液、この非水電解液を保持するポリマー及び補強材を含むセパレータの補強材は、鱗片状のフィラーを含む

表2.2.3-1 東芝電池の保有特許リスト（4/7）

分野	技術要素	公報番号	特許分類	課題	概要（解決手段要旨）	
負極	炭素系	特開2000-251878	H01M 4/02	寿命	複合体	炭素質活物質とカーボンブラックをドライミックスして、特定の比表面積に調整する
	炭素系	特開2000-294283	H01M 10/40	寿命	複合体	特定の炭素材料とし、負極の柔軟性を確保して活物質の充填密度を上げる
	炭素系	特開2001-76723	H01M 4/58	寿命	複合体	特定の炭素材料とし、負極の柔軟性を確保して活物質の充填密度を上げる
正極	リチウム複合酸化物	特開平11-144738	H01M 4/74	充放電特性	LiCo複合酸化物、LiNi複合酸化物、LiMn複合酸化物、導電集電体	リチウム複合酸化物を活物質とする電極の集電体が金属網よりなり、金属線同士の間隔の平均が100μm～500μmの範囲
	リチウム複合酸化物	特開平11-214035	H01M 10/40	伝導性	LiCo複合酸化物、LiNi複合酸化物、LiMn複合酸化物	セパレータと接する表面に存在する活物質は粒径が電極内部の活物質に比べて小さいものを主体とする、ゲル状電解質層
	結着剤・導電剤	特開平9-22733	H01M 10/40	容量特性	有機導電剤	正極中の活物質は、電子伝導性材料で覆われている
		特開平9-22737	H01M 10/40	容量特性	単機能結着剤	有機溶媒に可溶性で、かつ非水電解液に溶解しないゴム
		特開平10-83837	H01M 10/40	容量特性	結着助剤	両イオン性界面活性剤
		特開平11-273737	H01M 10/40	サイクル寿命	電解質兼用結着剤	正極及び負極のうち少なくともいずれか一方の電極は、電解質層に含まれるバインダに比べて非晶質度が低い
		特開平11-297312	H01M 4/04	サイクル寿命	電解質兼用結着剤	集電体を除いた部分の密度が理論密度の９０％以上
		特開平11-297308	H01M 4/02	容量特性	電解質兼用結着剤	透気度が１０～１００で、かつ非水電解液未含浸の活物質含有層
		特開平11-329445	H01M 4/62	サイクル寿命	単機能結着剤	特定の化学式で表されるモノマーとオレフィンとの共重合体

表 2.2.3-1 東芝電池の保有特許リスト（5/7）

分野	技術要素	公報番号	特許分類	課題		概要（解決手段要旨）
	結着剤・導電剤（続き）	特開平11-329446	H01M 4/62	サイクル寿命	単機能結着剤	オレフィンあるいはフッ素系モノマーと特定の化学式のモノマーとの共重合体
		特開2000-67867	H01M 4/62	サイクル寿命	単機能結着剤	特定の化学式のモノマーとフッ素系モノマーとの共重合体
		特開2000-133274	H01M 4/62	サイクル寿命、大電流化	導電層	導電性が付与されている熱硬化性樹脂層
		特開2001-23643	H01M 4/62	大電流化、サイクル寿命	導電層	導電性接着補助層
		特開2001-85060	H01M 10/40	サイクル寿命	電解質兼用結着剤	ビニリデンフルオライド成分を含有する樹脂樹脂の溶融粘度（230℃／100s^{-1}）が5000Pa／sec以上
	シート電極・シート素電池	特開平10-208725	H01M 2/22	薄形軽量化	リード・端子	接続部は、ラミネートフィルムの封止部内に配置
		特開平11-31496	H01M 2/26	歩留り	リード・端子	リードが端子部の先端を包み込むように固定
		特開平11-339785	H01M 4/04	生産性	装置	下側のダイコーティングヘッド先端面の基材走行上流側を、走行する基材の位置ガイドとして兼用
		特開2000-21450	H01M 10/40	生産性	装置	穿孔具で開口されたガス溜まり部を抑圧して溜まりガスを放出させる弾性体
		特開2000-123839	H01M 4/66	生産性	装置	多孔質ローラの外周面に導電性物質を含む導電剤を供給・担持させる導電剤供給機構
		特開2000-149930	H01M 4/04	生産性	装置	加圧ローラで圧着する積層体を加熱する加熱ユニットと、圧着された積層体を加熱ユニット側に戻す機構
		特開2001-6742	H01M 10/40	安全性	リード・端子	横断面積と正負極対向面積の比
	外装	特開平9-22729	H01M 10/40	シール性	外装材	選択透過膜
		特開平9-199175	H01M 10/40	薄形軽量化	外装構造	スペーサーとともに熱シールする
		特開平9-259859	H01M 2/30	実装性	外装構造	外周端縁に凹部を設け、この凹部内に端子をそれぞれ導出
		特開平9-259860	H01M 2/30	実装性	外装構造	電池を貫通して筒状の電極端子を設ける
		特開平10-199561	H01M 10/04	シール性	封止方法	排気用ノズル
		特開平11-40198	H01M 10/40	安全性	封止構造	正負極リードと接する部分に外装体の金属層を存在させない

表 2.2.3-1 東芝電池の保有特許リスト (6/7)

分野	技術要素	公報番号	特許分類	課題		概要（解決手段要旨）
外装（続き）		特開平11-67165	H01M 2/02	薄形軽量化	封止構造	側面で樹脂層を折り込み封止
		特開平11-67167	H01M 2/02	シール性	封止構造	端部折り返し
		特開平11-97070	H01M 10/40	安全性	外装構造	剥離強度の弱い箇所を設ける
		特開平11-102673	H01M 2/02	安全性	外装構造	穴または切り込みを設ける
		特開平11-102674	H01M 2/02	安全性	外装構造	穴または切り込みを設ける
		特開平11-120967	H01M 2/08	シール性	外装構造	シール部をカバー
		特開平11-154495	H01M 2/08	安全性	封止構造	周辺封止部の一部を挟着封止
		特開平11-162436	H01M 2121/01	安全性	外装構造	切り込みを設ける
		特開平11-162421	H01M 2/02	薄形軽量化	外装材	外装材内面に集電体の機能を付与
		特開平11-162443	H01M 2/20	実装性	外装構造	積層使用容易に配置
		特開平11-204088	H01M 2/02	シール性	封止方法	筒状外装材
		特開平11-204090	H01M 2/06	シール性	封止構造	材質（高融点樹脂）
		特開平11-260417	H01M 10/40	安全性	外装構造	各正極の端子部の対向する面に絶縁皮膜を形成
		特開2000-21383	H01M 2/20	薄形軽量化	外装構造	複数の正極、負極端子同士を位置合わせし、それぞれ筒体内に接続固定
		特開2000-100399	H01M 2/08	安全性	外装構造	融着条件を一部だけ変える
		特開2000-173580	H01M 2/34	薄形軽量化	外装構造	保護回路基板を内臓
		特開2000-182577	H01M 2/06	量産性	封止方法	超音波加熱
		特開2000-182579	H01M 2/08	安全性	外装構造	発電要素を囲む補強体

表 2.2.3-1 東芝電池の保有特許リスト (7/7)

分野	技術要素	公報番号	特許分類	課題		概要（解決手段要旨）
外装（続き）		特開2000-223083	H01M 2/02	量産性	外装構造	ガイドプレート
		特開2000-251872	H01M 2/34	安全性	封止構造	端子間隔を規定
		特開2000-268788	H01M 2/02	実装性	封止構造	封止部の窓に端子を露出させる
		特開2000-268790	H01M 2/08	シール性	外装材	最小厚さ規定
		特開2000-294202	H01M 2/02	薄形軽量化	外装材	薄型電池の金属容器
		特開2000-294293	H01M 10/40	サイクル寿命	外装構造	電極端子接続構造
		特開2000-294286	H01M 10/40	安全性	封止構造	電極リード封止部の熱融着樹脂層に絶縁層を介挿
		特開2000-306606	H01M 10/40	量産性	封止方法	電解液注入後開口部を封止する
		特開2000-311661	H01M 2/02	量産性	封止方法	電解液注入後開口部を封止する
		特開2000-311662	H01M 2/02	量産性	外装構造	同軸的に加熱・冷却手段を配置
		特開2000-348693	H01M 2/02	シール性	外装材	小型化と両立
		特開2000-348694	H01M 2/02	シール性	外装材	酸変成ポリオレフィン樹脂
		特開2000-353498	H01M 2/02	量産性	封止方法	外縁端部を加熱加圧治具からはみ出させる
		特開2000-353499	H01M 2/02	実装性	外装構造	封止端部に凹部を設け端子をそこに配置する
		特開2001-76691	H01M 2/02	量産性	封止構造	リード端子融着・封止部の位置
		特開2001-84972	H01M 2/02	量産性	外装構造	複数個のユニットセルを配置し外装封止後切断分離する
		特開2001-202931	H01M 2/02	薄形軽量化	封止構造	封止周縁部を折り畳む

2.2.4 技術開発拠点

　東京都：東京本社（南品川）研究所
　群馬県：高崎工場、（株）エイ・ティーバッテリー前橋工場
　長野県：佐久工場

2.2.5 研究開発者

　図 2.2.5-1 に東芝電池の発明者数と出願件数の推移を示す。また、図 2.2.5-2 に出願年ごとの発明者数-出願件数の変化を示す。1995、96 年頃から発明者数および出願件数を伸ばしてきており、99年現在では、他企業と比較して最も出願件数が多くなっている。

図 2.2.5-1 東芝電池の発明者数と出願件数の推移

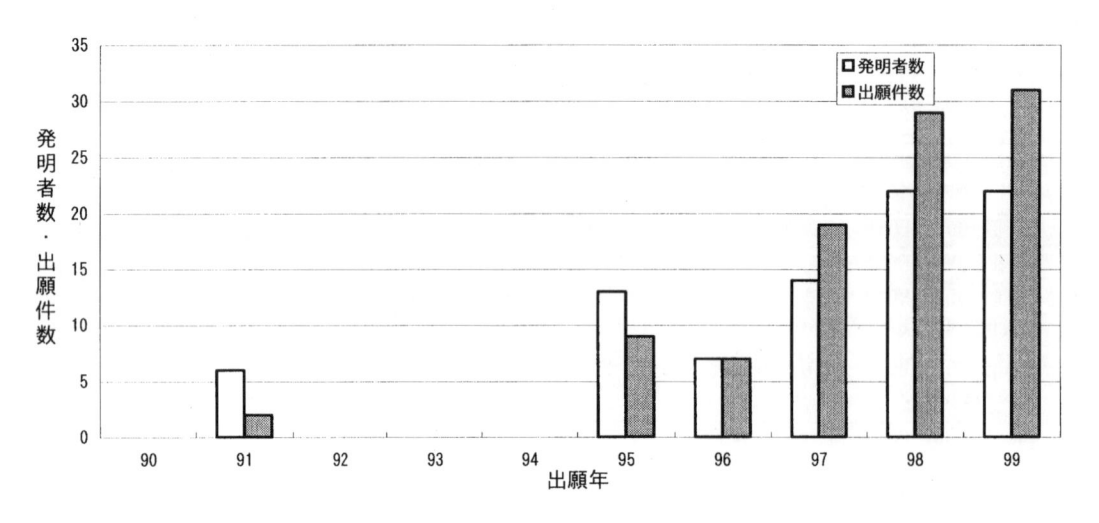

図 2.2.5-2 東芝電池の出願年ごとの発明者数-出願件数の変化

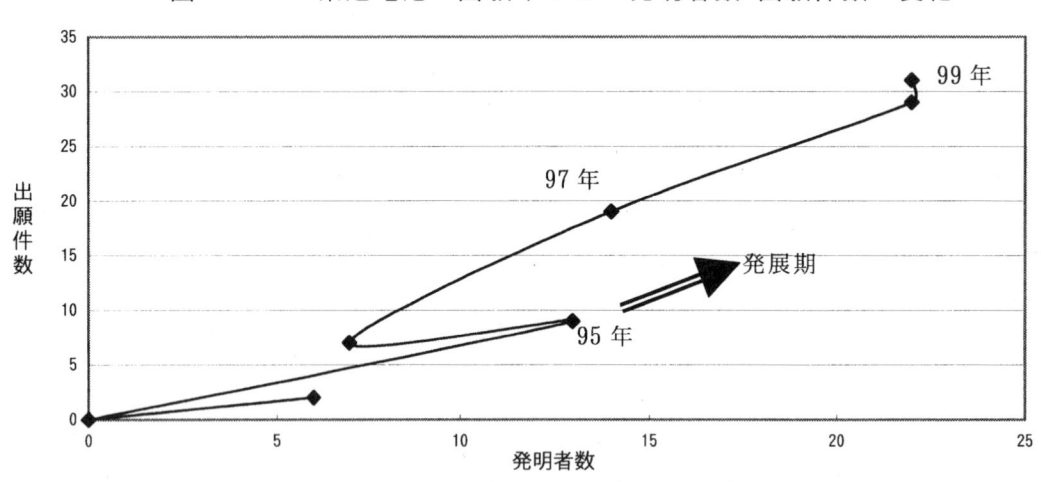

2.3 松下電器産業

2.3.1 企業の概要

表 2.3.1-1 松下電器産業の概要

1)	商号	松下電器産業株式会社
2)	設立年月日	1935年（昭和10年）12月（創業1918年（大正7年）3月）
3)	資本金	2,109億94百万円（2001年3月31現在）
4)	従業員	44,951名
5)	事業内容	映像・音響機器、家庭電化・住宅設備機器、情報・通信機器、産業機器、部品分野
6)	事業所	本社／大阪府門真市大字門真1006番地、工場／門真工場：大阪府門真市、甲府工場：山梨県中巨摩郡、神戸工場：神戸市西区、他、研究所／生産技術研究所：大阪府門真市、中央研究所：京都府相楽郡、他
7)	関連会社	国内／松下電子工業、日本ビクター、松下通信工業、松下電池工業（本社及び大阪工場：大阪府守口市、湘南工場：神奈川県茅ヶ崎市、浜名湖工場：静岡県湖西市、和歌山工場：和歌山県打田町）、松下電子部品工業、他 海外／アメリカ松下電子部品、アメリカ松下電池工業、松下・ウルトラテックバッテリーコーポレーション、ペルー松下電器、タイ松下電池、インドネシア松下・ゴーベル電池、バタム松下電池（インドネシア）他
8)	業績推移	（最近三年間の年間売上高）H10：4,597,561、H11：4,553,223、H12：4,831,866（百万円）
9)	主要製品	映像・音響機器：カラーテレビ、ビデオ、ビデオカメラ、DVDプレーヤー、他。家庭電化・住宅設備機器：洗濯機・乾燥機、掃除機、電子レンジ、食器洗い乾燥機、冷蔵庫、エアコン、他。情報・通信機器：ファクシミリ、パソコン、携帯電話機、他。産業機器：電子部品実装システム、産業用ロボット、電子計測機器、溶接機器、他。部品分野：半導体、電子管、液晶デバイス、各種乾電池、各種蓄電池、太陽電池、他。
10)	主な取引先	個人消費者、情報通信機器メーカー、自動車メーカー、他
11)	技術移転窓口	大阪府大阪市中央区城見1-3-7　松下IMPビル19F IPRオペレーションカンパニー ライセンスセンター Tel:06-6949-4525
12)	技術移転例	相手先：ダラス・セミコンダクター・コーポレーション（アメリカ） 内容：電池の充電制御に関する特許実施の許諾

2.3.2 リチウムポリマー電池技術に関する製品・技術

電池の製造は関連企業である松下電池工業（株）で行なっている。1999年にゲル電解質のリチウムポリマー電池を商品化した。電極としては炭素系負極および LiCo 複合酸化物正極を採用している。（表 2.3.2-1 参照）

表 2.3.2-1 松下電器産業のリチウムポリマー電池技術に関する製品・技術

製品	製品名	発売時期	出典
リチウムポリマー二次電池	SSP356236, SSP376239 （厚さ3.6～3.9mm） 製造：松下電池工業（株）	1999年 1月	電池業界に関する市場調査2000 松下電池工業のインターネット・ホームページ

2.3.3 技術開発課題対応保有特許の概要

図 2.3.3-1 に松下電器産業の分野別および技術要素別の保有特許の比率を示す。全分野・全技術要素に保有特許がある。ポリマー電解質分野が最も多く、次いで、結着剤・導電剤、負極および正極が多いのが特徴である。外装関係は比較的少ない。

図 2.3.3-1 松下電器産業の分野別および技術要素別保有特許比率

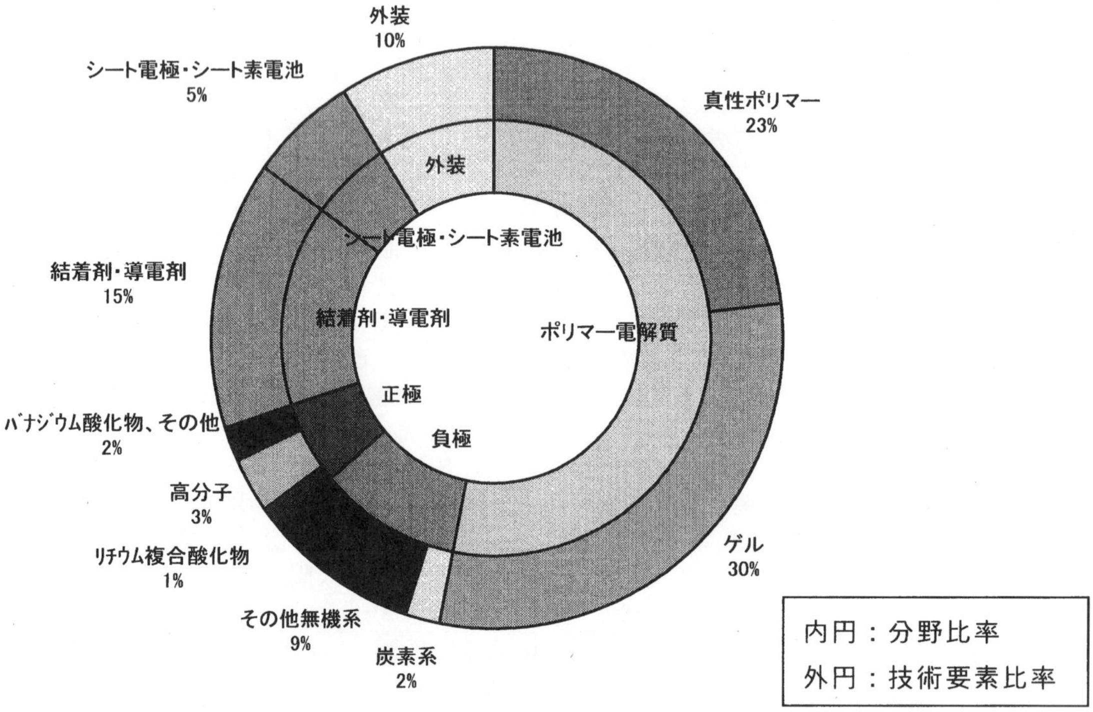

表 2.3.3-1 に上記の保有特許について、技術開発の課題と解決手段の概要を示す（課題と解決手段の詳細は、前述の1.4を参照）。

ポリマー電解質分野における主要な技術課題は、イオン伝導度の向上とサイクル寿命延長である。以前は真性ポリマー電解質に注力していたが、最近はゲル電解質の比率が高くなっている。

負極分野では、Li 合金などについてサイクル寿命延長に取組んでいる。また正極分野では、高分子正極の容量特性向上などが見られる。結着剤・導電剤では、大電流化を課題とするものが多く、電解質兼用結着剤および単機能結着剤の両者での対応がみられる。シート電極・シート素電池分野および外装分野では寿命延長に関する課題が多い。

表 2.3.3-1 松下電器産業の保有特許リスト（1/7）

分野	技術要素	公報番号	特許分類	課題	概要（解決手段要旨）	
ポリマー電解質	真性ポリマー	特許2760090	H01B 1/12	機械的変形による寿命	構造体	高分子材料に、LiまたはAl$_2$O$_3$を分散させたLiIを、溶解することなく析出状態で分散
	真性ポリマー	特公平8-884	C08L 71/02	イオン伝導度	構造体	ポリアミン化合物に少なくともエチレンオキサイドあるいはプロピレンオキサイドを付加して得られるポリエーテル化合物およびイオン交換性の層状化合物を含有する組成物
	真性ポリマー	特許2917416	C08L 71/02	イオン伝導度	構造体	エチレンオキサイド鎖およびブチレンオキサイド鎖を有するカチオン界面活性剤とイオン交換性の層状化合物とを含有する組成物
	真性ポリマー	特許2870988	C08L 71/02	イオン伝導度	構造体	ポリアミン化合物にエチレンオキサイド及びブチレンオキサイドを付加して得られるポリエーテル化合物およびイオン交換性の層状化合物を含有する組成物
	真性ポリマー	特公平8-885	C08L 71/02	イオン伝導度	構造体	エチレンオキサイド鎖および/またはプロピレンオキサイド鎖を有するカチオン界面活性剤と、イオン交換性の層状化合物と含有する組成物
	真性ポリマー	特許2605989	H01M 10/40	サイクル寿命	構造体	ポリアミン化合物にエチレンオキサイドまたはプロピレンオキサイドの少なくとも一方を付加したポリエーテル化合物と、イオン交換性の層状化合物を含有する組成物
	真性ポリマー	特許3038945	H01M 10/40	サイクル寿命	構造体	ポリアミン化合物にエチレンオキサイドまたはプロピレンオキサイドの少なくとも一方を付加したポリエーテル化合物と、イオン交換性の層状化合物を含有する組成物
	真性ポリマー	特許2606632	H01M 10/40	サイクル寿命	構造体	ポリアミン化合物にエチレンオキサイドもしくはプロピレンオキサイドのいずれか一方、または両方を付加したポリエーテル化合物と、イオン交換性の層状化合物を含有する組成物
	真性ポリマー	特許2990869	H01B 1/06	イオン伝導度	均一体	ポリ（オキシエチレン）グリコール酸とポリ（オキシアルキレン）グリセリンとを反応させて得られた架橋樹脂と無機塩を主成分とする
	真性ポリマー	特許3082457	H01B 1/06	イオン伝導度、機械的変形による寿命	構造体	リチウムイオン導電性硫化物固体電解質と高分子弾性体を乾式混練し、固体電解質成形体を構成する
	ゲルポリマー真性	特許3206836	H01M 10/40	サイクル寿命	均一体、均一系ゲル電解質	電解質層をポリエーテルポリオール系高分子化合物とリチウム塩とを少なくとも含む組成物で構成する

表 2.3.3-1 松下電器産業の保有特許リスト (2/7)

分野	技術要素	公報番号	特許分類	課題		概要（解決手段要旨）
ポリマー電解質（続き）	ゲル	特開平6-203874	H01M 10/40	保存性	均一系ゲル電解質	エーテル型酸素を有する高分子組成物と、特定の溶媒を含有
	ゲル	特開平7-37419	H01B 1/06	イオン伝導度、薄膜化など	均一系ゲル電解質	アクリロニトリルの共重合体、ポリアルキレンオキシド、および塩を溶解した非プロトン性溶媒を含むこと
	ゲル	特開平8-138742	H01M 10/40	サイクル寿命、保存性	均一系ゲル電解質	硫黄-金属イオン結合、有機ジスルフィド化合物とリチウム塩を有機溶媒に溶解した溶液、ゲル化剤からなるゲル電解質
	ゲル	特開平8-287949	H01M 10/40	イオン伝導度	均一体	正極に、環状エーテルを含む電解液を注液し、この液体を化学的あるいは電気化学的手法で重合硬化
	ゲル 真性ポリマー	特開平8-306389	H01M 10/40	サイクル寿命	構造体、構造系ゲル電解質	複数のポリマー電解質層を重ね合わせて配した
	ゲル	特開平9-97618	H01M 6/22	イオン伝導度、機械的変形による寿命	均一系ゲル電解質	有機電解液に難溶性のポリマーと可溶性のポリマーとを混合あるいは相溶させて得たポリマーアロイフィルムに、有機電解液を含浸させゲル状にした
	ゲル	特開平9-147912	H01M 10/40	サイクル寿命	均一系ゲル電解質	電解質が、特定の化学式で示されるエチレンオキシド付加・トリメチロールプロパン・トリアクリレートと特定の化学式で示されるエチレンオキシド・プロピレンオキシド・ブロックポリエーテル・ジアクリレートが重合した高分子マトリックスを含むゲル電解質であること
	ゲル	特開平9-306543	H01M 10/40	イオン伝導度、サイクル寿命	構造系ゲル電解質	マグネシア、アルミナ、ゼオライト、シリカゲル等から選ばれたセラミック粒子を分散させたゲル状ポリマー電解質
	ゲル	特開平10-3944	H01M 10/40	サイクル寿命	均一系ゲル電解質	3次元架橋型リチウムイオン伝導性ポリマーと重合性官能基を有する含窒素有機化合物との複合物に有機電解液を保持させたポリマー電解質
	真性ポリマー	特開平10-3818	H01B 1/06	イオン伝導度	構造体	分子内の炭素-炭素二重結合に無水硫酸または無水硫酸-電子供与性化合物錯体を付加させた重合体、およびリチウムイオン伝導性無機固体電解質よりなる
	真性ポリマー	特開平10-21962	H01M 10/40	イオン伝導度、機械的変形による寿命	均一体	イオン伝導性ポリマーとイオン伝導性ポリマーより高融点のポリマーを混合あるいは相溶させて得たポリマーアロイフィルムに、リチウム塩を固溶させ電解質を形成
	ゲル	特開平10-50345	H01M 10/40	イオン伝導度	均一系ゲル電解質	有機電解液に難溶性のポリマーと、ポリアニオンポリマーとを相溶させたポリマーアロイフィルムを作製し、有機電解液を含浸させてゲル化する

表2.3.3-1 松下電器産業の保有特許リスト (3/7)

分野	技術要素	公報番号	特許分類	課題	概要（解決手段要旨）
ポリマー電解質（続き）	真性ポリマーゲル	特開平10-255842	H01M 10/40	イオン伝導度	構造体、構造系ゲル電解質	ポリマー電解質中にセラミックを含有
	ゲル	特開平10-261315	H01B 1/12	イオン伝導度、機械的変形による寿命	均一系ゲル電解質	共重合成分および共重合比の少なくとも一方が異なる2種以上のアクリロニトリル共重合体と有機電解液より構成される
	真性ポリマーゲル	特開平10-308239	H01M 10/40	サイクル寿命	均一体	ポリマー電解質を構成するポリマーはリチウム金属と反応する官能基を備えた物質を含有
	真性ポリマー	特開平11-86899	H01M 10/36	イオン伝導度、機械的変形による寿命	構造体	ブタジエン共重合体を水素添加した水素添加ブロック共重合体、および固体電解質
	ゲル	特開平11-80296	C08F293/00	イオン伝導度、サイクル寿命	均一系ゲル電解質、構造系ゲル電解質	フッ化ビニリデンポリマーセグメントとアクリロニトリルポリマーセグメントのブロックまたはグラフト共重合体を主骨格とする熱可塑性エラストマーと、リチウム塩を溶解した非プロトン性有機溶媒を含有するゲル状ポリマー電解質および電気絶縁無機物質粉末を含有
	ゲル	特開平10-261437	H01M 10/40	イオン伝導度、サイクル寿命	構造系ゲル電解質	有機電解液に難溶性のポリマーと可溶性のポリマーから成るポリマーアロイフィルムと、有機電解液から成るゲル状ポリマー電解質において、相分離しているポリマーアロイフィルムの少なくとも可溶性のポリマーの相分離のサイズが100nm未満であるポリマー電解質
	ゲル	特開平11-214036	H01M 10/40	サイクル寿命	均一系ゲル電解質	非水電解液を保持したフッ素含有高分子マトリックスが架橋
	ゲル	特開平11-233146	H01M 10/40	安全性	均一系ゲル電解質	正極、負極あるいは高分子電解質中の少なくともいずれか一つに、100℃以上で吸熱性の物性変化を起こすポリエチレン、ポリプロピレン、これらの重合体から選ばれる材料を含むこと
	ゲル	特開平11-307100	H01M 4/62	イオン伝導度	構造系ゲル電解質	有機電解液を吸収保持するポリマーからなる多孔性セパレータ
	ゲル	特開平11-307101	H01M 4/62	イオン伝導度	構造系ゲル電解質	有機電解液を吸収保持するポリマーからなる多孔性セパレータ
	ゲル	特開平11-307082	H01M 4/02	イオン伝導度	構造系ゲル電解質	有機電解液を吸収保持するポリマーからなる多孔性セパレータ
	ゲル	特開平11-307084	H01M 4/02	イオン伝導度	構造系ゲル電解質	有機電解液を吸収保持するポリマーからなる多孔性セパレータ
	真性ポリマー	特開2000-123874	H01M 10/40	イオン伝導度、機械的変形による寿命	構造体	1,2-ビニル結合含量が70%以上で結晶化度が5〜50%の1,2-ポリブタジエン50〜100重量%と極性ゴム0〜50重量%とからなる高分子組成物、および固体電解質を主体とする固体電解質成形体
	ゲル	特開2000-173655	H01M 10/40	機械的変形のよる寿命	構造系ゲル電解質	高分子ゲルが電解質高分子化合物と、オレフィン系、ナイロン系、アラミド系繊維である有機フィラーと、可動イオンと、有機溶媒とを有すること

表2.3.3-1 松下電器産業の保有特許リスト（4/7）

分野	技術要素	公報番号	特許分類	課題		概要（解決手段要旨）
ポリマー電解質（続き）	ゲル 真性ポリマー	特開2000-251937	H01M 10/40	イオン伝導度	均一系ゲル電解質	非イオン性高分子と、特定の構造を含むイオンまたはその誘導体と、これと異なる陽イオンを共存イオンとして少なくとも含むゲルまたは固体のイオン伝導体を用いる
	ゲル	特開2000-306602	H01M 10/40	保存性	構造系ゲル電解質	非水電解液を吸収保持するポリマーからなる多孔性のセパレータで、電解液はその溶媒が環状カーボネートと鎖状カーボネートの混合溶媒からなり、さらにこの混合溶媒はビニレンカーボネートを重量比で0.1～5％、12クラウン4エーテル、15クラウン5エーテル、18クラウン6エーテルのうちから選ばれた一種を重量比で0.05～3％それぞれ含んでいる
	ゲル	特開2000-319531	C08L101/16	機械的変形による寿命	均一系ゲル電解質	共有結合架橋と物理架橋とを有するアクリロニトリルホモポリマー等からなる高分子骨格と、電荷担体とを少なくとも有することを特徴とする高分子電解質
	ゲル 真性ポリマー	特開2000-285921	H01M 4/58	イオン伝導度、サイクル寿命	均一系ゲル電解質	4級窒素を含む有機陽イオン構造を含むイオンまたはその誘導体と、これと異なる陽イオンを共存イオンとして少なくとも含むゲルまたは固体をイオン伝導体
	真性ポリマー	特開2001-6738	H01M 10/40	安全性	構造体	正極、前記負極および前記ポリマー電解質層から選ばれる少なくとも一つがポリマー粒子を含み、前記ポリマー粒子の融点が80℃以上150℃以下であることを特徴とする
	ゲル 真性ポリマー	特開2001-15166	H01M 10/40	イオン伝導度	均一体、均一系ゲル電解質	非イオン性高分子またはイオン性高分子と、特定構造を含むイオンまたはその誘導体と、前記イオンまたはその誘導体と異なる陽イオンを共存イオンとして少なくとも含むゲルまたは固体のイオン伝導体
	ゲル	特開2001-35535	H01M 10/40	イオン伝導度、機械的変形による寿命	構造系ゲル電解質	高分子骨格と溶媒とを有する高分子ゲルと、電気絶縁性セパレータとを有す
	真性ポリマー	特開2001-52746	H01M 10/40	イオン伝導度	均一体	高分子骨格中にシリルアミド結合（Si－N－Si結合）を有する
	ゲル	特開2001-135355	H01M 10/40	機械的変形による寿命	均一系ゲル電解質	ポリエーテルを主鎖の主成分としその両末端に脂肪族二重結合をもつ重合体と、脂肪族二重結合を含む置換基を六員環環状化合物に三箇所導入した化合物とを反応させて生成した化合物をイオン伝導体の構成要素とする
負極	炭素系	特開平11-307084	H01M 4/02	薄形軽量化	その他	負極集電体の両面に、負極合剤層を設け、1枚の集電体で2枚の負極合剤層とし、集電体を削減
	炭素系	特開2000-285921	H01M 4/58	容量特性	特定炭素	硬化前の高分子に2-10環の芳香族化合物添加し、硬化させた樹脂を特定熱処理で炭素化し、負極とする
	無機系 その他	特許2929726	H01M 4/02	伝導性	導電・結着剤	アルミ粉末、イオン性物質含有スラリーをシート状の固形電極に成形する

表 2.3.3-1 松下電器産業の保有特許リスト (5/7)

分野	技術要素	公報番号	特許分類	課題		概要（解決手段要旨）
負極（続き）	無機系その他	特開平8-315857	H01M 10/40	寿命	Li合金	表面に外気との反応生成物の生成を防止し、ポリマー電解質と負極の強固な一体物を得る
	無機系その他	特開平9-147920	H01M 10/40	寿命	Li合金	アルカリ金属イオンのみを通過させ、溶媒分子を通さない高分子薄膜を用い、電極界面での反応を防止
	無機系その他	特開平10-302776	H01M 4/02	寿命	その他	ニトリロコバルト酸リチウム等の異方性を有する電子－イオン混合伝導体電極でイオン流束を均一化
	無機系その他	特開2000-173584	H01M 4/02	寿命	他金属	SnにSnと他元素の化合物または固溶体を被覆し、(CxF)nを添加
	無機系その他	特開2000-173607	H01M 4/38	寿命	他金属	ポリマーゲル電解質電池負極の膨張・収縮を固相Bで抑制
	無機系その他	特開2000-173608	H01M 4/38	寿命	他金属	ポリマーゲル電解質電池負極の固相Aを固相Bで被覆し、膨張・収縮を固相Bで抑制
	無機系その他	特開2001-76710	H01M 4/04	薄形軽量化	Li合金	電極、電解質、保護膜等の構成材料をすべて真空下の製膜法で作製した回路要素用電池
	無機系その他	特開2001-148247	H01M 4/38	容量特性	Si合金	Si合金の不可逆Li吸蔵の原因となる表面酸化膜を除去
正極	リチウム複合酸化物	特開平6-275315	H01M 10/36	容量特性、充放電特性	複合活物質	チタン、バナジウム、クロム、マンガン、鉄、コバルト、ニッケル、亜鉛、ジルコニウム、ニオブ、モリブデン、ハフニウム、タンタルおよびタングステンよりなる群から選ばれる少なくとも一種の遷移金属元素のカルコゲン化物を含む正極
	高分子	特許3168592	H01M 4/02	容量特性、充放電特性	ポリアニリン系、その他	ポリアニリンなどのπ電子共役系導電性高分子粉末と、アクリロニトリルとアクリル酸メチルまたはメタクリル酸メチルとの共重合体と、リチウム塩と、プロピレンカーボネート、エチレンカーボネートを含む固形電極組成物
	高分子	特開平6-231752	H01M 4/02	充放電特性	有機イオウ系	4,5-ジアミノ-2,6-ジメルカプトピリミジン（ジスルフィド系化合物）と、π電子共役系導電性高分子（ポリアニリン等）とから成る複合電極
	高分子	特開平8-138742	H01M 10/40	寿命、充放電特性	ポリアニリン系、有機イオウ系	有機ジスルフィド化合物とポリアニリンを含む複合膜からなる正極
	バナジウム酸化物、その他	特開平8-306389	H01M 10/40	寿命、安全性	V_6O_{13}系	V_6O_{13+Y} ($0 \leq Y \leq 0.16$)

表 2.3.3-1 松下電器産業の保有特許リスト (6/7)

分野	技術要素	公報番号	特許分類	課題		概要（解決手段要旨）
正極（続き）	バナジウム酸化物、その他	特開平9-129218	H01M 4/02	容量特性、寿命	V_6O_{13}系導電集電体	導電剤粒子表面にフッ素樹脂結着剤を分散付着（例：ポリテトラフルオロエチレン、テトラフルオロエチレン・ヘキサフルオロプロピレン共重合体、ポリフッ化ビニリデンおよびビニリデンフルオライド共重合体からなる群から選ばれた少なくとも１つの樹脂を導電剤に分散付着）
	結着剤・導電剤	特許 2973469	H01M 4/62	容量特性	電解質兼用結着剤	ポリアミン化合物にエチレンオキサイドとブチレンオキサアイドを付加して得られるポリエーテル化合物を添加した電極組成物
		特許 2929726	H01M 4/02	大電流化	電解質兼用結着剤、金属等導電剤	エチレンオキサイド鎖またはプロピレンオキサイド鎖のいずれかを有する
		特許 3168592	H01M 4/02	大電流化	電解質兼用結着剤	ポリアニリンなどのπ電子共役系導電性高分子粉末と、アクリロニトリルとアクリル酸メチルまたはメタクリル酸メチルとの共重合体と、リチウム塩と、プロピレンカーボネート、エチレンカーボネートを含む固形電極組成物
		特開平9-129218	H01M 4/02	大電流化、サイクル寿命	炭素系導電剤	導電剤粒子表面にフッ素樹脂結着剤を分散付着
		特開平10-255842	H01M 10/40	大電流化	電解質兼用結着剤	電池の充放電反応に関与しないセラミックを含有
		特開平11-86899	H01M 10/36	大電流化、サイクル寿命	単機能結着剤	水素添加ブロック共重合体にイオン伝導性固体粉末含有
		特開平11-149916	H01M 4/02	サイクル寿命	単機能結着剤、導電層	導電性炭素材とポリフッ化ビニリデンからなる混合物を表面に結着した集電体
		特開平11-233146	H01M 10/40	安全性	単機能結着剤	100℃以上で吸熱性の物性変化を起こす材料
		特開平11-307100	H01M 4/62	容量特性	電解質兼用結着剤	活物質混合物層の多孔度が30〜60%
		特開平11-307101	H01M 4/62	容量特性	電解質兼用結着剤	正極の活物質混合物層のポリマー含量が5〜10重量％、負極の活物質混合物層のポリマー含量が7〜16重量％
		特開平11-307082	H01M 4/02	容量特性	電解質兼用結着剤	正極の活物質混合物層のポリマー含量が5〜10重量％、負極の活物質混合物層のポリマー含量が7〜16重量％
		特許 3183270	H01M 10/40	大電流化	電解質兼用結着剤	注液後、加熱・減圧
		特開2001-23618	H01M 4/04	生産性	電極製法	非水溶媒と高分子化合物とを含むペースト材料を20℃以上55℃以下の温度で混練
		特開2001-35535	H01M 10/40	大電流化	電解質兼用結着剤	正極および負極は高分子骨格を化学架橋した高分子ゲルを有し、かつ正負極との空孔率はともに2体積％以下
		特開2001-110454	H01M 10/40	安全性	有機・無機導電剤	電解液および絶縁性セラミックス微粉含有

表 2.3.3-1 松下電器産業の保有特許リスト（7/7）

分野	技術要素	公報番号	特許分類	課題		概要（解決手段要旨）
シート電極・シート素電池		特開平7-220761	H01M 10/40	サイクル寿命	電解質	リチウムまたはリチウム合金負極の電池において、セパレータは多孔質樹脂薄膜とイオン伝導性ゲル電解質層一体化
		特開平9-289040	H01M 10/40	サイクル寿命	電解質	負極がセパレータと接触する以前にゲル状の電解質をセパレータに貼り合わせる
		特開平11-260418	H01M 10/40	大電流化	リード・端子	リード接続部位が無地部に位置
		特開2000-58069	H01M 4/64	薄形軽量化、サイクル寿命	集電体	グラファイトシート
		特開2000-100467	H01M 10/40	歩留り	正極・負極	折り畳み線を中心とする所定幅の筋状凹部を予め形成
		特開2001-155717	H01M 4/04	生産性、歩留り	方法	正極の活物質層と絶縁層セパレータと負極の活物質層とを接合させて作製した積層型電池セルを所定の大きさに切断
外装		特開平6-275247	H01M 2/08	シール性	外装材	高温硬化型樹脂
		特開平11-233133	H01M 10/04	シール性	封止構造	端子を変成ポリエチレンフィルムで被覆
		特開平11-224652	H01M 2/02	量産性	外装構造	収容部を形成
		特開平11-297280	H01M 2/02	シール性	封止構造	端部を折り返して接合
		特開2000-106154	H01M 2/02	サイクル寿命	封止方法	加圧状態で固化
		特開2000-208110	H01M 2/02	薄形軽量化	外装構造	外装材に凹部を形成
		特開2000-223090	H01M 2/08	シール性	封止構造	2重封止構造
		特開2001-102034	H01M 2/30	シール性	封止構造	端子の断面形状
		特開2001-93489	H01M 2/06	安全性	封止構造	低融点樹脂部分が温度に感応して溶融開放する

2.3.4 技術開発拠点

松下電器産業

　　大阪府　：生産技術研究所

　　京都府　：中央研究所

　　神奈川県：松下技研（株）

松下電池工業

　　大阪府　：本社及び大阪工場

　　神奈川県：湘南工場

　　和歌山県：和歌山工場

2.3.5 研究開発者

図 2.3.5-1 に松下電器産業の発明者数と出願件数の推移を示す。また、図 2.3.5-2 に出願年ごとの発明者数-出願件数の変化を示す。1997 年に発明者数を急増させたあと 98 年から出願件数も伸び始めている。

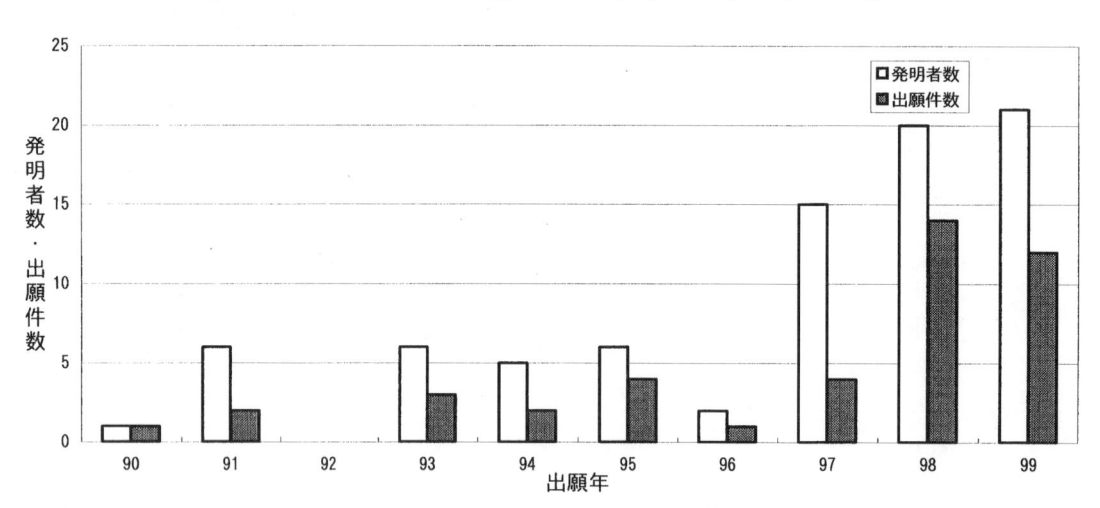

図 2.3.5-1 松下電器産業の発明者数と出願件数の推移

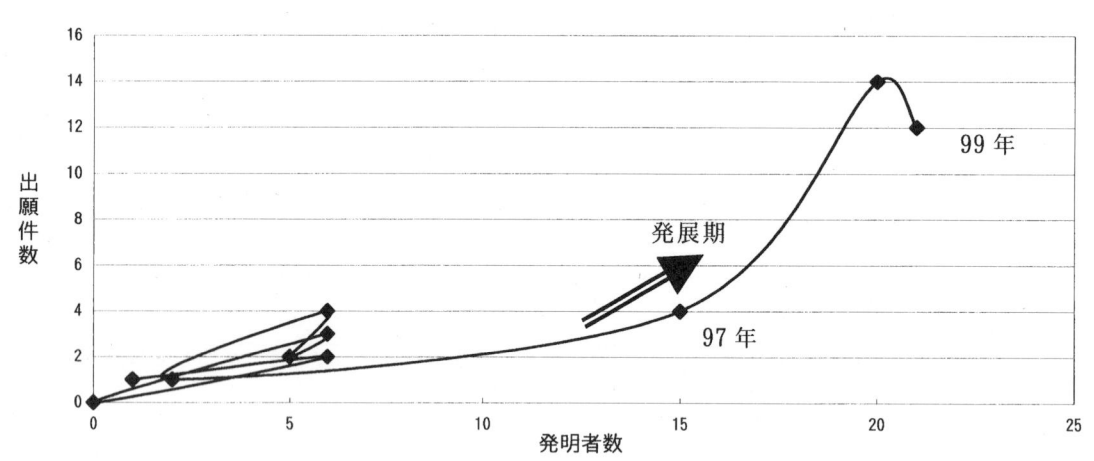

図 2.3.5-2 松下電器産業の出願年ごとの発明者数-出願件数の変化

2.4 三洋電機

2.4.1 企業の概要

表2.4.1-1 三洋電機の概要

1)	商号	三洋電機株式会社
2)	設立年月日	1950年（昭和25年）4月
3)	資本金	1,722億41百万円（2001年3月31現在）
4)	従業員	20,112名
5)	事業内容	ニカド電池、ニッケル水素電池、リチウムイオン電池、リチウム電池、太陽電池、電動アシスト自転車、電池応用商品等の開発、製造、販売および照明機器の販売（ソフトエナジーカンパニー）、他
6)	事業所	本社／大阪府守口市京阪本通2丁目5番5号、工場／群馬、大東、岐阜、加西、大津、洲本、他
7)	関連会社	国内／ソフトエナジーカンパニー（兵庫県洲本市）、他 海外／サンヨー・エナジー（USA）コーポレーション、他
8)	業績推移	（最近三年間の年間売上高）H10：1,882,439、H11：2,014,253、H12：2,240,997（百万円）
9)	主要製品	リチウムイオン電池、リチウム電池、他
10)	主な取引先	個人消費者、通信機器メーカー、産業機器メーカー、他

2.4.2 リチウムポリマー電池技術に関する製品・技術

1999年9月にゲル電化質のリチウムポリマー電池を商品化したが、電解液タイプでも薄型化を志向している。（表2.4.2-1参照）

表2.4.2-1 三洋電機のリチウムポリマー電池技術に関する製品・技術

製品	製品名	発売時期	出典
リチウムイオンポリマー二次電池	UPF363562（厚さ 3.6mm）	1999年9月	三洋電機のインターネット・ホームページ
リチウムイオン電池	UF383450P（厚さ 3.5mm）	2000年10月	電池業界に関する市場調査2000

2.4.3 技術開発課題対応保有特許の概要

図2.4.3-1に三洋電機の分野別および技術要素別の保有特許比率を示す。ポリマー電解質をはじめとして全般にわたっている。負極については炭素系負極が、正極についてはリチウム複合酸化物正極が主流である。他の電池メーカーと比較すると、結着剤・導電剤およびシート電極・シート素電池関係が相対的に少ないのが特徴である。

図 2.4.3-1 三洋電機の分野別および技術要素別の保有特許比率

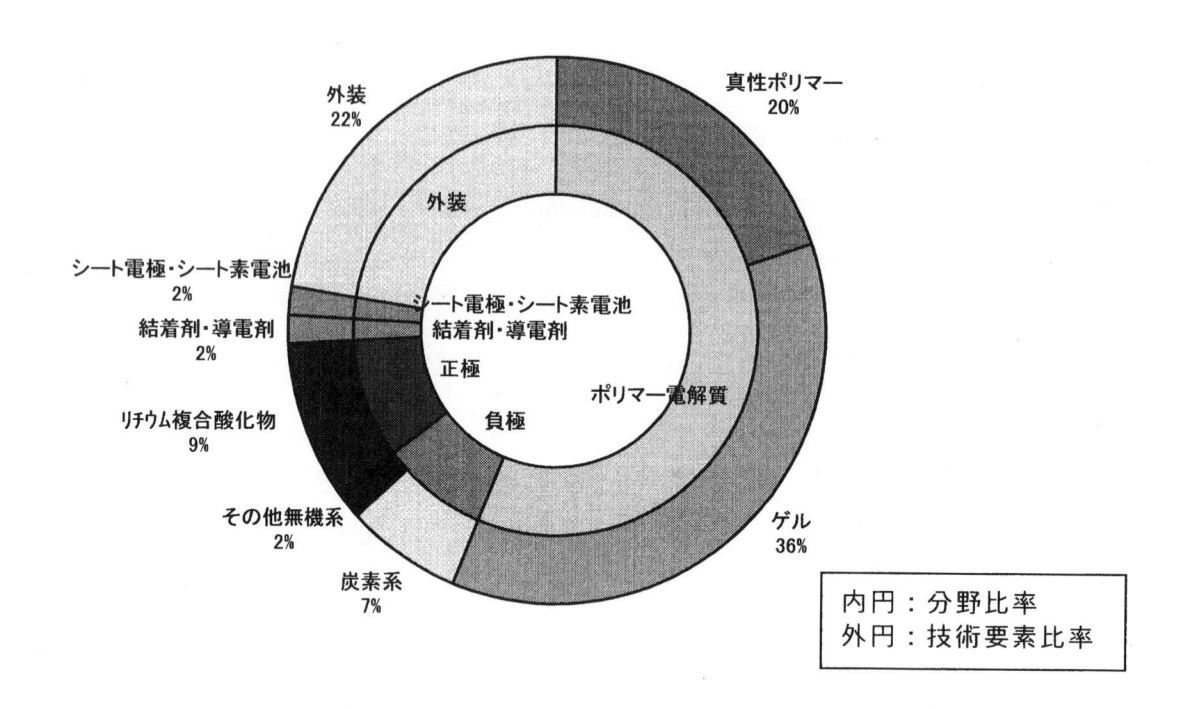

```
外装 22%
真性ポリマー 20%
シート電極・シート素電池 2%
結着剤・導電剤 2%
リチウム複合酸化物 9%
その他無機系 2%
炭素系 7%
ゲル 36%

内円：分野比率
外円：技術要素比率
```

表 2.4.3-1 に、上記の保有特許について技術開発の課題と解決手段の概要を示す。掲載の特許については、非開放。（課題と解決手段の詳細は、前述の 1.4 を参照）

ポリマー電解質の分野における技術開発の課題はイオン伝導度向上とサイクル寿命延長が中心となっている。負極の分野では炭素系負極の電解質界面などにおけるイオン伝導性向上が、正極の分野ではリチウム複合酸化物のサイクル寿命延長と充放電特性の向上が主要な課題となっている。外装分野での主な課題は寿命延長、安全性向上などである。

表 2.4.3-1 三洋電機の保有特許リスト（1/8）

分野	技術要素	公報番号	特許分類	課題		概要（解決手段要旨）
ポリマー電解質	真性ポリマー	特許2950916	H01M 10/40	薄膜化など	均一体	有機高分子化合物とアルカリ金属塩とを、窒素原子を含む環状化合物であるピロリドン及びその誘導体からなる溶剤に溶解させる第1ステップと、上記溶剤を基材上にキャストする第2ステップと、前記溶液を乾燥させる第三ステップよりなる製造豊富
	真性ポリマー	特許3043048	H01M 10/40	薄膜化など	均一体	有機高分子化合物と、アルカリ金属塩とを溶剤に溶解させ、これを基材上にキャストし、乾燥
	真性ポリマー	特許3203093	H01M 10/40	イオン伝導度、サイクル寿命	均一体	有機電解液中の有機溶媒を蒸発させてなる固体電解質

表 2.4.3-1 三洋電機の保有特許リスト (2/8)

分野	技術要素	公報番号	特許分類	課題	概要（解決手段要旨）
ポリマー電解質（続き）	ゲル	特開平7-326383	H01M 10/36	イオン伝導度	均一体	高分子化合物と溶質と溶媒とを含むモノマー組成物を正極活物質層に含浸させて重合
	ゲル 真性ポリマー	特開平7-320780	H01M 10/40	サイクル寿命	均一体、均一系ゲル電解質	ポリアミド、ポリイミダゾール、ポリイミド、ポリオキサゾール、ポリテトラフルオロエチレン、ポリメラミンホルムアミド、ポリカーボネート又はポリプロピレン
	ゲル 真性ポリマー	特開平7-320781	H01M 10/40	サイクル寿命	均一体、均一系ゲル電解質	高分子固体電解質、又は高分子ゲル状電解質で、高分子がビニル共重合体
	ゲル 真性ポリマー	特開平7-320782	H01M 10/40	サイクル寿命	均一体、均一系ゲル電解質	エチレンオキシド、アクリロニトリル、エポキシ、フッ化ビニリデン、エチレン、スチレン、ウレタン、シロキサン及びフォスファゼンよりなる群から選ばれた少なくとも3種の単量体の多元共重合体であること
	真性ポリマー	特開平8-167415	H01M 6/18	イオン伝導度	均一体	第一の重合高分子固体電解質層と第二の重合高分子固体電解質層
	ゲル 真性ポリマー	特開平9-50824	H01M 10/40	イオン伝導度	均一体、均一系ゲル電解質	イオン導電性高分子固体電解質層が、ヒドロキシアルキル多糖類及び／又はヒドロキシアルキル多糖類誘導体と、ポリオキシアルキレン成分を含有するエステル化合物
	ゲル 真性ポリマー	特開平9-97615	H01M 6/18	イオン伝導度、サイクル寿命	均一体、均一系ゲル電解質	ジアリルマレアートとポリアルコキシアクリレートとの共重合体や、トリアリルシアヌラートとポリアルコキシアクリレートとの共重合体
	ゲル 真性ポリマー	特開平9-97616	H01M 6/18	保存性、サイクル寿命	構造体、構造系ゲル電解質	高分子固体電解質として、酸化チタン等の遷移金属酸化物を含有させた状態でモノマー材料を重合させて製造
	ゲル 真性ポリマー	特開平9-97617	H01M 6/18	サイクル寿命	構造体、構造系ゲル電解質	負極側における高分子固体電解質を構成する高分子として、カルボン酸エステル基と不飽和カルボン酸エステル基不含有、正極側における高分子固体電解質を構成する高分子として、カルボン酸エステル基と不飽和カルボン酸エステル基の一方または両方を含有するものを、それぞれ用いる
	ゲル 真性ポリマー	特開平9-120840	H01M 10/40	サイクル寿命	構造体、構造系ゲル電解質	電極と接触する部分における高分子固体電解質の引っ張り強度が他の部分における引っ張り強度より低い
	ゲル 真性ポリマー	特開平9-129246	H01M 6/18	サイクル寿命	均一体、均一系ゲル電解質	アクリレート系モノマー及び／又はメタクリレート系モノマーの重合体で全エステル基中における不飽和カルボン酸エステル基の存在率が5％以下
	ゲル 真性ポリマー	特開平9-134730	H01M 6/18	サイクル寿命	構造体、構造系ゲル電解質	電極と接触する部分における高分子固体電解質の融点が他の部分における融点より低い

表 2.4.3-1 三洋電機の保有特許リスト（3/8）

分野	技術要素	公報番号	特許分類	課題	概要（解決手段要旨）	
ポリマー電解質（続き）	ゲル 真性ポリマー	特開平9-180757	H01M 10/40	サイクル寿命	均一体、均一系ゲル電解質	二重結合を有する複素環式化合物を含有する高分子固体電解質
	ゲル	特開平9-231999	H01M 10/40	サイクル寿命、機械的変形による寿命	構造系ゲル電解質	高分子固体電解質を有する層を、高分子固体電解質を有する層の一方の面に負極活物質層を他方の面に正極活物質層を配置した状態でプレポリマー組成物を熱重合して得られる高分子固体電解質と、多孔質膜又は不織布から成り上記高分子固体電解質を保持するセパレータとから構成
	ゲル	特開平10-74526	H01M 6/18	サイクル寿命、イオン伝導度	均一系ゲル電解質	高分子固体電解質は明瞭な境界面をもって負極・正極活物質層と一体的に形成
	ゲル 真性ポリマー	特開平10-144349	H01M 10/40	サイクル寿命	構造体、構造系ゲル電解質	アモルファス状態になったリチウムイオン導電性の無機固体電解質を含有
	真性ポリマー	特開平10-158418	C08J 7/00	サイクル寿命	均一体	残存する重合開始剤及び貯蔵安定剤の総量を減じた高分子固体電解質
	ゲル	特開平10-189049	H01M 10/40	イオン伝導度	構造系ゲル電解質	微多孔膜がポリオレフィン樹脂からなり、膜厚10～60μm、平均孔径0.1～0.6μm、気孔率75～90%で、表面の開口率が50～90%、縦方向の引張破断強度が130kgf/cm²以上であって、リチウム塩の電解液が含浸され、不動化されている薄膜状電解質
	ゲル	特開平10-241731	H01M 10/40	イオン伝導度	構造系ゲル電解質	網目構造をした電子絶縁性で空隙率80～90%の樹脂シートと、網目構造内に保持されたゲル状の高分子固体電解質
	ゲル	特開平10-284125	H01M 10/40	イオン伝導度、機械的変形による寿命	構造系ゲル電解質	多孔質膜のバブルポイント値が0.1～100kg/cm²であり、且つ多孔質膜の空隙率が40～90%であること
	ゲル	特開平10-284126	H01M 10/40	イオン伝導度、機械的変形による寿命	構造系ゲル電解質	2軸延伸処理されたポリアルキレンの多孔質膜と、この多孔質膜の空隙部に形成されたアルキレンオキサイドの骨格を有するポリマーの重合体
	ゲル 真性ポリマー	特開平11-40197	H01M 10/40	イオン伝導度	構造体、構造系ゲル電解質	微多孔膜における空孔率が80%以上で、この微多孔膜の空孔に対して、高分子電解質が体積比で20～90%の範囲で充填
	真性ポリマー	特開平11-45725	H01M 6/18	イオン伝導度	構造体	固体高分子多孔質膜に、リチウムイオン導電性の無機固体電解質が20～65重量%混入
	ゲル	特開平11-86908	H01M 10/40	機械的変形による寿命	均一系ゲル電解質	ポリマー電解質基材にシリコーンゴムを50重量%以上含有
	ゲル	特開平11-162515	H01M 10/40	サイクル寿命	均一系ゲル電解質	数平均分子量20万～500万の高分子量有機高分子と数平均分子量1万～10万の低分子量有機高分子との体積比100:10～10:65であるポリマーブレンドで有機高分子と非水電解質との重量比が10:1～10:19

表 2.4.3-1 三洋電機の保有特許リスト (4/8)

分野	技術要素	公報番号	特許分類	課題		概要（解決手段要旨）
ポリマー電解質（続き）	ゲル	特開平11-214038	H01M 10/40	イオン伝導度	均一系ゲル電解質、構造系ゲル電解質	重合性化合物と電解液と、1,1,3,3-テトラメチルブチルパーオキシネオデカノエート等の重合開始剤を含むプレゲル溶液を加熱、硬化
	ゲル	特開2000-12083	H01M 10/40	サイクル寿命	均一系ゲル電解質	電解質に、ポリジメチルシロキサン、ポリ(4-メチルペンテン-1)及びポリ(2,6-ジメチルフェニレンオキシド)から選択された少なくとも1種の気体透過性高分子を混合
	ゲル	特開2000-21448	H01M 10/40	サイクル寿命	均一系ゲル電解質	非水電解液を含有する高分子電解質が、イオン導電性高分子と高分子酸リチウム塩とを混合した複合高分子電解質
	ゲル、真性ポリマー	特開2000-90973	H01M 10/40	サイクル寿命、機械的変形による寿命	構造体、構造系ゲル電解質	ポリマー電解質中に金属間化合物を複合化
	ゲル	特開2000-133311	H01M 10/40	サイクル寿命	均一系ゲル電解質	特定のモノマーを重合してなる重量平均分子量2×10^3～5×10^{5}のホモポリマーに、非水電解液を含浸
	ゲル	特開2000-173653	H01M 10/40	イオン伝導度	均一系ゲル電解質	ビニレンカーボネート誘導体を添加させた非水電解液を含浸したポリマー
	ゲル、真性ポリマー	特開2000-231934	H01M 10/40	イオン伝導度、機械的変形による寿命	均一体、均一系ゲル電解質	特定の構造式のポリマー使用
	ゲル	特開2000-260400	H01M 2/02	安全性	均一系ゲル電解質	特定の電解質塩
	ゲル	特開2000-268868	H01M 10/40	サイクル寿命	均一体	ポリオキシエチレン鎖とポリオキシプロピレン鎖を有する非イオン高分子界面活性剤をベース高分子に対して重量比で0.1%～30%混合した複合高分子
	ゲル	特開2000-299129	H01M 10/40	イオン伝導度	均一系ゲル電解質	エチレンオキシド単位を有する有機高分子に、リチウム塩と、12-クラウン-4、15-クラウン-5、18-クラウン-6、1,3-ジオキサン、1,4-ジオキサン及びこれらの誘導体より選ばれた少なくとも一種の環式エーテルを含有
	ゲル	特開2001-6740	H01M 10/40	サイクル寿命	均一体	電解質はポリマー材料が電池内で熱重合されて形成
	ゲル	特開2001-68167	H01M 10/40	イオン伝導度、安全性	均一系ゲル電解質	ゲル状ポリマー電解質は、ポリエーテル系の固体高分子、ポリカーボネート系の固体高分子、ポリアクリロニトリル系の固体高分子、或いはこれらの高分子2種以上から成る共重合体若しくは架橋した高分子、又はフッソ系の固体高分子
	ゲル	特開2001-93574	H01M 10/40	サイクル寿命	均一系ゲル電解質	ゲル状高分子電解質の非水電解液にリン酸トリアルキルエステルを添加
	ゲル	特開2001-110446	H01M 10/40	イオン伝導度、サイクル寿命	均一系ゲル電解質	混合溶媒のエチレンカーボネートの割合が10～30体積%であるポリマー電解質
	ゲル、真性ポリマー	特開2000-228221	H01M 10/40	イオン伝導度、サイクル寿命	均一体、均一系ゲル電解質	エチレングリコールメタクリレート化合物とアルキルメタクリレートとの共重合体を含有するポリマー基材

表 2.4.3-1 三洋電機の保有特許リスト (5/8)

分野	技術要素	公報番号	特許分類	課題	概要 (解決手段要旨)	
ポリマー電解質（続き）	ゲル	特開2000-277148	H01M 10/40	保存性	均一系ゲル電解質	ポリマー電解質の非水電解液の溶媒にビニレンカーボネートを0.01～90vol%含有
	真性ポリマーゲル	特開2000-294291	H01M 10/40	イオン伝導度	構造系ゲル電解質	ポリマー電解質と接触する正極と負極の少なくとも一方の面にアモルファス構造の無機固体電解質層
	ゲル	特開2001-217008	H01M 10/40	サイクル寿命	均一系ゲル電解質、構造系ゲル電解質	ポリアルキレンオキシド構造を有するポリマーと溶媒とを含み、かつ電池内で重合される
	ゲル	特開2001-68154	H01M 10/40	保存性	均一系ゲル電解質	$LiN(C_mF_{2m+1}SO_2)(C_nF_{2n+1}SO_2)$で表されるイミド系リチウム塩などが電解質の溶質
	ゲル	特開2001-155773	H01M 10/40	保存性	均一系ゲル電解質	ポリアルキレングリコールアクリレート、ポリアルキレングリコールメタクリレート及びこれらの誘導体から選択される少なくとも一種の重合性モノマーの重合体
負極	炭素系	特開平7-320724	H01M 4/02	伝導性	特定炭素	特定格子の炭素材料を用いることにより、負極と電解質の接合性が向上する
	炭素系	特開平8-124597	H01M 10/36	伝導性	表面処理・被覆	表面平坦性に優れるLiイオン透過性の非晶質炭素薄膜により、固体電解質との接合性を改善
	炭素系	特開平9-232000	H01M 10/40	寿命	複合体	複合負極の製造時に、粘性の低いプレポリマーを炭素質シートに含浸し、溶媒由来の不純物を減少させる
	炭素系	特開平9-306495	H01M 4/58	容量特性	特定炭素	B及び／またはN原子をイオン注入した、特定のL_c、d_{002}を有する黒鉛質
	炭素系	特開平10-144299	H01M 4/02	伝導性	表面処理・被覆	炭素負極の表面に、F、Cl、Br、Iを特定量含有させて、電解質との界面の電気抵抗を下げる
	炭素系	特開平10-149813	H01M 4/02	寿命	複合体	特定の高分子固体電解質を含むことにより、充放電時の炭素の堆積変化を吸収
	炭素系	特開平11-97071	H01M 10/40	容量特性	表面処理・被覆	特定の高分子と電解質塩との複合体層の介在で、負極と高分子固体電解質との接触面性が増大
	炭素系	特開2001-110405	H01M 4/02	寿命	複合体	高分子ゲル状電解質の電解液保持力を保ち、活物質の厚みを規制して、イオン導電性の低下を防止
	無機系その他	特開平4-315775	H01M 10/38	伝導性	Li合金	LiまたはLi合金表面に、Liと反応して形成される分解電圧の高い固体電解質バッファ層を形成し、電極と電解質の接触を良好に保持
	無機系その他	特開平10-312826	H01M 10/40	充放電特性	酸・窒化物等	ポリマー電解質を用いて、酸化チタンまたはチタン酸リチウムによる非水電解質の分解を抑制

表 2.4.3-1 三洋電機の保有特許リスト (6/8)

分野	技術要素	公報番号	特許分類	課題	概要（解決手段要旨）	
正極	酸化物 複合リチウム	特許3182296	H01M 4/58	寿命、充放電特性	LiMn複合酸化物、その他	LiMn複合酸化物にAl$_2$O$_3$粉末を添加
	酸化物 複合リチウム	特開平8-31421	H01M 4/58	充放電特性	LiMn複合酸化物	MgとMnとの含有比（Mg/Mn）が原子比で0.02〜0.25の範囲内のMg含有LiMn複合酸化物
	複合酸化物 リチウム	特開平9-102320	H01M 6/18	充放電特性	LiCo複合酸化物、LiNi複合酸化物、LiMn複合酸化物	電解質との界面に、正極と結晶性の異なる正極材料の層を形成
	酸化物 複合リチウム	特開平9-102321	H01M 6/18	寿命、充放電特性	LiCo複合酸化物	電極材料の粒径が高分子固体電解質との界面側で大きく、この界面と反対側で小さくなっている
	酸化物 複合リチウム	特開平9-147863	H01M 4/58	寿命、充放電特性	LiCo複合酸化物	リチウム含有複合酸化物（Li$_x$Ni$_y$Co$_z$M$_{1-y-z}$O$_a$、Li$_x$Fe$_y$M$_{1-y}$O$_a$、Li$_x$Mn$_y$M$_{2-y}$O$_a$）にLi$_6$CoO$_4$を添加
	複合酸化物 リチウム	特開平9-237624	H01M 4/02	充放電特性、伝導性	LiCo複合酸化物、LiNi複合酸化物	Li$_x$Ni$_y$Co$_z$M$_{1-y-z}$O$_a$に非共有電子対を持つ窒素化合物（N-メチルピロリドン、ジプロピルアミン、ピロリジン、ピリジン、ピロール、アニリン、ピリダジン、ピペリジン、ピペラジン）を添加
	酸化物 複合リチウム	特開2000-215884	H01M 4/02	容量特性、充放電特性	LiMn複合酸化物	スピネル型マンガン酸リチウムにLi$_{1+x}$Mn$_{2-y}$O$_4$またはLi$_{1+z}$CoO$_2$、Li$_{1+z}$NiO$_2$の少なくとも一種を混合
	複合酸化物 リチウム	特開2001-68167	H01M 10/40	充放電特性、安全性	LiCo複合酸化物	LiCo$_{1-x}$Zr$_x$O$_2$（0＜X≦0.1）
	複合酸化物 リチウム	特開2001-110405	H01M 4/02	容量特性、充放電特性	LiCo複合酸化物、LiMn複合酸化物	コバルト酸リチウムを主体とする正極活物質層（配合密度、厚み、炭素材料の配合密度を規定）
	酸化物 複合リチウム	特開2000-200605	H01M 4/58	充放電特性、安全性	LiCo複合酸化物	正極活物質が、コバルト酸リチウム粒子の表面にチタン粒子及び／又はチタン化合物粒子が付着してなるTi混成LiCoO$_2$
	酸化物 複合リチウム	特開2001-143705	H01M 4/58	容量特性、充放電特性、安全性	LiMn複合酸化物	結晶格子の一部がマグネシウムあるいはアルミニウムで置換されたスピネル型マンガン酸リチウム（例：Li$_{1+X}$Mn$_{2-Y}$M$_Z$O$_4$(但し、MはMgあるいはAlであり、0.54≦(1+X)+Z/(2-Y)≦0.62であり、-0.15≦X≦0.15であり、Y≦0.5であり、かつ0＜Z≦0.1である）

表2.4.3-1 三洋電機の保有特許リスト (7/8)

分野	技術要素	公報番号	特許分類	課題	概要（解決手段要旨）	
結着剤・導電剤		特開平9-237624	H01M 4/02	大電流化、容量特性	有機・無機導電剤	非共有電子対を持つ窒素化合物
		特開平11-288704	H01M 4/02	容量特性、サイクル寿命	電解質兼用結着剤	ポリスチレンとポリエチレンオキシドのブロック共重合体とリチウム塩との複合体からなる高分子電解質
シート素電池	シート電極・シート	特開平11-265732	H01M 10/40	薄形軽量化	正極・負極	タブ間の距離以上の活物質未塗布部形成
		特開2001-176497	H01M 4/02	機械的変形による寿命	電解質	ゲル電解質とセパレータ共存、両極の表面にポリフッ化ビニリデン層
外装		特開平8-287889	H01M 2/08	シール性	封止構造	水分透過性の低い樹脂
		特開平10-74496	H01M 2/08	シール性	外装材	未架橋フッ素ゴム
		特開平10-284021	H01M 2/02	シール性	外装材	金属層の両面に2層の熱融着性樹脂
		特開平10-289698	H01M 2/06	シール性	封止構造	端子部に特定の樹脂層
		特開平11-111262	H01M 2/30	薄形軽量化	外装構造	外装体を端子として用いる
		特開平10-214606	H01M 2/08	薄形軽量化	封止構造	端部を面上に折り返して封止
		特開平11-195405	H01M 2/02	安全性	封止構造	一定の内部圧力で開口させ飛散防止
		特開平11-260327	H01M 2/06	薄形軽量化	封止構造	端部を面上に折り返して封止
		特開平11-273642	H01M 2/08	シール性	封止構造	金属外装体
		特開平11-265695	H01M 2/08	量産性	外装材	2種の封止材料を混ぜる
		特開平11-97072	H01M 10/40	耐久性	封止構造	無機酸化物微粉体を活物質とともに封入（フッ酸などを吸着）
		特開2000-156209	H01M 2/06	シール性	封止構造	端子の外面に導電性樹脂
		特開2000-164178	H01M 2/08	シール性	封止構造	2種の熱融着性樹脂
		特開平11-260350	H01M 4/02	サイクル寿命	外装材	酸化アルミニウム皮膜を形成したアルミニウム

表 2.4.3-1 三洋電機の保有特許リスト (8/8)

分野	技術要素	公報番号	特許分類	課題		概要（解決手段要旨）
外装（続き）		特開平11-260419	H01M 10/40	サイクル寿命	外装材	酸化アルミニウム皮膜を形成したアルミニウム
		特開平11-260371	H01M 4/66	サイクル寿命	外装材	酸化アルミニウム皮膜を形成したアルミニウム
		特開平11-260351	H01M 4/02	サイクル寿命	外装材	酸化アルミニウム皮膜を形成したアルミニウム
		特開平11-260372	H01M 4/66	サイクル寿命	外装材	アルミニウム合金
		特開2000-277126	H01M 6/16	安全性	外装構造	最外周の電極シートを幅広化
		特開2000-277093	H01M 2/34	安全性	封止構造	正負極端子の厚さを不等にする
		特開2000-277064	H01M 2/06	安全性	封止構造	内圧上昇時に端子の接続が外れる構造
		特開2000-277062	H01M 2/02	安全性	封止構造	セパレータのサイズをあらかじめ大きくしておく
		特開2000-285954	H01M 10/04	シール性	封止方法	ガス排出工程
		特開2000-285903	*H01M 2/30	シール性	封止構造	端子の断面形状（面取り）
		特開2001-68090	H01M 2/34	安全性	封止構造	内圧上昇時に端子の接続が外れる構造
		特開2000-348695	H01M 2/02	シール性	封止方法	端子位置に窪みをつける

2.4.4 技術開発拠点

　　兵庫県：洲本工場

　　徳島県：徳島工場

　　大阪府：本社、貝塚工場

2.4.5 研究開発者

　図 2.4.5-1 に三洋電機の発明者数と出願件数の推移を示す。また、図 2.4.5-2 に出願年ごとの発明者数-出願件数の変化を示す。1994 年から逐次発明者数が増加し、その結果として、99 年には出願件数が倍増した。

図 2.4.5-1 三洋電機の発明者数と出願件数の推移

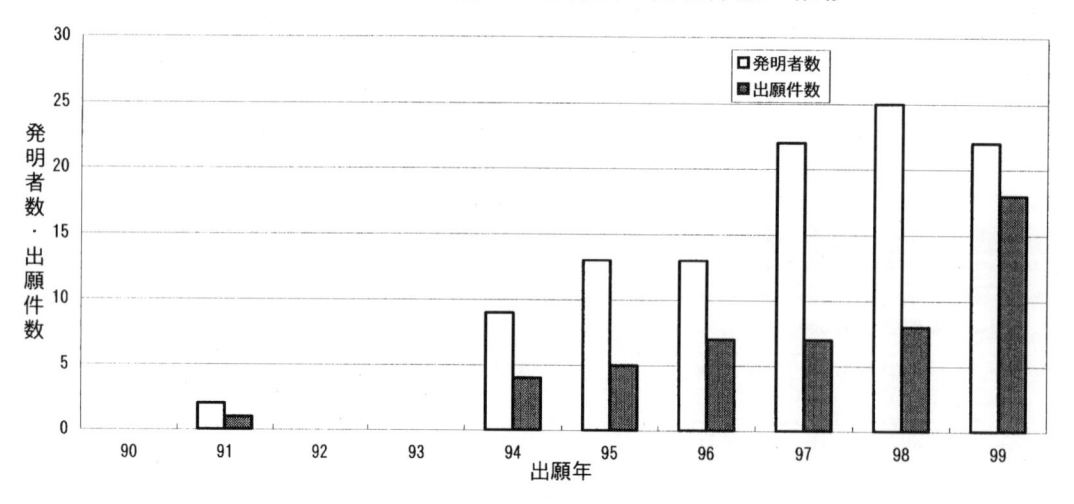

図 2.4.5-2 三洋電機の出願年ごとの発明者数-出願件数の変化

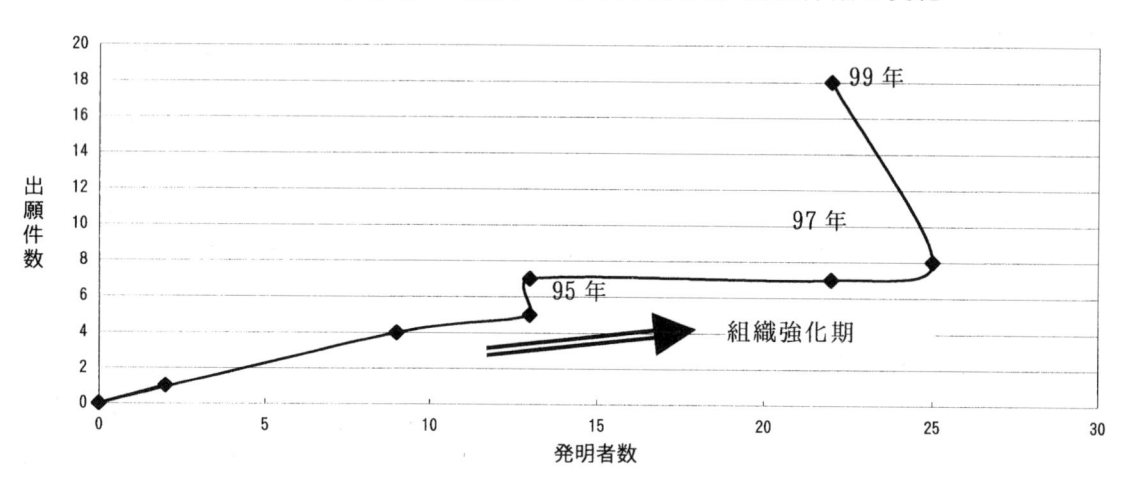

2.5 ソニー

2.5.1 企業の概要

表2.5.1-1 ソニーの概要

1)	商号	ソニー株式会社
2)	設立年月日	1946年(昭和21年)5月7日
3)	資本金	4,720億1百万円（2001年3月31日現在）
4)	従業員	18,845名
5)	事業内容	オーディオ、ビデオ、テレビ、情報・通信、電子デバイス・その他
6)	事業所	本社／東京都品川区北品川6-7-35、工場／東京都（品川区北品川、品川区大崎、港区高輪、港区港南）、神奈川県（厚木市、横浜市、藤沢市）、宮城県（多賀城市）
7)	関連会社	ソニー福島（本社：福島県安達郡本宮町、郡山事業所：福島県郡山市日和田町、本宮事業所：福島県安達郡本宮町）、ソニー・ヌエボ・ラレード（メキシコ）他
8)	業績推移	（最近三年間の年間売上高）H10：6,794,619、H11：6,686,661、H12：7,314,824(百万円)
9)	主要製品	MDシステム、8ミリ/ディジタルエイト方式ビデオ、カラーテレビ、パソコン、半導体、電池、他、ソニー福島／リチウムイオン二次電池、リチウムイオン・ポリマー二次電池、リチウムコイン一次電池、酸化銀電池等の電池製造、リチウムイオン二次電池パックの製造、テレビ・ディスプレイ・CRT電子銃の製造及び偏向ヨークの製造
10)	主な取引先	個人消費者、情報通信機器メーカー、公官庁、その他

2.5.2 リチウムポリマー電池技術に関する製品・技術

1999年3月にゲルタイプのリチウムポリマー電池を商品化した。正極にはLiCo複合酸化物を、負極にはグラファイトを使用している。なお、製造は関連企業のソニー福島（株）が担当している。（表2.5.2-1参照）

表2.5.2-1 ソニーのリチウムポリマー電池技術に関する製品・技術

製品	製品名	発売時期	出典
リチウムイオンポリマー二次電池	UP385362（厚さ3.8mm）製造：ソニー福島（株）	1999年3月	ソニーのインターネット・ホームページ 電池業界に関する市場調査2000

2.5.3 技術開発課題対応保有特許の概要

図2.5.3-1にソニーの分野別および技術要素別の保有特許の比率を示す。全分野にわたっているが、ポリマー電解質が最も多く、次いで外装関係となっている。それ以外の電極関係（負極、正極、結着剤・導電剤、シート電極・シート素電池）は比較的少ない。

図 2.5.3-1 ソニーの分野別および技術要素別の保有特許比率

真性ポリマー 17%
外装 26%
ポリマー電解質
シート電極・シート素電池 7%
結着剤・導電剤 3%
リチウム複合酸化物 4%
その他無機系 3%
炭素系 1%
ゲル 39%

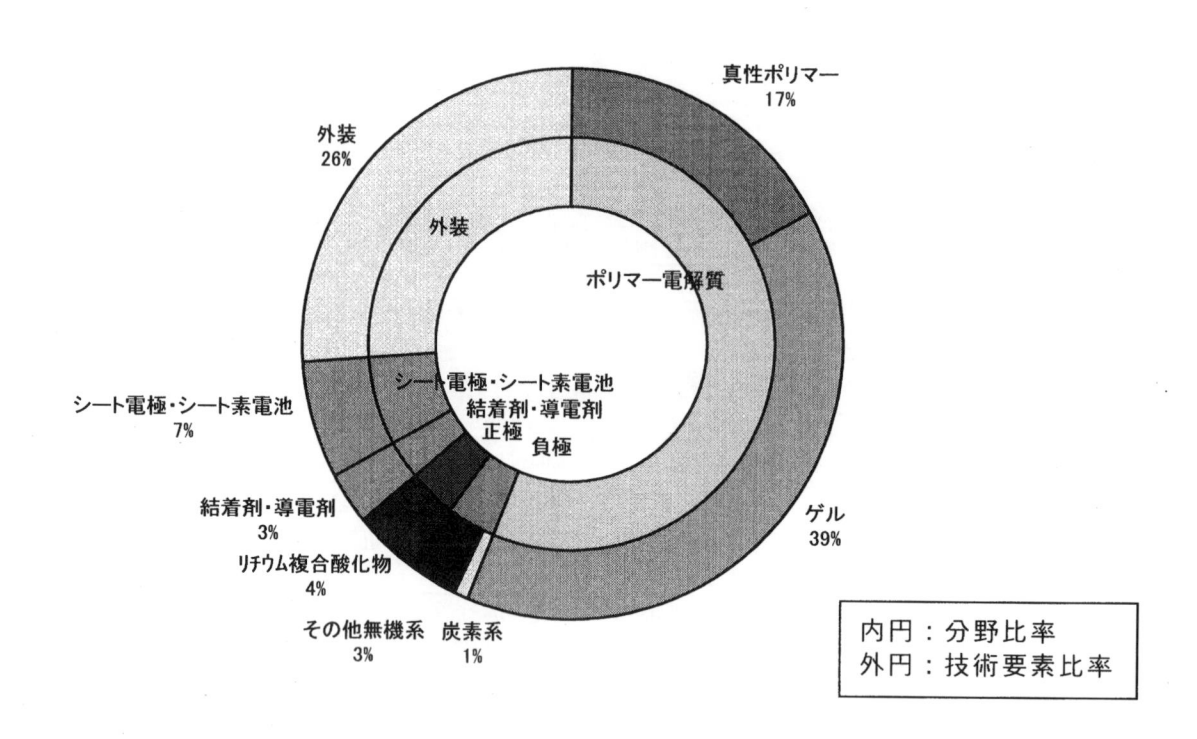

内円：分野比率
外円：技術要素比率

　表 2.5.3-1 に上記の保有特許について、技術開発の課題と解決手段の概要を示す（課題と解決手段の詳細は、前述の 1.4 を参照）。
　ポリマー電解質の分野ではイオン伝導度向上を技術開発課題とするものが大部分を占めている。また、全般にゲル電解質が主体であるが、最近になって真性ポリマー電解質の開発もみられる。負極においては Sn 合金の開発がみられ、正極においては、リチウム複合酸化物のうち LiMn 複合酸化物の電気特性向上に注力している。結着剤・導電剤の分野ではサイクル寿命の向上、シート電極・シート素電池の分野では生産性の向上が主要な技術課題である。外装分野では寿命延長とともに一層の薄形軽量化に注力している。

表 2.5.3-1 ソニーの保有特許リスト（1/8）

分野	技術要素	公報番号	特許分類	課題		概要（解決手段要旨）
ポリマー電解質	真性ポリマー	特開平6-223842	H01M 6/18	イオン伝導度、薄膜化・大面積化	均一体	カーボネート基を官能基とする有機高分子と金属塩
ポリマー電解質	真性ポリマー	特開平7-272759	H01M 10/40	イオン伝導度、薄膜化など	均一体、構造体	高分子固体電解質がカーボネート基を官能基としてもつ有機高分子と金属塩とからなる

表 2.5.3-1 ソニーの保有特許リスト (2/8)

分野	技術要素	公報番号	特許分類	課題		概要（解決手段要旨）
ポリマー電解質（続き）	ゲル	特開平8-217868	C08G 64/02	イオン伝導度、薄膜化など	均一系ゲル電解質	特定の化学式のユニットを有する有機高分子、金属塩並びにこれら有機高分子及び金属塩と相溶性の有機溶媒を含有
	真性ポリマー	特開平8-217869	C08G 64/02	イオン伝導度、薄膜化など	均一体	特定の化学式のユニットを有する有機高分子と金属塩とを含有
	真性ポリマー	特開平8-222235	H01M 6/18	イオン伝導度	構造体	第1の固体電解質は第2の固体電解質に対して電位窓が貴な方向に広く、第2の固体電解質は第1の固体電解質に対して電位窓が卑な方向に広い
	ゲル	特開平8-264205	H01M 10/40	難燃性	均一系ゲル電解質	非水電解液とニトリル基を側鎖にもつ高分子とからなるゲル電解質
	ゲル	特開平8-283523	C08L 45/00	イオン伝導度、薄膜化など	均一系ゲル電解質	カーボネート基を官能基とする有機高分子、電解質と該電解質が可溶な有機溶媒を含有し、有機高分子100重量部に対し有機溶媒が500重量部以下含まれている
	ゲル	特開平10-3945	H01M 10/40	難燃性	構造系ゲル電解質	非水溶媒とリチウム塩を含有する非水電解液を、高分子樹脂でゲル化した電解質
	ゲル 真性ポリマー	特開平10-67849	C08G 64/18	イオン伝導度、薄膜化など	均一体、均一系ゲル電解質	5員環状カーボネート基を官能基とする構造を側鎖の一部にもつモノマーユニットと該モノマーユニットと共重合可能なモノマーユニットとの重合体である有機高分子と、金属塩を含有
	ゲル 真性ポリマー	特開平10-60210	C08L 29/10	イオン伝導度、薄膜化など	均一体、均一系ゲル電解質	5員環状カーボネート基を官能基とする構造を側鎖の一部にもつ有機高分子と、金属塩を含有
	ゲル	特開平10-125134	H01B 1/12	イオン伝導度、薄膜化など	均一系ゲル電解質	フッ素原子と官能基にリチウムのカルボン酸塩構造とを含む高分子の繰り返しモノマーと、有機溶媒とを含有
	ゲル	特開平10-162802	H01M 2/16	イオン伝導度	構造系ゲル電解質	絶縁性多孔質膜と高分子電解質との一体化
	ゲル	特開平10-212687	D21H 13/18	イオン伝導度	構造系ゲル電解質	非水電解液により溶解又は膨潤しうる繊維状高分子重合体を主体とする繊維物を厚さ5μm以上のシート状物とした高分子ゲル電解質形成用シート状物
	ゲル	特開平10-308238	H01M 10/40	サイクル寿命、機械的変形による寿命	構造系ゲル電解質	高分子固体電解質が、高分子重合体を主成分とする繊維状物からなるシート状物に、少なくとも該高分子の溶媒もしくは膨潤剤を含浸させて形成されたゲル状高分子電解質
	ゲル	特開平11-16578	H01M 6/18	安全性	均一系ゲル電解質	電解質材料として、ポリアクリロニトリルを含み、溶解性パラメータが8～15(cal/cm^2)の高分子材料と、所定の溶媒組成を有する非水溶媒及び$LiPF_6$を主体とする電解質塩よりなるゲル状電解質を用いる電池

表 2.5.3-1 ソニーの保有特許リスト (3/8)

分野	技術要素	公報番号	特許分類	課題		概要（解決手段要旨）
ポリマー電解質（続き）	ゲル	特開平11-16579	H01M 6/18	安全性	均一系ゲル電解質	ポリアクリロニトリルを含有する高分子材料、ガンマーブチロラクトンを含有する非水溶媒及び$LiPF_6$を主体とする電解質塩よりなり、ガンマーブチロラクトンの含有率が30mol％以下となされたゲル状電解質
	ゲル	特開平11-102612	H01B 1/12	イオン伝導度	構造系ゲル電解質	非水電解液に溶解しない高分子重合体よりなる繊維状又はパルプ状よりなる支持相と、非水電解液により溶解又は可塑化しうる高分子重合体の繊維状物又はパルプ状物からなるマトリックス形成相とが一体化され、支持相が連続相を形成
	ゲル	特開平11-111341	H01M 10/40	サイクル寿命	均一系ゲル電解質	ゲル電解質は、非水溶媒と電解質塩を含有する非水電解液と、ニトリル基を側鎖に有する高分子よりなる
	ゲル	特開平11-154415	H01B 1/12	サイクル寿命	均一系ゲル電解質	ゲル状電解質は、可塑剤がマトリックス高分子中に分散されてなり、上記可塑剤が、炭酸エステル化合物を含有する
	ゲル	特開平11-185773	H01M 6/18	機械的変形による寿命	構造系ゲル電解質	ゲル状電解質層中に、非導電性材料からなる粒子が分散されている
	ゲル	特開平11-191318	H01B 1/12	イオン伝導度	均一系ゲル電解質	非水溶媒にリチウム金属塩を溶解させてなる非水電解液が高分子に含浸されてなり、上記非水溶媒は、25℃での粘度が1.5cP以下の低粘度非水系溶媒を含有する
	ゲル	特開平11-214037	H01M 10/40	イオン伝導度、難燃性	均一系ゲル電解質	高分子、非水溶媒及び電解質塩を含有するゲル状電解質であって、上記高分子は、アクリロニトリル、エチレンオキサイド、プロピレンオキサイドの少なくともいずれか一種をモノマー成分として含有する高分子であり、上記非水溶媒は、一つ以上の水素原子がフッ素原子で置換されたプロピレンカーボネートを含有
	ゲル	特開平11-273452	H01B 1/12	機械的変形による寿命、イオン伝導度	構造系ゲル電解質	非水溶媒可溶性重合体より形成された空孔率が20～80％であるイオン導電性ゲル状固体電解質形成用多孔質シート
	ゲル 真性ポリマー	特開平11-312535	H01M 10/40	イオン伝導度	均一体、均一系ゲル電解質	正極及び負極と、これらの間に介在される固体電解質とを有してなり、上記固体電解質は、重量平均分子量550,000以上のフッ素系ポリマーをマトリックス高分子として含有
	ゲル 真性ポリマー	特開平11-312536	H01M 10/40	イオン伝導度	均一体、均一系ゲル電解質	固体電解質は、フッ化ビニリデンとヘキサフルオロプロピレンのブロック共重合体をマトリックス高分子として含有
	ゲル 真性ポリマー	特開平11-329503	H01M 10/40	安全性	均一体	正極と、負極と、非水電解質とを備える非水系二次電池において、上記正極、負極及び非水電解質のうちの少なくとも何れかが、所定温度を超えると抵抗が大きくなる正温度係数抵抗体機能を有する

表 2.5.3-1 ソニーの保有特許リスト (4/8)

分野	技術要素	公報番号	特許分類	課題		概要（解決手段要旨）
ポリマー電解質（続き）	ゲル	特開2000-58078	H01M 6/18	イオン伝導度	均一系ゲル電解質	アクリロニトリルと当該アクリロニトリルと共重合可能なビニル系モノマーの少なくとも1種との共重合体よりなる高分子材料と、非水電解液とから構成される
	ゲル	特開2000-58126	H01M 10/40	イオン伝導度、生産性	均一系ゲル電解質	高分子重合体を主成分とする繊維状物からなるシート状物に、エチルメチルカーボネートを溶媒もしくは膨潤剤として含む非水電解液を含浸させたゲル状高分子電解質
	真性ポリマー	特開2000-82330	H01B 1/12	イオン伝導度	均一体	電解質は、架橋基を有する化合物が架橋基において架橋された第1の高分子化合物と、架橋可能な官能基を有さず軽金属塩を溶解する第2の高分子化合物と、軽金属塩とを含んでいる。第1の高分子化合物と第2の高分子化合物とはそれぞれエーテル結合を有しており、互いに半相互侵入型高分子網目構造を形成
	真性ポリマーゲル	特開2000-195433	H01M 10/40	イオン伝導度	均一体、均一系ゲル電解質	活物質層上に、溶媒中に溶解された固体電解質を含浸することにより固体電解質層が形成されている
	ゲル	特開2000-123873	H01M 10/40	イオン伝導度	均一系ゲル電解質	電解質は、マトリックス高分子を含有し、かつ該高分子はフッ素系でゲル状を呈している
	ゲル	特開2000-133310	H01M 10/40	サイクル寿命	均一系ゲル電解質	ゲル状有機ポリマー電解質が、比誘電率4以上の有機ポリマーと、非プロトン性溶媒と、電解質塩とを有する
	ゲル	特開2000-149991	H01M 10/40	イオン伝導度	均一体	ウレタン成分およびウレア成分の少なくとも一方と、アクリロニトリル成分とを有する高分子化合物と、電解質塩と、この電解質塩を溶解する溶媒とを含むことを特徴とする電解質
	ゲル	特開2000-149992	H01M 10/40	イオン伝導度、保存性	均一系ゲル電解質	ゲル状電解質の非水溶媒として、エチレンカーボネート、プロピレンカーボネート及びγ-ブチルラクトンを主体とする非水溶媒を用いる
	ゲル	特開2000-149905	H01M 2/16	機械的変形による寿命	構造系ゲル電解質	固体電解質は、ゲル状で、ポリアクリロニトリル又はポリアクリロニトリルを含む共重合体、ポリフッ化ビニリデン又はポリフッ化ビニリデンを含む共重合体、ポリフッ化ビニリデンとポリヘキサフルオロプロピレンとの共重合体、ポリアクリロニトリル又はポリアクリロニトリルを含む共重合体と、ポリフッ化ビニリデン又はポリフッ化ビニリデンを含む共重合体との混合体等からなる
	ゲル	特開2000-164033	H01B 1/06	機械的変形による寿命	均一系ゲル電解質、構造系ゲル電解質	ポリアクリロニトリルと、化学結合による三次元網目構造を有する高分子化合物と、電解質塩と、この電解質塩を溶解する溶媒とを含む
	ゲル	特開2000-164254	H01M 10/40	機械的変形による寿命	構造系ゲル電解質	ゲル状電解質層には、リチウム塩を含有する可塑剤と可塑剤を分散するマトリックス高分子と繊維状不溶物とが含有される
	真性ポリマーゲル	特開平11-273728	H01M 10/40	サイクル寿命	均一体、均一系ゲル電解質	1,3-ジメチル-2-イミダゾリジノンを含有する非水電解質

表 2.5.3-1 ソニーの保有特許リスト (5/8)

分野	技術要素	公報番号	特許分類	課題	概要（解決手段要旨）	
ポリマー電解質（続き）	ゲル 真性ポリマー	特開2000-215914	H01M 10/40	イオン伝導度	均一系ゲル電解質	ポリアクリロニトリルと、電解質とを含有し、上記ポリアクリロニトリルの重量平均分子量が5.5×10^5以上、1.0×10^6未満
	ゲル	特開2000-243447	H01M 10/40	イオン伝導度、サイクル特性	均一系ゲル電解質	電解質は、$LiPF_6$と$LiN(CF_3SO_2)_2$の少なくとも一方を含有し、Liイオン濃度で0.5mol/kg～1.0mol/kgの割合で上記非水溶媒中に溶解されている
	真性ポリマー	特開2000-285929	H01M 6/18	サイクル寿命、機械的変形による寿命	構造体	固体電解質層を正極側から第1固体電解質層、第2固体電解質層の順に2層以上の多層構造とし、上記第1固体電解質層は、示差走査熱量計測定によるガラス転移点が-60℃以下であり、かつ数平均分子量が10万以上の高分子により構成し、上記多層構造の固体電解質層のうち、上記第1固体電解質層以外の少なくとも1層を、架橋可能な官能基を有する高分子固体電解質を架橋したもので構成
	ゲル	特開2000-285964	H01M 10/40	イオン伝導度	均一系ゲル電解質	ウレタン成分及びウレア成分の少なくとも一方とフッ化ビニリデンとを有する高分子化合物と、電解質塩と、溶媒とにより電解質を構成
	ゲル 真性ポリマー	特開2001-15163	H01M 10/40	イオン伝導度、機械的変形による寿命	構造体、構造系ゲル電解質	固体電解質層が2層以上の多層構造からなり、該多層構造を有する固体電解質層を構成する各層のうち、最も正極活物質層側及び負極活物質層側に位置する固体電解質層が、数平均分子量が10万以上50万未満の高分子からなり、正極活物質層及び負極活物質層と最も離れて位置する固体電解質層が、数平均分子量が50万以上100万以下の高分子からなる
	真性ポリマー	特開2000-222939	H01B 1/06	イオン伝導度	均一体	エーテル結合および架橋可能な官能基を有する化合物とシロキサン誘導体とリチウム塩とを含む電解質用組成物を重合させたものにより構成されている電解質組成物で、エーテル結合および架橋可能な官能基を有する化合物は重合により三次元網目構造を形成し、その間にシロキサン誘導体とリチウム塩が存在している
	ゲル 真性ポリマー	特開2001-43897	H01M 10/40	機械的変形による寿命、安全性	構造体、構造系ゲル電解質	正極とセパレータとの間及びセパレータと負極との間に介在された固体電解質とを備える
	ゲル	特開2001-167797	H01M 10/40	イオン伝導度	均一系ゲル電解質	ビニレンカーボネート又はビニレンカーボネートの誘導体を、非水電解液に対して0.05重量％以上、5重量％以下の範囲で含有するゲル状電解質で、かつ、非水溶媒は、エチレンカーボネートとプロピレンカーボネートとが重量比で15：85～75：25の範囲で混合されてなる混合溶媒であるゲル状電解質

表 2.5.3-1 ソニーの保有特許リスト (6/8)

分野	技術要素	公報番号	特許分類	課題		概要（解決手段要旨）
負極	炭素系	特開平11-111341	H01M 10/40	伝導性	特定炭素	メソカーボンマイクロビーズを焼成・黒鉛化した炭素で、ゲル電解質界面のインピーダンスを低くし、放電容量ロスを抑制する
	無機系その他	特開2001-143700	H01M 4/40	容量特性	他金属	Ni_3Sn_4及び／又はNi_3Sn_2を含有する活物質
	無機系その他	特開2001-143701	H01M 4/40	寿命	他金属	リチウムと合金化するCo-Sn,Ni-Snなど、およびリチウムと合金化しにくいCo-Sn-C,Co-Cなど合金相の複合金属
	無機系その他	特開2001-196054	H01M 4/04	充放電特性	その他	Liを挿入および放出しない物質を添加することにより低温下の電池特性を向上する
正極	複合酸化物リチウム	特開平11-250900	H01M 4/04	容量特性、伝導性	LiMn酸化物系導電剤、集電体	集電体上を、減圧雰囲気中で、プラズマエッチング、スパッタエッチングおよびイオンビームエッチングのいずれか1つの方法を用いてエッチングし、前記集電体表面に導電性を有する被膜層を形成する
	複合酸化物リチウム	特開2000-348722	H01M 4/58	容量特性、充放電特性	LiMn複合酸化物	$LiMn_{1-y}Al_yO_2$ $(0.06≦y<0.25)$を含有し、上記$LiMn_{1-y}Al_yO_2$は、空間群C2/mで表される結晶構造を有することを特徴とする
	複合酸化物リチウム	特開2001-76727	H01M 4/58	寿命、充放電特性	LiMn複合酸化物	スピネル構造リチウム複合マンガン酸化物（例：$Li_xMn_{2-y}M_yO_4$ $(0.90≦x≦1.4、y≦0.30$であり、MはTi、V、Cr、Fe、Co、Ni、粒子径、比表面積が$0.2m^2/g$以上、$2m^2/g$以下の範囲))
	複合酸化物リチウム	特開2001-176501	H01M 4/04	生産性など	LiCo複合酸化物、その他	シート状の集電体原反を、レーザを用いて所定の電極形状に切り抜いて負極及び正極を作製する切抜き工程
	結着剤・導電剤	特開平11-329503	H01M 10/40	安全性	単機能結着剤	結晶性の熱可塑性重合体を含有することにより、正温度係数抵抗体機能を有する
	結着剤・導電剤	特開2000-133270	H01M 4/62	サイクル寿命	単機能結着剤	ビニリデンフルオライドとヘキサフルオロプロピレンとの共重合体及びポリビニリデンフルオライド
	結着剤・導電剤	特開2001-6684	H01M 4/62	サイクル寿命	結着助剤	少なくとも一方に、チタン、ジルコニウム、ハフニウム、バナジウム、ニオブ、タンタル、クロム、モリブデン又はタングステンの少なくともいずれかの元素を含有する金属添加物
	シート電極・シート素電池	特開平8-7926	H01M 10/40	高出力化	組電池	バイポーラ型電極
	シート電極・シート素電池	特開2000-694	B30B 3/00	歩留り	装置	ガイド機構は、転がり軸受手段によって構成
	シート電極・シート素電池	特開2000-315525	H01M 10/40	生産性	方法	ゲル状電解質層の表面にシート状部材を貼り合わせ、電極原反をシート状部材とともに剪断
	シート電極・シート素電池	特開2000-315526	H01M 10/40	生産性	方法	ゲル状の固体電解質層が塗布形成された後、表面にシート状部材

表 2.5.3-1 ソニーの保有特許リスト (7/8)

分野	技術要素	公報番号	特許分類	課題	概要（解決手段要旨）	
シート電極・シート素電池（続き）		特開2001-57242	H01M 10/40	生産性	装置	巻き取りを、安定して、かつ、迅速に行うことを可能にする
		特開2001-60460	H01M 4/66	小型軽量化	集電体	炭素を含有する薄膜からなる電極集電体
		特開2001-160412	H01M 10/04	生産性	装置	複数枚の帯状材が回転ドラム上で重なるようにこれらの各帯状材を供給
	外装	特開平8-83596	H01M 2/02	サイクル寿命	封止方法	密閉型電池容器内を減圧
		特開平9-63550	H01M 2/02	シール性	外装構造	外装材の外側と内側にリード部を熱融着
		特開平9-129203	H01M 2/06	薄形軽量化	封止構造	アウトサート成形により一体成形された端子
		特開平10-144352	H01M 10/40	薄形軽量化	封止方法	減圧封止
		特開平10-302756	H01M 2/30	シール性	封止構造	網状か多孔性の端子
		特開平11-312505	H01M 2/12 101	安全性	外装構造	外装材に切り込みを設ける
		特開平11-312514	H01M 2/30	シール性	封止構造	端子を特定樹脂で被覆
		特開2000-58014	H01M 2/08	シール性	外装材	金属箔のみからなる外装で一方の電極端子を兼用
		特開2000-90975	H01M 10/40	薄形軽量化	封止方法	外装材封止部を側面に沿って折り込む
		特開2000-123844	H01M 6/02	量産性	封止方法	電池を組み立てる際の芯出し
		特開2000-133215	H01M 2/02	安全性	外装材	高熱伝導率材の体積率を規定
		特開2000-133218	H01M 2/06	シール性	封止構造	端子を特定樹脂で被覆
		特開2000-133216	H01M 2/02	薄形軽量化	外装材	外装材の深絞り成形
		特開2000-138053	H01M 2/06	実装性	封止方法	電極端子リードの位置をまず決める
		特開2000-138039	H01M 2/02	シール性	外装材	同一のモノマーユニットからなる熱融着層
		特開2000-138040	H01M 2/02	薄形軽量化	封止構造	熱融着した部分を折り畳む
		特開2000-156208	H01M 2/06	薄形軽量化	封止構造	熱融着部で形成した空間を活用

表 2.5.3-1 ソニーの保有特許リスト (8/8)

分野	技術要素	公報番号	特許分類	課題		概要（解決手段要旨）
外装（続き）		特開2000-173641	H01M 10/02	シール性	封止構造	補強樹脂層（耐衝撃性）
		特開2000-268807	H01M 2/30	薄形軽量化	封止構造	熱融着部で形成した空間を活用
		特開2000-285879	H01M 2/02	シール性	封止方法	一度減圧して薄型化
		特開2001-68073	H01M 2/02	シール性	封止構造	外装材のアルミ同士を融着
		特開2001-118605	H01M 10/40	薄形軽量化	外装構造	外装開口部に集電体を露出させ端子とする
		特開2001-155790	H01M 10/52	安全性	外装構造	ガス吸着性物質を内臓
		特開2001-160413	H01M 10/04	量産性	封止方法	ヒートプレス時の均一加圧
		特開2001-176467	H01M 2/06	薄形軽量化	封止構造	集電体層をそのまま端子として利用
		特開2001-185096	H01M 2/02	薄形軽量化	封止構造	外装開口部に集電体を露出させ端子とする

2.5.4 技術開発拠点

東京都：本社

福島県：ソニー福島（株）

2.5.5 研究開発者

図 2.5.5-1 にソニーの発明者数と出願件数の推移を示す。また、図 2.5.5-2 に出願年ごとの発明者数-出願件数の変化を示す。1997年、98年と発明者数を段階的に増加させ、同時に出願件数も伸ばしている。99年現在では、他企業と比較して最も発明者数が多くなっている。

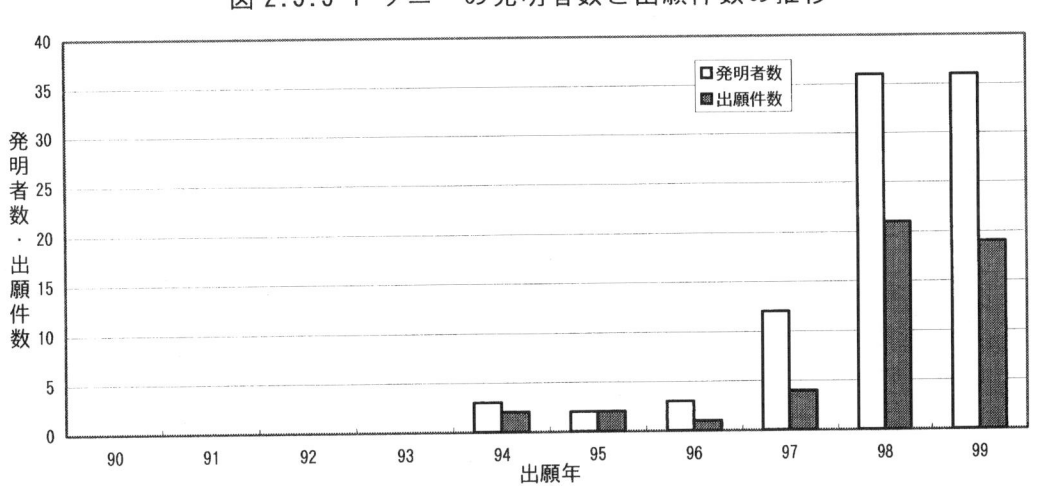

図 2.5.5-1 ソニーの発明者数と出願件数の推移

図 2.5.5-2 ソニーの出願年ごとの発明者数-出願件数の変化

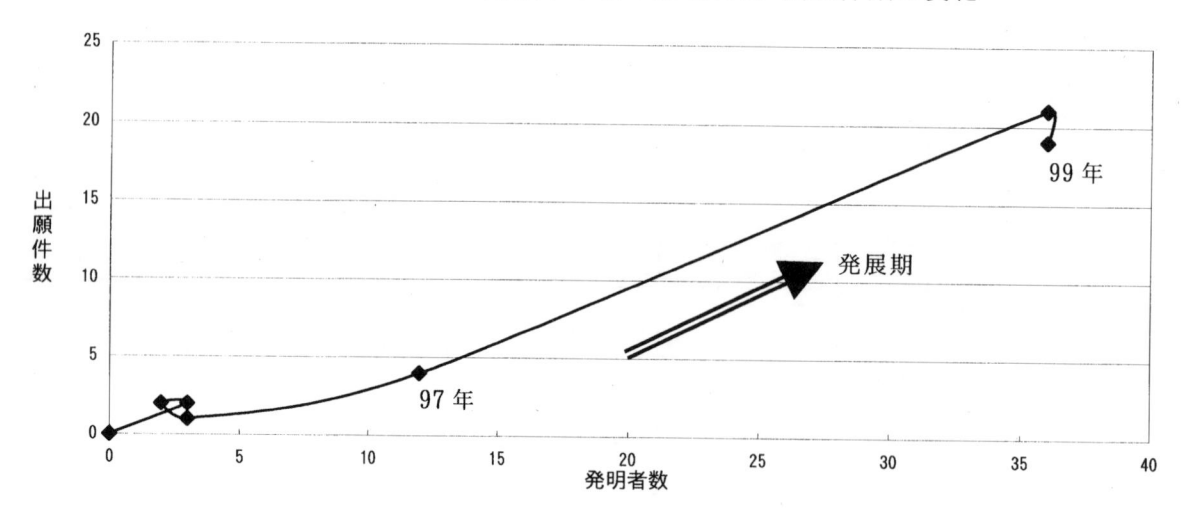

2.6 三菱化学

2.6.1 企業の概要

2.6.1-1 三菱化学の概要

1)	商号	三菱化学株式会社
2)	設立年月日	1934年（昭和9年）8月1日
3)	資本金	1,450億円（2001年3月31日現在）
4)	従業員	8,144名
5)	事業内容	石油化学部門、炭素アグリ部門、情報電子部門、医薬部門、機能化学品部門、機能材料部門
6)	事業所	本社／東京都千代田区丸の内二丁目5番2号、工場／鹿島、水島、四日市 等　研究所／科学技術センター、技術開発部門（カンパニー所属）
7)	関連会社	国内／アプコ、日東化工、三菱化学エムケーブイ、三菱化学産資、三菱化学ポリエステルフィルム、三菱樹脂、他 海外／エムシー・ペット・フィルム・インドネシア、三菱化学アメリカ、三菱化学ポリエステルフィルム（独、米）、他
8)	業績推移	（最近三年間の年間売上高）H10：868,529、H11：841,494、H12：781,501（百万円）
9)	主要製品	エチレン、エンジニアリングプラスチック、医薬品、機能化学品、機能材料（ポリエステルフィルムなど）
10)	主な取引先	石油化学製品メーカー、プラスチック機器メーカー、その他

2.6.2 リチウムポリマー電池技術に関する製品・技術

電池関連製品としては、関連企業が電極の導電剤となる高純度天然黒鉛、導電性付与カーボンブラックなどを製造販売しているが、今回の調査では、リチウムポリマー電池に直接関連するものは見出せなかった。

2.6.3 技術開発課題対応保有特許の概要

図 2.6.3-1 に三菱化学の分野別および技術要素別の保有特許の比率を示す。化学メーカーではあるが、これまで述べて来た電池メーカーと同じパターンを示しており、ポリマー電解質をはじめとして全般にわたっている。特に、外装およびシート電極・シート素電池関係の技術は実際の製造と直結する点で注目される。

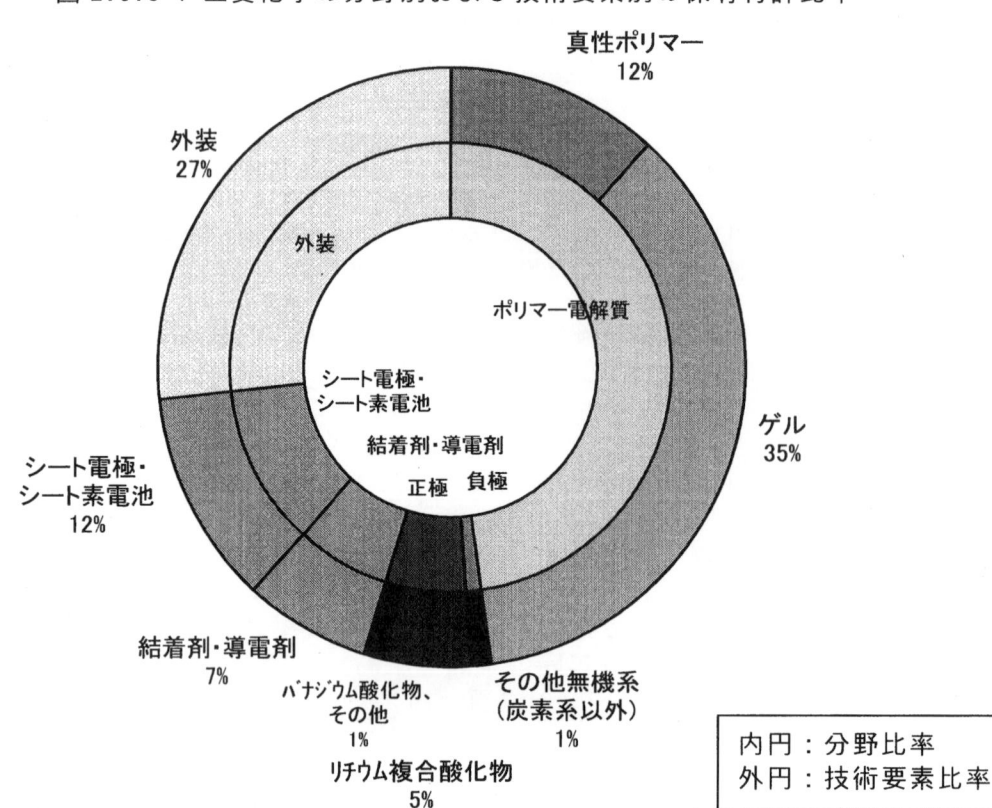

図 2.6.3-1 三菱化学の分野別および技術要素別の保有特許比率

真性ポリマー 12%
外装 27%
シート電極・シート素電池 12%
結着剤・導電剤 7%
バナジウム酸化物、その他 1%
リチウム複合酸化物 5%
その他無機系（炭素系以外） 1%
ゲル 35%

内円：分野比率
外円：技術要素比率

表2.6.3-1 に上記の保有特許について、技術開発の課題と解決手段の概要を示す（課題と解決手段の詳細は、前述の 1.4 を参照）。

ポリマー電解質の分野における主要な技術課題は、イオン伝導度向上と変形寿命延長（機械的変形による内部短絡防止）の両立に関するものが多い。最近はゲル電解質が中心となっている。正極の分野では、電気特性全般の向上を課題としてリチウム複合酸化物の複合化に注力している。結着剤・導電剤の分野ではサイクル寿命延長を、シート電極・シート素電池の分野では主として生産性の向上を課題としている。外装分野においては主に寿命延長に注力している。

表 2.6.3-1 三菱化学の保有特許リスト（1/6）

分野	技術要素	公報番号	特許分類	課題		概要（解決手段要旨）
ポリマー電解質	真性ポリマー	特開平10-120730	C08F 20/58	イオン伝導度	均一体	ジベンゾクラウンエーテル構造を形成する骨格を側鎖に有する架橋された有機高分子中にアルカリ金属塩が含有された複合体
	真性ポリマー	特開平10-120914	C08L101/00	イオン伝導度	均一体	トリフェニレン骨格にクラウンエーテル環が結合した構造を有する架橋された有機高分子中にアルカリ金属塩が含有された複合体
	ゲル真性ポリマー	特開平10-162841	H01M 6/18	イオン伝導度	構造体、構造系ゲル電解質	中間副構成要素結合層が、第1及び第2の電解質と同じ或いは異なった電解質

表 2.6.3-1 三菱化学の保有特許リスト (2/6)

分野	技術要素	公報番号	特許分類	課題	概要（解決手段要旨）	
ポリマー電解質（続き）	ゲル／真性ポリマー	特開平10-223041	H01B 1/12	イオン伝導度、機械的変形による寿命	均一体、均一系ゲル電解質	環状イヌロオリゴ糖骨格を有するモノマーが架橋された有機高分子中にアルカリ金属塩が含有された複合体
	真性ポリマー	特開平10-265673	C08L101/00	イオン伝導度、サイクル寿命	均一体	高分子化合物でイオン性液体を固体化させた高分子化合物複合体であって、イオン性液体が環状アミジンオニウム塩又はピリジンオニウム塩からなる
	真性ポリマー	特開平10-265674	C08L101/00	イオン伝導度、サイクル寿命	均一体	高分子化合物でイオン性液体を固体化させた高分子化合物複合体であって、イオン性液体がリチウム塩及び環状アミジン又はピリジンのオニウム塩との混合物から成る
	ゲル	特開平11-204137	H01M 10/40	サイクル寿命	均一系ゲル電解質	電解液を活性物質中に含浸させた後、電解液をゲル化する
	ゲル	特開平11-204138	H01M 10/40	サイクル寿命	均一系ゲル電解質	イオン移動相がゲル状電解質、正極、負極がゲルを構成し電解質を固定するポリマーを含有
	ゲル	特開平11-214040	H01M 10/40	サイクル寿命	均一系ゲル電解質	電解質層に非水電解液を保持することができる同一種のポリマー及び数平均分子量50,000～9,000,000のポリアルキレンオキシドをポリマーに対して0.1～50重量部含有する
	ゲル	特開平11-219725	H01M 10/40	サイクル寿命	均一系ゲル電解質	電解質層と正極・負極中のイオン移動相がゲル状電解質で構成
	ゲル	特開平11-219726	H01M 10/40	サイクル寿命	均一系ゲル電解質	電解質層と正極・負極中のイオン移動相がゲル状電解質で構成
	ゲル／真性ポリマー	特開2000-3728	H01M 10/40	サイクル寿命、機械的変形による寿命	構造体、構造系ゲル電解質	非電気導電性の粉体と非電気導電性の結合剤とを含有する中間層
	ゲル	特開平11-354157	H01M 10/40	イオン伝導度、サイクル寿命	均一系ゲル電解質	正極および負極の少なくとも一方のゲル状電解質と電解質層を構成するゲル状電解質の少なくとも一部とが連続
	ゲル	特開平11-354158	H01M 10/40	イオン伝導度、サイクル寿命	均一系ゲル電解質	電解液中の溶媒の溶解度パラメータに対し、0.2(cal/cc)以上異なる溶解度パラメータを持つ骨格ポリマーを含有
	ゲル	特開平11-354159	H01M 10/40	イオン伝導度、サイクル寿命	均一系ゲル電解質	電解質ゲル化ポリマーの他に、電解液中の溶媒の溶解度パラメータに対し0.5(cal/cc)以上異なる溶解度パラメータを持つ骨格ポリマーを含有
	ゲル	特開平11-354160	H01M 10/40	機械的変形による寿命	構造系ゲル電解質	電解質層が、$1\times10^5(N/m^2)$の荷重を加えた際の厚み減少率が40％以下である構造体にゲル状電解質を含有させて構成されている
	ゲル	特開2000-48860	H01M 10/40	サイクル寿命	均一系ゲル電解質	単位発電要素当たりの溶剤量が50mg/cm^2 以下
	ゲル	特開2000-67644	H01B 1/12	イオン伝導度、機械的変形による寿命	均一系ゲル電解質	2つの官能基を有し、それらの間に存在する原子列から分岐した構造を有する2官能モノマーをモノマー成分として含むポリマーと、リチウム塩と、溶媒とを含有する

表 2.6.3-1 三菱化学の保有特許リスト (3/6)

分野	技術要素	公報番号	特許分類	課題		概要（解決手段要旨）
ポリマー電解質（続き）	ゲル	特開2000-82328	H01B 1/12	イオン伝導度、機械的変形による寿命	均一系ゲル電解質	重合性の不飽和二重結合を複数有するポリアルキレングリコール系又はポリアルキレンスルフィド系の多官能モノマーと、重合性の不飽和二重結合を1つ有する単官能モノマーとを含むモノマーを重合して得られる高分子であり、多官能モノマーのポリアルキレングリコールユニット数又はポリアルキレンスルフィドユニット数は平均で7以上であり、且つ高分子のゲル状電解質に対する重量比が1～18%である
	ゲル	特開2000-82496	H01M 10/40	イオン伝導度	構造系ゲル電解質	多孔性の構造体の空隙内に電解質が充填されイオン移動相の電解質と前記構造体内の電解質とは連続
	ゲル 真性ポリマー	特開2000-149906	H01M 2/16	イオン伝導度、機械的変形による寿命	構造体、構造系ゲル電解質	セパレーター及び活物質層骨格の空隙を充填する電解質が固体電解質、又は非水系電解液を含むゲル状電解質
	ゲル	特開2000-149658	H01B 1/06	イオン伝導度、機械的変形による寿命	均一系ゲル電解質	高分子のモノマーユニットは、不飽和二重結合を複数個有するポリアルキレングリコール系モノマー及び／又はポリアルキレンスルフィド系モノマーから選ばれる多官能モノマーを主成分
	ゲル	特開2000-169536	C08F299/02	能率	均一系ゲル電解質	エチレン性不飽和二重結合を複数個有するポリアルキレングリコール系モノマーを、リチウム塩及び溶媒の存在下で重合、硬化させて高分子固体電解質を製造するに当たり、特定の化学式で表されるパーオキシエステルの存在下で重合
	ゲル	特開2000-268869	H01M 10/40	機械的変形による寿命	構造系ゲル電解質	多孔性膜の弾性率αが0.2以上
	ゲル	特開2000-294284	H01M 10/40	イオン伝導度	均一系ゲル電解質	ポリマー鎖に対して連結基を介してシアノ基を有するポリマー、リチウム塩及び溶媒を含有する高分子ゲル電解質
	ゲル	特開2000-306604	H01M 10/40	イオン伝導度	均一系ゲル電解質、構造系ゲル電解質	ポリマーが、平均で4.5以下の連続したオキシアルキレンユニットを有する3官能以上のモノマーを含むモノマー成分を重合することにより得られ、且つ、高分子ゲル電解質中の該ポリマー含量が20重量%以下
	ゲル	特開平11-354161	H01M 10/40	イオン伝導度、機械的変形による寿命	均一系ゲル電解質	重合性電解材料と、当該重合性電解材料と結合したポリメタクリル酸メチルを含有する補強ポリマーとから成る
	ゲル	特開2000-311715	H01M 10/40	サイクル寿命	均一系ゲル電解質	高分子は少なくとも1種の極性基を有し、その極性基当量が74以下
	真性ポリマー	特開2000-313800	C08L 71/02	イオン伝導度	構造体	カルボン酸アルカリ金属塩を表面に有する高分子微粒子とポリアルキレンオキシドとを含有してなるポリアルキレンオキシド組成物
	ゲル	特開2000-331712	H01M 10/40	イオン伝導度	均一系ゲル電解質、構造系ゲル電解質	アクリル系ポリマーゲル電解質中に含まれるナトリウムの量が、該ポリマー中のカルボニル基のα位の炭素に結合している水素の0.01モル%以下
	ゲル	特開2000-230019	C08F 20/20	生産性	均一系ゲル電解質	エチレン性不飽和二重結合を有するアルキレングリコール系モノマーを、リチウム塩及び溶媒の存在下で重合させるに際して、重合時にパーオキシエステル存在させる

表 2.6.3-1 三菱化学の保有特許リスト (4/6)

分野	技術要素	公報番号	特許分類	課題	概要（解決手段要旨）	
ポリマー電解質（続き）	ゲル	特開2001-15165	H01M 10/40	機械的変形による寿命	構造系ゲル電解質	多孔膜の空隙内に非流動性電解質原料を供給して、非流動化電解質とする
	ゲル	特開2001-155772	H01M 10/40	安全性	均一系ゲル電解質	電解質層に酸無水物を含有
	ゲル	特開2001-176550	H01M 10/40	安全性	均一系ゲル電解質	電解質がケトン類を含有
	ゲル	特開2000-268867	H01M 10/40	イオン伝導度、機械的変形による寿命	構造系ゲル電解質	ゲル状電解質が多孔性膜の空隙内に充填された電池要素において、該多孔性膜として膜厚10～25μm、空孔率45～75%、平均孔径0.2μm以下の膜を使用
	真性ポリマーゲル	特開2000-353546	H01M 10/40	イオン伝導度	均一体、均一系ゲル電解質	少なくとも一方の電極が、集電基板と、当該基板と関連する活物質層とを含み、且つ初期充電前において前記活物質層と関連する固体電解質界面層を形成している
負極	無機系その他	特開2001-52758	H01M 10/40	寿命	Li合金	イオン透過性のガラス質層で、Li樹枝状結晶の生成を抑制し、電極の劣化を防止
正極	リチウム複合酸化物	特開平10-270081	H01M 10/40	容量特性、充放電特性	複合活物質	正極活物質層の空隙率が0.045～0.40ml/gであるゲル電解質
	リチウム複合酸化物	特開平11-31533	H01M 10/40	容量特性、充放電特性	複合活物質	負極活物質層の空隙率が正極活物質層の空隙率以上（空隙率に対して1.1～3.0倍の範囲内にある）のゲル電解質
	リチウム複合酸化物	特開平11-345609	H01M 4/36	容量特性、充放電特性、生産性など	複合活物質	正極活物質の粉体の形状異方性比が2.5以下である
	リチウム複合酸化物系	特開2001-126731	H01M 4/58	充放電特性	LiMn複合酸化物	リチウム含有複合酸化物、スピネル結晶構造を有するリチウムマンガン複合酸化物のMnサイトを置換する他元素が、Al、Cr、Fe、Li、Co、Ni、Mg、Gaからなる群から選ばれる1以上の他元素である
	バナジウム酸化物、その他	特許3052314	H01M 4/58	容量特性、充放電特性	複合活物質	フッ化バナジウム黒鉛層間化合物 C_xVF_6（導電剤は不用）
結着剤・導電剤		特開平11-67277	H01M 10/40	サイクル寿命	導電層	易接着層中に、平均粒子径が0.5μm以下かつDBP吸油量が50ml/100g以下の導電性フィラーを含み、該易接着層の乾燥膜厚が0.01～5μm
		特開平11-144736	H01M 4/62	サイクル寿命	導電層	少なくとも有機電解質に不溶性（無機）
		特開平11-204137	H01M 10/40	サイクル寿命	電解質兼用結着剤	空隙を有する活物質層として集電体上に形成し、しかるのちに所定の処理ののちゲル化しゲル状電解質を形成

表 2.6.3-1 三菱化学の保有特許リスト（5/6）

分野	技術要素	公報番号	特許分類	課題	概要（解決手段要旨）	
結着剤・導電剤（続き）		特開平11-204138	H01M 10/40	サイクル寿命	単機能結着剤	固体状態で存在し活物質を固定するポリマーと、電解質に対してゲルを構成し電解質を固定するポリマー含有
		特開平11-219726	H01M 10/40	サイクル寿命	電解質兼用結着剤	正極、負極の活物質を空隙を有している層として集電体上に形成し、しかるのちに主として電解液と高分子からなり常温においてゲル状であり、高温において溶液状態となる電解液成分を、加温し溶液とした状態で該層中に含浸させて、その後冷却しゲル化
		特開2000-311709	H01M 10/40	サイクル寿命	単機能結着剤	活物質層中におけるバインダーの体積分率が5〜12%
シート電極・シート素電池		特開2000-100443	H01M 4/66	薄形軽量化	集電体	導電性電極基材の背面側に酸アミド結合及び／又は酸イミド結合を有する樹脂からなる樹脂層を形成
		特開2000-188099	H01M 4/04	生産性	方法	切断刃を電池積層体原反の側面方向から進行させて切断
		特開2000-243448	H01M 10/40	生産性	方法	供給槽内の電解液を分子状酸素含有ガスと接触した状態に保持
		特開2000-268876	H01M 10/40	生産性	方法	塗布速度と塗布する非水系電解液の粘性率ηが特定の関係を満足させたうえで、塗布された電極材または多孔性膜を減圧処理
		特開2000-285908	H01M 4/02	生産性	方法	積層された電極材の最外層の少なくとも一方を特定の関係式で表わされる変形パラメーターが8％以下
		特開2000-323131	H01M 4/04	生産性	方法	塗布された塗料中の溶剤含有率が10重量％になるまでの乾燥に要する時間をT(sec)とした時、45≦T≦1,000とする
		特開2001-6741	H01M 10/40	サイクル寿命	正極・負極	外縁部の一部又は全部を負極の少なくとも一部にて構成
		特開2001-110402	H01M 4/02	サイクル寿命	正極・負極	電極の側面が非流動性電解質で覆われている
		特開2001-155775	H01M 10/40	歩留り	正極・負極	屈曲部は集電体とセパレーターのみ積層
		特開2001-176485	H01M 2/16	機械的変形による寿命	電解質	大きさが正極・負極よりも大きく、短辺熱収縮率は小さい
外装		特開平10-154491	H01M 2/02	実装性	外装構造	容器を互いにかみ合わせ可能な半部材で形成する
		特開2000-58030	H01M 2/30	シール性	封止構造	端子のピール強度を規定
		特開2000-156218	H01M 2/30	実装性	封止構造	金属箔をケース表面に沿って折り返し固定
		特開2000-156242	H01M 10/38	寿命	封止構造	端子部に絶縁材
		特開2000-195474	H01M 2/02	シール性	封止構造	端部を折り曲げる
		特開2000-195475	H01M 2/02	シール性	封止構造	電池要素の外周に剛性の保持材を当接

表 2.6.3-1 三菱化学の保有特許リスト（6/6）

分野	技術要素	公報番号	特許分類	課題	概要（解決手段要旨）	
外装（続き）		特開2000-195476	H01M 2/02	シール性	外装構造	電池要素収容部を成形加工したシートおよび封止用シート
		特開2000-200588	H01M 2/08	シール性	外装構造	外装の内側にガスバリヤー層
		特開2000-223085	H01M 2/02	シール性	外装構造	余裕空間
		特開2000-223086	H01M 2/02	シール性	外装構造	余裕空間
		特開2000-251852	H01M 2/02	シール性	外装材	外面に防湿層
		特開2000-251853	H01M 2/02	安全性	外装材	電池要素を発泡性樹脂により被包
		特開2000-251854	H01M 2/02	シール性	封止構造	封止部を防湿材で被覆
		特開2000-251855	H01M 2/02	シール性	封止構造	折り返して溶着
		特開2000-251857	H01M 2/02	シール性	外装材	5層ラミネート
		特開2000-294203	H01M 2/02	耐久性	外装構造	加圧板
		特開2000-311665	H01M 2/06	耐久性	封止構造	リード端子の形状
		特開2000-243357	H01M 2/02	耐久性	外装構造	吸湿材
		特開2001-68072	H01M 2/02	シール性	外装材	ケイ素酸化物を含有
		特開2001-68074	H01M 2/02	シール性	外装材	無機材料を含有
		特開2000-311717	H01M 10/40	耐久性	外装構造	熱収縮フィルム
		特開2001-28275	H01M 10/40	安全性	その他	ケースの偶発的変形を実質的に防止する手段
		特開2001-35451	H01M 2/02	薄形軽量化	外装材	アルミニウムフォイル

2.6.4 技術開発拠点

東京都　　：本社、支社

神奈川県：横浜総合研究所

茨城県　　：筑波総合研究所

三重県　　：四日市総合研究所

岡山県　　：水島事業所

米国　　　：（マサチューセッツ州）

2.6.5 研究開発者

図 2.6.5-1 に三菱化学の発明者数と出願件数の推移を示す。また、図 2.6.5-2 に出願年ごとの発明者数-出願件数の変化を示す。1997 年以降になって逐次発明者数を段階的に増加させている。

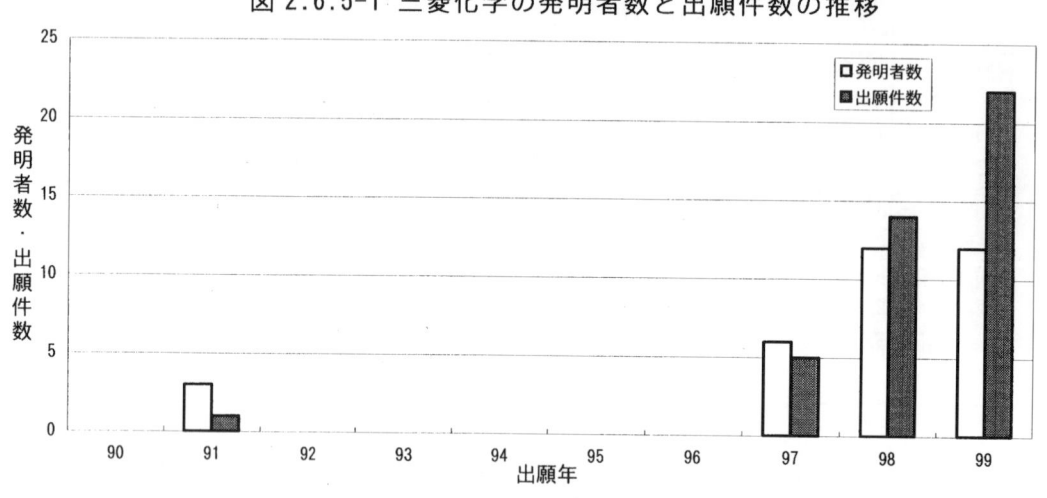

図 2.6.5-1 三菱化学の発明者数と出願件数の推移

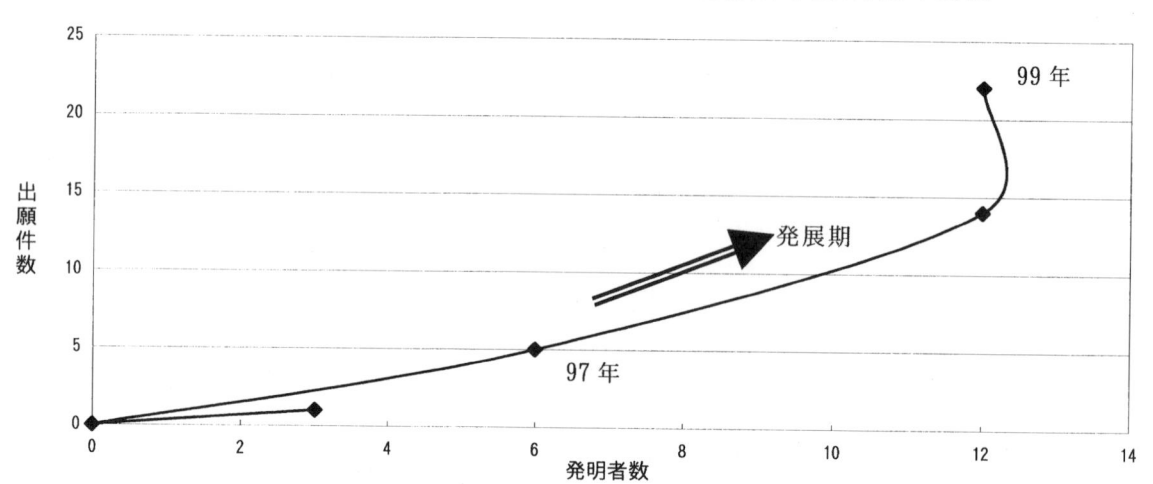

図 2.6.5-2 三菱化学の出願年ごとの発明者数-出願件数の変化

2.7 リコー

2.7.1 企業の概要

表 2.7.1-1 リコーの概要

1)	商号	株式会社リコー
2)	設立年月日	1936年2月
3)	資本金	1,034億3,300万円（2001年3月31日現在）
4)	従業員	12,242名
5)	事業内容	OA機器、カメラ、電子部品、機器関連消耗品の製造・販売
6)	技術・資本提携関係	［技術援助契約先］ Xerox Corporation（米国）、International Business Machines Corporation（米国）、ADOBE Systems Incorporated（米国）、Jerome H. Lemelson（米国）、日本IBM, Texas Instrument（米国）、シャープ、キヤノン、ブラザー工業
7)	事業所	本社／東京都港区南青山1-15-5　リコービル 工場／兵庫県加東郡、神奈川県厚木市、静岡県沼津市、大阪府池田市、神奈川県秦野市、福井県坂井市、静岡県御殿場市
8)	関連会社	東北リコー、迫リコー、リコーユニテクノ、リコーエレメックス、リコー計器、リコーマイクロエレクトロニクス、その他
9)	業績推移		H11.3	H12.3	H13.3
		売上高(百万円)	720,502	777,501	855,499
		当期利益(千円)	18,977,000	22,613,000	34,404,000
10)	主要製品	デジタル／アナログ複写機、マルチ・ファンクション・プリンター、レーザプリンター、ファクシミリ、デジタル印刷機、光ディスク応用商品、デジタルカメラ、アナログカメラ、光学レンズ
11)	主な取引先	東京リコー、エヌビーエスリコー、大阪リコー、神奈川リコー、リコーリース

2.7.2 リチウムポリマー電池技術に関する製品・技術

今回の調査では、リチウムイオン電池およびリチウムポリマー電池を過充電・過放電から保護する回路が見出されたが、リチウムポリマー電池に直接関連する製品は見出されなかった。

2.7.3 技術開発課題対応保有特許の概要

図2.7.3-1にリコーの分野別および技術要素別の保有特許比率を示す。上位の他企業と比較すると、ポリマー電解質が相対的に少なく、電極関係（負極、正極、結着剤・導電剤およびシート電極・シート素電池）が多い。正極分野では、バナジウム酸化物の比率が高い。また、全分野、全技術要素にわたっていること、またその比率の偏りが少ないことが特徴である。

図 2.7.3-1 リコーの分野別および技術要素別の保有特許比率

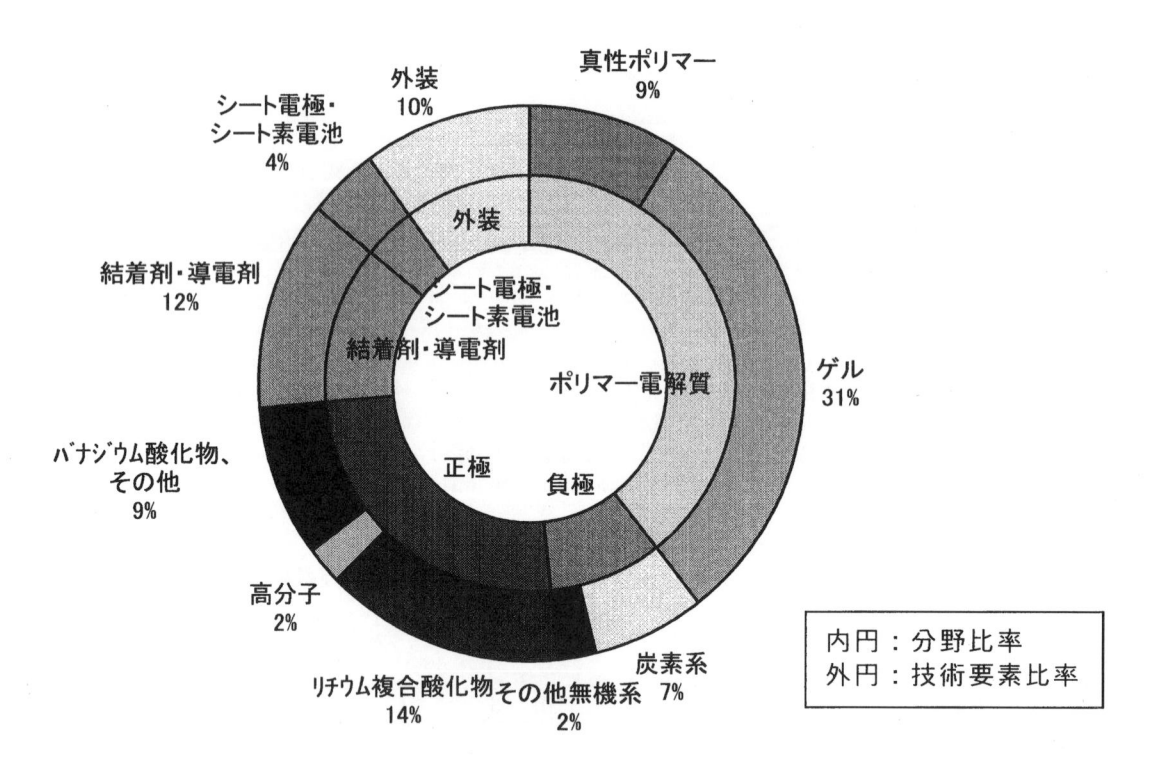

表 2.7.3-1 に上記の保有特許について、技術開発の課題と解決手段の概要を示す。なお、掲載の特許については、開放していない。（課題と解決手段の詳細は、前述の 1.4 を参照）。

ポリマー電解質の分野における主要な技術課題はサイクル寿命延長とイオン伝導度の向上である。ゲル電解質を中心に注力している。負極は主として炭素系負極の電気特性全般の向上を、正極については、リチウム複合酸化物正極の容量特性向上に加えてバナジウム酸化物の容量特性向上を課題としている。

結着剤・導電剤の分野ではもっぱらサイクル寿命延長に取組んでおり、シート電極・シート素電池分野では小型軽量化が主要な課題である。外装の分野では、安全性向上と寿命延長が主要な技術課題となっている。

表 2.7.3-1 リコーの保有特許リスト（1/7）

分野	技術要素	公報番号	特許分類	課題	解決手段	概要（解決手段要旨）
ポリマー電解質	ゲル	特許2934452	H01M 10/40	サイクル寿命	均一系ゲル電解質、構造系ゲル電解質	比誘電率10以上の溶媒、化学式$C_2H_5OCH_2CH_2OC_2H_5$で表される溶媒の2種類の溶媒と電解質塩からなる固体状電解質
	ゲル	特開平4-171603	H01B 1/06	イオン伝導度	均一系ゲル電解質、構造系ゲル電解質	粘弾性体（固体電解質）は重合性化合物を混合した非水電解液中で電解により固体電解質を製造
	ゲル	特開平6-52890	H01M 10/40	サイクル寿命	均一系ゲル電解質	アルカリ金属イオンを含む電解質濃度が1.5mol/kg以上の高濃度とする

表 2.7.3-1 リコーの保有特許リスト (2/7)

分野	技術要素	公報番号	特許分類	課題	解決手段	概要（解決手段要旨）
ポリマー電解質（続き）	ゲル	特開平6-163047	H01M 4/58	イオン伝導度	均一系ゲル電解質、構造系ゲル電解質	正、負極、固体電解質を特定して、高エネギー密度、高い可撓性、高信頼性の扁平型二次電池を得る
	ゲル	特開平6-203841	H01M 6/18	イオン伝導度、サイクル寿命	均一系ゲル電解質	電解液、（メタ）アクリレートおよびパーオキシジカーボネートからなる電解液組成物を加熱硬化させた高分子固体電解質
	ゲル	特開平8-222222	H01M 4/58	イオン伝導度	均一系ゲル電解質	$LiN(CF_3SO_2)_2$を含有する高分子固体電解質
	ゲル	特開平8-298137	H01M 10/40	イオン伝導度	均一系ゲル電解質、構造系ゲル電解質	架橋型高分子をマトリックスとする高分子固体電解質
	ゲル	特開平8-279354	H01M 4/02		均一系ゲル電解質	固体電解質にスルホン酸アニオン系塩を用いる
	ゲル	特開平8-78053	H01M 10/40	サイクル寿命	均一系ゲル電解質	固体電解質中にシリコーン系化合物を含有させる
	ゲル	特開平9-235479	C08L101/00 LTB	イオン伝導度、機械的変形による寿命	均一系ゲル電解質、構造系ゲル電解質	マトリックスが2種類の異なる弾性率の架橋型高分子の複合物
	ゲル・真性ポリマー	特開平9-237623	H01M 4/02	サイクル寿命	均一体、均一系ゲル電解質	高分子固体電解質中に環状炭酸エステルを含有させる
	ゲル	特開平9-306544	H01M 10/40	イオン伝導度	均一系ゲル電解質	可塑剤と高分子化合物とを含有する高分子組成物を層状に成形した後、可塑剤を低分子量有機シリコーン化合物を用いて溶解抽出し、可塑剤が溶解抽出された前記高分子化合物層に、非水溶液系電解液を含浸して、前記固体高分子電解質層を形成する
	ゲル	特開平9-25384	C08L 33/06	イオン伝導度	均一系ゲル電解質	分子量1,000以下のアクリレートモノマーを重合させた高分子マトリックス中に特定の電解質塩を含有
	ゲル・真性ポリマー	特開平10-208544	H01B 1/12	イオン伝導度	均一体、均一系ゲル電解質	電解質塩が2種以上の混合電解質で、その1種を規定した組成の電解質塩を特定割合用いる
	ゲル・真性ポリマー	特開平10-218913	C08F 2/44	イオン伝導度	均一体、均一系ゲル電解質	高分子固体電解質の高分子マトリックス中の未反応の重合性モノマー（及び又は）重合性オリゴマーが30重量%以下

表 2.7.3-1 リコーの保有特許リスト (3/7)

分野	技術要素	公報番号	特許分類	課題	解決手段	概要（解決手段要旨）
ポリマー電解質（続き）	ゲル	特開平10-302838	H01M 10/40	イオン伝導度	均一系ゲル電解質	ルイス酸複塩を含む高分子固体電解質に、更に含有される、環状炭酸エステルと非環状炭酸エステルの体積比を1未満とする
	ゲル	特開平10-334890	H01M 4/04	薄膜化など	均一系ゲル電解質	高分子量重合体中に非水電解液を含有する粘弾性体であって、該非水電解液の含有率が高分子量重合体に対して少なくとも200重量%以上であり、かつ該粘弾性体の弾性率が10^2〜10^6dyne/cm^{2}及び伸びが20%以上である固体電解質
	ゲル 真性ポリマー	特開平10-289730	H01M 10/40	イオン伝導度、機械的変形による寿命	均一体、均一系ゲル電解質	高分子固体電解質中に粘土化合物を含有させる
	ゲル	特開平10-177814	H01B 1/12	イオン伝導度	均一系ゲル電解質	非水電解液の溶媒として、少なくとも1種のハロゲン置換炭酸エステルを含有しているイオン伝導性高分子ゲル電解質
	ゲル 真性ポリマー	特開平11-67275	H01M 10/40	安全性	均一体、均一系ゲル電解質	固体電解質中に発泡性材料を包含させる
	ゲル 真性ポリマー	特開平11-73991	H01M 10/40	サイクル寿命	均一体、均一系ゲル電解質	非水電解質層中に抗酸化剤を含有させる
	ゲル	特開平11-86911	H01M 10/40	サイクル寿命	均一系ゲル電解質	高分子固体電解質を複合させた正極と負極との間に、熱可塑性高分子と非水電解液とからなる高分子固体電解質層を設ける
	ゲル	特開平11-121035	H01M 10/40	サイクル寿命	構造系ゲル電解質	熱重合開始剤と重合性化合物とを含む非水電解液をケース内に減圧注液により浸透させ、加熱して電解質層を形成する
	ゲル 真性ポリマー	特開平11-176472	H01M 10/40	安全性、イオン伝導度	均一体、均一系ゲル電解質	高分子固体電解質に少なくとも1種の難燃剤を含有させて難燃性と自己消火性を付与し、安全性と信頼性を向上
	ゲル	特開平11-185817	H01M 10/40	サイクル寿命	均一系ゲル電解質	熱可塑性高分子と電解質塩からなる正極と負極の間に少なくとも架橋ポリマーマトリックスと電解質塩からなる高分子固体電解質を設ける
	ゲル	特開平11-265616	H01B 1/12	イオン伝導度	均一系ゲル電解質	熱重合開始剤として、高分子ゲル電解質を構成する溶媒中で最も低い沸点を持つ溶媒の沸点以下の温度で半減期が2時間以内であるものを使用する
	ゲル	特開平11-288738	H01M 10/40	イオン伝導度、機械的変形による寿命	構造系ゲル電解質	正極、負極夫々の上に形成された化学的架橋部を有する固体電解質同士を密着用固体電解質層を挟んで対向させて積層する
	ゲル 真性ポリマー	特開平11-329064	H01B 1/12	イオン伝導度、生産性	均一体、均一系ゲル電解質	(メタ)アクリレートモノマーと含フッ素モノマーの共重合体

表2.7.3-1 リコーの保有特許リスト (4/7)

分野	技術要素	公報番号	特許分類	課題	解決手段	概要（解決手段要旨）
負極	炭素系	特開平6-163047	H01M 4/58	薄形軽量化	複合体	グラファイトと乱層構造を有する炭素質材料で、加工性と高いサイクル寿命を実現
	炭素系	特開平8-153514	H01M 4/02	充放電特性	複合体	黒鉛とアモルファスカーボンの長所を兼ね備える
	炭素系	特開平9-199129	H01M 4/58	充放電特性	表面処理・被覆	炭素質材料をアルコール及び／又はカルボン酸で化学処理し、Liとの反応性を低下させ、ガス発生等を抑制
	炭素系	特開平11-67215	H01M 4/62	伝導性	導電・結着剤	負極用結着剤に水溶性高分子を用い、塗膜と集電体の密着性を改善
	炭素系	特開平11-73964	H01M 4/58	寿命	複合体	炭素負極中に緩還元剤からなる酸化防止剤を含有させ、サイクル特性、放電特性を改善
	炭素系	特開平11-120992	H01M 4/02	充放電特性	表面処理・被覆	炭素負極表面のイオン伝導性高分子被覆により、電解質との濡れ性を改善し、溶媒の分解を抑制
	無機系その他	特開平4-215246	H01M 4/02	寿命	他金属、複合体	Li-Al合金と特定高分子の複合体で活物質の崩壊脱落を防止する
	無機系その他	特開平11-86856	H01M 4/48	容量特性	酸・窒化物等	岩塩型バナジウム酸化物の粒径を特定して、重負荷放電の特性を改善
正極	リチウム複合酸化物	特開平8-222221	H01M 4/58	容量特性、寿命、充放電特性、生産性など	LiCo複合酸化物、複合活物質	500°C以下の温度で熱処理した低温焼成リチウムコバルト複合酸化物に活物質としての能力を有する導電性高分子材料を併用
	リチウム複合酸化物	特開平8-222222	H01M 4/58	容量特性、寿命、充放電特性、安全性、生産性など	LiCo複合酸化物	500°C以下で焼成した低温焼成リチウムコバルト複合酸化物
	リチウム複合酸化物	特開平9-73893	H01M 4/02	容量特性、安全性、生産性など	LiMn複合酸化物、複合活物質	リチウム複合酸化物が、最大粒子径20μm以下、平均粒子径10μm以下の粒子状で、周囲を導電性高分子で被覆
	リチウム複合酸化物	特開平10-134798	H01M 4/02	容量特性、伝導性、安全性、生産性など	LiCo複合酸化物、複合活物質	電極活性物質中のLiNi$_{1-x}$Co$_x$O$_2$の混合比が40〜99重量%
	リチウム複合酸化物	特開平10-188993	H01M 4/62	容量特性、生産性など	LiMn複合酸化物、複合活物質、導電集電体	膨張黒鉛を導電剤として添加

表 2.7.3-1 リコーの保有特許リスト (5/7)

分野	技術要素	公報番号	特許分類	課題	解決手段	概要（解決手段要旨）
正極（続き）	リチウム複合酸化物	特開平10-188984	H01M 4/58	容量特性、寿命、充放電特性、形状特性安全性、生産性など	LiMn複合酸化物	正極活物質（LiMn$_{(2-a)}$X$_a$O$_4$）、（メタ）アクリレートモノマーおよび／またはプレポリマーを重合することにより得られる高分子ゲル電解質
	リチウム複合酸化物	特開平10-199508	H01M 4/02	容量特性、充放電特性	LiMn複合酸化物、複合活物質	正極活物質が、少なくともLiMn$_2$O$_4$およびLiMn$_{(2-a)}$X$_a$O$_4$の両者を含有し、粒状活物質の粒径が平均粒径で10μm以下かつ最大粒径で20μm以下
	リチウム複合酸化物	特開平10-199509	H01M 4/02	容量特性、充放電特性、安全性	LiMn複合酸化物	少なくともLiMn$_{2-y}$X$_y$O$_4$を含有し、最大粒径20μm以下の粒子状で均一に存在しかつ平均粒径10μm以下
	リチウム複合酸化物	特開平11-40138	H01M 4/02	容量特性、寿命、充放電特性	LiCo複合酸化物、LiNi複合酸化物、LiMn複合酸化物	電極の厚みに対して5～30％の粒子径の電極活物質（リチウムを吸蔵可能な遷移金属カルコゲン化合物）を含む
	リチウム複合酸化物	特開平11-40157	H01M 4/58	容量特性、充放電特性	LiMn複合酸化物	マンガン酸リチウム複合酸化物の粒子表面を水溶性高分子で処理
	リチウム複合酸化物	特開平11-45702	H01M 4/02	容量特性、充放電特性	LiMn複合酸化物	リチウムとマンガンとを構成元素として含む複合酸化物を主体とし、これにナトリウム、ナトリウム化合物、アンモニウム化合物から選ばれる少なくとも1種類の添加剤を添加
	リチウム複合酸化物	特開平11-67211	H01M 4/62	容量特性、充放電特性	LiCo複合酸化物、LiNi複合酸化物、LiMn複合酸化物、複合活物質、その他	正極中に酸化防止剤（フェノール系、ハイドロキノン系、有機リン系化合物）を含有
	リチウム複合酸化物	特開平11-97027	H01M 4/62	容量特性、充放電特性	LiMn酸化物系導電剤、集電体その他	正極表面に被覆層（イオン伝導性高分子など）を設ける
	高分子	特開平11-307126	H01M 10/40	容量特性、充放電特性、伝導性	ポリアニリン系、有機イオウ系	チオール基を有するアニリン系化合物の重合体と可溶性導電性高分子との複合体からなる電極
	高分子	特開平7-134987	H01M 4/02	容量特性	ポリアニリン系、複合活物質	有機活物質と粒子状無機活物質を混合した正極

表 2.7.3-1 リコーの保有特許リスト (6/7)

分野	技術要素	公報番号	特許分類	課題	解決手段	概要（解決手段要旨）
正極（続き）	バナジウム酸化物、その他	特開平6-52890	H01M 10/40	容量特性、充放電特性	V_2O_5系、V_6O_{13}系、その他	バナジウム酸化物（ゲル電解質中の電解質濃度を規定）
	バナジウム酸化物、その他	特開平6-168714	H01M 4/02	容量特性、充放電特性、安全性、生産性など	V_2O_5系、複合活物質	酸化還元性を示す高分子およびバナジウム酸化物の混合活物質（例：V_2O_5の粒径を10μm以下）
	バナジウム酸化物、その他	特開平6-318453	H01M 4/02	容量特性、伝導性、薄形軽量化	V_2O_5系、複合活物質	バナジウム酸化物活物質を導電性高分子フイルムに均一分散
	バナジウム酸化物、その他	特開平8-298137	H01M 10/40	伝導性	導電集電体	表面の粗面化度が50μF／cm^2以上の静電容量のアルミニウム電解箔、
	バナジウム酸化物、その他	特開平9-73920	H01M 10/40	寿命、安全性	V_2O_5系、複合活物質	電極の積層方法（裁断、圧縮）
	バナジウム酸化物、その他	特開平9-161771	H01M 4/02	容量特性、充放電特性	V_2O_5系、複合活物質	導電性高分子材料と無機活物質材料との複合活物質において導電性高分子材料の重量平均分子量を規定
	バナジウム酸化物、その他	特開平11-86855	H01M 4/48	容量特性	V_2O_5系、複合活物質	正極活物質がV_2O_5エアロゲルと導電性高分子との複合体
	バナジウム酸化物、その他	特開平11-86856	H01M 4/48	容量特性、寿命、充放電特性、伝導性	V_2O_5系	岩塩型バナジウム酸化物（粒子径が0.1～25μm）
結着剤・導電剤		特開平9-102316	H01M 4/62	サイクル寿命	電解質兼用結着剤	負極用結着剤が特定の化学式のビニルピリジン類とヒドロキシ基を有する（メタ）アクリレート化合物との共重合体を含有する樹脂組成物
		特開平10-92435	H01M 4/62	容量、サイクル寿命	電解質兼用結着剤	正極結着剤がビニルピリジン化合物とヒドロキシ基含有（メタ）アクリレート化合物との共重合体
		特開平10-188993	H01M 4/62	容量	炭素系導電剤	導電剤が膨張黒鉛を含んで構成
		特開平11-40157	H01M 4/58	サイクル寿命	結着助剤	複合酸化物の粒子表面を水溶性高分子で処理
		特開平11-67211	H01M 4/62	サイクル寿命	結着助剤	正極中に酸化防止剤
		特開平11-67215	H01M 4/62	サイクル寿命	電解質兼用結着剤	負極用結着剤が水溶性高分子

表 2.7.3-1 リコーの保有特許リスト (7/7)

分野	技術要素	公報番号	特許分類	課題	解決手段	概要（解決手段要旨）
結着剤・導電剤（続き）		特開平11-67216	H01M 4/62	サイクル寿命	電解質兼用結着剤	正極用結着剤が水溶性高分子からなる
		特開平11-73964	H01M 4/58	サイクル寿命	結着助剤	炭素負極中に酸化防止剤を含有
		特開平11-86867	H01M 4/62	サイクル寿命	電解質兼用結着剤	ポリビニルピリジン架橋体
		特開平11-86911	H01M 10/40	大電流化	電解質兼用結着剤	架橋ポリマーマトリックス
		特開平11-97027	H01M 4/62	サイクル寿命	結着助剤	電極表面にイオン導電性被覆層を形成
シート電極・シート素電池		特公平8-17092	H01M 4/02	薄形軽量化	集電体	貫通した連続気孔を有し、かつ粒径1μm以下のシリカ系微粒子を添着
		特許3019345	H01M 2/30	薄形軽量化	リード・端子	両電極端子部材を外装体外側の樹脂層の一部を除去した金属フィルム上に設ける
		特開平6-150976	H01M 10/40	薄形軽量化	集電体	プラスチック層および金属層からなるシート状積層体の金属層上に炭素電極層を形成
		特開平9-213377	H01M 10/40	安全性	電解質	セパレータの周辺部の融着が非融着部を残して部分的
外装		特開平6-349462	H01M 2/02	安全性	封止構造	集電体の端部での電気的短絡を防止
		特開平9-120804	H01M 2/08	シール性	外装材	樹脂とガラスクロスの複合材
		特開平9-213286	H01M 2/02	シール性	外装材	薄型容器
		特開平10-302738	H01M 2/08	シール性	封止構造	端子の融着界面の凹凸防止
		特開平10-312788	H01M 2/30	シール性	封止構造	端子に表面処理
		特開平11-67168	H01M 2/02	安全性	外装材	7層構造
		特開平11-67275	H01M 10/40	安全性	外装構造	発泡性材料からのガスにより電気化学反応を停止する
		特開平11-265693	H01M 2/02	実装性	外装構造	二重包装
		特開2000-48781	H01M 2/06	シール性	封止構造	周辺部を折り曲げる

2.7.4 技術開発拠点

東京都　：大森事業所、品川システムセンター
神奈川県：中央研究所

2.7.5 研究開発者

　図 2.7.5-1 にリコーの発明者数と出願件数の推移を、また、図 2.7.5-2 に出願年ごとの発明者数-出願件数の変化を示す。1996 年まで発明者数を徐々に増やしてきたが、97 年には出願件数は倍増したものの発明者数は減少傾向に入り、98 年以降は急速に規模を縮小している。

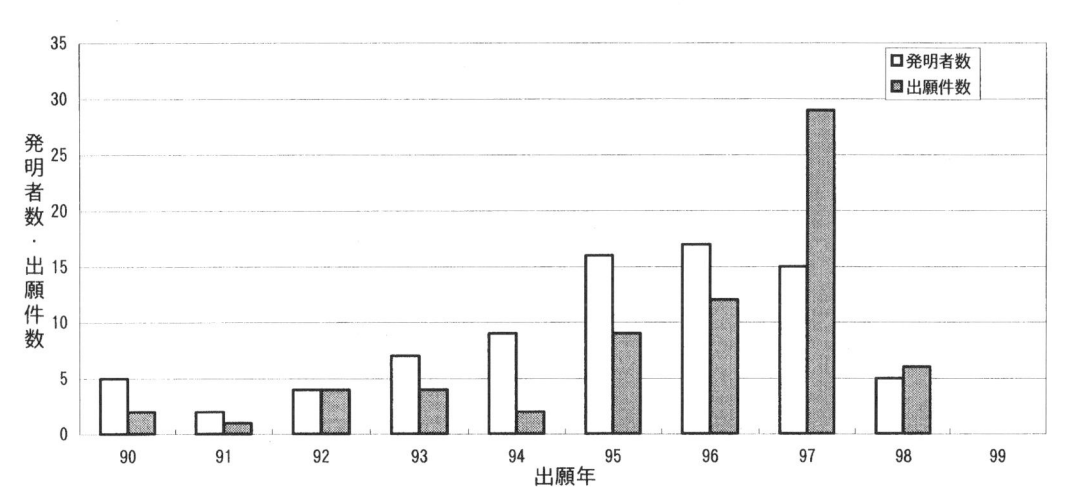

図 2.7.5-1 リコーの発明者数と出願件数の推移

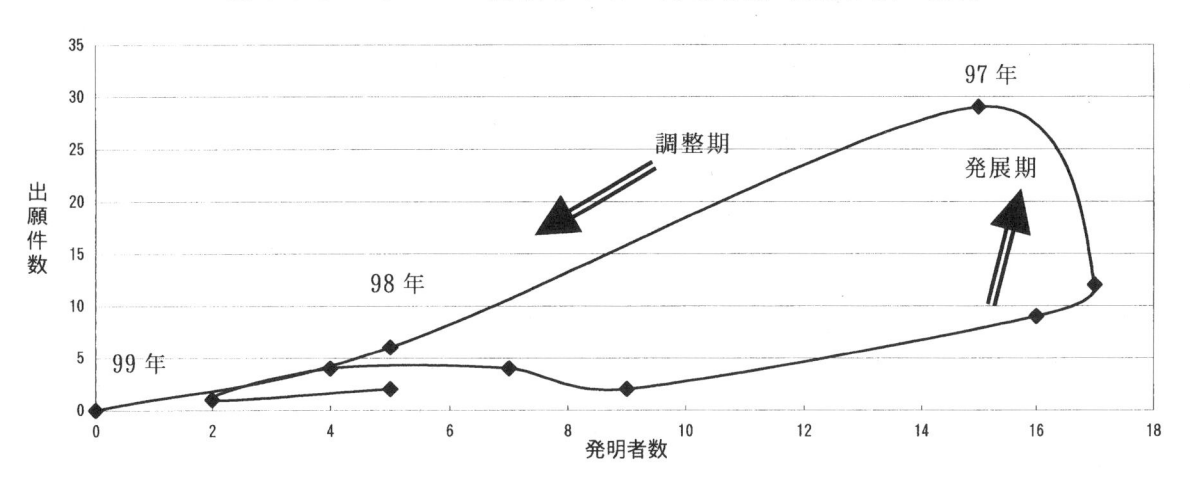

図 2.7.5-2 リコーの出願年ごとの発明者数-出願件数の変化

2.8 日本電池

2.8.1 企業の概要

表2.8.1-1 日本電池の概要

1)	商号	日本電池株式会社
2)	設立年月日	1917年（大正6年）1月17日
3)	資本金	143億53百万円（2001年3月31日現在）
4)	従業員	2,222名
5)	事業内容	鉛蓄電池、その他の電池、電源装置、照明器、その他
6)	事業所	本社／京都市南区、工場／本社工場、自動車電池工場、他、研究所／京都市南区
7)	関連会社	国内／ジーエス・メルコテック（本社工場：京都市南区）、ジーエス・メルコテック洛南、他 海外／傑士魅力科電池（上海）有限公司、AGM BATTERIES LTD、他
8)	業績推移	（最近三年間の年間売上高）H10：137,278、H11：143,055、H12：147,997（百万円）
9)	主要製品	自動車用・電動車両用・据置用その他各種用途鉛電池、据置用・車両用・その他各種用途アルカリ電池、リチウム電池、他
10)	主な取引先	自動車メーカー、産業機器メーカー、他
11)	技術移転窓口	京都市南区吉祥院西ノ庄猪之馬場町1 日本電池（株） 知的財産センター Tel:075-316-3625

2.8.2 リチウムポリマー電池技術に関する製品・技術

　リチウムイオン電池の製造販売は、日本電池（株）、三菱電機（株）およびサフト（フランス）が共同出資しているジーエス・メルコテック（株）が行なっている。アルミラミネートフィルムで外装した電解液タイプの薄型リチウムイオン電池の商品化に続いて、2000年9月にセパレータ共存無機微粉配合のゲル電解質を採用したリチウムポリマー電池を商品化した。（表2.8.2-1参照）

表2.8.2-1 日本電池のリチウムポリマー電池技術に関する製品・技術

製品	製品名	発売時期	出典
リチウムポリマー電池	LY4K （厚さ4.4mm） 製造：ジーエス・メルコテック	2000年9月	日本電池のインターネット・ホームページ
リチウムイオン電池	LTシリーズ（薄型、電解液使用、アルミラミネートフィルム外装） 製造：ジーエス・メルコテック	1999年3月	同上

2.8.3 技術開発課題対応保有特許の概要

　図2.8.3-1に日本電池の分野別および技術要素別の保有特許比率を示す。ポリマー電解質分野でほぼ半分を占めているが、他社と比較すると真性ポリマーが少なくゲル電解質に注力している。次に多いのは外装関係であり、上記の製品構成を反映している。シート電

極・シート素電池とあわせて、実生産に関する技術開発の比率が高い。

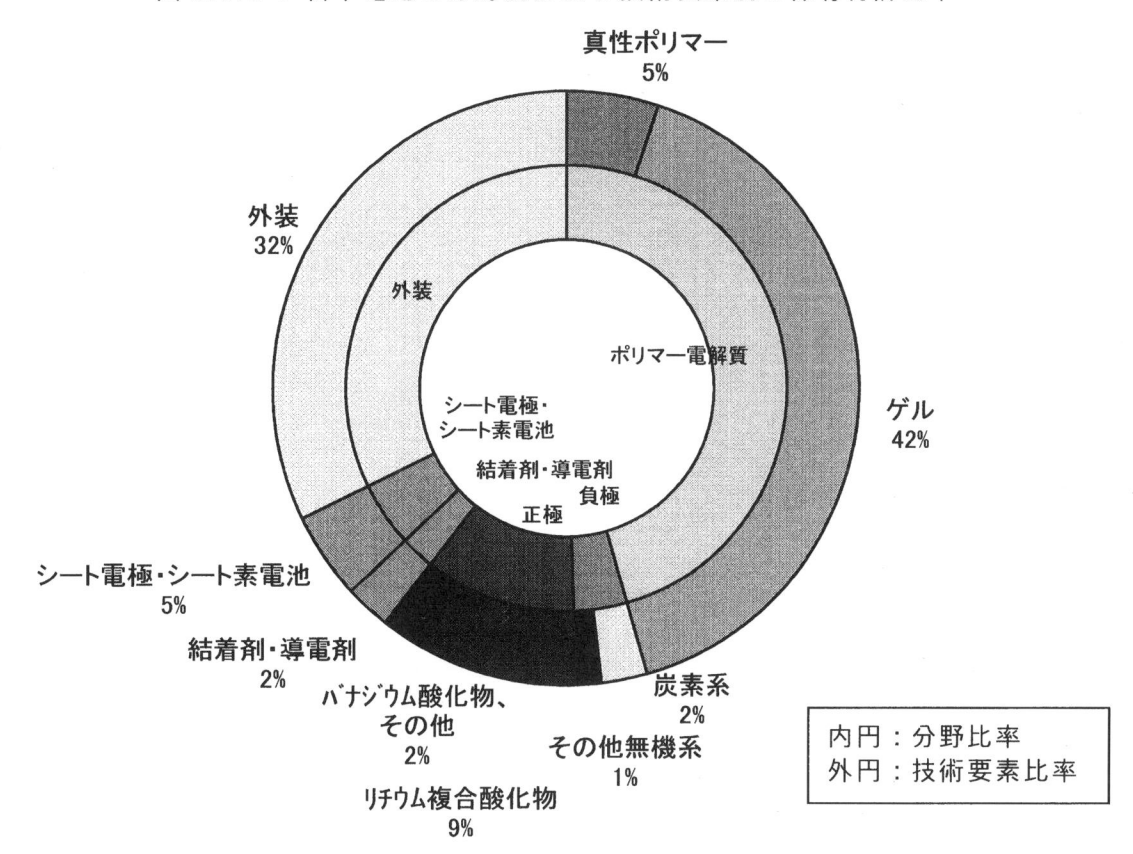

図 2.8.3-1 日本電池の分野別および技術要素別の保有特許比率

真性ポリマー 5%
外装 32%
ゲル 42%
シート電極・シート素電池 5%
結着剤・導電剤 2%
バナジウム酸化物、その他 2%
リチウム複合酸化物 9%
その他無機系 1%
炭素系 2%

内円：分野比率
外円：技術要素比率

表 2.8.3-1 に上記の保有特許について、技術開発の課題と解決手段の概要を示す（課題と解決手段の詳細は、前述の 1.4 を参照）。

ポリマー電解質の分野における主要な技術課題は、イオン伝導度向上に加えて安全性（耐過充電・短絡）である。また、正極分野では、リチウム複合酸化物についての容量向上と安全性に関する課題、外装分野でも寿命に加えて安全性が主たる課題になっている。

表 2.8.3-1 日本電池の保有特許リスト (1/6)

分野	技術要素	公報番号	特許分類	課題		概要（解決手段要旨）
ポリマー電解質	ゲル	特開平8-195220	H01M 10/40	イオン伝導度	構造系ゲル電解質	多孔性リチウムイオン導電性ポリマー膜を備えた非水系ポリマー電池
	ゲル	特開平9-259923	H01M 10/40	イオン伝導度	構造系ゲル電解質	有機高分子に対し不溶性で、かつ溶媒と相溶性のある溶媒で置換して得られる孔を有する有機高分子
	ゲル	特開平10-116632	H01M 10/40	保存性	構造系ゲル電解質	リチウムイオンを吸蔵放出するホスト物質と、1.0m²/g 以上の表面積をもつ無機固体電解質を有する電極を備える
	ゲル	特開平10-199569	H01M 10/40	イオン伝導度	構造系ゲル電解質	電極に保持させた高分子を電解質として機能させる

表2.8.3-1 日本電池の保有特許リスト (2/6)

分野	技術要素	公報番号	特許分類	課題		概要（解決手段要旨）
ポリマー電解質（続き）	ゲル	特開平10-199570	H01M 10/40	イオン伝導度	構造系ゲル電解質	有孔性活物質層を備えた電池用電極とゲル電解質
	真性ポリマー、ゲル	特開平10-189050	H01M 10/40	安全性	均一体、均一系ゲル電解質	電気絶縁性薄膜の一面に設けられた導電性薄膜と正極合剤層、電気絶縁性薄膜の他面に設けられた導電性薄膜と負極合剤層および正極合剤層及び負極合剤層の少なくとも一方と接する電解質膜
	ゲル	特開平10-247520	H01M 10/40	安全性	構造系ゲル電解質	有孔性高分子電解質を備えた電極を備え、孔体積の30％以上95％以下の体積の電解液を保持
	ゲル	特開平10-247521	H01M 10/40	安全性	構造系ゲル電解質	有孔性高分子電解質を備えた電極を備え、孔体積の30％以上95％以下の体積の電解液を保持
	ゲル	特開平10-255840	H01M 10/40	安全性	構造系ゲル電解質	孔体積の30％以上95％以下の体積の電解液を保持させた正極、負極あるいは有孔性高分子電解質を備える
	ゲル	特開平10-255765	H01M 4/02	安全性	構造系ゲル電解質	孔体積の30％以上95％以下の体積の電解液を保持させた正極、負極あるいは有孔性高分子電解質を備える
	ゲル	特開平10-255769	H01M 4/02	安全性	構造系ゲル電解質	孔体積の30％以上95％以下の体積の電解液を保持させた正極、負極あるいは有孔性高分子電解質を備える
	ゲル	特開平10-270004	H01M 2/16	安全性	構造系ゲル電解質	固体電解質からなるセパレータの気孔率が、正極側から負極側に向かって減少していること
	ゲル	特開平11-26019	H01M 10/40	安全性、イオン伝導度	構造系ゲル電解質	有孔性高分子と電解液とを40℃以上で温度処理
	ゲル、真性ポリマー	特開平11-40201	H01M 10/40	サイクル寿命	均一体、均一系ゲル電解質、構造系ゲル電解質	正極負極電解質の接着
	ゲル、真性ポリマー	特開平11-86824	H01M 2/16	安全性	構造体	固体電解質が窒化ホウ素及び／又は窒化アルミニウムを含有
	ゲル	特開平11-86910	H01M 10/40	安全性	構造系ゲル電解質	高分子電解質が100℃以上190℃以下の温度範囲で、孔が閉塞する
	ゲル	特開平11-135149	H01M 10/40	安全性	構造系ゲル電解質	非水電解液で膨潤または湿潤する性質を持つ20～90％の多孔性の高分子電解質で、高分子がポリフッ化ビニリデン、ポリ塩化ビニルあるいはポリアクリロニトリル、またはこれらを主成分とする共重合体
	ゲル	特開平11-283674	H01M 10/40	安全性	構造系ゲル電解質	セパレータ・電極間にゲル状の電解質膜からなる隔膜を設ける
	ゲル	特開2000-12097	H01M 10/40	機械的変形による寿命	構造系ゲル電解質	正極または負極の少なくとも一方が筒状あるいは袋状の多孔性高分子電解質膜に収納
	ゲル	特開平11-162252	H01B 1/12	機械的変形による寿命	構造系ゲル電解質	電解液により膨潤または湿潤する高分子と、不織布とを備えてなる高分子電解質

表 2.8.3-1 日本電池の保有特許リスト (3/6)

分野	技術要素	公報番号	特許分類	課題	概要（解決手段要旨）
ポリマー電解質（続き）	ゲル	特開2000-77101	H01M 10/40	イオン伝導度	構造系ゲル電解質	電解液によって湿潤または膨潤する性質のあるポリマーを溶解した溶液の溶媒を、水とアルコールの混合溶媒で置換する、有孔性ポリマー膜の製造方法および前記有孔性ポリマー膜を電解質として使用
	ゲル	特開2000-164255	H01M 10/40	機械的変形による寿命	構造系ゲル電解質	有孔性固体高分子電解質膜がビカット軟化温度が100℃以下の熱可塑性高分子化合物を含む
	ゲル	特開2000-182672	H01M 10/40	機械的変形による寿命	構造系ゲル電解質	有孔性固体高分子電解質膜がガラス転移点が200℃以上の耐熱性高分子化合物を含む
	ゲル真性ポリマー	特開2000-215875	H01M 2/16	機械的変形による寿命	構造体、構造系ゲル電解質	隔離体が、少なくとも一層の固体高分子電解質を含む層と少なくとも一層のビカット軟化温度が100℃以下の熱可塑性高分子化合物を含む層を備える
	ゲル	特開2000-228220	H01M 10/40	機械的変形による寿命	構造系ゲル電解質	三次元多孔体を芯体にして固体高分子電解質を形成
	ゲル	特開2000-299128	H01M 10/40	イオン伝導度	均一系ゲル電解質、構造系ゲル電解質	電池容器に収納前後の、正極と高分子電解質と負極とを積層した極板群厚さの関係式を規定
	ゲル	特開2001-35532	H01M 10/40	イオン伝導度、サイクル寿命	構造系ゲル電解質	少なくとも一方の電極の表面に固体高分子電解質を備え、前記固体高分子電解質が電極表面の合剤層の凹部に存在し、かつ前記固体高分子電解質が電極合剤層とセパレータとの間に介在している
	ゲル	特開2001-93513	H01M 4/04	薄膜化など	均一系ゲル電解質	表面に有孔性ポリマー膜が一体的に形成された電極
	ゲル	特開2001-126700	H01M 2/16	イオン伝導度	構造系ゲル電解質	300sec/100cc以下の通気度を有し、直径0.1～1μmの孔の数が全孔数の20%以上である多孔性ポリマー膜
	ゲル	特開2001-143755	H01M 10/40	イオン伝導度	構造系ゲル電解質	正極はその内部に多孔性ポリマー電解質を備え、負極はその表面に一体となった多孔性ポリマー電解質を備えている
	ゲル	特開2001-143756	H01M 10/40	イオン伝導度	構造系ゲル電解質	ポリマーを溶媒に溶解した溶液から、ポリマーを相分離させる
	ゲル	特開2001-167794	H01M 10/40	イオン伝導度、サイクル寿命	構造系ゲル電解質	正極と負極間に電解質を備えた非水電解質電池で、前記電解質が、連通孔を有するポリマー電解質と、長さが5μm以上20μm以下でアスペクト比が5以上の繊維状無機物質とを含む
	ゲル	特開2001-135359	H01M 10/40	イオン伝導度	構造系ゲル電解質	イオン導電性ポリマー粒子間に三次元連通孔が形成され、前記三次元連通孔中に非水電解液を含む
負極	炭素系	特開2000-173666	H01M 10/40	寿命	その他	特定炭素材料の塗布量を限定して、サイクル特性と容量特性を両立
	炭素系	特開2001-135356	H01M 10/40	寿命	特定炭素	球状加工により、黒鉛間や集電体との電子伝導性を維持し、サイクル特性を改善
	無機系その他	特開平11-40141	H01M 4/02	充放電特性	他金属	複合酸化物正極と、Mn添加負極の組合わせで、高温放置時の自己放電性を改善

表 2.8.3-1 日本電池の保有特許リスト (4/6)

分野	技術要素	公報番号	特許分類	課題		概要（解決手段要旨）
正極	リチウム複合酸化物	特開平5-205744	H01M 4/58	容量特性、充放電特性、安全性	LiMn複合酸化物	$Li_{1+x}Mn_2O_4$ であらわされ、Xが0.1以上、0.8以下であるスピネル型リチウムマンガン酸化物
	リチウム複合酸化物	特開平7-226206	H01M 4/66	寿命、伝導性	LiCo複合酸化物、導電集電体	正極集電体に電子電導性粒子が埋め込まれたアルミニウム箔（電子電導性粒子の例：チタン又はSUS316ステンレス鋼、SUS304ステンレス鋼、SUS317ステンレス鋼もしくはチタンとステンレス鋼との合金よりなり、電子電導性粒子の形状は球状又は塊状又は繊維状）
	リチウム複合酸化物	特開平8-306367	H01M 6/18	容量特性	LiCo複合酸化物、LiNi複合酸化物	$Li_{1-x}CoO_2(0≦x≦1)$、$Li_{1-x}NiO_2(0≦x≦1)$、$Li_{1-x}Ni(Co)O_2$（$Li_{1-x}NiO_2$のNi原子の20%以下をCo原子に置き換えたもの、$0≦x≦1$）
	リチウム複合酸化物	特開2000-149950	H01M 4/58	容量特性、充放電特性	LiCo複合酸化物、LiNi複合酸化物	$LiNi_{1-y-z}Co_yM_zO_2$（$0≦y≦0.25$、$0≦z≦0.15$、MはCo,Ni以外の金属）の粒子表面を単層構造の$LiCo_{1-x}Mg_xO_2$（$0.01≦x<0.1$）で被覆
	リチウム複合酸化物	特開2000-277159	H01M 10/40	安全性	LiCo複合酸化物	正極板と隔離体と負極板とを有する長円形巻回型発電要素を袋状単電池ケースに収納した非水電解質二次電池において、前記正極板の巻始め部分に合剤層を保持しない正極基材部分が存在し、その合剤層を保持していない正極基材部分をす
	リチウム複合酸化物	特開2000-306610	H01M 10/40	容量特性、安全性	導電集電体	正極集電体と導通している電池内部の金属製部材（リード、ケース）に満充電時の正極電位よりも0.2～1V高い電位で酸化分解する物質（炭酸リチウム）を保持させる
	リチウム複合酸化物	特開2000-331716	H01M 10/40	安全性	導電集電体	100Ah以上の電池容量を有し、正極集電体部における正極活物質合剤の重量が$3g/100cm^2$以上である
	その他、バナジウム酸化物、	特開2001-43853	H01M 4/52	容量特性、寿命、充放電特性	複合活物質、その他	アルカリ性化合物を含むオキシ水酸化ニッケルまたはその誘導体
	その他、バナジウム酸化物、	特開2001-43854	H01M 4/52	充放電特性、生産性など	複合活物質、その他	オキシ水酸化ニッケルまたはその誘導体中の水の含有量が650ppm以上
	結着剤・導電剤	特開2000-195522	H01M 4/62	サイクル寿命	電解質兼用結着剤	活物質とポリマーと溶媒aとを混合する第1の工程と、前記第1の工程で作製した混合物を溶媒aと相溶性のある溶媒bで抽出
		特開2001-143755	H01M 10/40	大電流化	電解質兼用結着剤	正極はその内部に多孔性ポリマー電解質を備え、負極はその表面に一体となった多孔性ポリマー電解質を備えている

表 2.8.3-1 日本電池の保有特許リスト（5/6）

分野	技術要素	公報番号	特許分類	課題	概要（解決手段要旨）	
シート電極・シート素電池		特開平10-112323	H01M 4/66	薄形軽量化、安全性	集電体	集電体が、樹脂を含む薄膜と、電子伝導性の薄膜との層状体
		特開平10-241699	H01M 4/80	薄形軽量化、安全性	集電体	絶縁性の基体と基体の両面に設けられた電子伝導性の導体
		特開平10-255754	H01M 2/26	薄形軽量化、安全性	集電体	リードが、両方の薄膜から集電
		特開平10-302753	H01M 2/26	薄形軽量化、安全性	集電体	リードは導電性薄膜の溶解を伴わない固定手段で固定
外装		特開平9-259929	H01M 10/40	サイクル寿命	外装材	金属と樹脂または樹脂よりなる薄膜の電槽で電極への適度な圧迫力を保つ
		特開平9-283177	H01M 10/40	サイクル寿命	外装構造	柔軟性を有する外装体を用い、ケース内圧を$1.0×10^5$Pa以上とする
		特開平10-270072	H01M 10/38	量産性	封止方法	連続処理
		特開平11-329410	H01M 4/02	安全性	外装構造	正負極の相対的位置
		特開平11-329411	H01M 4/02	安全性	外装構造	正負極の相対的位置
		特開2000-12094	H01M 10/40	薄形軽量化	外装構造	保護回路を含む電池全体の厚さを薄くする
		特開2000-12095	H01M 10/40	薄形軽量化	封止構造	固着しろ幅を規定
		特開2000-58130	H01M 10/40	安全性	封止方法	高温環境で予備充電を行った後密封
		特開2000-67925	H01M 10/40	安全性	封止方法	封止後放置し、開封後再封止
		特開2000-133244	H01M 2361/02	シール性	外装構造	防泡体
		特開2000-123801	H01M 2/02	安全性	外装構造	端部の応力変形を防止するカバーを設ける
		特開2000-149885	H01M 2/02	シール性	外装材	延伸加工された樹脂層
		特開2000-156211	H01M 2/10	薄形軽量化	外装構造	パック構造
		特開2000-200587	H01M 2/02	シール性	封止構造	シール部への電解液付着防止
		特開2000-277088	H01M 2/26	安全性	外装構造	端子からの放熱を利用
		特開2000-277091	H01M 2/30	安全性	外装構造	高純度アルミニウム
		特開2000-277159	H01M 10/40	安全性	外装構造	アルミニウムリードを超音波接合
		特開2000-277092	H01M 2/30	安全性	外装構造	リード端子から放熱

表2.8.3-1 日本電池の保有特許リスト (6/6)

分野	技術要素	公報番号	特許分類	課題	概要（解決手段要旨）
外装（続き）		特開2000-285880	H01M 2/02	薄形軽量化	封止構造 溶着部分を外装材の外面に固着させる
		特開2000-285885	H01M 2/06	シール性	封止方法 端子部以外から電解液注入
		特開2000-285877	H01M 2/02	薄形軽量化	封止構造 溶着部分を外装材の外面に固着させる
		特開2000-235844	H01M 2/06	シール性	封止構造 端子を特定樹脂で被覆
		特開2000-235842	H01M 2/02	シール性	封止構造 端子を複数の樹脂で被覆
		特開2000-235845	H01M 2/06	シール性	封止構造 端子を複数の樹脂で被覆し、その外層を架橋結合
		特開2000-353496	H01M 2/02	実装性	封止構造 金属ラミネート樹脂フィルム中の金属層の電位と発電要素の一方の電極の電位を等電位とする
		特開2000-357536	H01M 10/40	安全性	外装構造 補強部材を内臓

2.8.4 技術開発拠点
　京都府：本社工場、研究所、ジーエス・メルコテック（株）本社工場

2.8.5 研究開発者
　図 2.8.5-1 に日本電池の発明者数と出願件数の推移を、また、図 2.8.5-2 に出願年ごとの発明者数-出願件数の変化を示す。1998 年まで発明者数および出願件数を徐々に増やしてきたが、99 年には発明者数を一気に５倍近くに増やしている。出願件数の蓄積は多くはないが、99 年現在の発明者はソニーに次ぐ人数となった。

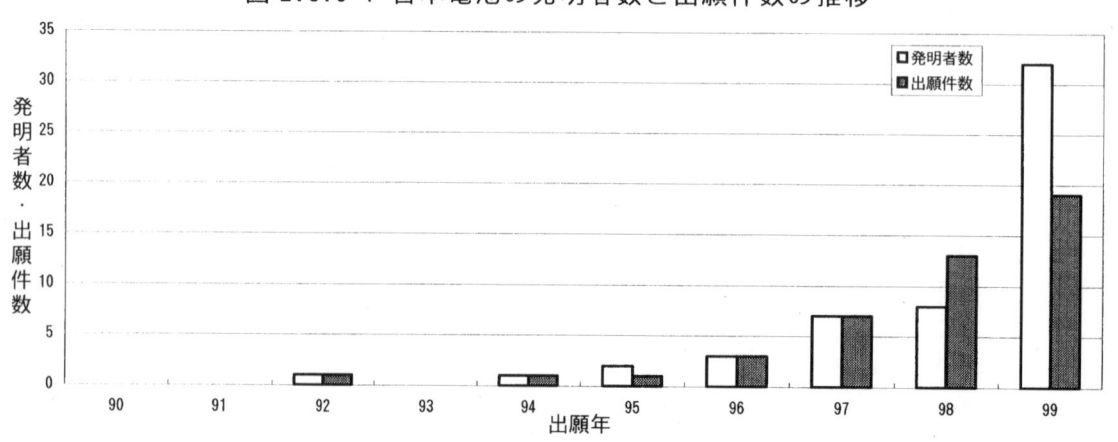

図 2.8.5-1 日本電池の発明者数と出願件数の推移

図 2.8.5-2 日本電池の出願年ごとの発明者数-出願件数の変化

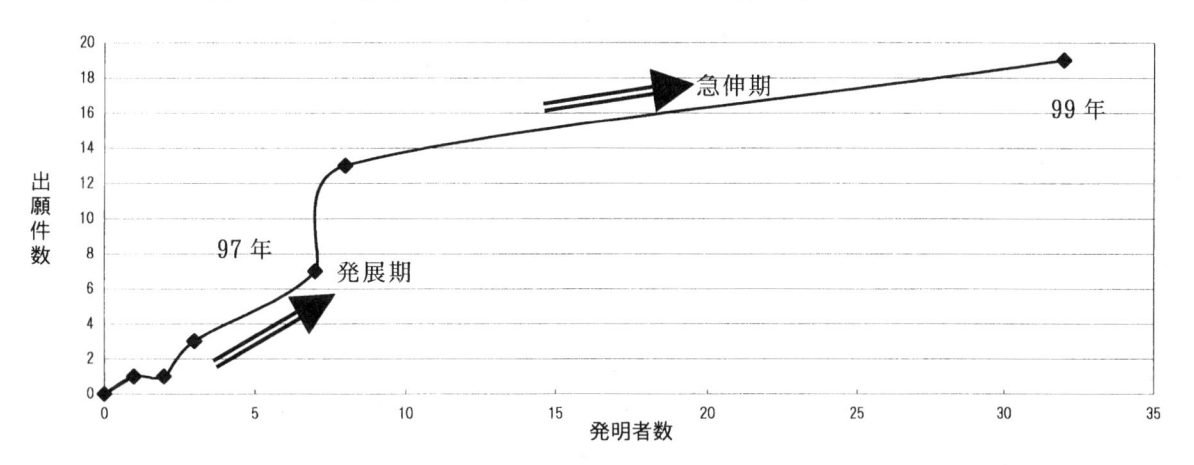

2.9 旭化成

2.9.1 企業の概要

表2.9.1-1 旭化成の概要

1)	商号	旭化成株式会社
2)	設立年月日	1931年（昭和6年）5月21日
3)	資本金	1,033億88百万円（2001年3月31日現在）
4)	従業員	12,218名
5)	事業内容	化成品・樹脂事業、住宅・建材事業、繊維事業、多角化（エレクトロニクス、膜・システム、バイオ・メディカル等）事業
6)	事業所	本社／東京都千代田区有楽町一丁目1番2号、工場／延岡、富士、大仁、守山、等、研究所／中央研究所（静岡県富士市）、製品技術研究所
7)	関連会社	国内／新日本ソルト、山陽石油化学、日本エラストマー、他 海外／東西石油化学㈱（韓国）、アサヒカセイプラスチクス（米）、他
8)	業績推移	（最近三年間の年間売上高）H10：959,624、H11：955,624、H12：990,430(百万円)
9)	主要製品	化成品、樹脂、住宅、繊維、他
10)	主な取引先	化成品・樹脂使用製品メーカー、その他

2.9.2 リチウムポリマー電池技術に関する製品・技術

　リチウムイオン電池の製造について（株）東芝および東芝電池（株）との共同出資で（株）エイ・ティーバッテリーを設立したが、その後、株式を東芝に譲渡した。旭化成は電解液用セパレーターの供給をしている。エイ・ティーバッテリーではリチウムポリマー電池は商品化しておらず、電解液タイプでリチウムポリマー電池と同様に外装にラミネートフィルムを用いた薄型のリチウムイオン電池を製造している。（表2.9.2-1参照）

表2.9.2-1 旭化成のリチウムポリマー電池技術に関する製品・技術

製品	製品名	発売時期	出典
リチウムイオン二次電池	アドバンストリチウムイオン二次電池（LAB363562）（アルミラミネート外装、厚さ3.6mm）製造：（株）エイ・ティーバッテリー	2000年3月	電池業界に関する市場調査2000

2.9.3 技術開発課題対応保有特許の概要

　図2.9.3-1に旭化成の分野別および技術要素別の保有特許比率を示す。ポリマー電解質、中でもゲル電解質の出願が半数以上を占めるが、その他の全分野にも出願しており、化学メーカーではあるが、電池メーカーと同様のパターンとなっている。

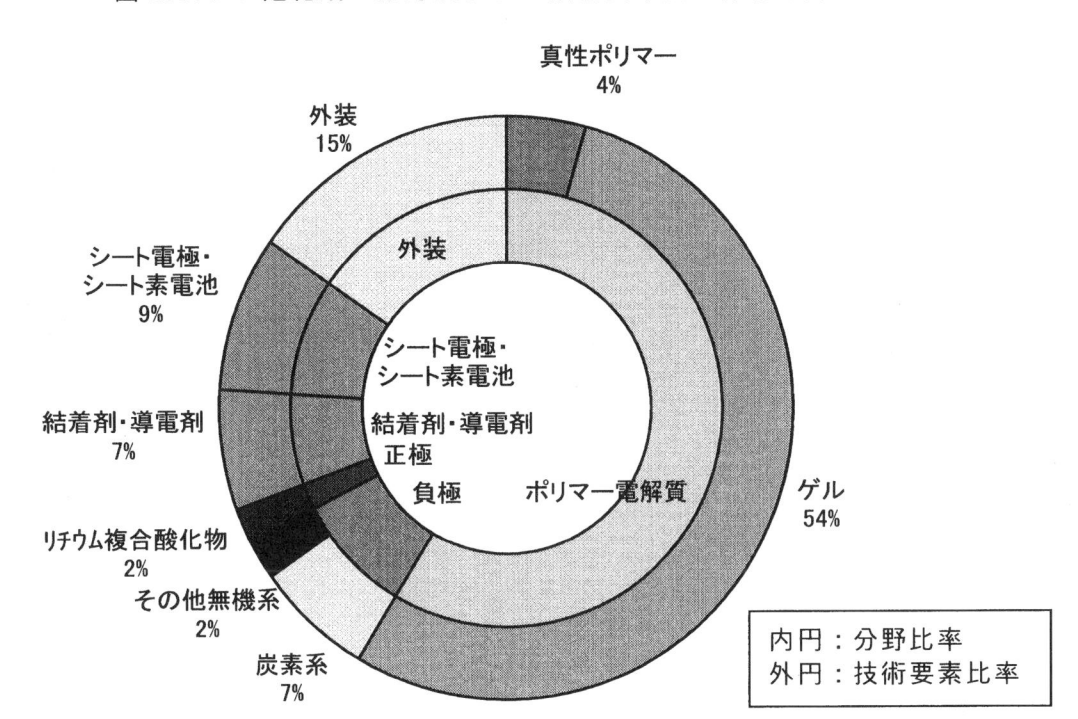

図 2.9.3-1 旭化成の分野別および技術要素別の保有特許比率

- 真性ポリマー 4%
- 外装 15%
- シート電極・シート素電池 9%
- 結着剤・導電剤 7%
- リチウム複合酸化物 2%
- その他無機系 2%
- 炭素系 7%
- ゲル 54%

内円：分野比率
外円：技術要素比率

表 2.9.3-1 に上記の保有特許について、技術開発の課題と解決手段の概要を示す（課題と解決手段の詳細は、前述の 1.4 を参照）。

ポリマー電解質の分野における技術開発の課題は、以前は一貫してゲル電解質のイオン伝導度向上であったが、最近は寿命向上にシフトしている。負極分野では炭素系負極の電気特性向上が、また、結着剤・導電剤の分野では容量向上のための製造方法が主要な課題となっている。シート電極・シート素電池の分野では寿命向上など、外装では安全性と寿命向上に注力している。

表 2.9.3-1 旭化成の保有特許リスト（1/4）

分野	技術要素	公報番号	特許分類	課題	概要（解決手段要旨）	
ポリマー電解質	ゲル 真性ポリマー	特開平9-134739	H01M 10/40	イオン伝導度	均一体	芳香族ポリアミドと電解質を主要構成成分とする固体電解質中の芳香族ポリアミドと電解質の合計含量が、85重量%より多く、かつ当該固体電解質中の電解質の含量が10～90重量%の範囲内である
	ゲル	特開平9-289038	H01M 10/40	イオン伝導度	均一系ゲル電解質	(a) $CF_2=CF-OX$ で表されるトリフルオロビニルエーテルからなるモノマー単位の少なくとも1種、及びフッ化ビニリデンからなるモノマー単位を含む共重合体、(b)電解質、及び(c)可塑剤を成分とする高分子固体電解質
	ゲル	特開平9-293518	H01M 6/18	イオン伝導度	構造系ゲル電解質	連続孔からなる薄膜状多孔質層の両面を、実質的に貫通孔を有さないイオン伝導性の固体高分子層で覆い、薄膜状多孔質層の空隙に電解液を充填

表 2.9.3-1 旭化成の保有特許リスト（2/4）

分野	技術要素	公報番号	特許分類	課題		概要（解決手段要旨）
ポリマー電解質（続き）	ゲル	特開平9-293519	H01M 6/22	イオン伝導度	構造系ゲル電解質	膜の表面に緻密な表皮層を有し、透水率が5～1,000リットル/m²・hr・atmの範囲であり、膜中の空隙の最大長径が膜厚の長さを越えない固体高分子多孔質薄膜の空隙に、電解液を充填した
	ゲル	特開平9-302134	C08J 9/40	イオン伝導度	均一系ゲル電解質	架橋性モノマー単位を含まない架橋したポリフッ化ビニリデン系樹脂成形体に、電解質または電解質と可塑剤の混合物が含浸および/または膨潤
	ゲル	特開平10-21963	H01M 10/40	イオン伝導度	均一系ゲル電解質	架橋構造を有するポリフッ化ビニリデンおよび/またはフッ化ビニリデン系共重合体を含有する
	ゲル	特開平10-112215	H01B 1/12	イオン伝導度、生産性	構造系ゲル電解質	電解質化合物を非水溶媒に溶解した溶液が、アクリロニトリル系重合体が膨潤可能な溶液であり、架橋されたアクリロニトリル系重合体からなる多孔質体に該溶液を浸潤
	ゲル	特開平10-60152	C08J 9/40	イオン伝導度、生産性	構造系ゲル電解質	電解質溶液に膨潤可能な架橋ポリマーからなる多孔質樹脂成形体に、実質的に該電解質溶液に膨潤しない温度で該電解質溶液を含浸させた後、膨潤する温度で加熱
	ゲル真性ポリマー	特開平9-263637	C08G 75/30	イオン伝導度	均一体	フルオロスルホニルアセチルフロライド誘導体から合成される、イミドアニオン基を高密度に含有する機能性高分子
	ゲル	特開平10-189049	H01M 10/40	イオン伝導度	構造系ゲル電解質	膜厚10～60μm、平均孔径0.1～0.6μm、気孔率75～90%で、表面の開口率が50～90%、縦方向の引張破断強度が130kgf/cm²以上のポリオレフィン樹脂微多孔膜にリチウム塩の電解液が含浸され不動化させた薄膜状電解質
	ゲル	特開平10-199571	H01M 10/40	イオン伝導度、生産性	均一系ゲル電解質	空隙を有する電極の空隙部に電解質溶液を含んだ電極と無孔質のポリマー薄膜とを積層し、20℃から該ポリマーの融点より10℃低い温度の範囲で1時間以上保持して、電極中に含まれた電解質溶液をポリマー薄膜に含浸させる
	ゲル	特開平10-255860	H01M 10/52	保存性	構造系ゲル電解質	二酸化炭素吸収材を備えている非水系電池
	ゲル	特開平10-294130	H01M 10/40	イオン伝導度	構造系ゲル電解質	貫通孔を有する高分子多孔膜に、常圧で含浸可能な非水系電解液が、実質的に膨潤することなく充填されてなるハイブリッド電解質シート
	ゲル	特開平11-3717	H01M 6/18	イオン伝導度	構造系ゲル電解質	架橋された高分子多孔質成形体が電解液で膨潤されてなるハイブリッド電解質
	ゲル	特開平11-76775	B01D 71/42	イオン伝導度	構造系ゲル電解質	表裏を連通する多数の孔を有し、23℃において1atmの静圧をかけた時のプロピレンカーボネートの透液量が50kg/hr/m²/atm以上であるアクリロニトリル系樹脂製多孔質膜からなるリチウムイオン導電性ポリマーの基材

表 2.9.3-1 旭化成の保有特許リスト（3/4）

分野	技術要素	公報番号	特許分類	課題	概要（解決手段要旨）	
ポリマー電解質（続き）	ゲル	特開平11-86909	H01M 10/40	安全性	構造系ゲル電解質	膜面方向および膜の表裏に連通した孔を有する極性樹脂製多孔質基材膜の、全周辺端部における孔が閉塞されている電解質含浸膜
	ゲル	特開平11-144760	H01M 10/40	生産性	均一系ゲル電解質	ポリアクリロニトリル、ポリオキシメチレン、ポリビニリデンフルオライド、ポリアクリレートのコポリマーを主成分とする樹脂成形体中に電解質の溶剤として使用され得る非プロトン性極性有機溶剤を50％以上含浸し成る高分子固体電解質前駆体
	ゲル	特開平11-204135	H01M 10/40	イオン伝導度	構造系ゲル電解質	ポリビニリデンフルオライドあるいはビニリデンフルオライドを主成分とする有孔高分子固体電解質で、CuKα線を用いたX線回折パターンで、特定の2領域で回折強度極大を少なくとも1個有する
	ゲル	特開平11-214039	H01M 10/40	機械的変形による寿命	構造系ゲル電解質	フッ化ビニリデン系のホモポリマーとコポリマーとから成るフッ化ビニリデン系樹脂と、リチウム塩含有有機溶媒とから成る隔膜
	ゲル	特開平11-329061	H01B 1/12	機械的変形による寿命	構造系ゲル電解質	架橋したポリフッ化ビニリデンまたはフッ化ビニリデン系共重合体と、未架橋のポリフッ化ビニリデンまたはフッ化ビニリデン系共重合体を含むハイブリッド電解質に無機フィラーが含有
	ゲル	特開平11-329063	H01B 1/12	生産性、イオン伝導度	均一系ゲル電解質	ポリマーマトリックス中に電解液を含浸させて含液量が40重量％以上75重量％未満の含浸前駆体を作製した後に、更に電解液を固溶（拡散）させ、含液量が75重量％以上とする高分子ハイブリッド電解質膜
	ゲル	特開平11-329501	H01M 10/40	サイクル寿命	均一系ゲル電解質	高分子固体電解質の電極活物質層との対向面に、該高分子固体電解質をなす有機高分子化合物を溶解させる液体を塗布した後に、電極－高分子固体電解質－電極積層体の加熱プレスを行う
	ゲル	特開2000-48639	H01B 1/12	サイクル寿命、機械的変形による寿命、イオン伝導度	均一系ゲル電解質	液体窒素による凍結状態で、電解質を溶解した電解質溶媒からなる電解液を含浸したポリマー相および電解液の海島構造を有するゲル電解質シート
	ゲル	特開2000-57845	H01B 1/12	イオン伝導度	均一系ゲル電解質	二酸化炭素を含有する高分子固体電解質の前駆体
	ゲル	特開2000-331715	H01M 10/40	安全性	均一系ゲル電解質	溶媒が、主成分としてγ-ブチロラクトンを含み該溶質が少なくとも2種の混合塩からなり、電池内に炭酸ガスが導入されてなる非水系二次電池（セパレータが電解液およびポリマーマトリックスを含む高分子固体電解質材料）
負極	炭素系	特開平10-199511	H01M 4/02	寿命	複合体	黒鉛及び／又はカーボンブラックを添加し、難黒鉛化炭素の電気抵抗増大を抑制
	炭素系	特開平10-233206	H01M 4/02	安全性	表面処理・被覆	官能基が多いエッジ面を、基底面炭素で被覆し、放電ロスを減少
	炭素系	特開平10-321235	H01M 4/62	生産性など	導電・結着剤	集電体近傍のフッ素含有バインダー量を多くし、集電体の保持力を高くする
	無機系その他	特開平11-102699	H01M 4/38	寿命	他金属	金属ないしは半金属含有金属間化合物に、金属間化合物構成元素以外の金属ないしは半金属を含有することにより、サイクル特性を向上

表 2.9.3-1 旭化成の保有特許リスト (4/4)

分野	技術要素	公報番号	特許分類	課題		概要（解決手段要旨）
正極	リチウム複合酸化物	特開平10-199507	H01M 4/02	容量特性、伝導性	LiCo複合酸化物、LiNi複合酸化物、LiMn複合酸化物、導電集電体	平均粒子径10～20μmの正極活物質と導電剤からなる正極において、正極活物質に対する導電剤の平均粒子径比が0.1～1.0であり、該導電剤を正極活物質に対し2.0～10重量％添加
	結着剤・導電剤	特開平10-284050	H01M 4/02	容量特性	電極製法	熱可塑性バインダーの溶融又は軟化状態の温度以上の温度で金型内に射出成形されてなる
		特開平10-284051	H01M 4/02	容量特性	電極製法	熱可塑性バインダーの溶融又は軟化状態の温度以上の温度に加熱された金型内で加熱圧縮成形されてなる
		特開平10-284052	H01M 4/02	容量特性	電極製法	熱可塑性バインダーの溶融又は軟化状態の温度以上の温度でシート状に溶融押出されてなる
	シート電極・シート素電池	特許3189168号	H01M 10/40	保存寿命	集電体	表裏のステンレススチール層間に電気比抵抗がステンレススチールより低い値を有する金属層を介する構造
		特開平10-275627	H01M 10/04	生産性	方法	発電要素として成形する前に正極要素と負極要素を独立に成形
		特開平11-154534	H01M 10/40	歩留り	正極・負極	折り曲げ部の活物質厚み減少
		特開2001-6745	H01M 10/40	機械的変形による寿命	シート電池配置	電池要素を絶縁体シートを介して積層
	外装	特開平10-106531	H01M 2/20	安全性	外装構造	高温において抵抗増加し導通遮断する材料を用いる
		特開平10-289696	H01M 2/02	実装性	封止構造	アラミドフィルムを利用
		特開平10-340708	H01M 2/02	シール性	外装材	ポリ塩化ビニリデン系シートからなる外装体
		特開平11-26653	H01L 23/28	シール性	封止構造	金属鋲
		特開平11-265704	H01M 2/34	安全性	封止構造	内部で発生したガスによる電池の変形を利用して電極端子を遮断
		特開平11-265699	H01M 2121/02	安全性	外装構造	ばねまたは磁気カップリング機構で外装体内のガスを放出
		特開平11-242953	H01M 2/30	シール性	封止構造	端子表面を粗くする

2.9.4 技術開発拠点

大阪府　：大阪本社

神奈川県：川崎支社

静岡県　：中央研究所、富士工場

三重県　：鈴鹿工場

宮崎県　：延岡工場

滋賀県　：守山工場

2.9.5 研究開発者

図 2.9.5-1 に旭化成の発明者数と出願件数の推移を、また、図 2.9.5-2 に出願年ごとの発明者数-出願件数の変化を示す。1997 年には相当数の発明者数および出願件数を記録したが、98 年以降は減少傾向である。

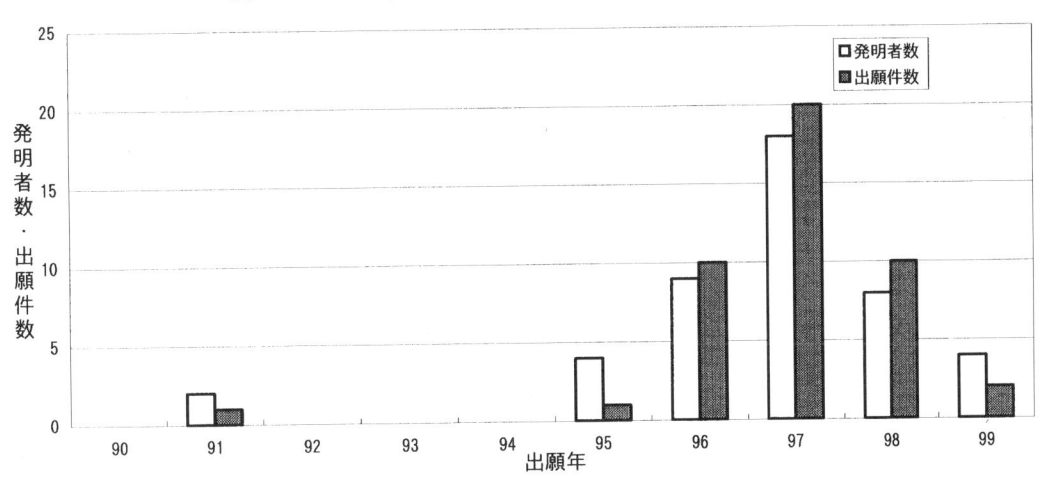

図 2.9.5-1 旭化成の発明者数と出願件数の推移

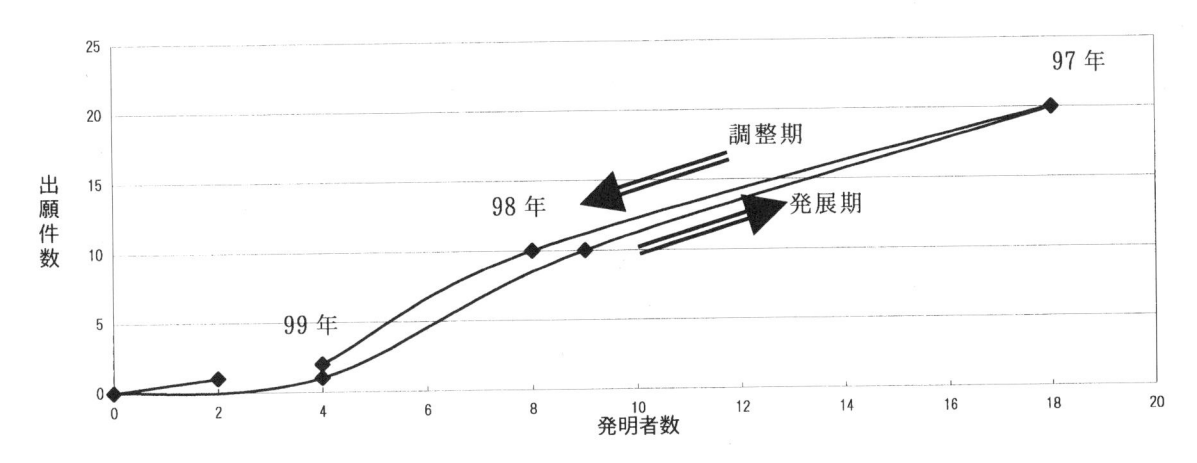

図 2.9.5-2 旭化成の出願年ごとの発明者数-出願件数の変化

2.10 昭和電工

2.10.1 企業の概要

表 2.10-1-1 昭和電工の概要

1)	商号	昭和電工株式会社
2)	設立年月日	1939年（昭和14年）6月1日
3)	資本金	1,104億51百万円（2001年3月31日現在）
4)	従業員	3,346名
5)	事業内容	石油化学部門、化学品部門、電子・情報部門、無機材料部門、アルミニウム部門
6)	事業所	本社／東京都港区芝大門一丁目13番9号、工場／大分、徳山、川崎、千葉 等、研究所／総合研究所（千葉市緑区）、川崎研究室、生産技術センター
7)	関連会社	国内／日本ポリオレフィン、昭和高分子、平成ポリマー、他 海外／台湾昭陽化学有限公司
8)	業績推移	（最近三年間の年間売上高）H10：394,725、H11：362,211、H12：365,854(百万円)
9)	主要製品	石油化学製品、化学品、無機材料部門、アルミニウム、その他
10)	主な取引先	石油化学製品使用機器メーカー、その他

2.10.2 リチウムポリマー電池技術に関する製品・技術

電解液タイプのリチウムイオン電池の、負極としての人工黒鉛、電解液、導電剤としての炭素繊維などの製造販売をしているが、リチウムポリマー電池に直接関連する商品は、関連企業の昭和電工パッケージング（株）がリチウムポリマー電池の外装となるアルミニウム加工箔を販売している。（表2.10.2-1参照）

表 2.10.2-1 昭和電工のリチウムポリマー電池技術に関する製品・技術

製品	製品名	発売時期	出典
リチウムポリマー電池ケース	アルミニウム加工箔	発売中	昭和電工のインターネット・ホームページ

2.10.3 技術開発課題対応保有特許の概要

図 2.10.3-1 に昭和電工の分野別および技術要素別の保有特許の比率を示す。分野は、高分子化学関係のポリマー電解質と外装に限られている。

図 2.10.3-1 昭和電工の分野別および技術要素別の保有特許比率

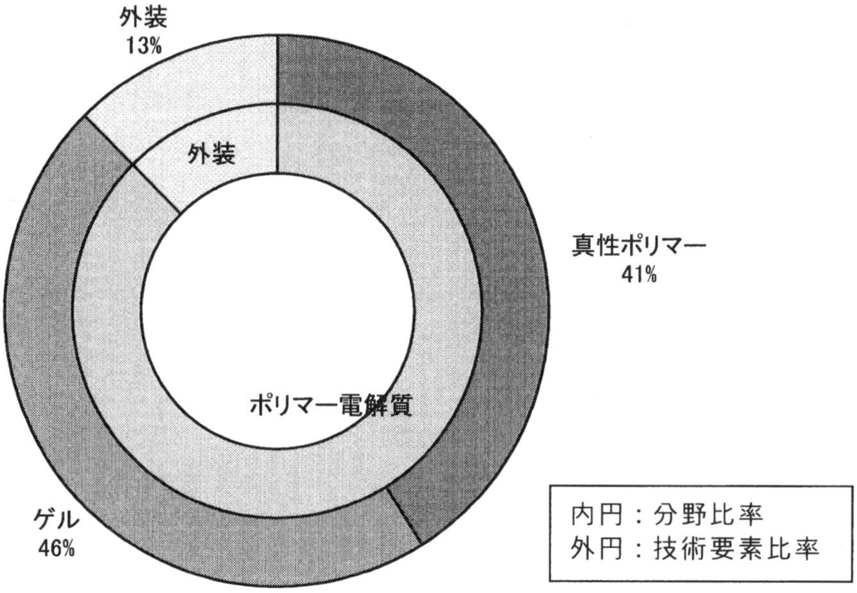

表 2.10.3-1 に上記の保有特許について、技術開発の課題と解決手段の概要を示す（課題と解決手段の詳細は、前述の 1.4 を参照）。

ポリマー電解質の分野の主要な技術課題はイオン伝導度向上で、ほとんどがゲル電解質またはゲル電解質と真性ポリマー電解質の両者に関わる発明である。外装分野については、寿命延長（シール性、耐久性）および量産性などが課題となっている。

表 2.10.3-1 昭和電工の保有特許リスト（1/4）

分野	技術要素	公報番号	特許分類	課題	概要（解決手段要旨）
ポリマー電解質	真性ポリマー	特開平4-301370	H01M 6/18	イオン伝導度	均一体	特定の化学式(1)のトリホスファゼンと特定の化学式(2)のモノオリゴアルキレングリコールとの共重合体のリンの側鎖に、特定の化学式(3)のモノアルキルオリゴアルキレングリコールを導入した固体溶媒と、アルカリ金属塩との複合体
	ゲルポリマー／真性ポリマー	特許3161906	C08F220/34	イオン伝導度	均一体、均一系ゲル電解質	2-アクリロイルオキシエチルカルバミド酸エステルもしくは2-メタクリロイルオキシエチルカルバミド酸エステルから選ばれる少なくとも一種の化合物から得られる重合体及び／または該化合物を共重合成分とする共重合体 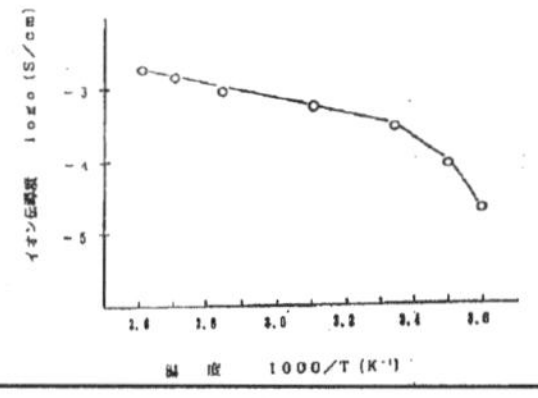

表 2.10.3-1 昭和電工の保有特許リスト（2/4）

分野	技術要素	公報番号	特許分類	課題		概要（解決手段要旨）
ポリマー電解質（続き）	ゲル 真性ポリマー	特許3127190	H01M 10/40	イオン伝導度	均一体、均一系ゲル電解質	一般式：$CH_2=C(R_1)CO[O(CH_2)_x(CH(CH_3))_y]_zNHCOOR_2$で表される化合物の少なくとも一種から得られる重合体及び／または該化合物を共重合成分とする共重合体
	ゲル 真性ポリマー	特開平8-295713	C08F299/02	イオン伝導度	均一体、均一系ゲル電解質	特定の化学式で表されるユニットを有する化合物の少なくとも一種から得られる重合体及び／または該化合物を共重合成分とする共重合体
	ゲル 真性ポリマー	特許3129961	H01M 6/18	イオン伝導度	均一体、均一系ゲル電解質	3価以上の多価アルコールの少なくとも2つの水酸基の水素原子が一般式 $CH_2=C(R_1)CO[O(CH_2)_x(CH(CH_3))_y]_zNHCOOR_2$-で表されるユニットで置換されている構造
	ゲル 真性ポリマー	特開平10-7759	C08G 18/67	イオン伝導度	均一体、均一系ゲル電解質	一般式(1)：$\{CH_2=C(R_1)CO[O(CH_2)_x(CH(CH_3))_y]_z\}_vR_2OH$で表される化合物、及び一般式(2)：$R_3(-NCO)_k$で表される化合物を含む混合組成物もしくはその反応生成組成物からなる高分子固体電解質用モノマー化合物
	ゲル 真性ポリマー	特開平10-17763	C08L 71/02	イオン伝導度	均一体、均一系ゲル電解質	オキシプロピレンの組成比率が70mol％以上であるポリオキシアルキレンまたはオリゴオキシアルキレンを含む架橋または側鎖形構造を有する少なくとも一種の高分子
	ゲル 真性ポリマー	特開平10-36688	C08L101/00	イオン伝導度	均一体、均一系ゲル電解質	架橋もしくは側鎖型構造を有する高分子が飽和炭化水素系有機鎖の末端に2つ以上の重合性官能基を有する熱及び／または活性光線重合性化合物の少なくとも1種から得られる高分子固体電解質
	ゲル	特開平10-69818	H01B 1/12	イオン伝導度	均一系ゲル電解質	ウレタンアクリレート系重合官能性基を有する化合物から得られる高分子で、一般式：$R_1-(OR_2)_m-OCOO-(R_3O)_n-R_4$で表されるオキシアルキレンカーボネート化合物を含有
	ゲル	特開平10-92221	H01B 1/12	イオン伝導度	均一系ゲル電解質	高分子が特定の化学式で表される重合性官能基を有し、一般式：$R_1-O-R_2-COO-R_3$で表される鎖状エステルを含有
	ゲル	特開平10-92222	H01B 1/12	イオン伝導度	均一系ゲル電解質	ウレタン（メタ）アクリレートなどの重合体に、一般式：$R_1-O-R_2-COO-R_3$で表される鎖状エステルからなる電解液用溶媒を含有
	ゲル 真性ポリマー	特開平10-116513	H01B 1/12	イオン伝導度	構造体、構造系ゲル電解質	ポリもしくはオリゴオキシアルキレン、フルオロカーボン、またはオキシフルオロカーボンの架橋もしくは側鎖形構造を有する少なくとも一種の高分子、電解質、および粒径0.01～100μmのフィラー
	ゲル 真性ポリマー	特開平10-199328	H01B 1/12	イオン伝導度	均一体、均一系ゲル電解質	固体電解質の高分子がフルオロカーボン系高分子と重合性官能基を有する熱及び／または活性光線重合性化合物から得られる高分子との混合物

表 2.10.3-1 昭和電工の保有特許リスト（3/4）

分野	技術要素	公報番号	特許分類	課題	概要（解決手段要旨）
ポリマー電解質（続き）	ゲル 真性ポリマー	特開平10-251318	C08F 2/50	イオン伝導度	均一体、均一系ゲル電解質	重合して架橋及び／または側鎖形構造を有する高分子となる重合性官能基を有する重合性化合物と、電解質を含む活性光線重合性組成物において、可視光または近赤外領域に吸収を持ち、増感作用及び活性光線開始作用を持つ化合物を含む重合性組成物
	ゲル 真性ポリマー	特開平9-309173	B32B 7/02	イオン伝導度	均一体、均一系ゲル電解質	イオン伝導性材料からなる層Aの上部及び下部にそれぞれ層B及び層Cを有する積層物であって、層B及び層Cはそれぞれ層Aよりイオン伝導性の低い材料からなり、層B及び層Cの少なくとも一方は非電子伝導性材料からなる層であること
	ゲル 真性ポリマー	特開平9-312162	H01M 6/18	生産性	均一体、均一系ゲル電解質	基材フィルム上、または金属もしくは金属酸化物薄膜層を有する基材フィルムの該薄膜層上に高分子固体電解質液状物を積層する工程と、積層物の上下面から加圧する工程を含む高分子固体電解質フィルムの積層方法
	ゲル	特開平10-294015	H01B 1/12	イオン伝導度	均一系ゲル電解質、構造系ゲル電解質	有機溶媒を含む高分子固体電解質で、有機溶媒としてエチレンカーボネートとエチルメチルカーボネートを含有
	ゲル 真性ポリマー	特開平10-340618	H01B 1/12	イオン伝導度	均一体、均一系ゲル電解質、構造体、構造系ゲル電解質	特定の化学式で表わされるポリまたはオリゴオキシテトラメチレン系の基を架橋鎖または側鎖に有する高分子
	ゲル 真性ポリマー	特開平10-334731	H01B 1/12	機械的変形による寿命、薄膜化など	構造体、構造系ゲル電解質	高分子固体電解質に少なくとも一種のBET比表面積50m²/g以上、最大径が5μm以下かつ含水量（カールフィッシャー滴定値）が3,000ppm以下のアルミナ系微粒子が1～50wt％の範囲で添加
	ゲル 真性ポリマー	特開平11-86627	H01B 1/12	機械的変形による寿命、薄膜化など	構造体、構造系ゲル電解質	高分子固体電解質に、少なくとも一種のマグネシウム含有酸化物微粒子が0.5重量％から50重量％の範囲で添加
	ゲル 真性ポリマー	特開平11-171910	C08F 2/58	イオン伝導度	均一体、均一系ゲル電解質、構造体、構造系ゲル電解質	重合開始剤を含む高分子固体電解質用重合性組成物の重合開始剤が、電気化学的に分解して重合開始する能力を有する化合物である
	ゲル 真性ポリマー	特開平11-171912	C08F 4/12	イオン伝導度	均一体、均一系ゲル電解質、構造体、構造系ゲル電解質	重合開始剤を含む高分子固体電解質用重合性組成物の重合開始剤が、酸により分解して重合開始する能力を有する化合物である
	ゲル 真性ポリマー	特開平11-149823	H01B 1/12	イオン伝導度	均一体、均一系ゲル電解質、構造体、構造系ゲル電解質	特定の化学式で示されるポリまたはオリゴカーボネート基を有する高分子化合物と電解質塩を含む高分子固体電解質

表 2.10.3-1 昭和電工の保有特許リスト（4/4）

分野	技術要素	公報番号	特許分類	課題		概要（解決手段要旨）
ポリマー電解質（続き）	ゲル 真性ポリマー	特開平11-149824	H01B 1/12	イオン伝導度	均一体、均一系ゲル電解質、構造体、構造系ゲル電解質	特定の化学式で示されるポリまたはオリゴカーボネート基と、他の特定の化学式で示される重合性官能基とを有する熱及び／または活性光線重合性化合物の重合体、及び電解質塩を含む高分子固体電解質
	ゲル 真性ポリマー	特開2000-67643	H01B 1/12	イオン伝導度	均一体、均一系ゲル電解質、構造体、構造系ゲル電解質	特定の化学式で示されるカーボネート基と、他の特定の化学式で示される重合性官能基とを有する重合性化合物の重合体、及び電解質塩を含む高分子固体電解質
	ゲル 真性ポリマー	特開2000-86711	C08F 2/40	イオン伝導度	均一体、均一系ゲル電解質、構造体、構造系ゲル電解質	重合することにより架橋及び／または側鎖形構造を有する高分子となる重合性官能基を有する熱重合性化合物、電解質塩、重合開始剤、及びビニル基を有する重合抑制剤を含む熱重合性組成物
	ゲル 真性ポリマー	特開2001-85062	H01M 10/40	生産性	均一体、均一系ゲル電解質	イオン伝導層に固体状電解質及び／またはゲル状電解質を用いる固体電気化学素子のイオン伝導層の固体化状態を、素子封印後に素子ケース外部から超音波音速法で検査
外装		特開平11-67166	H01M 2/02	シール性	外装材	複合Al箔
		特開平11-104859	B23K 20/10	シール性	封止方法	介在金属材を介して外装金属材同士をも接合する
		特開平11-97072	H01M 10/40	耐久性	封止構造	外装体内部に活物質でない無機酸化物微粉体を収容
		特開2000-123799	H01M 2/02	量産性	外装材	ポリプロピレン、マレイン酸変性ポリプロピレンなどのフィルムを最も外側にラミネート
		特開2000-123800	H01M 2/02	量産性	外装材	厚さ9〜50μmポリプロピレン、マレイン酸変性ポリプロピレンなどのフィルムを最も外側にラミネート
		特開2000-208112	H01M 2/08	安全性	封止構造	電池端子用被覆材
		特開2001-176458	H01M 2/02	その他	外装材	アルミニウム箔の片面に厚さ9〜50の二軸延伸ポリエステルフィルムまたは二軸延伸ポリアミドフィルムを積層

2.10.4 技術開発拠点

　　千葉県　　：千葉事業所、総合研究所
　　神奈川県：川崎研究室、川崎研究室千鳥分室、生産技術センター
　　東京都　　：総合技術研究所

2.10.5 研究開発者

　図 2.10.5-1 に昭和電工の発明者数と出願件数の推移を、また、図 2.10.5-2 に出願年ごとの発明者数-出願件数の変化を示す。1997 年まで逐次発明者数および出願件数を増やしてきたが、98 年には出願件数が減少し始め 99 年には発明者数も急減している。

図 2.10.5-1 昭和電工の発明者数と出願件数の推移

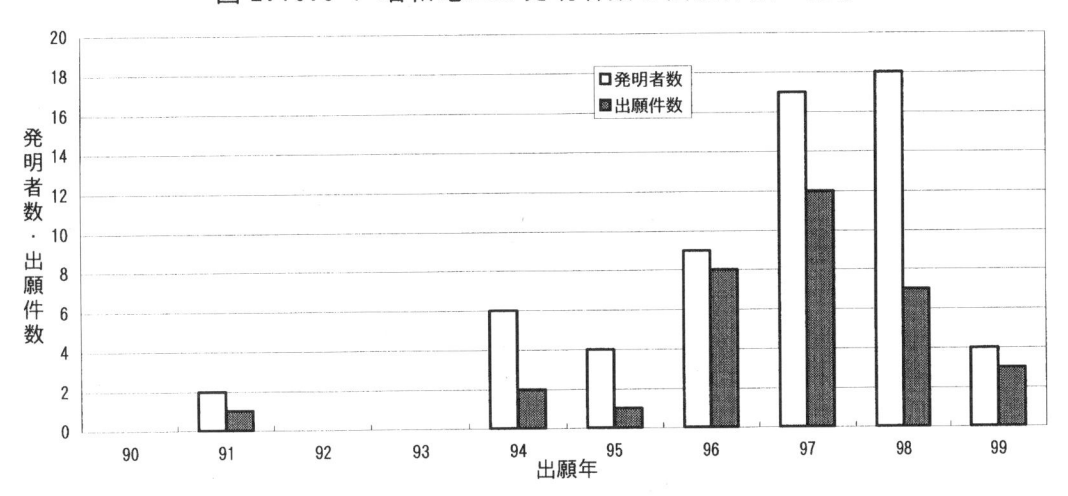

図 2.10.5-2 昭和電工の出願年ごとの発明者数-出願件数の変化

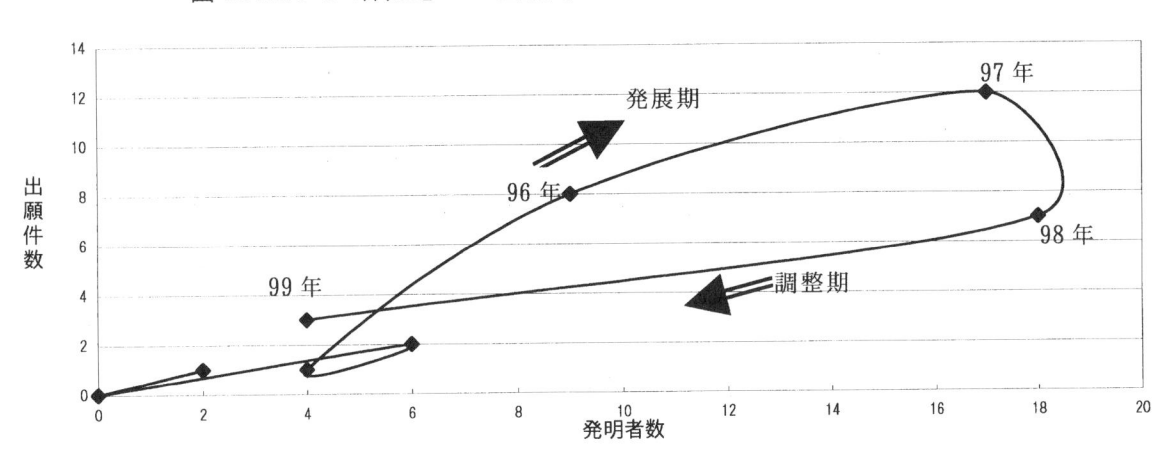

2.11 富士写真フイルム

2.11.1 企業の概要

表 2.11.1-1 富士写真フイルムの概要

1)	商号	富士写真フイルム株式会社
2)	設立年月日	1934年（昭和9年）1月20日
3)	資本金	403億63百万円（2001年3月31日現在）
4)	従業員	9,646名
5)	事業内容	イメージングシステム部門、フォトフィニッシングシステム部門、インフォメーションシステム部門
6)	事業所	本社／東京都港区西麻布二丁目26番30号、工場／足柄、小田原、技術開発センター／宮台、朝霞
7)	関連会社	国内／富士ゼロックス、富士フイルムバッテリー（東京）、他 海外／Fuji Photo Film,Inc.（米）他
8)	業績推移	（最近三年間の年間売上高）H10：807,706、H11：817,051、H12：849,154（百万円）
9)	主要製品	写真撮影用機材、印画紙、印刷用・医療診療用・事務用の各種システム機材、等
10)	主な取引先	イメージング関連企業、フォト関連企業、他

2.11.2 リチウムポリマー電池技術に関する製品・技術

　電池および関連商品の販売は、関連企業の富士フイルムバッテリー（株）が米国エバレディ社からの供給を受けて行なっており、また関連企業の富士フイルムセルテック（株）による富士写真フイルムとの共同特許出願がみられるが、今回の調査ではリチウムポリマー電池に関連する商品は見出されなかった。

2.11.3 技術開発課題対応保有特許の概要

　図 2.11.3-1 に富士写真フイルムの分野別および技術要素別の保有特許の比率を示す。ポリマー電解質が多いのは他企業と同様であるが、負極および正極の比率が高く、負極については無機系（内容は主として Si 合金負極）に注力していることが特徴である。また、シート電極・シート素電池および外装分野に出願がないことも特徴である。

図 2.11.3-1 富士写真フイルムの分野別および技術要素別の保有特許比率

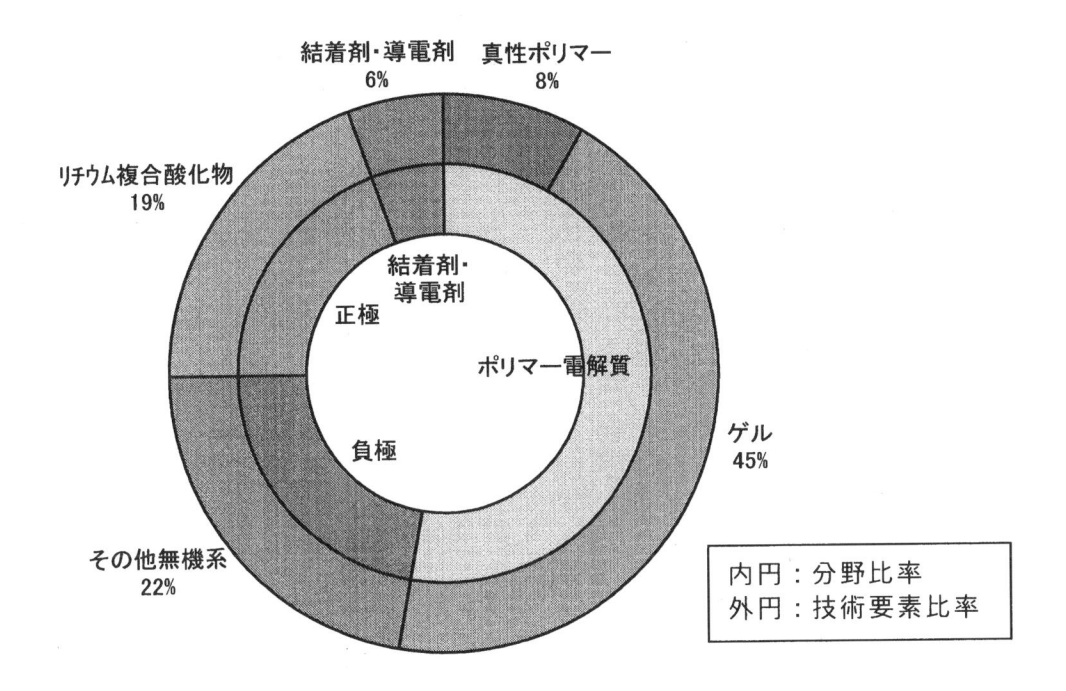

内円：分野比率
外円：技術要素比率

表 2.11.3-1 に上記の保有特許について、技術開発の課題と解決手段の概要を示す（課題と解決手段の詳細は、前述の 1.4 を参照）。

ポリマー電解質の分野における主要な技術課題は、ゲル電解質におけるイオン伝導度の向上とサイクル寿命延長である。負極の分野では Si 合金負極の容量特性向上に注力しており、正極の分野では、リチウム複合酸化物の容量特性向上と寿命延長が主要な課題である。

表 2.11.3-1 富士写真フイルムの保有特許リスト（1/4）

分野	技術要素	公報番号	特許分類	課題		概要（解決手段要旨）
ポリマー電解質	ゲル	特許2632224	H01B1/12	イオン伝導度	構造系ゲル電解質	特定の化学式で表される多官能性モノマー多孔質膜に含浸せしめ、極性中性溶媒及び周期律表Ⅰa又はⅡa族に属する金属イオンの塩の存在下に加熱重合することによりビニル重合して高分子マトリックスを形成
	ゲル	特許3069658	H01B1/06	イオン伝導度	均一系ゲル電解質	特定の化学式で表される繰り返し単位を有する高分子化合物
	ゲル	特許3054713	H01B1/06	イオン伝導度、サイクル寿命	構造系ゲル電解質	特定の化学式で表される繰り返し単位を有する高分子化合物が充填された平均孔径0.15μm以上の多孔質膜に非プロトン性極性溶媒及び周期律表Ⅰa又はⅡa族に属する金属イオンの塩を共に含有せしめ、薄膜状に構成
	ゲル	特開平6-36754	H01M2/16	イオン伝導度	構造系ゲル電解質	セパレーターが、多孔質膜上にラテックスを塗布、乾燥することにより形成される高分子固体電解質膜

表 2.11.3-1 富士写真フイルムの保有特許リスト (2/4)

分野	技術要素	公報番号	特許分類	課題		概要（解決手段要旨）
ポリマー電解質（続き）	ゲル	特開平8-130036	H01M 10/40	サイクル寿命	均一系ゲル電解質	エチレンカーボネートと、鎖状炭酸エステル、炭素数4～20の環状炭酸エステル、鎖状エステル、環状エステル、鎖状エーテル、環状エーテルから選ばれる少なくとも1種のエステル類及び／またはエーテル類とを含む混合溶媒に、フッ素を含むリチウム塩を溶解した非水電解質
	ゲル	特開平10-21964	H01M 10/40	サイクル寿命	構造系ゲル電解質	非水電解質の構成成分として固体電解質を含有
	ゲル	特開平11-233143	H01M 10/40	イオン伝導度	構造系ゲル電解質	非水電解質の主要構成成分が、ビニル基とオリゴ（オキシアルキレン）基を含有する第一のモノマー、ビニル基とカーボネート基、シアノ基から選ばれる極性基を含有する第二のモノマー、複数のビニル基を含有す第三のモノマーの重合で形成されたポリマーネットワーク
	ゲル	特開平11-339557	H01B 1/12	イオン伝導度	均一系ゲル電解質	特定構造のスチレン構造と、周期律表Ia又はIIa族に属する金属イオンの塩を溶解したイオン伝導性溶媒を重合し、高分子マトリックスを形成
	ゲル	特開2000-21449	H01M 10/40	サイクル寿命	均一系ゲル電解質	有機ポリマーがビニル基とオリゴ（オキシアルキレン）基を含有する第一のモノマー、ビニル基とカーボネート基、シアノ基から選ばれる極性基を含有する第二のモノマー、複数のビニル基を含有する第三のモノマーの共重合体
	ゲル	特開2000-21446	H01M 10/40	イオン伝導度	均一系ゲル電解質	電解質が、分子中にα,β-不飽和スルホニル基、α,β-不飽和ニトリル基などのうち少なくとも2個を有する化合物と、分子中にアミノ基、メルカプト基などのうち少なくとも2個の求核性基を有する化合物とを反応させ架橋して得られる重合体
	ゲル	特開2000-133308	H01M 10/40	イオン伝導度	均一系ゲル電解質、構造系ゲル電解質	有機ポリマーが活性水素を含まない極性基を含有する側鎖を持ち、かつ架橋されている
	ゲル	特開2000-182671	H01M 10/40	イオン伝導度、安全性	均一系ゲル電解質、構造系ゲル電解質	有機ポリマーが活性水素を含まない極性基を含有する側鎖を持ち、かつ架橋されている
	ゲル	特開2000-182602	H01M 4/02	安全性	均一系ゲル電解質、構造系ゲル電解質	有機ポリマーが活性水素を含まない極性基を含有する側鎖を持ち、かつ架橋されている
	ゲル 真性ポリマー	特開2001-202995	H01M 10/40	イオン伝導度	均一体、均一系ゲル電解質	少なくとも一つの重合性基を有するイオン性液晶モノマーを重合することにより形成される高分子化合物を含む電解質組成物
	ゲル 真性ポリマー	特開2001-199961	C07D213/30	イオン伝導度	均一体、均一系ゲル電解質	特定の化学式で表される重合性溶融塩モノマー
	ゲル 真性ポリマー	特開2000-319260	C07D213/56	イオン伝導度	均一体、均一系ゲル電解質	特定構造の液晶性ヨウ化物溶融塩とヨウ素を含む電解質

表2.11.3-1 富士写真フイルムの保有特許リスト (3/4)

分野	技術要素	公報番号	特許分類	課題		概要（解決手段要旨）
負極	無機系その他	特開平11-233143	H01M 10/40	容量特性	酸・窒化物等	Sn、Si主体の酸化物負極シートと高分子電解質の組合わせ
	無機系その他	特開2000-3730	H01M 10/40	容量特性	Si合金	ケイ素原子を含む負極と遷移金属酸化物正極の組合わせ
	無機系その他	特開2000-36323	H01M 10/40	容量特性	Si合金	ケイ素原子を含む負極と遷移金属酸化物正極の組合わせ
	無機系その他	特開2000-12088	H01M 10/40	容量特性	Si合金	ケイ素原子を含む負極と遷移金属酸化物正極と組合わせにより集電体との親和性改善
	無機系その他	特開2000-12018	H01M 4/58	容量特性	Si合金	ケイ素原子を含む化合物の電子伝導性と堆積変化による劣化を複合被覆で改善
	無機系その他	特開2000-21449	H01M 10/40	容量特性	Si合金	ケイ素原子を含む化合物の電子伝導性と体積変化による劣化を、有機ポリマー含有ゲル電解質との組合で改善
	無機系その他	特開2000-182671	H01M 10/40	安全性	その他	正極に対向しない負極面に、Li主体の金属箔を貼付し、充放電に必要なLiを負極より供給
	無機系その他	特開2000-182602	H01M 4/02	安全性	その他	Liを負極、電解質を通して供給し、デンドライトを抑制する
正極	複合リチウム酸化物	特開平9-134719	H01M 4/02	寿命、充放電特性	その他	正極シートおよび/または負極シート合剤端部の1～10mmがリチウムイオン不透過性材料で被覆されている
	複合リチウム酸化物	特開平10-40921	H01M 4/66	寿命	導電集電体	正極シートの集電体の厚さが5μm以上、200μm以下で、マンガンを0.6重量％以上、2重量％以下およびマグネシウムを1.5重量％以下含むアルミニウム箔である
	複合リチウム酸化物	特開平10-294100	H01M 4/02	容量特性、充放電特性、安全性	LiCo複合酸化物、LiNi複合酸化物	正極活物質が、$Li_xNi_{1-y}Co_{y-z}M_zO_{2-a}X_b$（Mは周期率表の第13族、第14族の元素、NiとCo以外の遷移金属元素から選ばれる1種以上の元素、Xはハロゲン元素であり、$0.2<x≦1.2$、$0<y≦0.5$、$z<y$、$0<z<0.5$、$0≦a≦1.0$）
	複合リチウム酸化物	特開平11-25956	H01M 4/02	容量特性、寿命	その他	正極活物質粒子の比表面積が正極合剤の表面側で小さく、そして集電体シート側で大きくなるような分布にて配置され、かつ結着剤が少なくとも正極合剤層の厚み方向に連続相を形成している
	複合リチウム酸化物	特開平11-25955	H01M 4/02	容量特性、寿命	その他	活物質粒子の平均粒子サイズが電極合剤の表面側で大きく、そして集電体シート側で小さくなるような分布にて配置され、かつ結着剤が少なくとも電極合剤層の厚み方向に連続相を形成している

表 2.11.3-1 富士写真フイルムの保有特許リスト (4/4)

分野	技術要素	公報番号	特許分類	課題		概要（解決手段要旨）
正極（続き）	リチウム複合酸化物	特開平11-121004	H01M 4/58	容量特性、充放電特性	LiCo複合酸化物	正極活物質中に含まれるアルカリ土類金属の総量が正極活物質全体に対して120ppm以上、5,000ppm以下である、一般式 $Li_xNi_yCo_{1-y}O_2$ ($0.1 \leq x \leq 1.05$、$0 \leq y \leq 0.2$)
	リチウム複合酸化物	特開2000-21402	H01M 4/58	充放電特性	LiCo複合酸化物、LiNi複合酸化物、その他	正極活物質が $Li_xM_{1-y}N_yO_{2-z}X_a$（MはCoまたはNi、NはMと同一でない遷移金属元素、又は周期律表の第2族、第13族、第14族の元素の中から選ばれる1種以上の元素、Xはハロゲン元素であり、$0.2 < x \leq 1.2$）でありかつ硫酸根を含有
導電剤・結着剤		特開平11-329442	H01M 4/62	大電流化	有機・無機導電剤	導電剤が導電性物質の表面に金属を析出
		特開2000-3730	H01M 10/40	容量特性	有機・無機導電剤	体積固有抵抗が $100\Omega \cdot cm$ 以下の物質

2.11.4 技術開発拠点

　　東京都　：本社
　　神奈川県：足柄工場、宮台技術開発センター
　　埼玉県　：朝霞技術開発センター
　　宮城県　：富士フイルムセルテック（株）

2.11.5 研究開発者

　図 2.11.5-1 に富士写真フイルムの発明者数と出願件数の推移を、また、図 2.11.5-2 に出願年ごとの発明者数-出願件数の変化を示す。1998 年の 1 年のみにおいて相当数の発明者および出願件数を記録したが、99 年には皆無となっている。

図 2.11.5-1 富士写真フイルムの発明者数と出願件数の推移

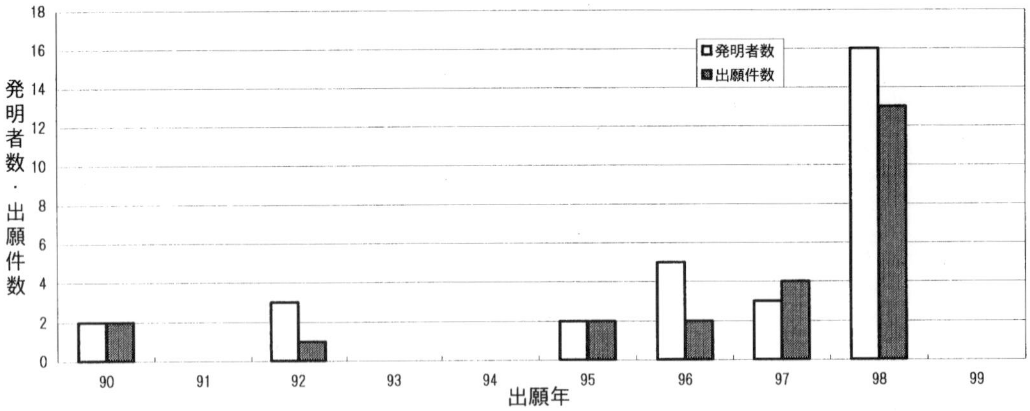

図 2.11.5-2 富士写真フイルムの出願年ごとの発明者数-出願件数の変化

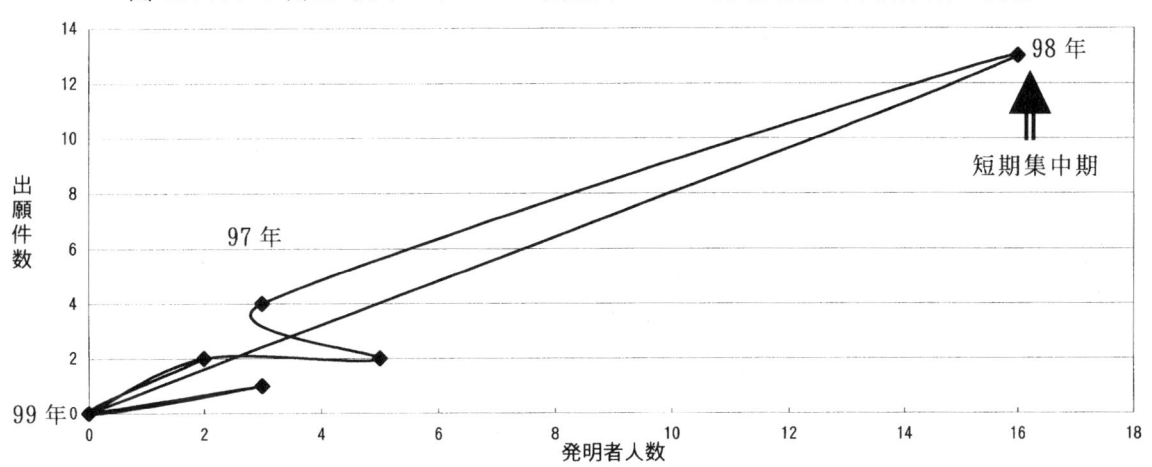

2.12 第一工業製薬

2.12.1 企業の概要

表2.12.1-1 第一工業製薬の概要

1)	商号	第一工業製薬株式会社
2)	設立年月日	1918年（大正7年）8月
3)	資本金	55億77百万円（2001年3月31日現在）
4)	従業員	885名
5)	事業内容	工業用界面活性剤事業、業務用界面活性剤事業、水溶性高分子事業、ウレタン事業、樹脂添加剤事業、他
6)	事業所	本社／京都市下京区西七条東久保町55、工場／四日市工場、大潟工場、滋賀工場、研究所／京都
7)	関連会社	国内／京都エレックス、第一セラモ、他 海外／晋一化工（台湾）、他
8)	業績推移	（最近三年間の年間売上高）H10：37,051、H11：36,643、H12：36,107百万円
9)	主要製品	界面活性剤、他
10)	主な取引先	界面活性剤利用産業、他

2.12.2 リチウムポリマー電池技術に関する製品・技術

リチウムポリマー電池用として、ゲル電解質の開発がなされているが、発売時期などは不明である。（表2.12.2-1参照）

表2.12.2-1 第一工業製薬のリチウムポリマー電池技術に関する製品・技術

製品	製品名	発売時期	出典
高分子固体電解質	「エレクセル」シリーズ	発売中	第一工業製薬のインターネット・ホームページ

2.12.3 技術開発課題対応保有特許の概要

図2.12.3-1に第一工業製薬の分野別および技術要素別の保有特許比率を示す。ポリマー電解質分野に集中している。結着剤・導電剤の分野への出願がわずかにみられるが、これも結着剤兼用ポリマー電解質に関するものである。

図 2.12.3-1 第一工業製薬の分野別および技術要素別の保有特許比率

結着剤・導電剤
3%

結着剤・導電剤

ポリマー電解質

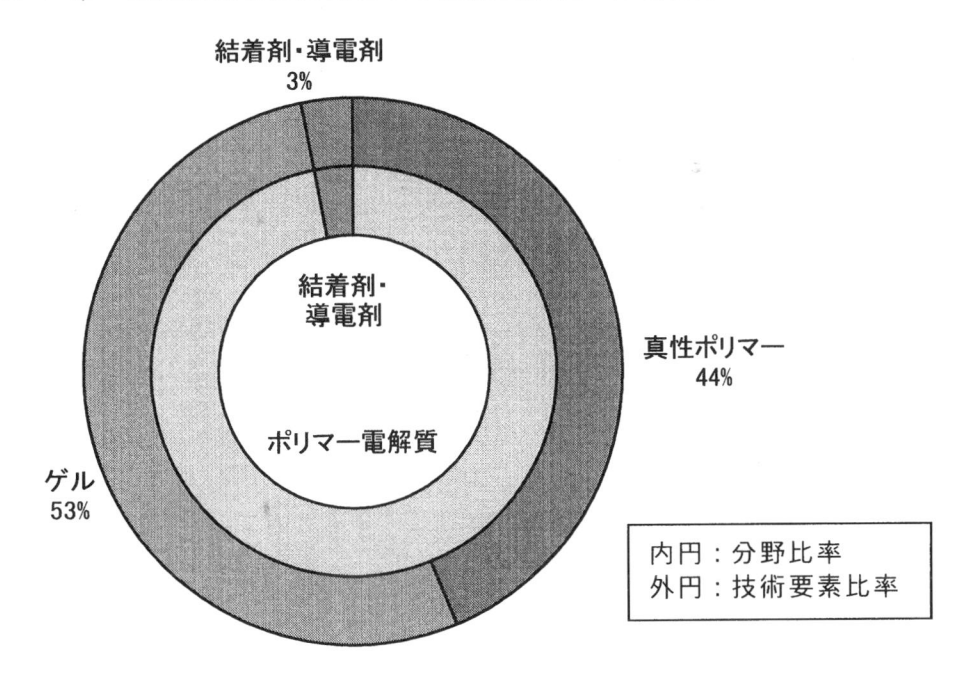

真性ポリマー
44%

ゲル
53%

内円：分野比率
外円：技術要素比率

表 2.12.3-1 に上記の保有特許について、技術開発の課題と解決手段の概要を示す（課題と解決手段の詳細は、前述の 1.4 を参照）。

ポリマー電解質分野における主要課題はイオン伝導度向上であり、サイクル寿命延長がそれに次いでいる。

表 2.12.3-1 第一工業製薬の特許出願リスト（1/3）

分野	技術要素	公報番号	特許分類	課題	概要（解決手段要旨）	
ポリマー電解質	真性ポリマー	特許 2762145	C08L 71/02	イオン伝導度	均一体	特定の化学式で示される骨格を有する平均分子量 1,000〜20,000 の有機化合物を架橋剤で架橋した有機ポリマー
	真性ポリマー	特許 2813828	C08L 71/02	イオン伝導度	均一体	特定の化学式示される骨格を有する平均分子量 1,000〜20,000 の重合反応性化合物を架橋反応させた有機ポリマー
	真性ポリマー	特許 2813831	C08L 71/02	イオン伝導度	均一体	特定の化学式で示される骨格を有する平均分子量 1,000〜20,000 の有機化合物を架橋した有機ポリマー
	真性ポリマー	特許 2813832	C08L 71/02	イオン伝導度	均一体	特定の化学式で示される骨格を有する平均分子量 1,000〜20,000 の有機化合物を架橋した有機ポリマー

表2.12.3-1 第一工業製薬の特許出願リスト (2/3)

分野	技術要素	公報番号	特許分類	課題		概要（解決手段要旨）
ポリマー電解質（続き）	ゲル	特許2813834	C08L 71/02	イオン伝導度	均一系ゲル電解質	特定の化学式で示される骨格を有する有機化合物を架橋反応させた有機高分子化合物
	ゲル	特許2923542	C08L 71/02	イオン伝導度	均一系ゲル電解質	特定の化学式で示される有機化合物を架橋反応させた有機高分子化合物
	ゲル	特許2987474	H01B 1/06	イオン伝導度	均一系ゲル電解質	三官能性高分子化合物が各々の官能性高分子鎖として特定の化学式で示される高分子鎖を含有する三官能性末端アクリロイル変性アルキレンオキシド重合体であって、かつ溶媒の割合が該三官能性末端アクリロイル変性アルキレンオキシド重合体に対し220～950重量%である
	ゲル 真性ポリマー	特開平5-205779	H01M 10/40	イオン伝導度、サイクル寿命	均一体、均一系ゲル電解質	有機ポリマーが一般式：Z-[(A)m-(E)p-Y]kで示される骨格を有する有機化合物を架橋反応させた有機ポリマー
	ゲル 真性ポリマー	特開平5-205780	H01M 10/40	イオン伝導度、サイクル寿命	均一体、均一系ゲル電解質	有機ポリマーが一般式：Z-[(A)m-(E)p-Y]kで示される骨格を有する有機化合物を架橋反応させた有機ポリマー
	ゲル 真性ポリマー	特開平6-223876	H01M 10/40	機械的変形による寿命、イオン伝導度	均一体、均一系ゲル電解質	特定化学式の高分子化合物を重合
	ゲル	特開平7-6787	H01M 10/40	イオン伝導度	均一系ゲル電解質	三官能性高分子化合物が各々の官能性高分子鎖として特定の化学式で示される高分子鎖を含有する三官能性末端アクリロイル変性アルキレンオキシド重合体であり、かつ溶媒の使用割合が重合体に対し220～950重量%である
	ゲル	特開平8-315855	H01M 10/40	サイクル寿命	均一系ゲル電解質	重合可能な官能基を有する有機化合物と有機溶媒とリチウム塩との混合物を両電極の間に挟み、その後に重合を完結させて構成
	ゲル	特許3104127	H01B 1/12	イオン伝導度	均一系ゲル電解質	高分子化合物が一般式で示される官能性高分子鎖を4個有する高分子化合物であること
	ゲル 真性ポリマー	特開平10-116515	H01B 1/12	安全性	均一体、均一系ゲル電解質	難燃基をイオン伝導性ポリマーの骨格中に持つ難燃性固体電解質
	ゲル	特開平11-176452	H01M 6/18	機械的変形による寿命、イオン伝導度	均一系ゲル電解質、構造系ゲル電解質	四官能高分子化合物として、一般式で示される高分子鎖を有する四官能末端アクリロイル変性アルキレンオキシド重合体を用い、かつ溶媒を前記四官能高分子化合物に対して220～1,900重量%の割合で配合して得られる
	ゲル 真性ポリマー	特開2000-100246	H01B 1/12	生産性	均一体、均一系ゲル電解質	アルキレンオキシド重合体の架橋体が、活性化エネルギーが35Kcal/mol以下であり、かつ10時間半減期温度が50℃以下である有機過酸化物系開始剤の存在下で熱架橋したもの
	ゲル 真性ポリマー	特開2001-72875	C08L101/12	イオン伝導度	均一体、均一系ゲル電解質	高分子骨格中に少なくとも1つ以上のホウ素原子が存在

表 2.12.3-1 第一工業製薬の特許出願リスト (3/3)

分野	技術要素	公報番号	特許分類	課題		概要（解決手段要旨）
ポリマー電解質（続き）	ゲル 真性ポリマー	特開2001-72876	C08L101/12	イオン伝導度	均一体、均一系ゲル電解質	高分子骨格中に少なくとも1つ以上のホウ素原子が存在
	ゲル 真性ポリマー	特開2001-72877	C08L101/12	イオン伝導度	均一体、均一系ゲル電解質	高分子骨格中に1個又は2個以上のホウ素原子が存在
	ゲル 真性ポリマー	特開2001-72878	C08L101/12	イオン伝導度	均一体、均一系ゲル電解質	ホウ素原子を構造中に有する化合物が添加されてなる高分子電解質
	ゲル 真性ポリマー	特開2001-131246	C08F290/06	イオン伝導度	均一体、均一系ゲル電解質	高分子骨格中に四価のホウ素原子を有する高分子化合物を含有してなる高分子電解質
導電剤・結着剤		特開2000-82472	H01M4/62	サイクル寿命	電解質兼用結着剤	カルボキシメチルセルロースリチウム

2.12.4 技術開発拠点

　　京都府：研究開発センター

　　滋賀県：滋賀工場

2.12.5 研究開発者

　図 2.12.5-1 に第一工業製薬の発明者数と出願件数の推移を示す。1990 年当時から、変動はあるものの、ポリマー電解質について一定規模の体制を維持しており、着実に保有特許を蓄積している。

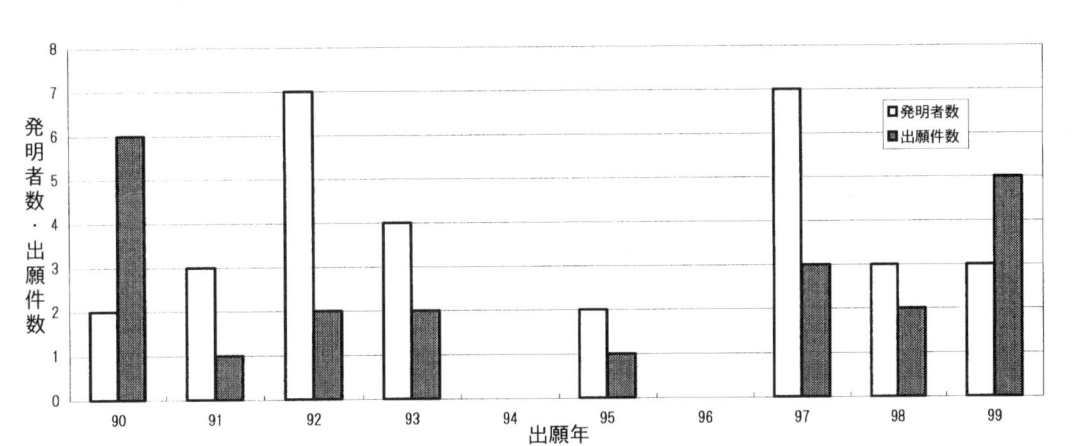

図 2.12.5-1 第一工業製薬の発明者数と出願件数の推移

2.13 旭硝子

2.13.1 企業の概要

表 2.13.1-1 旭硝子の概要

1)	商号	旭硝子株式会社
2)	設立年月日	1950年（昭和25年）年6月1日
3)	資本金	904億72百万円（2001年3月31日現在）
4)	従業員	7,240名
5)	事業内容	ガラス・建材、電子・ディスプレイ、化学、セラミクス、他
6)	事業所	本社／東京都千代田区有楽町一丁目12番1号、工場／関西工場、北九州工場、京浜工場、高砂工場、千葉工場、他、研究所／中央研究所
7)	関連会社	国内／旭硝子フロロポリマーズ、旭ペンケミカル、鹿島塩ビモノマー 海外／Asahi Glass Fluoropolymers USA, Inc.、Engro Asahi Polymer & Chemicals Ltd.他
8)	業績推移	（最近三年間の年間売上高）H10：1,280,989、H11：1,257,052、H12：1,312,829百万円（連結）
9)	主要製品	板ガラス、加工ガラス、電子・ディスプレイ用ガラス、他
10)	主な取引先	建築会社、自動車メーカー、他

2.13.2 リチウムポリマー電池技術に関する製品・技術

今回の調査では、リウムポリマー電池に関連するものは見出せなかった。

2.13.3 技術開発課題対応保有特許の概要

図 2.13.3-1 に旭硝子の分野別および技術要素別の保有特許の比率を示す。ポリマー電解質分野に集中しており、なかでもゲル電解質に集中している。

図 2.13.3-1 旭硝子の分野別および技術要素別の保有特許比率

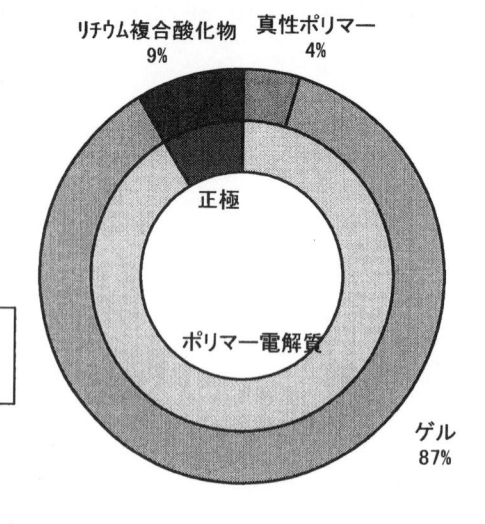

内円：分野比率
外円：技術要素比率

リチウム複合酸化物 9%
真性ポリマー 4%
正極
ポリマー電解質
ゲル 87%

表 2.13.3-1 に上記の保有特許について、技術開発の課題と解決手段の概要を示す（課題と解決手段の詳細は、前述の 1.4 を参照）。ポリマー電解質の分野における技術課題は、ゲル電解質のイオン伝導度向上とサイクル寿命延長である。

表 2.13.3-1 旭硝子の保有特許リスト（1/2）

分類	技術要素	公報番号	特許分類	課題		概要（解決手段要旨）
ポリマー電解質	ゲル	特開平10-97858	H01M 6/18	サイクル寿命	均一系ゲル電解質	電解質が、一般式(a)及び(b)で表される各重合単位を含む共重合体又は一般式(a)、(b)及び(c)で表される各重合単位を含む共重合体をマトリックスとする
	ゲル 真性ポリマー	特開平10-261436	H01M 10/40	イオン伝導度	均一体、均一系ゲル電解質	$-[NM_1SO_2OCH_2R_fCH_2OSO_2]-$式で表される重合単位からなるポリマー電解質を有する電気化学素子
	ゲル	特開平10-284127	H01M 10/40	サイクル寿命、イオン伝導度	均一系ゲル電解質	電解質が、フッ化ビニリデンに基づく重合単位とヘキサフルオロプロピレンに基づく重合単位とを40/60～70/30の重量比で含有する共重合体をマトリックスとする
	ゲル	特開平10-284123	H01M 10/40	サイクル寿命	均一系ゲル電解質	電解質が、フッ化ビニリデンに基づく重合単位とクロロトリフルオロエチレンに基づく重合単位とを75/25～25/75の重量比で含有する共重合体をマトリックスとする
	ゲル	特開平10-284124	H01M 10/40	サイクル寿命	均一系ゲル電解質	電解質が、テトラフルオロエチレンに基づく重合単位30～70重量%とヘキサフルオロプロピレンに基づく重合単位13～32重量%とフッ化ビニリデンに基づく重合単位8～50重量%とを含む共重合体をマトリックスとする
	ゲル	特開平10-284128	H01M 10/40	イオン伝導度、サイクル寿命	均一系ゲル電解質	電解質が、フッ化ビニリデンに基づく重合単位と $-CF_2COOLi$ 又は $-CF_2SO_3Li$ を含有する側鎖を有する重合単位とからなる共重合体をマトリックスとする
	ゲル	特開平10-294131	H01M 10/40	サイクル寿命	均一系ゲル電解質	電解質が、フッ化ビニリデンに基づく重合単位とパーフルオロ（アルキルビニルエーテル）に基づく重合単位（ただし、フッ素の一部が塩素又は臭素と置換されていてもよい）とを含む共重合体をマトリックスとする
	ゲル	特開平10-149841	H01M 10/40	サイクル寿命、イオン伝導度	均一系ゲル電解質	電解質が、テトラフルオロエチレンに基づく重合単位とプロピレンに基づく重合単位とを含む共重合体をマトリックスとする
	ゲル	特開平10-302837	H01M 10/40	サイクル寿命	均一系ゲル電解質	電解質が、融点が50℃以上のハードセグメントとガラス転移温度が40℃以下のソフトセグメントとからなるブロック共重合体又はグラフト共重合体をマトリックスとする
	ゲル	特開平10-334945	H01M 10/40	サイクル寿命、イオン伝導度	均一系ゲル電解質	電解質が、フルオロオレフィンに基づく重合単位とビニレンカーボネートに基づく重合単位とを含む共重合体をマトリックスとする
	ゲル	特開平10-334946	H01M 10/40	サイクル寿命、イオン伝導度	均一系ゲル電解質	電解質が、フルオロオレフィンに基づく重合単位とヘキサフルオロアセトンに基づく重合単位とを含む共重合体をマトリックスとする
	ゲル	特開平10-334947	H01M 10/40	サイクル寿命	均一系ゲル電解質	電解質が、フッ化ビニリデンに基づく重合単位と（ポリフルオロアルキル）エチレンに基づく重合単位とを含む共重合体をマトリックスとする

表 2.13.3-1 旭硝子の保有特許リスト（2/2）

分類	技術要素	公報番号	特許分類	課題		概要（解決手段要旨）
ポリマー電解質（続き）	ゲル	特開平11-3729	H01M 10/40	サイクル寿命、イオン伝導度	均一系ゲル電解質	電解質が、溶媒に可溶なフッ素ポリマーとフッ化ビニリデンに基づく重合単位を含みかつ融点が50℃以上であるポリマーとのブレンドポリマーをマトリックスとする
	ゲル	特開平11-3730	H01M 10/40	サイクル寿命	均一系ゲル電解質	電解質が、フッ化ビニリデンに基づく重合単位と-(C_X-C_Z(OR_1))-で表される重合単位とを含む共重合体をマトリックスとする
	ゲル	特開平11-16604	H01M 10/40	サイクル寿命	均一系ゲル電解質	電解質が、フルオロオレフィンに基づく重合単位と少なくとも1個のオキシアルキレン基を有する、ビニルエーテル又はアリルエーテルに基づく重合単位とを含む共重合体をマトリックスとする
	ゲル	特開平11-39941	H01B 1/12	イオン伝導度	均一系ゲル電解質	フルオロオレフィンに基づく重合単位と不飽和結合を有する炭化水素に基づく重合単位とを含む共重合体をマトリックスとする
	ゲル	特開平11-53937	H01B 1/12	イオン伝導度	均一系ゲル電解質	フルオロオレフィンに基づく重合単位とカーボネート結合（-OC(=O)O-）を有するアルキルビニルエーテル又はアルキルアリルエーテルに基づく重合単位とを含む共重合体をマトリックスとする
	ゲル	特開平11-96832	H01B 1/12	イオン伝導度、サイクル寿命	均一系ゲル電解質	フルオロオレフィンに基づく重合単位と架橋性の官能基を有する単量体に基づく重合単位とを含む共重合体の架橋物をマトリックスとする
	ゲル	特開平11-111265	H01M 4/02	サイクル寿命	均一系ゲル電解質	ポリマー電解質が、2種以上の重合単位を含む共重合体であり、かつ該重合単位のうち1種以上がフルオロオレフィンに基づく重合単位である共重合体をマトリックスとする
	ゲル	特開平11-354163	H01M 10/40	イオン伝導度	均一系ゲル電解質	フッ化ビニリデン系重合体をマトリックスとし、赤外線スペクトルにおいてフッ化ビニリデン連鎖の結晶に由来するピークを511cm^{-1}付近と484cm^{-1}付近に有するポリマー電解質
正極	複合リチウム酸化物	特開平11-86875	H01M 4/70	充放電特性、伝導性	LiCo複合酸化物、LiNi複合酸化物、LiMn複合酸化物、導電電体	集電体アルミニウム箔が片面あたり0.5～5μmの厚さの表面の粗面化層と8～30μmの厚さの粗面化されていない部分とからなる
	複合リチウム酸化物	特開平11-339805	H01M 4/58	容量特性、寿命充放電特性	LiMn複合酸化物	Li$_{(x-a)}$A$_a$Mn$_{(y-b)}$B$_b$O$_4$（Aは2価金属イオンとなりうる元素、Bは3価金属イオンとなりうる元素、0<x≦1.5、1.8≦y≦2.2、0<a≦0.3、0≦b≦0.5）

2.13.4 技術開発拠点

　神奈川県：中央研究所

2.13.5 研究開発者

　図2.13.5-1に旭硝子の発明者数と出願件数の推移を示す。1997年に短期的なピークを記録したが、99年には出願件数はゼロに戻った。

図 2.13.5-1 旭硝子の発明者数と出願件数の推移

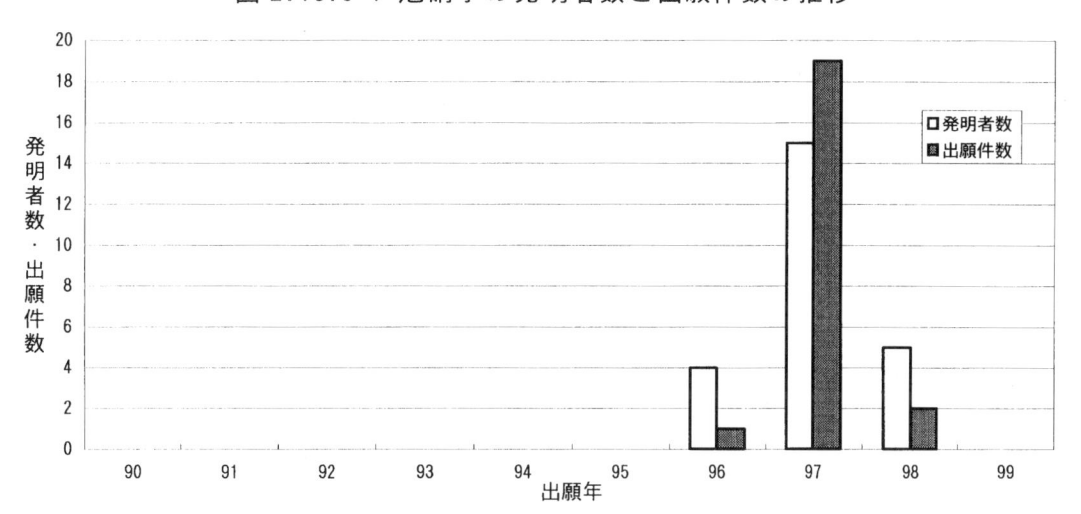

2.14 大塚化学

2.14.1 企業の概要

表 2.14.1-1 大塚化学の概要

1)	商号	大塚化学株式会社
2)	設立年月日	1950年（昭和25年）8月29日
3)	資本金	28億円（2001年3月31日現在）
4)	従業員	1,545名
5)	事業内容	化学品、農薬肥料、食品、飲料、家具の製造・販売
6)	事業所	本社／大阪市中央区大手通3丁目2番27号、工場／徳島工場、鳴門工場、徳島第2工場、松茂工場、岸和田事業所、尼崎修理工場、東川口修理工場、研究所／徳島研究所、鳴門研究所、食品研究所他
7)	関連会社	国内／大塚サイエンス、日本ウィスカー 海外／錦洋大塚ケミカル（韓国）、ＰＴラウタン大塚ケミカル（インドネシア）、ヘブロンＳＡ（スペイン）
8)	業績推移	（最近三年間の年間売上高）H10：103,777、H11：101,493、H12：100,483百万円（連結）
9)	主要製品	無機塩、重合開始剤、難燃剤、農薬、肥料、レトルト食品、清涼飲料水、収納家具、他
10)	主な取引先	大塚製薬、丸善薬品産業、その他大手薬品卸商など
11)	技術移転窓口	大阪府大阪市中央区大手通3-2-27 大塚化学（株） 法務部 Tel：06-6946-6004

2.14.2 リチウムポリマー電池技術に関する製品・技術

今回の調査では、リチウムポリマー電池に関連するものは見出されなかった。

2.14.3 技術開発課題対応保有特許の概要

図 2.14.3-1 に大塚化学の分野別および技術要素別の保有特許比率を示す。ポリマー電解質の分野が多く、そのうち真性ポリマーの比率が高いのが特徴となっている。また正極について、今後の活物質として特性向上が期待されているバナジウム酸化物に関する研究開発に注力している。なお、ほとんどの出願は次に述べる新神戸電機との共同出願である。

図 2.14.3-1 大塚化学の分野別および技術要素別の保有特許比率

結着剤・導電剤 5%
バナジウム酸化物、その他 29%
真性ポリマー 42%
ゲル 24%

正極
結着剤・導電剤
ポリマー電解質

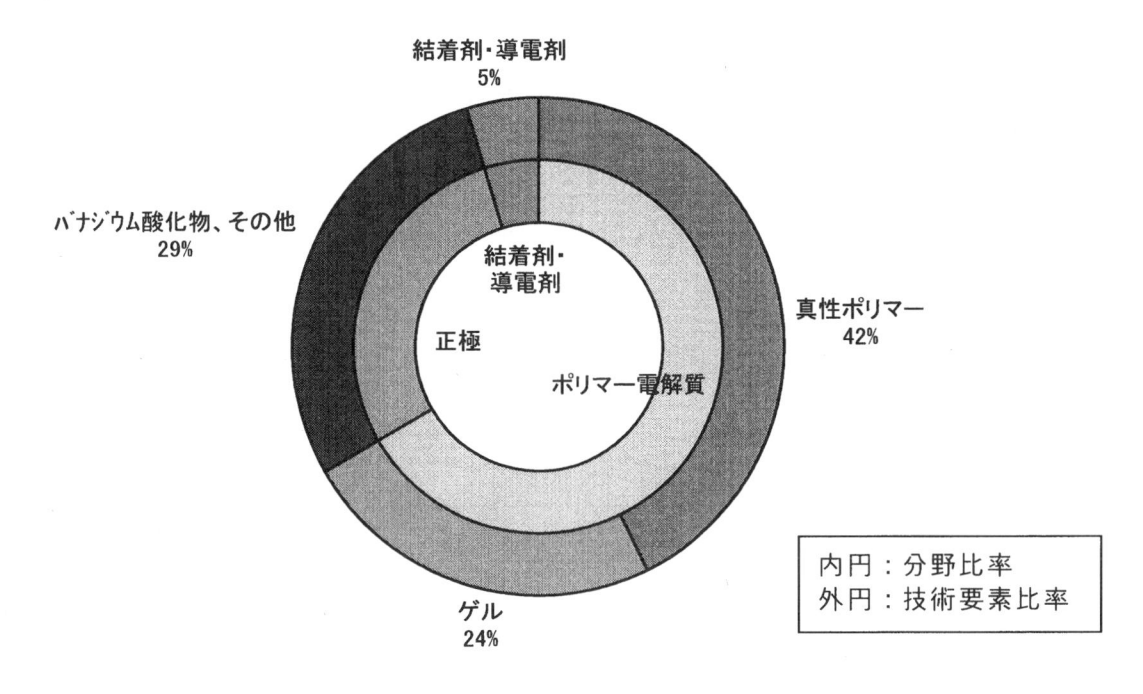

内円：分野比率
外円：技術要素比率

表 2.14.3-1 に上記の保有特許について、技術開発の課題と解決手段の概要を示す（課題と解決手段の詳細は、前述の 1.4 を参照）。

ポリマー電解質の分野では、主要な技術課題はサイクル寿命延長となっている。正極の分野ではバナジウム酸化物の電気特性の向上が研究開発されている。

表 2.14.3-1 大塚化学の保有特許リスト（1/3）

分野	技術要素	公報番号	特許分類	課題	概説（解決手段要旨）	
ポリマー電解質	真性ポリマー	特許 2992963	H01B 1/06	イオン伝導度、機械的変形による寿命	均一体	ホスファゼンポリマーもしくはこれらの混合物に、ポリアルキレンオキシド系、ポリ（メタクリル酸オリゴアルキレンオキシド）系、ポリエステル系、ポリイミン系、ポリアセタール系化合物又はそれらの混合物並びにリチウム塩を含有せしめた媒質
	ゲル	特開平6-236770	H01M 10/40	イオン伝導度、薄膜化など	均一系ゲル電解質	アリル基を有するオリゴエチレンオキシポリホスファゼン、あるいはこれらの混合物を架橋硬化してなる共重合体
	真性ポリマー	特開平7-161381	H01M 10/40	サイクル寿命	均一体	電解質層内に特定の化学式で表される架橋高分子体を含有する架橋高分子体含有層を形成
	真性ポリマー	特開平7-161379	H01M 10/36	サイクル寿命	均一体	電解質としてメトキシオリゴエチレンオキシポリフォスファゼンを使用
	真性ポリマー	特開平7-169507	H01M 10/40	サイクル寿命	構造体	高分子固体電解質層内に補強用繊維を含有

表 2.14.3-1 大塚化学の保有特許リスト (2/3)

分野	技術要素	公報番号	特許分類	課題	概説（解決手段要旨）	
ポリマー電解質（続き）	ゲル真性ポリマー	特開平8-241733	H01M 10/40	サイクル寿命	均一体、均一系ゲル電解質	特定の化学式で表されるオルトースルホベンズイミドが電解質に対して0.005～1.0モル/kg含有
	ゲル真性ポリマー	特開平8-259698	C08G 79/10	イオン伝導度	均一体、均一系ゲル電解質	アニオンをポリマーに固定した形の特定種の高分子電解質
	ゲル真性ポリマー	特開平8-301879	C07F 5/06	イオン伝導度、安全性	均一体、均一系ゲル電解質	$(RX)_4Al^-Li^+$で表されるリチウム塩（Rは、それぞれ独立に炭素数20以下の鎖状もしくは環状のアルキル基、炭素数20以下のアルケニル基、末端メトキシオリゴエチレンオキシ基（エチレンオキシの繰り返し数は1～21）、フェニル基、炭素数4以下の基で置換された置換フェニル基、炭素数20以下のアリール基、フルフリル基、またはテトラヒドロフルフリル基を示し、Xは、それぞれ独立にRとAlを結ぶO原子またはS原子を示す）を溶解した高分子電解質
	ゲル	特開平9-63646	H01M 10/40	サイクル寿命	構造系ゲル電解質	電解質層は、セパレータに非水電解液が含有されてなる主電解質層と、主電解質層と負極活物質層との間に配置された高分子固体電解質を主成分とする補助電解質層とからなる
	真性ポリマー	特開平9-92331	H01M 10/40	サイクル寿命	均一体	芳香族炭化水素基及び複素芳香族炭化水素基の少なくとも一つを有する高分子化合物からなる高分子固体電解質を使用
	真性ポリマー	特開平9-213371	H01M 10/40	サイクル寿命	均一体	電解質はアルカリ土類金属塩を含有する高分子固体電解質により形成されている
正極	バナジウム酸化物、その他	特許2552393	H01M 4/02	充放電特性、生産性など	V_2O_5系	正極の多孔体表面が$V_2O_5 \cdot nH_2O$を主体とする正極活物質で被覆されており、加圧成形を用いないで含浸乾燥法で製造
	バナジウム酸化物、その他	特許3108186	H01M 10/40	容量特性、生産性など	V_2O_5系	負極活物質層と多層構造を成すキセロゲル状の正極活物質層とが固体電解質層を介して積層されてなる固体電解質電池であり、固体電解質はメトキシオリゴエチレンオキシポリホスファゼンに過塩素酸リチウムを溶解
	バナジウム酸化物、その他	特許3103703	H01M 10/36	寿命、薄形軽量化	V_2O_5系	正極活物質層の集電体に接する側が、固体電解質に接する側より還元された正極活物質であるリチウム固体電解質電池であり、固体電解質はメトキシオリゴエチレンオキシポリホスファゼン、ポリエチレンオキシド、ポリメタクリル酸オリゴアルキレンオキシドなどを使用
	バナジウム酸化物、その他	特許3115448	H01M 10/40	容量特性、寿命、充放電特性、薄形軽量化	V_2O_5系	五酸化バナジウムキセロゲル膜の正極で、固体電解質は有機、無機、ポリエチレンオキシド、メトキシオリゴエチレンオキシポリホスファゼン、ポリメタクリル酸オリゴアルキレンオキシド

表 2.14.3-1 大塚化学の保有特許リスト (3/3)

分野	技術要素	公報番号	特許分類	課題		概説（解決手段要旨）
正極（続き）	バナジウム酸化物、その他	特開平7-73869	H01M 4/04	寿命、充放電特性	V_2O_5系	キセロゲルになる水溶性活物質の正極で、非水溶性微導電性微粉末を混合、高分子固体電解質はメトキシオリゴエチレンオキシポリフォスファゼン
	バナジウム酸化物、その他	特開平8-153539	H01M 10/40	寿命、安全性	V_2O_5系、導電集電体	正極活物質層上にグラファイトを含有するグラファイト含有層と、前記グラファイト含有層を除く部分に形成されたグラファイト以外の導電助剤を含有するグラファイト非含有層とを形成
導電剤・結着剤		特開平9-92281	H01M 4/58	サイクル寿命	電解質兼用結着剤	芳香族炭化水素基（スチリル基）を側鎖に有し且つ高分子固体電解質の一部となる高分子化合物で炭素材料の表面を覆う

2.14.4 技術開発拠点

　徳島県：徳島研究所、鳴門研究所、徳島工場、鳴門工場、徳島第2工場

2.14.5 研究開発者

　図 2.14.5-1 に大塚化学の発明者数と出願件数の推移を示す。1996 年までは出願がみられたが、97 年以降はゼロとなっている。

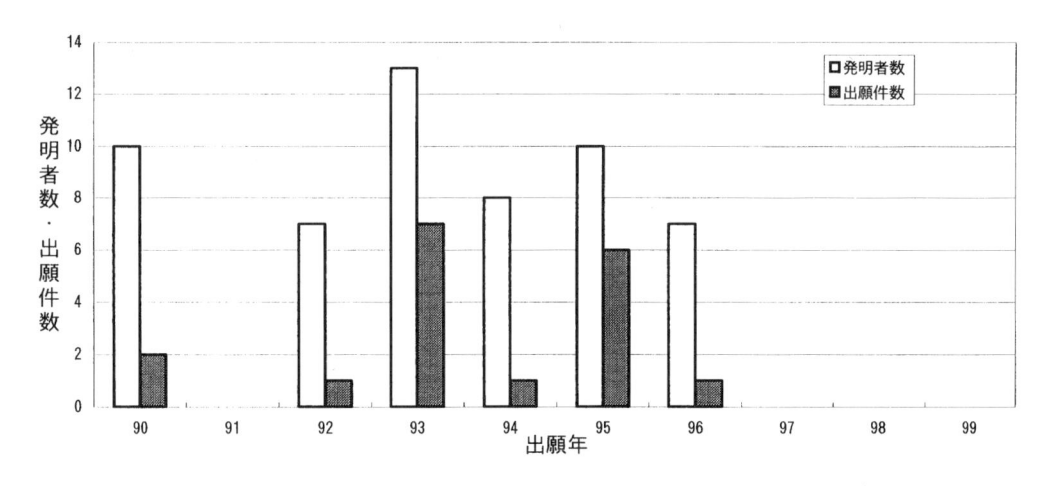

図 2.14.5-1 大塚化学の発明者数と出願件数の推移

2.15 新神戸電機

2.15.1 企業の概要

表 2.15.1-1 新神戸電機の概要

1)	商号	新神戸電機株式会社
2)	設立年月日	1948年（昭和23年）11月30日
3)	資本金	25億46百万円（2001年3月31日現在）
4)	従業員	1,264名
5)	事業内容	自動車用蓄電池、産業用蓄電池、電源装置、ゴルフカート、積層板、成形品、シート品
6)	事業所	本社／東京都中央区日本橋本町二丁目8番7号（オー・ジー東京ビル）、工場／埼玉工場、名張工場、彦根工場、研究所／研究開発本部、埼玉研究所、名張研究所
7)	関連会社	国内／日化電気工業所、新神戸テクノサービス、他 海外／台湾神戸電池Co,Ltd.
8)	業績推移	（最近三年間の年間売上高）H10：52,326、H11：52,227、H12：57,912百万円
9)	主要製品	自動車用蓄電池、アルカリ蓄電池、マンガン系」リチウムイオン蓄電池、ニッケルカドミウム蓄電池、熱可塑性成形品、他
10)	主な取引先	自動車メーカー、その他
11)	技術移転窓口	東京都中央区日本橋本町2-8-7 新神戸電機（株） 技術開発本部知的所有権グループ Tel: 03-5695-6126

2.15.2 リチウムポリマー電池技術に関する製品・技術

今回の調査では、リチウムポリマー電池に関連するものは見出されなかった。

2.15.3 技術開発課題対応保有特許の概要

図 2.15.3-1 に新神戸電機の分野別および技術要素別の保有特許比率を示す。ポリマー電解質のうち真性ポリマーが多いのが特徴となっている。また正極について、今後の活物質として特性向上が期待されているバナジウム酸化物に関する研究開発に注力している。なお、すべて、先に述べた大塚化学との共同出願となっている。

図 2.15.3-1 新神戸電機の分野別および技術要素別の保有特許比率

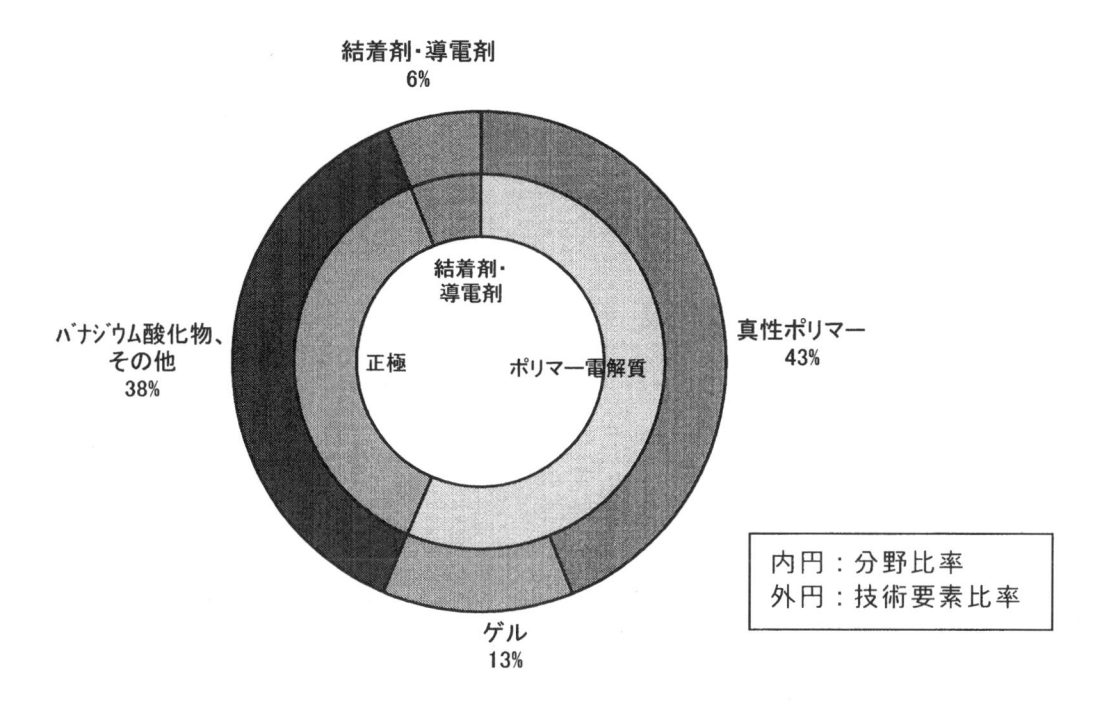

表 2.15.3-1 に上記の保有特許について、技術開発の課題と解決手段の概要を示す（課題と解決手段の詳細は、前述の 1.4 を参照）。

ポリマー電解質の分野では、主要な技術課題はサイクル寿命延長となっている。正極の分野ではバナジウム酸化物の電気特性の向上が研究開発されている。

表 2.15.3-1 新神戸電機の保有特許リスト（1/2）

分野	技術要素	公報番号	特許分類	課題		概要（解決手段要旨）
ポリマー電解質	真性ポリマー	特許2992963	H01B 1/06	イオン伝導度、機械的変形による寿命	均一体	ホスファゼンポリマーもしくはこれらの混合物に、ポリアルキレンオキシド系、ポリ（メタクリル酸オリゴアルキレンオキシド）系、ポリエステル系、ポリイミン系、ポリアセタール系化合物又はそれらの混合物並びにリチウム塩を含有せしめた媒質
	真性ポリマー	特開平7-161381	H01M 10/40	サイクル寿命	均一体	電解質層内に特定の化学式で表される架橋高分子体を含有する架橋高分子体含有層を形成
	真性ポリマー	特開平7-161379	H01M 10/36	サイクル寿命	均一体	電解質としてメトキシオリゴエチレンオキシポリフォスファゼンを使用
	真性ポリマー	特開平7-169507	H01M 10/40	サイクル寿命	構造体	高分子固体電解質層内に補強用繊維を含有

表 2.15.3-1 新神戸電機の保有特許リスト (2/2)

分野	技術要素	公報番号	特許分類	課題		概要（解決手段要旨）
ポリマー電解質（続き）	真性ポリマーゲル	特開平8-241733	H01M 10/40	サイクル寿命	均一体、均一系ゲル電解質	特定の化学式で表されるオルトースルホベンズイミドが電解質に対して0.005～1.0モル/kg含有
	ゲル	特開平9-63646	H01M 10/40	サイクル寿命	構造系ゲル電解質	電解質層は、セパレータに非水電解液が含有されてなる主電解質層と、主電解質層と負極活物質層との間に配置された高分子固体電解質を主成分とする補助電解質層とからなる
	真性ポリマー	特開平9-92331	H01M 10/40	サイクル寿命	均一体	芳香族炭化水素基及び複素芳香族炭化水素基の少なくとも一つを有する高分子化合物からなる高分子固体電解質を使用
	真性ポリマー	特開平9-213371	H01M 10/40	サイクル寿命	均一体	電解質はアルカリ土類金属塩を含有する高分子固体電解質により形成されている
正極	バナジウム酸化物、その他	特許2552393	H01M 4/02	充放電特性、生産性など	V_2O_5系	正極の多孔体表面が$V_2O_5 \cdot nH_2O$を主体とする正極活物質で被覆されており、加圧成形を用いないで含浸乾燥法で製造
	バナジウム酸化物、その他	特許3108186	H01M 10/40	容量特性、生産性など	V_2O_5系	負極活物質層と多層構造を成すキセロゲル状の正極活物質層とが固体電解質層を介して積層されてなる固体電解質電池であり、固体電解質はメトキシオリゴエチレンオキシポリホスファゼンに過塩素酸リチウムを溶解
	バナジウム酸化物、その他	特許3103703	H01M 10/36	寿命、形状特性	V_2O_5系	正極活物質層の集電体に接する側が、固体電解質に接する側より還元された正極活物質であるリチウム固体電解質電池であり、固体電解質はメトキシオリゴエチレンオキシポリホスファゲン、ポリエチレンオキシド、ポリメタクリル酸オリゴアルキレンオキシドなどを使用
	バナジウム酸化物、その他	特許3115448	H01M 10/40	容量特性、寿命、充放電特性、薄形軽量化	V_2O_5系	五酸化バナジウムキセロゲル膜の正極で、固体電解質は有機、無機、ポリエチレンオキシド、メトキシオリゴエチレンオキシポリホスファゼン、ポリメタクリル酸オリゴアルキレンオキシド
	バナジウム酸化物、その他	特開平7-73869	H01M 4/04	サイクル寿命、充放電特性	V_2O_5系	キセロゲルになる水溶性活物質の正極で、非水溶性微導電性微粉末を混合、高分子固体電解質はメトキシオリゴエチレンオキシポリフォスファゼン
	バナジウム酸化物、その他	特開平8-153539	H01M 10/40	寿命、安全性	V_2O_5系、導電集電体	正極活物質層上にグラファイトを含有するグラファイト含有層と、前記グラファイト含有層を除く部分に形成されたグラファイト以外の導電助剤を含有するグラファイト非含有層とを形成
導電剤・結着剤		特開平9-92281	H01M 4/58	サイクル寿命	電解質兼用結着剤	芳香族炭化水素基（スチリル基）を側鎖に有し且つ高分子固体電解質の一部となる高分子化合物で炭素材料の表面を覆う

2.15.4 技術開発拠点
　埼玉県：埼玉研究所、埼玉工場
　三重県：名張研究所

2.15.5 研究開発者
　図 2.15.5-1 に新神戸電機の発明者数と出願件数の推移を示す。1996 年まで出願がみられたが、97 年以降はゼロとなっている。

図 2.15.5-1 新神戸電機の発明者数と出願件数の推移

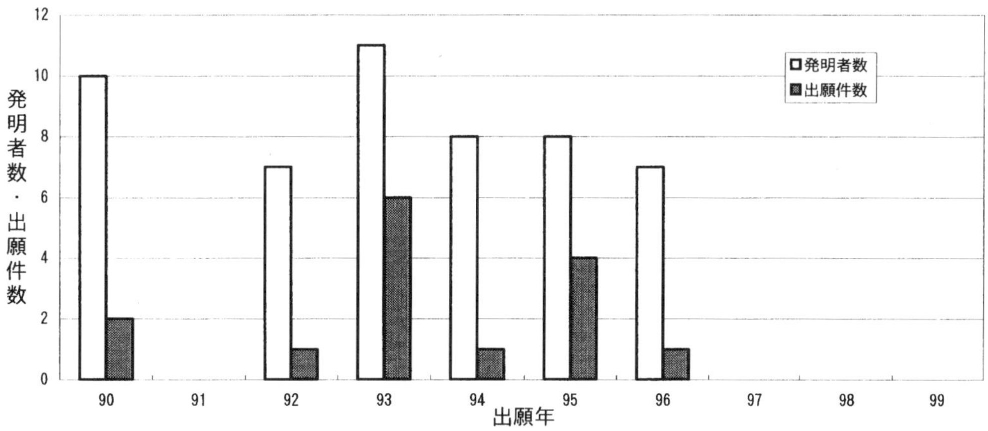

2.16 東海ゴム工業

2.16.1 企業の概要

表 2.16.1-1 東海ゴム工業の概要

1)	商号	東海ゴム工業株式会社
2)	設立年月日	1929年（昭和4年）12月
3)	資本金	71億52百万円（2001年3月31日現在） （筆頭株主：住友電気工業（株））
4)	従業員	2,763名
5)	事業内容	防振ゴム・ホース等自動車用部品、精密クリーニングブレード・精密ロール等、IT関連部品、各種産業資材の製造・販売
6)	事業所	本社／愛知県小牧市東三丁目1番地、工場／小牧製作所、松阪製作所、岡山製作所、富士裾野製作所
7)	関連会社	国内／TRI大分AE、東海化成工業他 海外／TRI USA、他
8)	業績推移	（最近三年間の年間売上高）H10：127,527、H11：130,243、H12：141,003（百万円）
9)	主要製品	ラミネート製品、ウレタン製品、自動車用、産業用各種防振ゴム・ホース、コンベヤーベルト等
10)	主な取引先	自動車メーカー及びその関連メーカー各社、鉄鋼、機械、情報機器メーカー、その他

2.16.2 リチウムポリマー電池技術に関する製品・技術

今回の調査では、リチウムポリマー電池に関連するものは見出されなかった。

2.16.3 技術開発課題対応保有特許の概要

図 2.16.3-1 に東海ゴム工業の分野別および技術要素別の保有特許比率を示す。外装の分野のみ集中している。

図 2.16.3-1 東海ゴム工業の分野別および技術要素別の保有特許比率

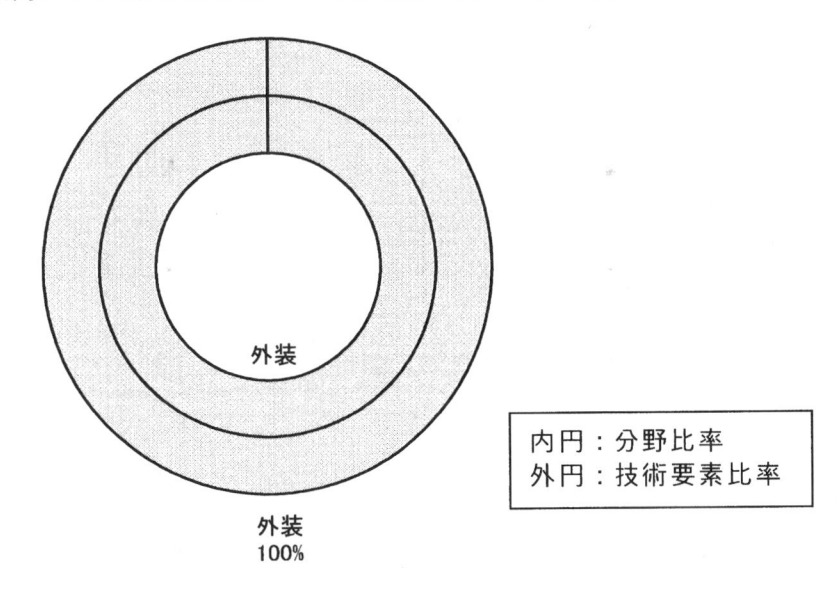

内円：分野比率
外円：技術要素比率

外装 100%

表 2.16.3-1 に上記の保有特許について、技術開発の課題と解決手段の概要を示す（課題と解決手段の詳細は、前述の 1.4 を参照）。

技術開発の課題は、安全性向上、実装性向上、寿命延長（シール性、耐久性）などである。

表 2.16.3-1 東海ゴム工業の保有特許リスト (1/2)

分野	技術要素	公報番号	特許分類	課題		概要（解決手段要旨）
外装	外装	特開2000-164176	H01M 2/02	安全性	外装構造	樹脂材料からなる補強薄層を形成
		特開2000-173560	H01M 2/02	安全性	外装封止構造	端子封止部のシーラント層の厚さを規定
		特開2000-173561	H01M 2/02	実装性	外装材	樹脂シートに金属箔片を分布させる
		特開2000-173562	H01M 2/02	量産性	外装封止方法	リード線部に凹部を設けた金型
		特開2000-173559	H01M 2/02	実装性	外装材	ラミネート材を波形状に形成
		特開2000-173563	H01M 2/02	安全性	外装封止構造	封止コーナー部を円弧状に形成
		特開2000-173564	H01M 2/02	安全性	外装構造	袋体の外側にゴム層を形成
		特開2000-173558	H01M 2/02	安全性	外装封止構造	絶縁性粒子として酸化アルミニウム粒子を用いる 1:シート材 2:金属層 3:シーラント層 5:絶縁性粒子
		特開2000-208107	H01M 2/02	その他	外装材	剛性筐体の内部に発電要素を収納する袋体の表面に熱伝導率の高いシートを設ける

表 2.16.3-1 東海ゴム工業の保有特許リスト (2/2)

分野	技術要素	公報番号	特許分類	課題		概要（解決手段要旨）
外装（続き）		特開2000-208108	H01M 2/02	安全性	外装材	表面に熱伝導率の高いシート
		特開2000-208109	H01M 2/02	シール性	外装材	PET製一軸延伸樹脂フィルム積層体
		特開2000-285878	H01M 2/02	シール性	外装材	2軸延伸ポリプロピレンフィルムの表裏面にエチレンポリプロピレン共重合体の保護層
		特開2001-84970	H01M 2/02	安全性	外装封止構造	シール部の形状
		特開2001-93483	H01M 2/02	安全性	外装封止構造	部分的に封止幅を小さくする
		特開2001-102012	H01M 2/02	安全性	外装封止構造	リード線封止部分に外装材の金属が存在しない
		特開2001-102013	H01M 2/02	実装性	外装封止構造	端子部の外装材に貫通孔
		特開2001-196036	H01M 2/02	耐久性	外装材	アルミ箔とシーラント樹脂被覆層との間にクロメート処理

2.16.4 技術開発拠点

愛知県：本社、小牧製作所

2.16.5 研究開発者

図 2.16.5-1 に東海ゴム工業の発明者数と出願件数の推移を示す。1998 年から外装関係の開発に着手している。少人数の発明者数ではあるが、出願件数は比較的多い。

図 2.16.5-1 東海ゴム工業の発明者数と出願件数の推移

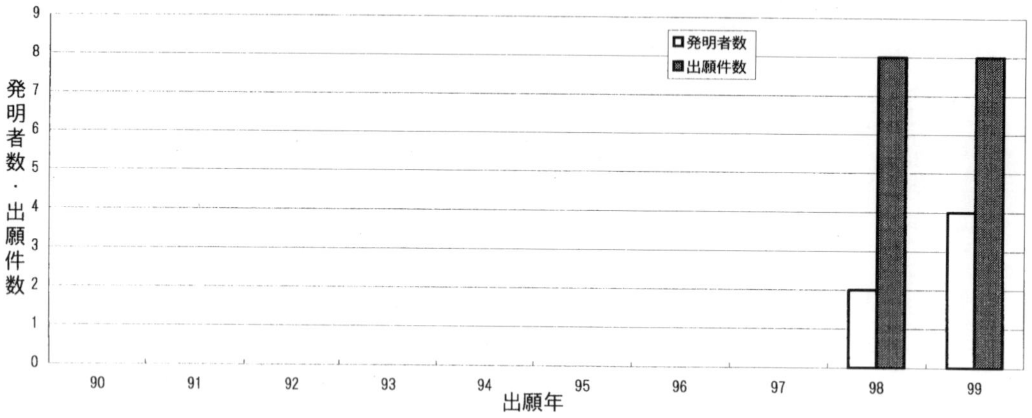

2.17 富士通

2.17.1 企業の概要

表 2.17.1-1 富士通の概要

1)	商号	富士通株式会社
2)	設立年月日	1935年（昭和10年）年6月
3)	資本金	3,149億21百万円（2001年3月31日現在）
4)	従業員	41,396名
5)	事業内容	ソフトウエア・サービス、情報処理、通信、電子デバイス、他
6)	事業所	本社／東京都千代田区丸の内1-6-1、工場／沼津、会津、小山、他
7)	関連会社	富士通研究所、新光電気工業、高見澤電機製作所、富士通デバイス、富士通エイ・エム・ティ・セミコンダクタ、富士通日立プラズマディスプレイ、富士通高見澤コンポーネント、富士通カンタムデバイス、富士通メディアデバイス
8)	業績推移	（最近三年間の年間売上高）H10：5,242,986、H11：5,255,102、H12：5,484,426百万円（連結）
9)	主要製品	（電子デバイスビジネス） ロジックIC（システムLSI、ASIC、マイクロコントローラ） メモリIC（フラッシュメモリ、FRAM、FCRAM） 液晶ディスプレイパネル、半導体パッケージ、化合物半導体、SAWフィルタ、コンポーネント、プラズマディスプレイパネル
10)	主な取引先	通信事業会社、情報通信機器メーカー、官公庁、他
11)	技術移転窓口	神奈川県川崎市中原区上小田中4-1-1 富士通（株） 法務・知的財産権本部　特許渉外部 Tel: 044-777-1111

2.17.2 リチウムポリマー電池技術に関する製品・技術

1996年9月に（株）富士通研究所が真性ポリマー電解質として多糖類高分子ポリマーをアクリル系添加剤で架橋したものを開発しているが、発売時期などは不明である。（表2.17.2-1参照）

表 2.17.2-1 富士通のリチウムポリマー電池技術に関する製品・技術

製品	製品名	発売時期	出典
高分子固体電解質	高分子固体電解質	発売中	富士通のインターネット・ホームページ

2.17.3 技術開発課題対応保有特許の概要

図 2.17.3-1 に富士通の分野別および技術要素別の保有特許比率を示す。ポリマー電解質および結着剤・導電剤が多く、高分子関係技術に集中している。

図 2.17.3-1 富士通の分野別および技術要素別の保有特許比率

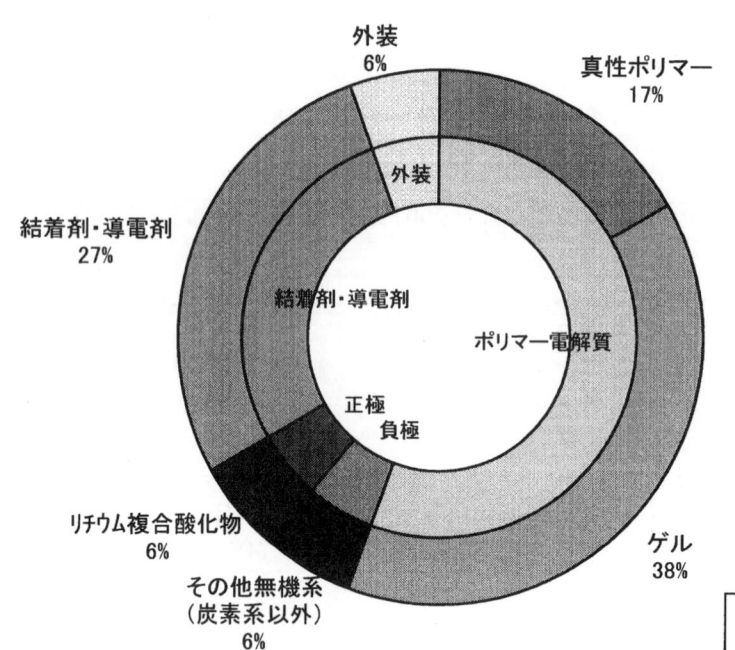

表 2.17.3-1 に上記の保有特許について、技術開発の課題と解決手段の概要を示す（課題と解決手段の詳細は、前述の1.4を参照）。

ポリマー電解質の分野における主要な技術開発の課題はイオン伝導度向上とサイクル寿命延長である。また、結着剤・導電剤の分野における課題にはサイクル寿命延長と大電流化がみられる。

表 2.17.3-1 富士通の保有特許リスト（1/2）

分野	技術要素	公報番号	特許分類	課題		概説（解決手段要旨）
ポリマー電解質	ゲル 真性ポリマー	特開平8-236156	H01M 10/40	イオン伝導度、機械的変形による寿命	均一体、均一系ゲル電解質	特定の化学式(I)と（II）で示される化合物を共重合して得られるポリエーテル架橋系にエーテル系側鎖を有する高分子固体電解質からなる電解質
	ゲル	特開平10-40957	H01M 10/40	イオン伝導度、機械的変形による寿命	均一系ゲル電解質	高分子固体電解質が多糖類もしくは多糖類の誘導体を基本骨格とする高分子マトリックスを含む高分子固体電解質
	ゲル 真性ポリマー	特開平10-261435	H01M 10/40	サイクル寿命	均一体、均一系ゲル電解質	添加剤が特定の化学式から選択された少なくとも1種のイミド化合物からなるリチウム二次電池用イオン伝導体

表 2.17.3-1 富士通の保有特許リスト (2/2)

分野	技術要素		公報番号	特許分類	課題	概説（解決手段要旨）	
ポリマー電解質（続き）	ゲル	真性ポリマー	特開平11-67268	H01M 10/40	サイクル寿命	均一体、均一系ゲル電解質	添加剤が特定の化学式から選択された少なくとも1種のアミン炭酸塩からなるリチウム二次電池用イオン伝導体
		ゲル	特開平11-185815	H01M 10/40	イオン伝導度	構造系ゲル電解質	不織布に固体電解質の前駆体溶液を含侵したのち、前記前駆体溶液を重合させて形成される固体電解質
		ゲル	特開2000-268866	H01M 10/40	イオン伝導度	均一系ゲル電解質	マトリックスポリマーが多糖類の誘導体であり、反応性モノマーが2種以上の多官能性モノマーの混合物である固体電解質
		ゲル	特開2001-23695	H01M 10/40	イオン伝導度	均一系ゲル電解質	負極とゲル状高分子固体電解質層あるいは正極とゲル状高分子固体電解質層との界面に於ける少なくとも一方に該ゲル状高分子固体電解質層の降伏応力に比較して小さい降伏応力をもつゲル状高分子固体電解質接着層を介在させてなる電池
負極	無機系	その他	特開平8-329984	H01M 10/40	寿命	他金属	Liと合金化しない金属負極を用いる
正極	複合酸化物系	リチウム	特開2000-182622	H01M 4/62	充放電特性	LiCo複合酸化物、LiNi複合酸化物、LiMn複合酸化物、複合活物質	コバルト、バナジウム、マンガン又はニッケル酸化物正極の導電材料が導電性高分子（ピロール、アニリン、チオフェンもしくはフランを単量体とする高分子）
	結着剤・導電剤		特開平10-255806	H01M 4/62	容量特性	電解質兼用結着剤	高イオン電導性のエポキシ樹脂
			特開平11-144735	H01M 4/62	サイクル寿命	電解質兼用結着剤	フッ素系高分子化合物と多糖類骨格を有する高分子化合物との複合バインダー
			特開平11-149928	H01M 4/62	サイクル寿命	電解質兼用結着剤	フッ素系高分子材料の結着剤により結着された活物質層とこれに接する集電体との界面に両者の結合を媒介する物質
			特開2000-182622	H01M 4/62	大電流化	無機・有機導電剤	金属酸化物粒子の表面上で単量体を重合させて生成された導電性高分子
			特開2001-15100	H01M 4/02	大電流化	電解質兼用結着剤	結着物質をエッチング
外装			特開平9-251863	H01M 10/40	シール性	外装材	2種の接着性フィルム

2.17.4 技術開発拠点

東京都　：あきるのテクノロジーセンター

福島県　：会津若松工場

岩手県　：岩手工場

三重県　：三重工場

神奈川県：（株）富士通研究所

2.17.5 研究開発者

図 2.17.5-1 に富士通の発明者数と出願件数の推移を示す。1995 年から出願がみられる。

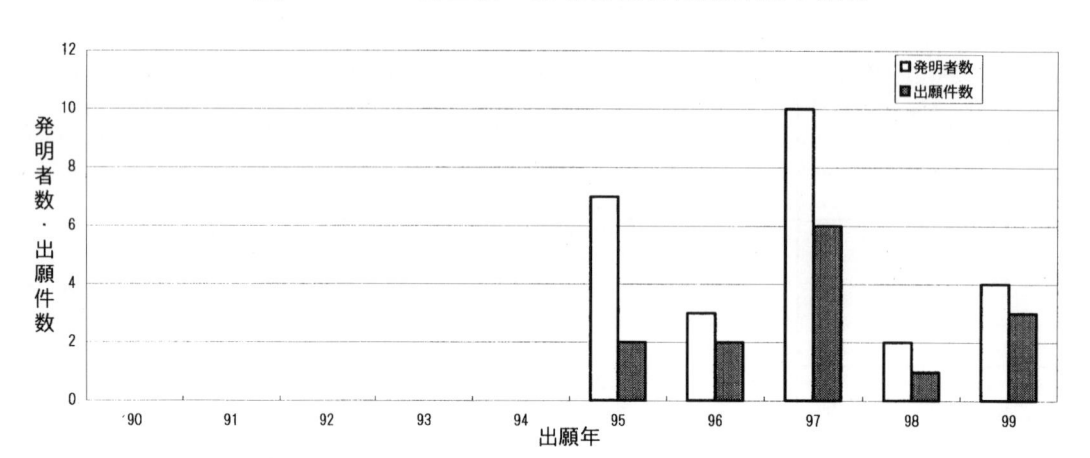

図 2.17.5-1 富士通の発明者数と出願件数の推移

2.18 花王

2.18.1 企業の概要

表 2.18.1-1 花王の概要

1)	商号	花王株式会社
2)	設立年月日	1940年（昭和15年）5月
3)	資本金	854億円（2001年3月31日現在）
4)	従業員	5,747名
5)	事業内容	家庭用製品、化粧品、工業用製品事業、他
6)	事業所	本社／東京都中央区日本橋茅場町1丁目14番10号 工場／和歌山、鹿島、川崎、他 研究所／化学品研究所、素材開発研究所、他
7)	関連会社	国内／花王クエーカー、昭和興産、他 海外／Kao (Taiwan) Corp.、Kao Chemicals Americas Corp.、Kao Chemicals Europe、他
8)	業績推移	（最近三年間の年間売上高）H10：661,519、H11：667,186、H12：660,417百万円
9)	主要製品	家庭用製品、化粧品、プラスチック加工添加剤、その他
10)	主な取引先	個人消費者、化学製品メーカー、他

2.18.2 リチウムポリマー電池技術に関する製品・技術

今回の調査では、リチウムポリマー電池に関連する製品は見出されなかった。

2.18.3 技術開発課題対応保有特許の概要

図 2.18.3-1 に花王の分野別および技術要素別の保有特許比率を示す。電極関係（負極、正極およびシート電極・シート素電池）のみに集中しており、ポリマー電解質、結着剤・導電剤および外装に関するものはない。

図 2.18.3-1 花王の分野別および技術要素別の保有特許比率

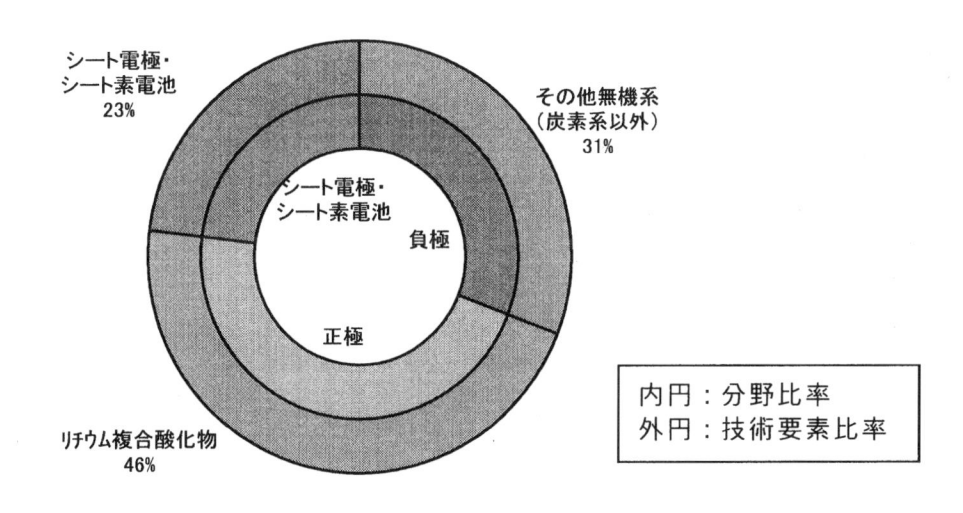

表 2.18.3-1 に上記の保有特許について、技術開発の課題と解決手段の概要を示す（課題と解決手段の詳細は、前述の 1.4 を参照）。負極における主要な技術開発の課題は Si 合金負極の界面伝導性の向上であり、正極においてはリチウム複合酸化物の諸電気特性向上である。

表 2.18.3-1 花王の保有特許リスト

分野	技術要素	公報番号	特許分類	課題	概要（解決手段要旨）	
負極	無機系その他	特許2948205	H01M 4/04	伝導性	Si合金	非酸化雰囲気で集電体と焼結一体化し、集電体との接触抵抗を低減し、ケイ素活物質の容量特性を活かす
	無機系その他	特開平11-339778	H01M 4/04	伝導性	Si合金	ケイ素活物質層の薄膜化と、ポリマー焼結体による導電性向上
	無機系その他	特開2000-173596	H01M 4/02	容量特性	Si合金	ケイ素を含む焼結体の吸蔵Li量を制限して、不可逆容量を低減
	無機系その他	特開2000-340216	H01M 4/04	伝導性	Si合金	ケイ素を含む活物質と集電体の接触面積を増大し、導電性を向上
正極	リチウム複合酸化物	特開平11-238514	H01M 4/66	薄形軽量化	導電集電体	アルミニウム、チタン及びステンレスから選ばれた金属からなる導電膜部と、高分子膜からなる支持体膜部とを備えた非水系二次電池用正極
	リチウム複合酸化物	特開平11-238526	H01M 10/40	薄形軽量化	導電集電体	負極集電体が銅族及び白金族から選ばれた金属からなる導電膜部と、高分子膜部からなる支持体膜部とからなる
	リチウム複合酸化物	特開2000-11993	H01M 4/02	充放電特性、伝導性	LiCo複合酸化物	Mgがドープされたコバルト酸リチウムからなる多孔質焼結体で、かつMgとCoのモル比がMg/Co=0.01/0.99〜0.10/0.90である
	リチウム複合酸化物	特開2000-11994	H01M 4/02	充放電特性	LiCo複合酸化物、LiMn複合酸化物、複合活物質	リチウム遷移金属酸化物からなり空孔率が全体積の15〜60％の多孔質焼結体正極
	リチウム複合酸化物	特開2000-82464	H01M 4/58	充放電特性、伝導性	導電集電体	導電性粉末を含むリチウム遷移金属酸化物の多孔質焼結体からなる非水系二次電池用正極
	リチウム複合酸化物	特開2001-143687	H01M 4/02	容量特性、充放電特性、伝導性	LiCo複合酸化物、LiNi複合酸化物、LiMn複合酸化物	多孔質の焼結体であって、空孔率が15〜60％、かつ、導電率が0.1mS/cm以上であるリチウム含有複合酸化物
シート素電池	シート電極	特開平10-55824	H01M 10/40	薄形軽量化	シート電池配置	絶縁体シートを介して複数組積層
		特開2000-58129	H01M 10/40	生産性	方法	補助具を折り畳んで上素電池体を折り畳むとともに、外部にはみ出した上記素電池体を切除
		特開2000-173667	H01M 10/40	薄形軽量化	正極・負極	負極体の体積膨張率が正極体よりも大きく、厚みは放電時を基準として正極体の半分以下

2.18.4 技術開発拠点
　　東京都　　：本社
　　和歌山県：研究所

2.18.5 研究開発者
　図2.18.5-1に花王の発明者数と出願件数の推移を示す。1998年の1年に集中して出願がみられる。翌年には縮小されている。

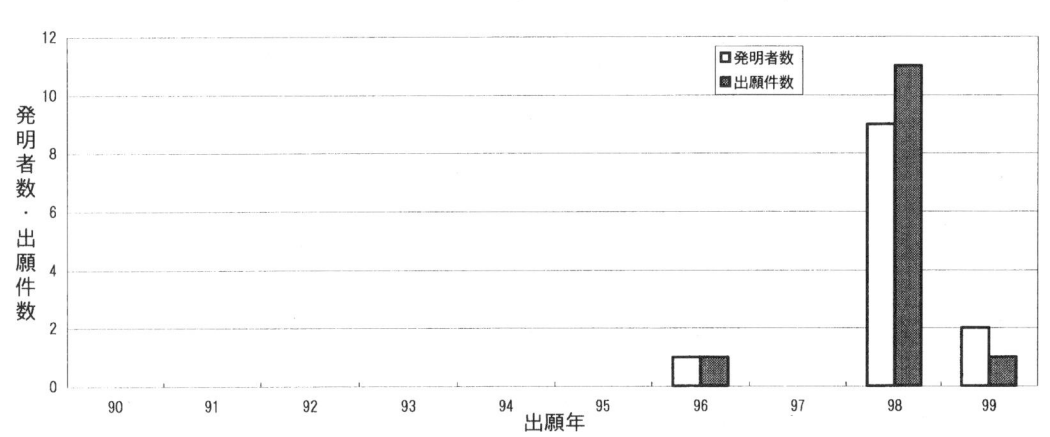

図2.18.5-1　花王の発明者数と出願件数の推移

2.19 住友化学工業

2.19.1 企業の概要

表 2.19.1-1 住友化学工業の概要

1)	商号	住友化学工業株式会社
2)	設立年月日	1925年（昭和元年）年6月
3)	資本金	896億99百万円（2001年3月31日現在）
4)	従業員	5,371名
5)	事業内容	基礎化学・石油化学、スペシャリティ・ケミカル、他
6)	事業所	本社／東京都中央区新川2-27-1、工場／愛媛、千葉、大阪、他
7)	関連会社	（スペシャリティ・ケミカル部門）住友精化、広栄化学工業、田岡化学工業、東友ファインケム、新エスティーアイ　テクノロジー、神東塗料、住化ファインケム
8)	業績推移	（最近三年間の年間売上高）H10：927,655、H11：950,339、H12：1,040,950百万円（連結）
9)	主要製品	（スペシャリティ・ケミカル部門）染料、有機中間物、添加剤、機能性材料、半導体材料
10)	主な取引先	石油化学製品メーカー、その他
11)	技術移転窓口	東京都中央区新川2-27-1 住友化学工業（株） 技術・経営企画室 Tel: 03-5543-5271

2.19.2 リチウムポリマー電池技術に関する製品・技術

今回の調査では、リチウムポリマー電池に関連するものは見出されなかった。

2.19.3 技術開発課題対応保有特許の概要

図 2.19.3-1 に住友化学工業の分野別および技術要素別の保有特許比率を示す。正極分野のリチウム酸化物正極に大半の出願が集中している。他は、結着剤・導電剤、ポリマー電解質および外装であり、高分子技術に属する分野である。

図 2.19.3-1 住友化学工業の分野別および技術要素別の保有特許比率

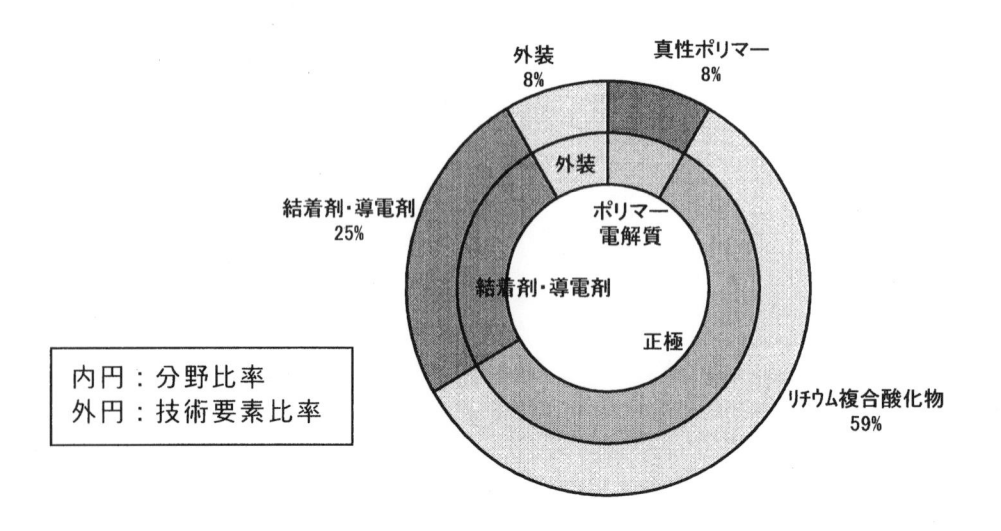

表 2.19.3-1 に上記の保有特許について、技術開発の課題と解決手段の概要を示す（課題と解決手段の詳細は、前述の 1.4 を参照）。

正極分野において、電気的諸特性向上を技術課題として、LiNi 複合酸化物を中心とした開発が行なわれている。

表 2.19.3-1 住友化学工業の保有特許リスト

分野	技術要素	公報番号	特許分類	課題		概要（解決手段要旨）
電解質	ポリマー 真性ポリマー	特開平9-302115	C08J 5/18	サイクル寿命	構造体	パラ配向芳香族ポリアミドからなる多孔質膜の空隙中に高分子電解質を充填
正極	リチウム複合酸化物	特開平7-335215	H01M 4/58	容量特性、充放電特性	LiNi複合酸化物	リチウム化合物とニッケル化合物との混合物を焼成し、焼成を行なった温度未満の温度で焼鈍するニッケル酸リチウム（正極の活物質）の製法
	リチウム複合酸化物	特開平8-222206	H01M 4/02	充放電特性、伝導性	導電集電体	導電材が数平均一次粒径0.1μm以下のカーボンブラックと重量平均粒径20μm以下の黒鉛
	リチウム複合酸化物	特開平9-153360	H01M 4/58	容量特性	LiNi複合酸化物	Ti、V、Cr、Mn、Fe、Co、Cu、Ag、Mg、Al、Ga、InおよびSnからなる群から選ばれた、少なくとも1種の金属との複合ニッケル酸リチウム正極
	リチウム複合酸化物	特開平9-293535	H01M 10/40	安全性	LiNi複合酸化物	積層構造、最外層の正極シートにおける面積あたりの正極活物質量が、内層の正極シートにおける面積あたりの正極活物質量よりも小さい
	リチウム複合酸化物	特開平10-214626	H01M 4/58	容量特性、充放電特性、安全性	LiNi複合酸化物	アルミニウムを含むニッケル酸リチウムを用い、かつ該アルミニウムを含むニッケル酸リチウムにおいてアルミニウムのアルミニウムとニッケルとの和に対するモル比 x が 0.10＜x＜0.20 である
	リチウム複合酸化物	特開平11-185731	H01M 4/02	容量特性、安全性	LiCo複合酸化物、LiNi複合酸化物、LiMn複合酸化物、その他	リチウム含有複合酸化物を荷重たわみ温度が100℃以上の樹脂から選ばれた少なくとも1種のイオン透過性樹脂で被覆
	リチウム複合酸化物	特開2000-123829	H01M 4/04	生産性・コスト	その他	空隙率が0.5～0.7の範囲にあるリチウム化合物及び遷移金属化合物を含む組成物粉末を焼成する
	結着剤・導電剤	特開平8-222206	H01M 4/02	大電流化	炭素系導電剤	数平均一次粒径0.1μm以下のカーボンブラックと重量平均粒径20μm以下の黒鉛
		特開平11-185731	H01M 4/02	安全性	電解質兼用結着剤	イオン透過性樹脂で被覆
		特開平11-185760	H01M 4/62	安全性	単機能結着剤	フッ素系樹脂とポリオレフィン系樹脂を含む
外装		特開平9-77884	C08J 5/18	寿命	外装材	液晶ポリエステル

2.19.4 技術開発拠点
　　大阪府：本社、大阪工場
　　茨城県：筑波研究所
　　愛媛県：愛媛工場
　　千葉県：千葉工場

2.19.5 研究開発者
　図 2.19.5-1 に住友化学工業の発明者数と出願件数の推移を示す。1994 年から出願がみられるが、99 年以降はゼロとなっている。

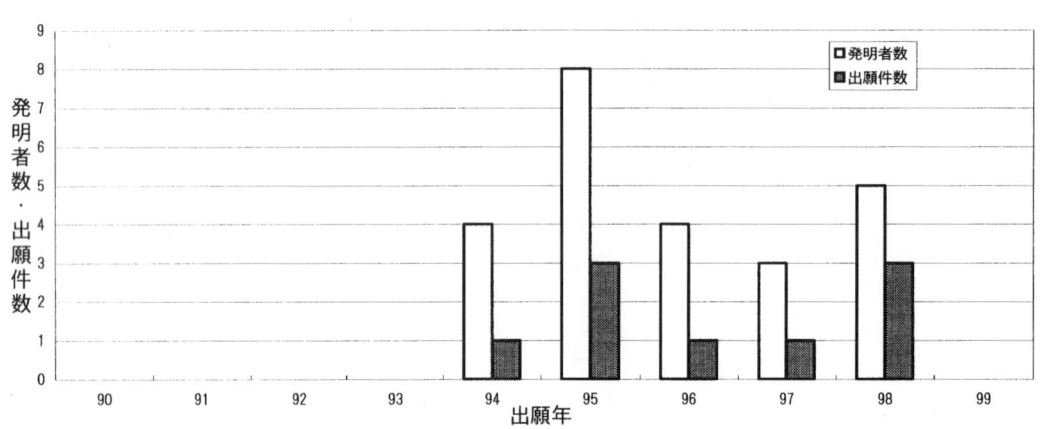

図 2.19.5-1 住友化学工業の発明者数と出願件数の推移

2.20 積水化学工業

2.20.1 企業の概要

表2.20.1-1 積水化学工業の概要

1)	商号	積水化学工業株式会社
2)	設立年月日	1947年（昭和22年）3月
3)	資本金	1,000億2百万円（2001年3月31日現在）
4)	従業員	3,446名
5)	事業内容	住宅事業、環境・ライフライン事業、高機能プラスチックス事業、他
6)	事業所	本社／大阪市北区西天満2-4-4、工場／滋賀栗東、東京、尼崎、他
7)	関連会社	（高機能プラスチック事業） 四国積水工業、積水化工、セキスイエスダイン、積水ポリマティック、セキスイサインシステム東京、セキスイサインシステム、Alveo AG、S-Lec G.m.b.H、他
8)	業績推移	（最近三年間の年間売上高）H10：908,308、H11：920,040、H12：913,682（百万円）
9)	主要製品	（高機能プラスチック事業） 可塑剤、接着剤、高機能樹脂、液晶用微粒子製品、合わせガラス用中間膜、工業用精密成型品、ホームケミカル製品、他
10)	主な取引先	高機能プラスチック製品メーカー、配管工事会社、その他

2.20.2 リチウムポリマー電池技術に関する製品・技術

今回の調査では、リチウムポリマー電池に関連するものは見出されなかった。

2.20.3 技術開発課題対応保有特許の概要

図2.20.3-1に積水化学工業の分野別および技術要素別の保有特許比率を示す。結着剤・導電剤の分野が半数以上を占め、それ以外はポリマー電解質に関するものが多い。いずれも高分子関係の技術分野である。

図 2.20.3-1 積水化学工業の分野別および技術要素別の保有特許比率

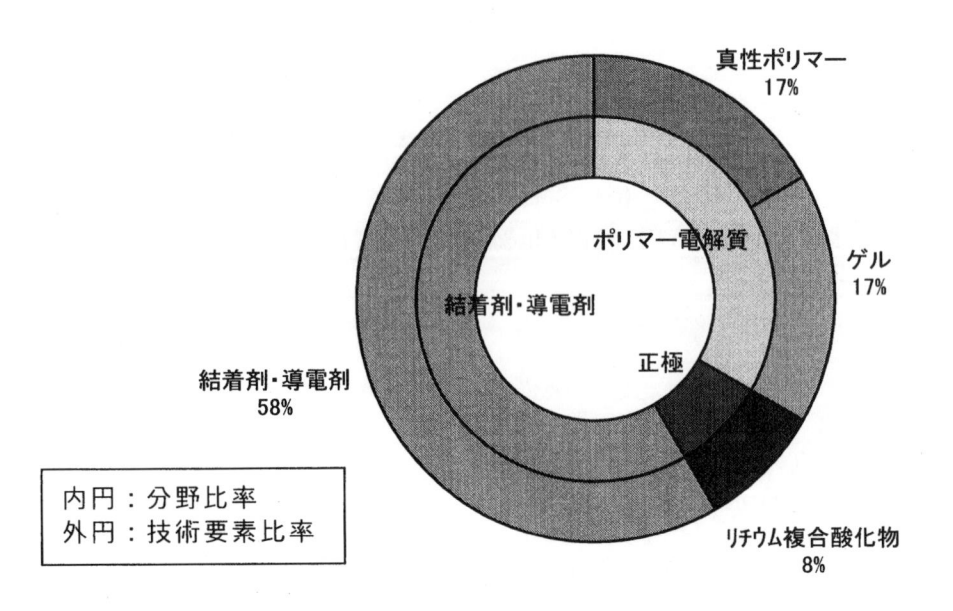

真性ポリマー 17%
ゲル 17%
ポリマー電解質
結着剤・導電剤
正極
結着剤・導電剤 58%
リチウム複合酸化物 8%

内円：分野比率
外円：技術要素比率

表 2.20.3-1 に上記の保有特許について、技術開発の課題と解決手段の概要を示す（課題と解決手段の詳細は、前述の 1.4 を参照）。

ポリマー電解質の分野での主要な技術課題は、ゲル電解質および真性ポリマー電解質のイオン伝導度向上である。結着剤・導電剤の分野ではサイクル寿命延長および容量向上に注力している。

表 2.20.3-1 積水化学工業の保有特許リスト（1/2）

分野	技術要素	公報番号	特許分類	課題		概要（解決手段要旨）
ポリマー電解質	ゲル	特開平11-162514	H01M 10/40	イオン伝導度、機械的変形による寿命	均一系ゲル電解質	融点、結晶融解熱量、極限粘度（ウベローデ粘度計、オルトクロロフェノール溶液、30℃）が所定値としたポリエステルアミドであるゲル電解質
	ゲル	特開平11-181208	C08L 33/00	イオン伝導度	均一系ゲル電解質	アクリル系モノマー、イオン解離剤、硬化剤及びリチウム化合物からなる高分子固体電解質製造用組成物
	真性ポリマー	特開2000-348770	H01M 10/40	イオン伝導度	均一体	特定の化学式で表される化合物Aと、他の特定の化学式で表される化合物Bとを反応させる
	真性ポリマー	特開2000-348728	H01M 4/62	イオン伝導度	均一体	特定の化学式で表される化合物からなるイオン伝導性高分子
正極	リチウム複合酸化物	特開2000-311690	H01M 4/62	寿命、伝導性	複合活物質、導電集電体	導電助剤、ビピリジン類を反応させて得られるポリマー

180

表 2.20.3-1 積水化学工業の保有特許リスト (2/2)

分野	技術要素	公報番号	特許分類	課題		概要（解決手段要旨）
結着剤・導電剤		特開平11-111301	H01M 4/62	容量特性、サイクル寿命	電解兼用結着剤、有機・無機導電剤	特定の化学式で示される構造を有する化合物、及び、2m個の1価の対イオン
		特開2000-100440	H01M 4/62	サイクル寿命	単機能結着剤	ポリエステルアミドの溶液からなり、溶液濃度が1～10重量％、溶液粘度（B型粘度計、10rpm、ローターNo.1、23℃）が100～500cps
		特開2000-100441	H01M 4/62	サイクル寿命	単機能結着剤	熱可塑性架橋エラストマ
		特開2000-182620	H01M 4/62	容量特性、サイクル寿命	電解質兼用結着剤、有機・無機導電剤	特定の化学式で示される陽イオン重合体、及び2n個の1価の対イオンからなり、nが5～1,000の整数である二次電池の電極用導電助剤
		特開2000-311690	H01M 4/62	容量特性、サイクル寿命	電解質兼用結着剤、有機・無機導電剤	特定の化学式で示される化合物とビピリジン類を反応させて得られるポリマーからなる二次電池電極用導電助剤
		特開2000-348770	H01M 10/40	容量特性、サイクル寿命	電解質兼用結着剤	特定の化学式で表される化合物Aと、他の特定の化学式で表される化合物Bとを反応させて得られるイオン伝導性高分子
		特開2000-348728	H01M 4/62	容量特性、サイクル寿命	電解質兼用結着剤	特定の化学式で表される化合物からなるイオン伝導性高分子

2.20.4 技術開発拠点

大阪府：本社、高機能プラスチックカンパニー開発研究所
京都府：積水化学工業
滋賀県：滋賀水口工場
埼玉県：武蔵工場

2.20.5 研究開発者

図 2.20.5-1 に積水化学の発明者数と出願件数の推移を示す。1997年から出願を開始している。

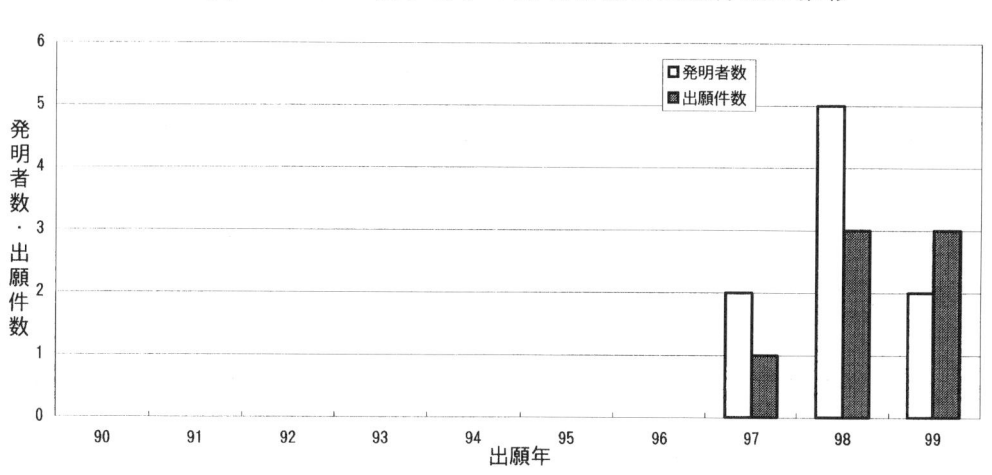

図 2.20.5-1 積水化学の発明者数と出願件数の推移

2.21 大学

2.21.1 横浜国立大学工学部物質工学科

(1) 研究室の概要

表 2.21.1-1 横浜国立大学工学部物資工学科のリチウムポリマー電池関連研究室の概要

1)	研究室名	渡辺・今林研究室
2)	教授名	渡辺 正義
3)	研究テーマ	高分子固体電解質に関する研究
4)	リチウムポリマー電池関連の研究内容	イオン伝導性高分子（リチウム系、イオン性液体系、プロトン系）の開発と物性評価・導電機構の検討、これを固体電解質とした固体電気化学系や電気化学機能界面の構築、高分子中の酸化還元錯体間の電子移動反応の解析、固体電池や燃料電池への応用。
5)	所在地	神奈川県横浜市保土ヶ谷区常盤台79-5 横浜国立大学工学部物資工学科 Tel：045-339-3955

(2) 特許リスト

表 2.21.1-2 渡辺正義教授の発明による特許リスト (1/2)

分野	技術要素	公報番号	特許分類	課題	概要（解決手段要旨）	
ポリマー電解質	真性ポリマー	特許3022317	C08L71/02	イオン伝導度，機械的変形による寿命	均一体	オリゴオキシエチレン側鎖を有するポリエーテル共重合体
	真性ポリマー	特開平10-265673	C08L101/00	イオン伝導度、サイクル寿命	均一体	高分子化合物(A)でイオン性液体(B)を固体化させた高分子化合物複合体であって、イオン性液体(B)が環状アミジンオニウム塩又はピリジンオニウム塩からなる
	真性ポリマーゲル	特開2000-80265	C08L71/02	イオン伝導度	均一体、均一系ゲル電解質	イオン伝導性ポリマーに、ベンゼン環および／またはナフタレン環が含まれるホウ素化合物のアルカリ金属塩を配合してなる固体状イオン伝導性組成物
	真性ポリマーゲル	特開2000-90731	H01B1/12	イオン伝導度	均一体、均一系ゲル電解質	ポリエーテル系高分子と、ホウ素により架橋されたポリビニルアルコールを混合してなる固体状イオン伝導性組成物
	真性ポリマー	特開2000-268871	H01M10/40	サイクル寿命	構造体	高分子固体電解質の相中に電子伝導性高分子化合物を濃度勾配を有して含む
	真性ポリマーゲル	特開2001-72875	C08L101/12	イオン伝導度	均一体、均一系ゲル電解質	高分子骨格中に少なくとも1つ以上のホウ素原子が存在
	真性ポリマーゲル	特開2001-72876	C08L101/12	イオン伝導度	均一体、均一系ゲル電解質	高分子骨格中に少なくとも1つ以上のホウ素原子が存在

表 2.21.1-2 渡辺正義教授の発明による特許リスト (2/2)

分野	技術要素	公報番号	特許分類	課題		概要（解決手段要旨）
ポリマー電解質（続き）	ゲルポリマー 真性ポリマー	特開2001-72877	C08L101/12	イオン伝導度	均一体、均一系ゲル電解質	高分子骨格中に1個又は2個以上のホウ素原子が存在
	ゲルポリマー 真性ポリマー	特開2001-72878	C08L101/12	イオン伝導度	均一体、均一系ゲル電解質	ホウ素原子を構造中に有する化合物が添加されてなる高分子電解質
	ゲルポリマー 真性ポリマー	特開2001-131246	C08F290/06	イオン伝導度	均一体、均一系ゲル電解質	高分子骨格中に四価のホウ素原子を有する高分子化合物を含有してなる高分子電解質

2.21.2 東京農工大学工学部応用分子化学科

(1) 研究室の概要

表 2.21.2-1 東京農工大学工学部応用分子化学科のリチウムポリマー電池関連研究室の概要

1)	研究室名	小山研究室	直井研究室
2)	教授名	小山 昇	直井 勝彦
3)	研究テーマ	ポリマー二次電池の研究開発	新しいエネルギー貯蔵を行う新薄膜材料の探索とそれらを用いたエネルギーデバイスの開発
4)	リチウムポリマー電池関連の研究内容	有機イオウ化合物の酸化還元反応（チオール／ジスルフィド反応）をベースに、その遷移金属錯体や導電性ポリマーなどを組み合わせることにより、軽く、容量やエネルギー密度の高い二次電池用正極の開発を行う。	スーパーキャパシタやプラスチック電池を提案し、そのエネルギー貯蔵プロセスの解明、制御、高効率化に関する検討。
5)	所在地	東京都小金井市中町2-24-16 東京農工大学工学部 Tel：042-388-7003	

(2) 特許リスト

表 2.21.1-2 小山昇教授の発明による特許リスト (1/2)

分野	技術要素	公報番号	特許分類	課題		概要（解決手段要旨）
ポリマー電解質	ゲル	特開2001-93575	H01M10/40	イオン伝導度	均一系ゲル電解質	マトリックスポリマーが、特定の化学式で示されるアクリロイル基含有化合物と、他の特定の化学式で示される両末端ビニルエーテル基含有架橋化合物から構成される化学架橋体を含有するポリマー電池用ゲル電解質

表 2.21.1-2 小山昇教授の発明による特許リスト (2/2)

分野	技術要素	公報番号	特許分類	課題		概要（解決手段要旨）
ポリマー電解質（続き）	ゲル	特開2001-189166	H01M 10/40	イオン伝導度、サイクル寿命	均一系ゲル電解質	ポリマーゲルは、(I)共重合可能なビニル基を1つ有する少なくとも1種のモノマーから誘導された単位と、(II)(II-a)2つのアクリロイル基とオキシエチレン基とを持つ化合物、(II-b)1つのアクリロイル基とオキシエチレン基とを持つ化合物および(II-c)グリシジルエーテル化合物の中から選択された少なくとも1種の化合物から誘導された単位とを含むポリマー電解質
正極	高分子	特開平6-231752	H01M 4/02	充放電特性	有機イオウ系	4,5-ジアミノ-2,6-ジメルカプトピリミジン（ジスルフィド系化合物）と、π電子共役系導電性高分子（ポリアニリン等）とから成る

表 2.21.1-3 直井勝彦教授の発明による特許リスト

分野	技術要素	公報番号	特許分類	課題		概要（解決手段要旨）
正極	高分子	特開平9-153362	H01M 4/60	容量特性 充放電特性	有機イオウ系	テトラゾール環を有することを特徴とするスルフィド系電極材料、5,5'-ジチオビス（1-フェニルテトラゾール）を含有
	高分子	特開平9-153363	H01M 4/60	充放電特性	有機イオウ系	オキサジアゾール環を有することを特徴とするスルフィド系電極材料、2,2'-ジチオビス（5-フェニル-1,3,4-オキサジアゾール）を含有

2.21.3 岩手大学工学部応用化学科
(1) 研究室の概要

表 2.21.3-1 岩手大学工学部応用化学科のリチウムポリマー電池関連研究室の概要

1)	研究室名	熊谷研究室	森邦夫研究室
2)	教授名	熊谷　直昭	森　邦夫
3)	研究テーマ	高エネルギー密度二次電池に関する研究	新しいエネルギー貯蔵を行う新薄膜材料の探索とそれらを用いたエネルギーデバイスの開発
4)	リチウムポリマー電池関連の研究内容	リチウムイオンを可逆的に脱・挿入（インターカレーション）できる一群のホスト化合物は、二次電池用正極剤としても注目されている。より優れた性能の電池開発を目指して、企業や他研究グループとの共同開発も含めた研究を進めている。	トリアジンチオールとの合成研究と物性解明、金属表面に種々の特性を有するトリアジンチオール誘導体を高分子膜として積層させる「電解規則重合」の研究、オン-オフ自動スイッチ機能を有する導電性複合体の研究など。
5)	所在地	岩手県盛岡市上田4-3-5 岩手大学工学部 Tel：019-621-6307	

(2) 特許リスト

表 2.21.3-2 熊谷直昭教授の発明による特許リスト

分野	技術要素	公報番号	特許分類	課題		概要（解決手段要旨）
負極	無機系 その他	特開平8-241707	H01M 4/02	充放電特性	酸・窒化物等	基板上に、スパッタリング等により金属酸化物薄膜を作製して、特性のよい負極材料を得る
正極	複合リチウム酸化物	特許2575993	H01M 4/58	容量特性、充放電特性	LiMn複合酸化物、複合活物質	二酸化マンガン、五酸化バナジウム及びリチウムを含む一般式 $Li_yMn_2O_4 \cdot {}_xV_2O_5$ ($0<x<0.75$、$0<y<2$) で示される3成分系化合物を正極活物質
	その他 酸化物、バナジウム	特開平7-142054	H01M 4/02	薄形軽量化	V_2O_5系、複合活物質、その他	化学式$(Li_xNb_2O_5)$ ($1<x<2$)の五酸化ニオブ膜
	その他 酸化物、バナジウム	特開平8-241707	H01M 4/02	充放電特性、薄形軽量化	V_2O_5系、複合活物質、その他	五酸化バナジウム薄膜、五酸化ニオブ薄膜、$LiCoO_2$薄膜、$LiNiO_2$薄膜、$LiMn_2O_4$薄膜、Li_xMnO_4薄膜 ($0.3<x<0.6$) 又はTiS_2薄膜を正極活性物質とする

表 2.21.3-3 森邦夫教授および大石好行助教授の発明による特許リスト

分野	技術要素	公報番号	特許分類	課題		概要（解決手段要旨）
電解質	ポリマー 真性ポリマー	特開2000-299131	H01M 10/40	機械的変形による寿命	均一体	ポリマー電解質の主鎖にトリアジンジチオ構造を含む

3. 主要企業の技術開発拠点

3.1 ポリマー電解質
3.2 負極
3.3 正極
3.4 結着剤・導電剤
3.5 シート電極・シート素電池
3.6 外装

> 特許流通
> 支援チャート

3．主要企業の技術開発拠点

電池メーカーの拠点は関東・近畿地方に集中している。他方、化学メーカーなどについては地方分散傾向が認められる。

図 3-1 に、主要 20 社のリチウムポリマー電池技術について特許公報に記載された発明者の居所から、主要各企業の研究開発拠点をプロットしたマップを示す。番号は各企業に対応しているが、次頁以下の分野ごとに企業名との対照表を設けているので参照されたい。

電池メーカーの拠点は関東・近畿地方に集中しているが、発明者の居所表示をすべて本社所在地としている企業があると思われるので、実態はより広範に地方拠点を有すると考えられる。他方、化学メーカーなどについては地方分散傾向が認められる。

図 3-1 リチウムポリマー電池の技術開発拠点図

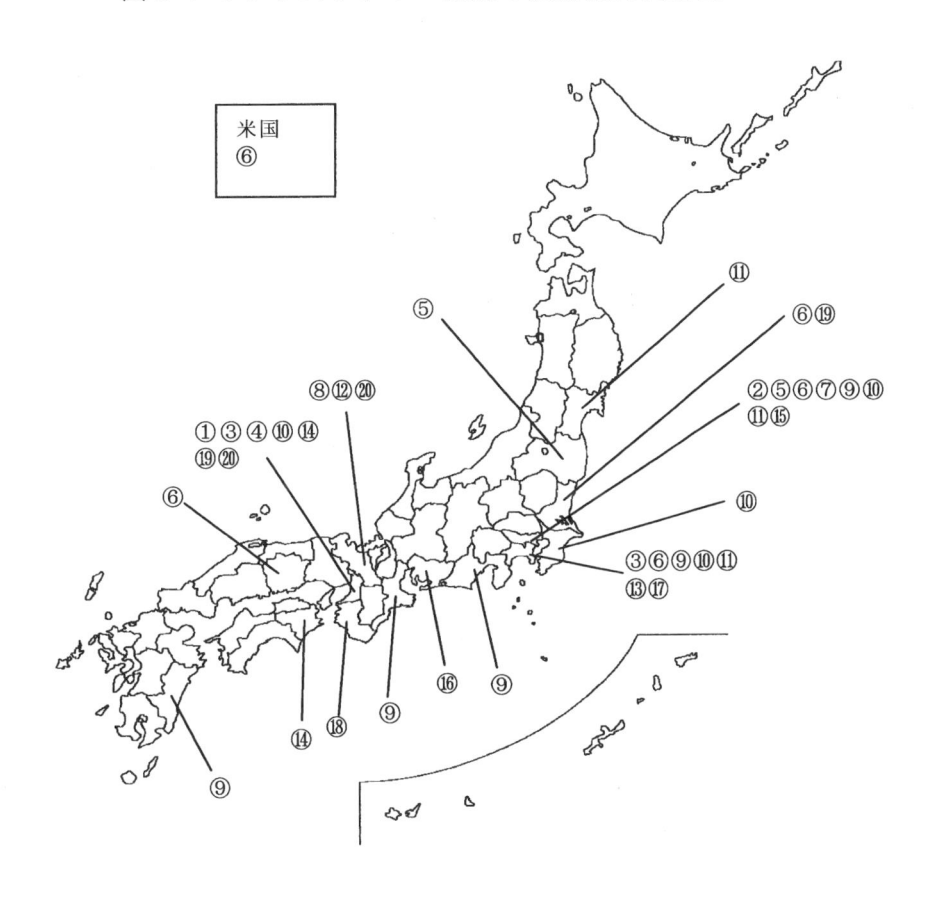

3.1 ポリマー電解質

図 3.1-1 ポリマー電解質の技術開発拠点図

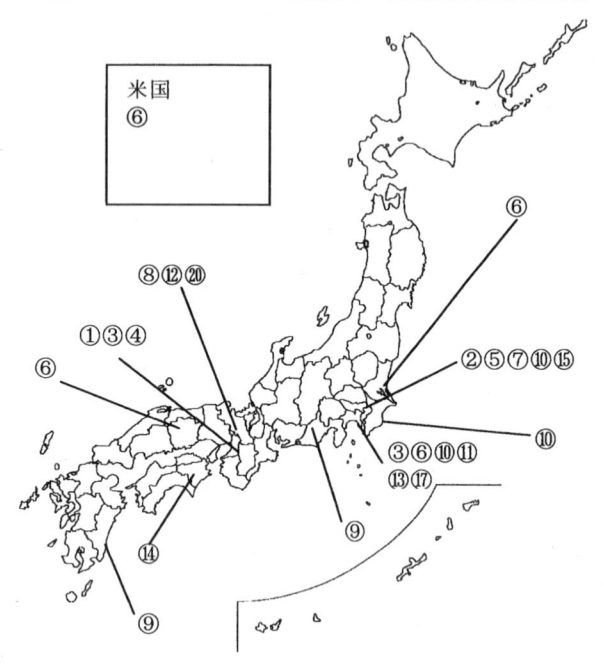

ポリマー電解質分野についての技術開発拠点図および技術開発拠点一覧表をそれぞれ図 3.1-1、表 3.1-1 に示す。関東（東芝電池、ソニー、リコーなど）と近畿（ユアサコーポレーション、松下電器産業、三洋電機など）に集中している。上記両地域以外では、静岡県（旭化成）、岡山県（三菱化学）、徳島県（大塚化学）、宮崎県（旭化成）および米国（三菱化学）に拠点がみとめられる。

なお、表中の「出願件数」とは継続中または権利維持中の特許出願件数をいう。次頁以下も同様である。

表 3.1-1 ポリマー電解質の技術開発拠点一覧表

No.	企業名	事業所名	住所	真性ポリマー電解質 出願件数	真性ポリマー電解質 発明者数	ゲル電解質 出願件数	ゲル電解質 発明者数
①	ユアサコーポレーション	本社	大阪府	38	21	62	34
②	東芝電池	本社	東京都	1	2	29	20
③	松下電器産業	本社	大阪府	23	22	30	22
		松下技研（株）	神奈川			5	5
④	三洋電機	本社	大阪府	23	22	42	36
⑤	ソニー	本社	東京都	17	25	39	28
⑥	三菱化学	横浜総合研究所	神奈川県	10	6	31	9
		筑波総合研究所	茨城県		4		
		水島事業所	岡山県				2
			米国		3		4
⑦	リコー	大森事業所	東京都	8	8	28	17
⑧	日本電池	本社	京都府	4	3	33	10
⑨	旭化成	富士支社	静岡県	2	3	25	12
		延岡支社	宮崎県			2	2
⑩	昭和電工	総合技術研究所	東京都	23	2	26	
		総合研究所	千葉県		13		13
		千葉事業所	千葉県		1		1
		川崎樹脂研究所	神奈川県		2		2
⑪	富士写真フイルム	足柄工場	神奈川県	3	2	16	10
⑫	第一工業製薬	研究所	京都府	14	4	17	5
⑬	旭硝子	中央研究所	神奈川県	1	4	20	16
⑭	大塚化学	徳島研究所	徳島県	9	6	5	5
⑮	新神戸電機	本社	東京都	7	7	2	4
⑰	富士通	研究所	神奈川県	3	5	7	9
⑳	積水化学工業	研究所	京都府	2	2	2	4

3.2 負極

図3.2-1 負極の技術開発拠点図

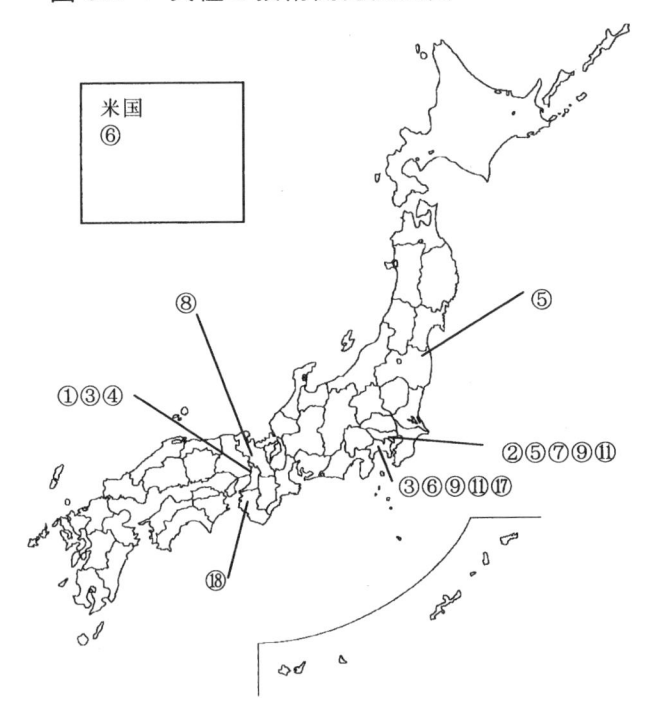

負極分野についての技術開発拠点図および技術開発拠点一覧表をそれぞれ図3.2-1、表3.2-1に示す。ポリマー電解質分野におけるより、さらに関東と近畿に集中している。関東の東京都、神奈川県以外では茨城県（三菱化学）に、近畿の大阪府、京都府以外では和歌山県（花王）、三重県（三菱化学）にみられる。

関東、近畿以外の地域では、福島県（ソニー）、米国（三菱化学）のみである。

負極の種類によって取組んでいる企業または拠点が異なっているのは、商品化されている炭素系に対して、その他無機系負極は開発途上であることを考慮すると、応用研究と基礎研究への取組み姿勢および研究開発の場の違いが現れているものと思われる。

表3.2-1 負極の技術開発拠点一覧表

NO.	企業名	事業所名	住所	炭素系負極 出願件数	炭素系負極 発明者数	その他無機系負極 出願件数	その他無機系負極 発明者数
①	ユアサコーポレーション	本社	大阪府	4	7		
②	東芝電池	本社	東京都	3	2		
③	松下電器産業	本社	大阪府	2	4	9	16
		松下技研（株）	神奈川県		4		2
④	三洋電機	本社	大阪府	8	21	2	7
⑤	ソニー	本社	東京都	1	8	3	2
		ソニー福島（株）	福島県				2
⑥	三菱化学	横浜総合研究所	神奈川県			1	
			米国				2
⑦	リコー	大森事業所	東京都	6	10	2	1
⑧	日本電池	本社	京都府	2	4	1	2
⑨	旭化成	川崎支社	神奈川県	3	5	1	2
		山陽石油化学（株）	東京都		1		
⑪	富士写真フイルム	本社	東京都			8	11
		足柄工場	神奈川県				1
⑰	富士通	研究所	神奈川県			1	5
⑱	花王	研究所	和歌山県			4	8

3.3 正極

図3.3-1 正極の技術開発拠点図

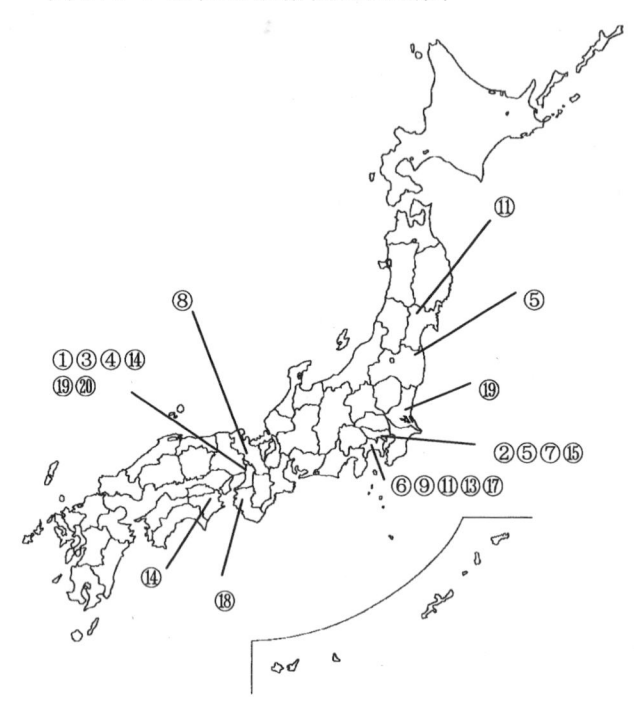

正極分野に関する技術開発拠点図および技術開発拠点一覧表をそれぞれ図3.3-1、表3.3-1に示す。やはり関東と近畿に開発拠点が集中している。関東では東京都、神奈川県以外では、茨城県（住友化学）に、近畿では大阪府、京都府以外では和歌山県（花王）にみられる。関東、近畿以外では、宮城県（富士写真フイルム）、福島県（ソニー）および徳島県（大塚化学）にみられる。

商品化されているリチウム複合酸化物に比較すると、開発中の高分子正極およびバナジウム酸化物正極などに取組んでいる企業が少ない。

表3.3-1 正極の技術開発拠点一覧表

NO.	企業名	事業所名	住所	リチウム複合酸化物正極 出願件数	リチウム複合酸化物正極 発明者数	高分子正極 出願件数	高分子正極 発明者数	バナジウム酸化物正極、その他 出願件数	バナジウム酸化物正極、その他 発明者数
①	ユアサコーポレーション	本社	大阪府	6	12				
②	東芝電池	本社	東京都	2	2				
③	松下電器産業	本社	大阪府	1	4	3	5	2	4
④	三洋電機	本社	大阪府	11	19				
⑤	ソニー	本社	東京都	4	3				
		ソニー福島（株）	福島県		3				
⑥	三菱化学	横浜総合研究所	神奈川県	4	6			1	
⑦	リコー	大森事業所	東京都	13	9	2	5	8	12
⑧	日本電池	本社	京都府	7	12			2	1
⑨	旭化成	川崎支社	神奈川県	1	2				
⑪	富士写真フイルム	足柄工場	神奈川県	7	5				
		富士フイルムセルテック（株）	宮城県		2				
⑬	旭硝子	中央研究所	神奈川県	2	7				
⑭	大塚化学	本社	大阪府					6	1
		徳島研究所	徳島県						4
⑮	新神戸電機	本社	東京都					6	7
⑰	富士通	研究所	神奈川県	1	2				
⑱	花王	研究所	和歌山県	6	5				
⑲	住友化学工業	筑波研究所	茨城県	7	7				
		大阪工場	大阪府		1				
⑳	積水化学工業	大阪本社	大阪府	1	2				

3.4 結着剤・導電剤

図3.4-1 結着剤・導電剤の技術開発拠点図

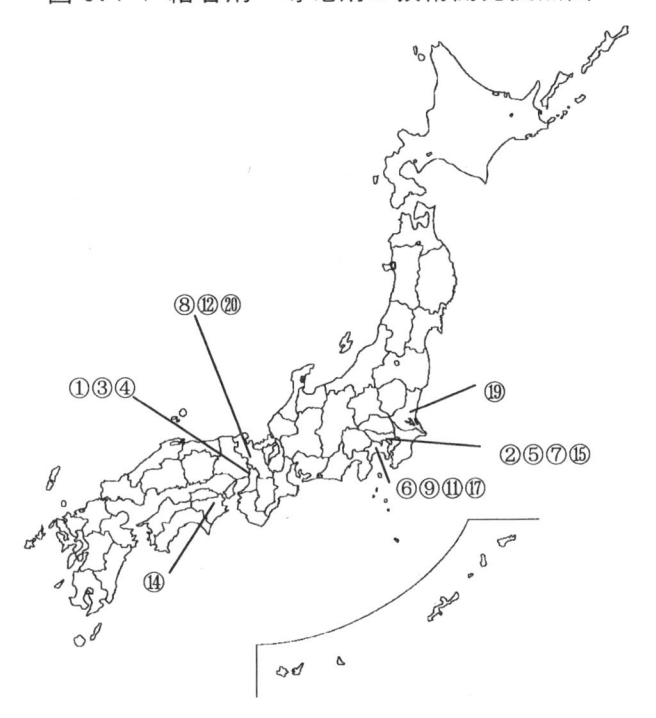

結着剤・導電剤に関する技術開発拠点図および技術開発拠点一覧表をそれぞれ図3.4-1、表3.4-1に示す。

やはり、関東・近畿に集中していることは、前出の各分野の特徴と同様である。

関東では東京都、神奈川県以外では、茨城県（住友化学）にみられる。近畿では大阪府、京都府に集中している。関東・近畿以外の地方では、徳島県（大塚化学）にある。

表3.4-1 結着剤・導電剤の技術開発拠点一覧表

No.	企業名	事業所名	住所	出願件数	発明者数
①	ユアサコーポレーション	本社	大阪府	13	14
②	東芝電池	本社	東京都	13	14
③	松下電器産業	本社	大阪府	15	22
④	三洋電機	本社	大阪府	2	8
⑤	ソニー	本社	東京都	3	10
⑥	三菱化学	横浜総合研究所	神奈川県	6	3
⑦	リコー	大森事業所	東京都	11	5
⑧	日本電池	本社	京都府	2	2
⑨	旭化成	川崎支社	神奈川県	3	1
⑪	富士写真フイルム	足柄工場	神奈川県	2	2
⑫	第一工業製薬	研究所	京都府	1	1
⑭	大塚化学	徳島研究所	徳島県	1	3
⑮	新神戸電機	本社	東京都	1	1
⑰	富士通	富士通研究所	神奈川県	5	5
⑲	住友化学工業	筑波研究所	茨城県	3	6
⑳	積水化学工業	研究所	京都府	7	7

3.5 シート電極・シート素電池

図 3.5-1 シート電極・シート素電池の技術開発拠点図

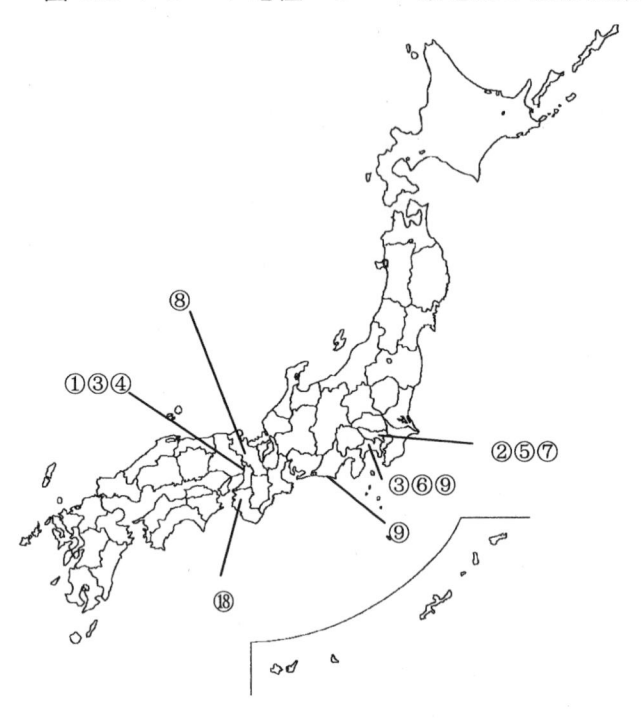

シート電極・シート素電池についての技術開発拠点図および技術開発拠点一覧表をそれぞれ図 3.5-1、表 3.5-1 に示す。

関東・近畿に集中しているが、拠点数は比較的少ない。これは、この技術要素が次の外装と同様に実際の生産技術と密接に関連するためと思われる。

表 3.5-1 シート電極・シート素電池の技術開発拠点一覧表

No.	企業名	事業所名	住所	出願件数	発明者数
①	ユアサコーポレーション	本社	大阪府	8	14
②	東芝電池	本社	東京都	7	8
③	松下電器産業	本社	大阪府	6	13
		松下技研（株）	神奈川県		5
④	三洋電機	本社	大阪府	2	5
⑤	ソニー	本社	東京都	7	15
⑥	三菱化学	横浜総合研究所	神奈川県	10	6
⑦	リコー	大森事業所	東京都	4	10
⑧	日本電池	本社	京都府	4	3
⑨	旭化成	川崎支社	神奈川県	4	2
		中央技術研究所	静岡県		2
⑱	花王	研究所	和歌山県	3	3

3.6 外装

図 3.6-1 外装の技術開発拠点図

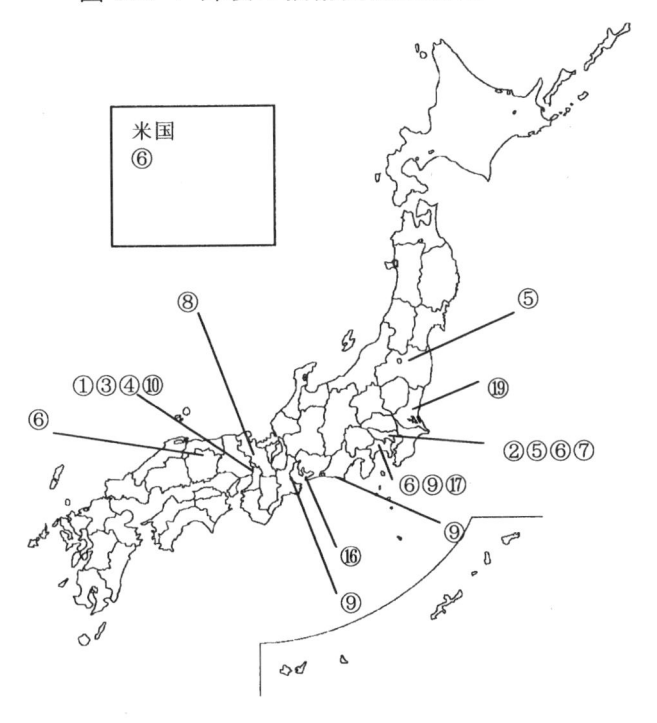

外装に関する技術開発拠点図および技術開発拠点一覧表をそれぞれ図 3.6-1、表 3.6-1 に示す。他の技術要素と比較すると、若干ではあるが、関東・近畿への集中度が減少し、地方分散傾向が認められる。愛知県（東海ゴム工業）、静岡県（旭化成）、福島県（ソニー）などがその例である。実際の製造現場における発明の比重が高いためと思われる。

表 3.6-1 外装の技術開発拠点一覧表

No.	企業名	事業所名	住所	出願件数	発明者数
①	ユアサコーポレーション	本社	大阪府	20	20
②	東芝電池	本社	東京都	41	26
③	松下電器産業	本社	大阪府	9	16
④	三洋電機	本社	大阪府	26	33
⑤	ソニー	本社	東京都	26	34
		ソニー福島（株）	福島県		3
⑥	三菱化学	東京支社	東京都	23	1
		横浜総合研究所	神奈川県		7
		水島事業所	岡山県		4
			米国		3
⑦	リコー	大森事業所	東京都	9	14
⑧	日本電池	本社	京都府	26	13
⑨	旭化成	川崎支社	神奈川県	7	2
		中央技術研究所	静岡県		2
		鈴鹿事業所	三重県		1
⑩	昭和電工	堺事業所	大阪府	7	19
⑯	東海ゴム工業	本社	愛知県	17	4
⑰	富士通	富士通研究所	神奈川県	1	3
⑲	住友化学工業	筑波研究所	茨城県	1	3

資料

1. 工業所有権総合情報館と特許流通促進事業
2. 特許流通アドバイザー一覧
3. 特許電子図書館情報検索指導アドバイザー一覧
4. 知的所有権センター一覧
5. 平成13年度25技術テーマの特許流通の概要
6. 特許番号一覧
7. 開放可能な特許一覧

資料1．工業所有権総合情報館と特許流通促進事業

　特許庁工業所有権総合情報館は、明治20年に特許局官制が施行され、農商務省特許局庶務部内に図書館を置き、図書等の保管・閲覧を開始したことにより、組織上のスタートを切りました。

　その後、我が国が明治32年に「工業所有権の保護等に関するパリ同盟条約」に加入することにより、同条約に基づく公報等の閲覧を行う中央資料館として、国際的な地位を獲得しました。

　平成9年からは、工業所有権相談業務と情報流通業務を新たに加え、総合的な情報提供機関として、その役割を果たしております。さらに平成13年4月以降は、独立行政法人工業所有権総合情報館として生まれ変わり、より一層の利用者ニーズに機敏に対応する業務運営を目指し、特許公報等の情報提供及び工業所有権に関する相談等による出願人支援、審査審判協力のための図書等の提供、開放特許活用等の特許流通促進事業を推進しております。

1　事業の概要

(1) 内外国公報類の収集・閲覧

　下記の公報閲覧室でどなたでも内外国公報等の調査を行うことができる環境と体制を整備しています。

閲覧室	所在地	TEL
札幌閲覧室	北海道札幌市北区北7条西2-8　北ビル7F	011-747-3061
仙台閲覧室	宮城県仙台市青葉区本町3-4-18　太陽生命仙台本町ビル7F	022-711-1339
第一公報閲覧室	東京都千代田区霞が関3-4-3　特許庁2F	03-3580-7947
第二公報閲覧室	東京都千代田区霞が関1-3-1　経済産業省別館1F	03-3581-1101（内線3819）
名古屋閲覧室	愛知県名古屋市中区栄2-10-19　名古屋商工会議所ビルB2F	052-223-5764
大阪閲覧室	大阪府大阪市天王寺区伶人町2-7　関西特許情報センター1F	06-4305-0211
広島閲覧室	広島県広島市中区上八丁堀6-30　広島合同庁舎3号館	082-222-4595
高松閲覧室	香川県高松市林町2217-15　香川産業頭脳化センタービル2F	087-869-0661
福岡閲覧室	福岡県福岡市博多区博多駅東2-6-23　住友博多駅前第2ビル2F	092-414-7101
那覇閲覧室	沖縄県那覇市前島3-1-15　大同生命那覇ビル5F	098-867-9610

(2) 審査審判用図書等の収集・閲覧

　審査に利用する図書等を収集・整理し、特許庁の審査に提供すると同時に、「図書閲覧室（特許庁2F）」において、調査を希望する方々へ提供しています。【TEL：03-3592-2920】

(3) 工業所有権に関する相談

　相談窓口（特許庁　2F）を開設し、工業所有権に関する一般的な相談に応じています。

手紙、電話、e-mail 等による相談も受け付けています。
　【TEL：03-3581-1101(内線 2121～2123)】【FAX：03-3502-8916】
　【e-mail：PA8102@ncipi.jpo.go.jp】

(4) 特許流通の促進
　特許権の活用を促進するための特許流通市場の整備に向け、各種事業を行っています。
(詳細は 2 項参照)【TEL：03-3580-6949】

2　特許流通促進事業

　先行き不透明な経済情勢の中、企業が生き残り、発展して行くためには、新しいビジネスの創造が重要であり、その際、知的資産の活用、とりわけ技術情報の宝庫である特許の活用がキーポイントとなりつつあります。
　また、企業が技術開発を行う場合、まず自社で開発を行うことが考えられますが、商品のライフサイクルの短縮化、技術開発のスピードアップ化が求められている今日、外部からの技術を積極的に導入することも必要になってきています。
　このような状況下、特許庁では、特許の流通を通じた技術移転・新規事業の創出を促進するため、特許流通促進事業を展開していますが、2001 年 4 月から、これらの事業は、特許庁から独立をした「独立行政法人　工業所有権総合情報館」が引き継いでいます。

(1) 特許流通の促進
① 特許流通アドバイザー
　全国の知的所有権センター・TLO 等からの要請に応じて、知的所有権や技術移転についての豊富な知識・経験を有する専門家を特許流通アドバイザーとして派遣しています。
　知的所有権センターでは、地域の活用可能な特許の調査、当該特許の提供支援及び大学・研究機関が保有する特許と地域企業との橋渡しを行っています。(資料 2 参照)

② 特許流通促進説明会
　地域特性に合った特許情報の有効活用の普及・啓発を図るため、技術移転の実例を紹介しながら特許流通のプロセスや特許電子図書館を利用した特許情報検索方法等を内容とした説明会を開催しています。

(2) 開放特許情報等の提供
① 特許流通データベース
　活用可能な開放特許を産業界、特に中小・ベンチャー企業に円滑に流通させ実用化を推進していくため、企業や研究機関・大学等が保有する提供意思のある特許をデータベース化し、インターネットを通じて公開しています。(http://www.ncipi.go.jp)

② 開放特許活用例集
　特許流通データベースに登録されている開放特許の中から製品化ポテンシャルが高い案

件を選定し、これら有用な開放特許を有効に使ってもらうためのビジネスアイデア集を作成しています。

③ 特許流通支援チャート
　企業が新規事業創出時の技術導入・技術移転を図る上で指標となりうる国内特許の動向を技術テーマごとに、分析したものです。出願上位企業の特許取得状況、技術開発課題に対応した特許保有状況、技術開発拠点等を紹介しています。

④ 特許電子図書館情報検索指導アドバイザー
　知的財産権及びその情報に関する専門的知識を有するアドバイザーを全国の知的所有権センターに派遣し、特許情報の検索に必要な基礎知識から特許情報の活用の仕方まで、無料でアドバイス・相談を行っています。(資料3参照)

(3) 知的財産権取引業の育成
① 知的財産権取引業者データベース
　特許を始めとする知的財産権の取引や技術移転の促進には、欧米の技術移転先進国に見られるように、民間の仲介事業者の存在が不可欠です。こうした民間ビジネスが質・量ともに不足し、社会的認知度も低いことから、事業者の情報を収集してデータベース化し、インターネットを通じて公開しています。

② 国際セミナー・研修会等
　著名海外取引業者と我が国取引業者との情報交換、議論の場(国際セミナー)を開催しています。また、産学官の技術移転を促進して、企業の新商品開発や技術力向上を促進するために不可欠な、技術移転に携わる人材の育成を目的とした研修事業を開催しています。

資料2．特許流通アドバイザー一覧 （平成14年3月1日現在）

○経済産業局特許室および知的所有権センターへの派遣

派遣先	氏名	所在地	TEL
北海道経済産業局特許室	杉谷 克彦	〒060-0807 札幌市北区北7条西2丁目8番地1北ビル7階	011-708-5783
北海道知的所有権センター （北海道立工業試験場）	宮本 剛汎	〒060-0819 札幌市北区北19条西11丁目 北海道立工業試験場内	011-747-2211
東北経済産業局特許室	三澤 輝起	〒980-0014 仙台市青葉区本町3-4-18 太陽生命仙台本町ビル7階	022-223-9761
青森県知的所有権センター （(社)発明協会青森県支部）	内藤 規雄	〒030-0112 青森市大字八ツ役字芦谷202-4 青森県産業技術開発センター内	017-762-3912
岩手県知的所有権センター （岩手県工業技術センター）	阿部 新喜司	〒020-0852 盛岡市飯岡新田3-35-2 岩手県工業技術センター内	019-635-8182
宮城県知的所有権センター （宮城県産業技術総合センター）	小野 賢悟	〒981-3206 仙台市泉区明通二丁目2番地 宮城県産業技術総合センター内	022-377-8725
秋田県知的所有権センター （秋田県工業技術センター）	石川 順三	〒010-1623 秋田市新屋町字砂奴寄4-11 秋田県工業技術センター内	018-862-3417
山形県知的所有権センター （山形県工業技術センター）	冨樫 富雄	〒990-2473 山形市松栄1-3-8 山形県産業創造支援センター内	023-647-8130
福島県知的所有権センター （(社)発明協会福島県支部）	相澤 正彬	〒963-0215 郡山市待池台1-12 福島県ハイテクプラザ内	024-959-3351
関東経済産業局特許室	村上 義英	〒330-9715 さいたま市上落合2-11 さいたま新都心合同庁舎1号館	048-600-0501
茨城県知的所有権センター （(財)茨城県中小企業振興公社）	齋藤 幸一	〒312-0005 ひたちなか市新光町38 ひたちなかテクノセンタービル内	029-264-2077
栃木県知的所有権センター （(社)発明協会栃木県支部）	坂本 武	〒322-0011 鹿沼市白桑田516-1 栃木県工業技術センター内	0289-60-1811
群馬県知的所有権センター （(社)発明協会群馬県支部）	三田 隆志	〒371-0845 前橋市鳥羽町190 群馬県工業試験場内	027-280-4416
	金井 澄雄	〒371-0845 前橋市鳥羽町190 群馬県工業試験場内	027-280-4416
埼玉県知的所有権センター （埼玉県工業技術センター）	野口 満	〒333-0848 川口市芝下1-1-56 埼玉県工業技術センター内	048-269-3108
	清水 修	〒333-0848 川口市芝下1-1-56 埼玉県工業技術センター内	048-269-3108
千葉県知的所有権センター （(社)発明協会千葉県支部）	稲谷 稔宏	〒260-0854 千葉市中央区長洲1-9-1 千葉県庁南庁舎内	043-223-6536
	阿草 一男	〒260-0854 千葉市中央区長洲1-9-1 千葉県庁南庁舎内	043-223-6536
東京都知的所有権センター （東京都城南地域中小企業振興センター）	鷹見 紀彦	〒144-0035 大田区南蒲田1-20-20 城南地域中小企業振興センター内	03-3737-1435
神奈川県知的所有権センター支部 （(財)神奈川高度技術支援財団）	小森 幹雄	〒213-0012 川崎市高津区坂戸3-2-1 かながわサイエンスパーク内	044-819-2100
新潟県知的所有権センター （(財)信濃川テクノポリス開発機構）	小林 靖幸	〒940-2127 長岡市新産4-1-9 長岡地域技術開発振興センター内	0258-46-9711
山梨県知的所有権センター （山梨県工業技術センター）	廣川 幸生	〒400-0055 甲府市大津町2094 山梨県工業技術センター内	055-220-2409
長野県知的所有権センター （(社)発明協会長野県支部）	徳永 正明	〒380-0928 長野市若里1-18-1 長野県工業試験場内	026-229-7688
静岡県知的所有権センター （(社)発明協会静岡県支部）	神長 邦雄	〒421-1221 静岡市牧ヶ谷2078 静岡工業技術センター内	054-276-1516
	山田 修寧	〒421-1221 静岡市牧ヶ谷2078 静岡工業技術センター内	054-276-1516
中部経済産業局特許室	原口 邦弘	〒460-0008 名古屋市中区栄2-10-19 名古屋商工会議所ビルB2F	052-223-6549
富山県知的所有権センター （富山県工業技術センター）	小坂 郁雄	〒933-0981 高岡市二上町150 富山県工業技術センター内	0766-29-2081
石川県知的所有権センター （財)石川県産業創出支援機構	一丸 義次	〒920-0223 金沢市戸水町イ65番地 石川県地場産業振興センター新館1階	076-267-8117
岐阜県知的所有権センター （岐阜県科学技術振興センター）	松永 孝義	〒509-0108 各務原市須衛町4-179-1 テクノプラザ5F	0583-79-2250
	木下 裕雄	〒509-0108 各務原市須衛町4-179-1 テクノプラザ5F	0583-79-2250
愛知県知的所有権センター （愛知県工業技術センター）	森 孝和	〒448-0003 刈谷市一ツ木町西新割 愛知県工業技術センター内	0566-24-1841
	三浦 元久	〒448-0003 刈谷市一ツ木町西新割 愛知県工業技術センター内	0566-24-1841

派遣先	氏名	所在地	TEL
三重県知的所有権センター (三重県工業技術総合研究所)	馬渡 建一	〒514-0819 津市高茶屋5-5-45 三重県科学振興センター工業研究部内	059-234-4150
近畿経済産業局特許室	下田 英宣	〒543-0061 大阪市天王寺区伶人町2-7 関西特許情報センター1階	06-6776-8491
福井県知的所有権センター (福井県工業技術センター)	上坂 旭	〒910-0102 福井市川合鷲塚町61字北稲田10 福井県工業技術センター内	0776-55-2100
滋賀県知的所有権センター (滋賀県工業技術センター)	新屋 正男	〒520-3004 栗東市上砥山232 滋賀県工業技術総合センター別館内	077-558-4040
京都府知的所有権センター ((社)発明協会京都支部)	衣川 清彦	〒600-8813 京都市下京区中堂寺南町17番地 京都リサーチパーク京都高度技術研究所ビル4階	075-326-0066
大阪府知的所有権センター (大阪府立特許情報センター)	大空 一博	〒543-0061 大阪市天王寺区伶人町2-7 関西特許情報センター内	06-6772-0704
	梶原 淳治	〒577-0809 東大阪市永和1-11-10	06-6722-1151
兵庫県知的所有権センター ((財)新産業創造研究機構)	園田 憲一	〒650-0047 神戸市中央区港島南町1-5-2 神戸キメックセンタービル6F	078-306-6808
	島田 一男	〒650-0047 神戸市中央区港島南町1-5-2 神戸キメックセンタービル6F	078-306-6808
和歌山県知的所有権センター ((社)発明協会和歌山県支部)	北澤 宏造	〒640-8214 和歌山県寄合町25 和歌山市発明館4階	073-432-0087
中国経済産業局特許室	木村 郁男	〒730-8531 広島市中区上八丁堀6-30 広島合同庁舎3号館1階	082-502-6828
鳥取県知的所有権センター ((社)発明協会鳥取県支部)	五十嵐 善司	〒689-1112 鳥取市若葉台南7-5-1 新産業創造センター1階	0857-52-6728
島根県知的所有権センター ((社)発明協会島根県支部)	佐野 馨	〒690-0816 島根県松江市北陵町1 テクノアークしまね内	0852-60-5146
岡山県知的所有権センター ((社)発明協会岡山県支部)	横田 悦造	〒701-1221 岡山市芳賀5301 テクノサポート岡山内	086-286-9102
広島県知的所有権センター ((社)発明協会広島県支部)	壹岐 正弘	〒730-0052 広島市中区千田町3-13-11 広島発明会館2階	082-544-2066
山口県知的所有権センター ((社)発明協会山口県支部)	滝川 尚久	〒753-0077 山口市熊野町1-10 NPYビル10階 (財)山口県産業技術開発機構内	083-922-9927
四国経済産業局特許室	鶴野 弘章	〒761-0301 香川県高松市林町2217-15 香川産業頭脳化センタービル2階	087-869-3790
徳島県知的所有権センター ((社)発明協会徳島県支部)	武岡 明夫	〒770-8021 徳島市雑賀町西開11-2 徳島県立工業技術センター内	088-669-0117
香川県知的所有権センター ((社)発明協会香川県支部)	谷田 吉成	〒761-0301 香川県高松市林町2217-15 香川産業頭脳化センタービル2階	087-869-9004
	福家 康矩	〒761-0301 香川県高松市林町2217-15 香川産業頭脳化センタービル2階	087-869-9004
愛媛県知的所有権センター ((社)発明協会愛媛県支部)	川野 辰己	〒791-1101 松山市久米窪田町337-1 テクノプラザ愛媛	089-960-1489
高知県知的所有権センター ((財)高知県産業振興センター)	吉本 忠男	〒781-5101 高知市布師田3992-2 高知県中小企業会館2階	0888-46-7087
九州経済産業局特許室	簗田 克志	〒812-8546 福岡市博多区博多駅東2-11-1 福岡合同庁舎内	092-436-7260
福岡県知的所有権センター ((社)発明協会福岡県支部)	道津 毅	〒812-0013 福岡市博多区博多駅東2-6-23 住友博多駅前第2ビル1階	092-415-6777
福岡県知的所有権センター北九州支部 ((株)北九州テクノセンター)	沖 宏治	〒804-0003 北九州市戸畑区中原新町2-1 (株)北九州テクノセンター内	093-873-1432
佐賀県知的所有権センター (佐賀県工業技術センター)	光武 章二	〒849-0932 佐賀市鍋島町大字八戸溝114 佐賀県工業技術センター内	0952-30-8161
	村上 忠郎	〒849-0932 佐賀市鍋島町大字八戸溝114 佐賀県工業技術センター内	0952-30-8161
長崎県知的所有権センター ((社)発明協会長崎県支部)	嶋北 正俊	〒856-0026 大村市池田2-1303-8 長崎県工業技術センター内	0957-52-1138
熊本県知的所有権センター ((社)発明協会熊本県支部)	深見 毅	〒862-0901 熊本市東町3-11-38 熊本県工業技術センター内	096-331-7023
大分県知的所有権センター (大分県産業科学技術センター)	古崎 宣	〒870-1117 大分市高江西1-4361-10 大分県産業科学技術センター内	097-596-7121
宮崎県知的所有権センター ((社)発明協会宮崎県支部)	久保田 英世	〒880-0303 宮崎県宮崎郡佐土原町東上那珂16500-2 宮崎県工業技術センター内	0985-74-2953
鹿児島県知的所有権センター (鹿児島県工業技術センター)	山田 式典	〒899-5105 鹿児島県姶良郡隼人町小田1445-1 鹿児島県工業技術センター内	0995-64-2056
沖縄総合事務局特許室	下司 義雄	〒900-0016 那覇市前島3-1-15 大同生命那覇ビル5階	098-867-3293
沖縄県知的所有権センター (沖縄県工業技術センター)	木村 薫	〒904-2234 具志川市州崎12-2 沖縄県工業技術センター内1階	098-939-2372

○技術移転機関(TLO)への派遣

派遣先	氏名	所在地	TEL
北海道ティー・エル・オー(株)	山田 邦重	〒060-0808 札幌市北区北8条西5丁目 北海道大学事務局分館2館	011-708-3633
	岩城 全紀	〒060-0808 札幌市北区北8条西5丁目 北海道大学事務局分館2館	011-708-3633
(株)東北テクノアーチ	井硲 弘	〒980-0845 仙台市青葉区荒巻字青葉468番地 東北大学未来科学技術共同センター	022-222-3049
(株)筑波リエゾン研究所	関 淳次	〒305-8577 茨城県つくば市天王台1-1-1 筑波大学共同研究棟A303	0298-50-0195
	綾 紀元	〒305-8577 茨城県つくば市天王台1-1-1 筑波大学共同研究棟A303	0298-50-0195
(財)日本産業技術振興協会 産総研イノベーションズ	坂 光	〒305-8568 茨城県つくば市梅園1-1-1 つくば中央第二事業所D-7階	0298-61-5210
日本大学国際産業技術・ビジネス育成センター	斎藤 光史	〒102-8275 東京都千代田区九段南4-8-24	03-5275-8139
	加根魯 和宏	〒102-8275 東京都千代田区九段南4-8-24	03-5275-8139
学校法人早稲田大学知的財産センター	菅野 淳	〒162-0041 東京都新宿区早稲田鶴巻町513 早稲田大学研究開発センター120-1号館1F	03-5286-9867
	風間 孝彦	〒162-0041 東京都新宿区早稲田鶴巻町513 早稲田大学研究開発センター120-1号館1F	03-5286-9867
(財)理工学振興会	鷹巣 征行	〒226-8503 横浜市緑区長津田町4259 フロンティア創造共同研究センター内	045-921-4391
	北川 謙一	〒226-8503 横浜市緑区長津田町4259 フロンティア創造共同研究センター内	045-921-4391
よこはまティーエルオー(株)	小原 郁	〒240-8501 横浜市保土ヶ谷区常盤台79-5 横浜国立大学共同研究推進センター内	045-339-4441
学校法人慶応義塾大学知的資産センター	道井 敏	〒108-0073 港区三田2-11-15 三田川崎ビル3階	03-5427-1678
	鈴木 泰	〒108-0073 港区三田2-11-15 三田川崎ビル3階	03-5427-1678
学校法人東京電機大学産官学交流センター	河村 幸夫	〒101-8457 千代田区神田錦町2-2	03-5280-3640
タマティーエルオー(株)	古瀬 武弘	〒192-0083 八王子市旭町9-1 八王子スクエアビル11階	0426-31-1325
学校法人明治大学知的資産センター	竹田 幹男	〒101-8301 千代田区神田駿河1-1	03-3296-4327
(株)山梨ティー・エル・オー	田中 正男	〒400-8511 甲府市武田4-3-11 山梨大学地域共同開発センター内	055-220-8760
(財)浜松科学技術研究振興会	小野 義光	〒432-8561 浜松市城北3-5-1	053-412-6703
(財)名古屋産業科学研究所	杉本 勝	〒460-0008 名古屋市中区栄二丁目十番十九号 名古屋商工会議所ビル	052-223-5691
	小西 富雅	〒460-0008 名古屋市中区栄二丁目十番十九号 名古屋商工会議所ビル	052-223-5694
関西ティー・エル・オー(株)	山田 富義	〒600-8813 京都市下京区中堂寺南町17 京都リサーチパークサイエンスセンタービル1号館2階	075-315-8250
	斎田 雄一	〒600-8813 京都市下京区中堂寺南町17 京都リサーチパークサイエンスセンタービル1号館2階	075-315-8250
(財)新産業創造研究機構	井上 勝彦	〒650-0047 神戸市中央区港島南町1-5-2 神戸キメックセンタービル6F	078-306-6805
	長冨 弘充	〒650-0047 神戸市中央区港島南町1-5-2 神戸キメックセンタービル6F	078-306-6805
(財)大阪産業振興機構	有馬 秀平	〒565-0871 大阪府吹田市山田丘2-1 大阪大学先端科学技術共同研究センター4F	06-6879-4196
(有)山口ティー・エル・オー	松本 孝三	〒755-8611 山口県宇部市常盤台2-16-1 山口大学地域共同研究開発センター内	0836-22-9768
	熊原 尋美	〒755-8611 山口県宇部市常盤台2-16-1 山口大学地域共同研究開発センター内	0836-22-9768
(株)テクノネットワーク四国	佐藤 博正	〒760-0033 香川県高松市丸の内2-5 ヨンデンビル別館4F	087-811-5039
(株)北九州テクノセンター	乾 全	〒804-0003 北九州市戸畑区中原新町2番1号	093-873-1448
(株)産学連携機構九州	堀 浩一	〒812-8581 福岡市東区箱崎6-10-1 九州大学技術移転推進室内	092-642-4363
(財)くまもとテクノ産業財団	桂 真郎	〒861-2202 熊本県上益城郡益城町田原2081-10	096-289-2340

資料3．特許電子図書館情報検索指導アドバイザー一覧 （平成14年3月1日現在）

○知的所有権センターへの派遣

派遣先	氏名	所在地	TEL
北海道知的所有権センター (北海道立工業試験場)	平野 徹	〒060-0819 札幌市北区北19条西11丁目	011-747-2211
青森県知的所有権センター ((社)発明協会青森県支部)	佐々木 泰樹	〒030-0112 青森市第二問屋町4-11-6	017-762-3912
岩手県知的所有権センター (岩手県工業技術センター)	中嶋 孝弘	〒020-0852 盛岡市飯岡新田3-35-2	019-634-0684
宮城県知的所有権センター (宮城県産業技術総合センター)	小林 保	〒981-3206 仙台市泉区明通2-2	022-377-8725
秋田県知的所有権センター (秋田県工業技術センター)	田嶋 正夫	〒010-1623 秋田市新屋町字砂奴寄4-11	018-862-3417
山形県知的所有権センター (山形県工業技術センター)	大澤 忠行	〒990-2473 山形市松栄1-3-8	023-647-8130
福島県知的所有権センター ((社)発明協会福島県支部)	栗田 広	〒963-0215 郡山市待池台1-12 福島県ハイテクプラザ内	024-963-0242
茨城県知的所有権センター ((財)茨城県中小企業振興公社)	猪野 正己	〒312-0005 ひたちなか市新光町38 ひたちなかテクノセンタービル1階	029-264-2211
栃木県知的所有権センター ((社)発明協会栃木県支部)	中里 浩	〒322-0011 鹿沼市白桑田516-1 栃木県工業技術センター内	0289-65-7550
群馬県知的所有権センター ((社)発明協会群馬県支部)	神林 賢蔵	〒371-0845 前橋市鳥羽町190 群馬県工業試験場内	027-254-0627
埼玉県知的所有権センター ((社)発明協会埼玉県支部)	田中 庸雅	〒331-8669 さいたま市桜木町1-7-5 ソニックシティ10階	048-644-4806
千葉県知的所有権センター ((社)発明協会千葉県支部)	中原 照義	〒260-0854 千葉市中央区長洲1-9-1 千葉県庁南庁舎R3階	043-223-7748
東京都知的所有権センター ((社)発明協会東京支部)	福澤 勝義	〒105-0001 港区虎ノ門2-9-14	03-3502-5521
神奈川県知的所有権センター (神奈川県産業技術総合研究所)	森 啓次	〒243-0435 海老名市下今泉705-1	046-236-1500
神奈川県知的所有権センター支部 ((財)神奈川高度技術支援財団)	大井 隆	〒213-0012 川崎市高津区坂戸3-2-1 かながわサイエンスパーク西棟205	044-819-2100
神奈川県知的所有権センター支部 ((社)発明協会神奈川県支部)	蓮見 亮	〒231-0015 横浜市中区尾上町5-80 神奈川中小企業センター10階	045-633-5055
新潟県知的所有権センター ((財)信濃川テクノポリス開発機構)	石谷 速夫	〒940-2127 長岡市新産4-1-9	0258-46-9711
山梨県知的所有権センター (山梨県工業技術センター)	山下 知	〒400-0055 甲府市大津町2094	055-243-6111
長野県知的所有権センター ((社)発明協会長野県支部)	岡田 光正	〒380-0928 長野市若里1-18-1 長野県工業試験場内	026-228-5559
静岡県知的所有権センター ((社)発明協会静岡県支部)	吉井 和夫	〒421-1221 静岡市牧ヶ谷2078 静岡工業技術センター資料館内	054-278-6111
富山県知的所有権センター (富山県工業技術センター)	齋藤 靖雄	〒933-0981 高岡市二上町150	0766-29-1252
石川県知的所有権センター (財)石川県産業創出支援機構	辻 寛司	〒920-0223 金沢市戸水町イ65番地 石川県地場産業振興センター	076-267-5918
岐阜県知的所有権センター (岐阜県科学技術振興センター)	林 邦明	〒509-0108 各務原市須衛町4-179-1 テクノプラザ5F	0583-79-2250
愛知県知的所有権センター (愛知県工業技術センター)	加藤 英昭	〒448-0003 刈谷市一ツ木町西新割	0566-24-1841
三重県知的所有権センター (三重県工業技術総合研究所)	長峰 隆	〒514-0819 津市高茶屋5-5-45	059-234-4150
福井県知的所有権センター (福井県工業技術センター)	川・好昭	〒910-0102 福井市川合鷲塚町61字北稲田10	0776-55-1195
滋賀県知的所有権センター (滋賀県工業技術センター)	森 久子	〒520-3004 栗東市上砥山232	077-558-4040
京都府知的所有権センター ((社)発明協会京都支部)	中野 剛	〒600-8813 京都市下京区中堂寺南町17 京都リサーチパーク内 京都高度技研ビル4階	075-315-8686
大阪府知的所有権センター (大阪府立特許情報センター)	秋田 伸一	〒543-0061 大阪市天王寺区伶人町2-7	06-6771-2646
大阪府知的所有権センター支部 ((社)発明協会大阪支部知的財産センター)	戎 邦夫	〒564-0062 吹田市垂水町3-24-1 シンプレス江坂ビル2階	06-6330-7725
兵庫県知的所有権センター ((社)発明協会兵庫県支部)	山口 克己	〒654-0037 神戸市須磨区行平町3-1-31 兵庫県立産業技術センター4階	078-731-5847
奈良県知的所有権センター (奈良県工業技術センター)	北田 友彦	〒630-8031 奈良市柏木町129-1	0742-33-0863

派遣先	氏名	所在地	TEL
和歌山県知的所有権センター ((社)発明協会和歌山県支部)	木村 武司	〒640-8214 和歌山県寄合町25 和歌山市発明館4階	073-432-0087
鳥取県知的所有権センター ((社)発明協会鳥取県支部)	奥村 隆一	〒689-1112 鳥取市若葉台南7-5-1 新産業創造センター1階	0857-52-6728
島根県知的所有権センター ((社)発明協会島根県支部)	門脇 みどり	〒690-0816 島根県松江市北陵町1番地 テクノアークしまね1F内	0852-60-5146
岡山県知的所有権センター ((社)発明協会岡山県支部)	佐藤 新吾	〒701-1221 岡山市芳賀5301 テクノサポート岡山内	086-286-9656
広島県知的所有権センター ((社)発明協会広島県支部)	若木 幸蔵	〒730-0052 広島市中区千田町3-13-11 広島発明会館内	082-544-0775
広島県知的所有権センター支部 ((社)発明協会広島支部備後支会)	渡部 武徳	〒720-0067 福山市西町2-10-1	0849-21-2349
広島県知的所有権センター支部 (呉地域産業振興センター)	三上 達矢	〒737-0004 呉市阿賀南2-10-1	0823-76-3766
山口県知的所有権センター ((社)発明協会山口県支部)	大段 恭二	〒753-0077 山口市熊野町1-10 NPYビル10階	083-922-9927
徳島県知的所有権センター ((社)発明協会徳島県支部)	平野 稔	〒770-8021 徳島市雑賀町西開11-2 徳島県立工業技術センター内	088-636-3388
香川県知的所有権センター ((社)発明協会香川県支部)	中元 恒	〒761-0301 香川県高松市林町2217-15 香川産業頭脳化センタービル2階	087-869-9005
愛媛県知的所有権センター ((社)発明協会愛媛県支部)	片山 忠徳	〒791-1101 松山市久米窪田町337-1 テクノプラザ愛媛	089-960-1118
高知県知的所有権センター (高知県工業技術センター)	柏井 富雄	〒781-5101 高知市布師田3992-3	088-845-7664
福岡県知的所有権センター ((社)発明協会福岡県支部)	浦井 正章	〒812-0013 福岡市博多区博多駅東2-6-23 住友博多駅前第2ビル2階	092-474-7255
福岡県知的所有権センター北九州支部 ((株)北九州テクノセンター)	重藤 務	〒804-0003 北九州市戸畑区中原新町2-1	093-873-1432
佐賀県知的所有権センター (佐賀県工業技術センター)	塚島 誠一郎	〒849-0932 佐賀市鍋島町八戸溝114	0952-30-8161
長崎県知的所有権センター ((社)発明協会長崎県支部)	川添 早苗	〒856-0026 大村市池田2-1303-8 長崎県工業技術センター内	0957-52-1144
熊本県知的所有権センター ((社)発明協会熊本県支部)	松山 彰雄	〒862-0901 熊本市東町3-11-38 熊本県工業技術センター内	096-360-3291
大分県知的所有権センター (大分県産業科学技術センター)	鎌田 正道	〒870-1117 大分市高江西1-4361-10	097-596-7121
宮崎県知的所有権センター ((社)発明協会宮崎県支部)	黒田 護	〒880-0303 宮崎県宮崎郡佐土原町東上那珂16500-2 宮崎県工業技術センター内	0985-74-2953
鹿児島県知的所有権センター (鹿児島県工業技術センター)	大井 敏民	〒899-5105 鹿児島県姶良郡隼人町小田1445-1	0995-64-2445
沖縄県知的所有権センター (沖縄県工業技術センター)	和田 修	〒904-2234 具志川市字州崎12-2 中城湾港新港地区トロピカルテクノパーク内	098-929-0111

資料4. 知的所有権センター一覧 （平成14年3月1日現在）

都道府県	名称	所在地	TEL
北海道	北海道知的所有権センター (北海道立工業試験場)	〒060-0819 札幌市北区北19条西11丁目	011-747-2211
青森県	青森県知的所有権センター ((社)発明協会青森県支部)	〒030-0112 青森市第二問屋町4-11-6	017-762-3912
岩手県	岩手県知的所有権センター (岩手県工業技術センター)	〒020-0852 盛岡市飯岡新田3-35-2	019-634-0684
宮城県	宮城県知的所有権センター (宮城県産業技術総合センター)	〒981-3206 仙台市泉区明通2-2	022-377-8725
秋田県	秋田県知的所有権センター (秋田県工業技術センター)	〒010-1623 秋田市新屋町字砂奴寄4-11	018-862-3417
山形県	山形県知的所有権センター (山形県工業技術センター)	〒990-2473 山形市松栄1-3-8	023-647-8130
福島県	福島県知的所有権センター ((社)発明協会福島県支部)	〒963-0215 郡山市待池台1-12 福島県ハイテクプラザ内	024-963-0242
茨城県	茨城県知的所有権センター ((財)茨城県中小企業振興公社)	〒312-0005 ひたちなか市新光町38 ひたちなかテクノセンタービル1階	029-264-2211
栃木県	栃木県知的所有権センター ((社)発明協会栃木県支部)	〒322-0011 鹿沼市白桑田516-1 栃木県工業技術センター内	0289-65-7550
群馬県	群馬県知的所有権センター ((社)発明協会群馬県支部)	〒371-0845 前橋市鳥羽町190 群馬県工業試験場内	027-254-0627
埼玉県	埼玉県知的所有権センター ((社)発明協会埼玉県支部)	〒331-8669 さいたま市桜木町1-7-5 ソニックシティ10階	048-644-4806
千葉県	千葉県知的所有権センター ((社)発明協会千葉県支部)	〒260-0854 千葉市中央区長洲1-9-1 千葉県庁南庁舎R3階	043-223-7748
東京都	東京都知的所有権センター ((社)発明協会東京支部)	〒105-0001 港区虎ノ門2-9-14	03-3502-5521
神奈川県	神奈川県知的所有権センター (神奈川県産業技術総合研究所)	〒243-0435 海老名市下今泉705-1	046-236-1500
	神奈川県知的所有権センター支部 ((財)神奈川高度技術支援財団)	〒213-0012 川崎市高津区坂戸3-2-1 かながわサイエンスパーク西棟205	044-819-2100
	神奈川県知的所有権センター支部 ((社)発明協会神奈川県支部)	〒231-0015 横浜市中区尾上町5-80 神奈川中小企業センター10階	045-633-5055
新潟県	新潟県知的所有権センター ((財)信濃川テクノポリス開発機構)	〒940-2127 長岡市新産4-1-9	0258-46-9711
山梨県	山梨県知的所有権センター (山梨県工業技術センター)	〒400-0055 甲府市大津町2094	055-243-6111
長野県	長野県知的所有権センター ((社)発明協会長野県支部)	〒380-0928 長野市若里1-18-1 長野県工業試験場内	026-228-5559
静岡県	静岡県知的所有権センター ((社)発明協会静岡県支部)	〒421-1221 静岡市牧ヶ谷2078 静岡工業技術センター資料館内	054-278-6111
富山県	富山県知的所有権センター (富山県工業技術センター)	〒933-0981 高岡市二上町150	0766-29-1252
石川県	石川県知的所有権センター (財)石川県産業創出支援機構	〒920-0223 金沢市戸水町イ65番地 石川県地場産業振興センター	076-267-5918
岐阜県	岐阜県知的所有権センター (岐阜県科学技術振興センター)	〒509-0108 各務原市須衛町4-179-1 テクノプラザ5F	0583-79-2250
愛知県	愛知県知的所有権センター (愛知県工業技術センター)	〒448-0003 刈谷市一ツ木町西新割	0566-24-1841
三重県	三重県知的所有権センター (三重県工業技術総合研究所)	〒514-0819 津市高茶屋5-5-45	059-234-4150
福井県	福井県知的所有権センター (福井県工業技術センター)	〒910-0102 福井市川合鷲塚町61字北稲田10	0776-55-1195
滋賀県	滋賀県知的所有権センター (滋賀県工業技術センター)	〒520-3004 栗東市上砥山232	077-558-4040
京都府	京都府知的所有権センター ((社)発明協会京都支部)	〒600-8813 京都市下京区中堂寺南町17 京都リサーチパーク内 京都高度技研ビル4階	075-315-8686
大阪府	大阪府知的所有権センター (大阪府立特許情報センター)	〒543-0061 大阪市天王寺区伶人町2-7	06-6771-2646
	大阪府知的所有権センター支部 ((社)発明協会大阪支部知的財産センター)	〒564-0062 吹田市垂水町3-24-1 シンプレス江坂ビル2階	06-6330-7725
兵庫県	兵庫県知的所有権センター ((社)発明協会兵庫県支部)	〒654-0037 神戸市須磨区行平町3-1-31 兵庫県立産業技術センター4階	078-731-5847

都道府県	名　　称	所　在　地	TEL
奈良県	奈良県知的所有権センター (奈良県工業技術センター)	〒630-8031 奈良市柏木町129-1	0742-33-0863
和歌山県	和歌山県知的所有権センター ((社)発明協会和歌山県支部)	〒640-8214 和歌山県寄合町25 和歌山市発明館4階	073-432-0087
鳥取県	鳥取県知的所有権センター ((社)発明協会鳥取県支部)	〒689-1112 鳥取市若葉台南7-5-1 新産業創造センター1階	0857-52-6728
島根県	島根県知的所有権センター ((社)発明協会島根県支部)	〒690-0816 島根県松江市北陵町1番地 テクノアークしまね1F内	0852-60-5146
岡山県	岡山県知的所有権センター ((社)発明協会岡山県支部)	〒701-1221 岡山市芳賀5301 テクノサポート岡山内	086-286-9656
広島県	広島県知的所有権センター ((社)発明協会広島県支部)	〒730-0052 広島市中区千田町3-13-11 広島発明会館内	082-544-0775
	広島県知的所有権センター支部 ((社)発明協会広島県支部備後支会)	〒720-0067 福山市西町2-10-1	0849-21-2349
	広島県知的所有権センター支部 (呉地域産業振興センター)	〒737-0004 呉市阿賀南2-10-1	0823-76-3766
山口県	山口県知的所有権センター ((社)発明協会山口県支部)	〒753-0077 山口市熊野町1-10 NPYビル10階	083-922-9927
徳島県	徳島県知的所有権センター ((社)発明協会徳島県支部)	〒770-8021 徳島市雑賀町西開11-2 徳島県立工業技術センター内	088-636-3388
香川県	香川県知的所有権センター ((社)発明協会香川県支部)	〒761-0301 香川県高松市林町2217-15 香川産業頭脳化センタービル2階	087-869-9005
愛媛県	愛媛県知的所有権センター ((社)発明協会愛媛県支部)	〒791-1101 松山市久米窪田町337-1 テクノプラザ愛媛	089-960-1118
高知県	高知県知的所有権センター (高知県工業技術センター)	〒781-5101 高知市布師田3992-3	088-845-7664
福岡県	福岡県知的所有権センター ((社)発明協会福岡県支部)	〒812-0013 福岡市博多区博多駅東2-6-23 住友博多駅前第2ビル2階	092-474-7255
	福岡県知的所有権センター北九州支部 ((株)北九州テクノセンター)	〒804-0003 北九州市戸畑区中原新町2-1	093-873-1432
佐賀県	佐賀県知的所有権センター (佐賀県工業技術センター)	〒849-0932 佐賀市鍋島町八戸溝114	0952-30-8161
長崎県	長崎県知的所有権センター ((社)発明協会長崎県支部)	〒856-0026 大村市池田2-1303-8 長崎県工業技術センター内	0957-52-1144
熊本県	熊本県知的所有権センター ((社)発明協会熊本県支部)	〒862-0901 熊本市東町3-11-38 熊本県工業技術センター内	096-360-3291
大分県	大分県知的所有権センター (大分県産業科学技術センター)	〒870-1117 大分市高江西1-4361-10	097-596-7121
宮崎県	宮崎県知的所有権センター ((社)発明協会宮崎県支部)	〒880-0303 宮崎県宮崎郡佐土原町東上那珂16500-2 宮崎県工業技術センター内	0985-74-2953
鹿児島県	鹿児島県知的所有権センター (鹿児島県工業技術センター)	〒899-5105 鹿児島県姶良郡隼人町小田1445-1	0995-64-2445
沖縄県	沖縄県知的所有権センター (沖縄県工業技術センター)	〒904-2234 具志川市字州崎12-2 中城湾港新港地区トロピカルテクノパーク内	098-929-0111

資料5．平成13年度25技術テーマの特許流通の概要

5.1 アンケート送付先と回収率

　平成13年度は、25の技術テーマにおいて「特許流通支援チャート」を作成し、その中で特許流通に対する意識調査として各技術テーマの出願件数上位企業を対象としてアンケート調査を行った。平成13年12月7日に郵送によりアンケートを送付し、平成14年1月31日までに回収されたものを対象に解析した。
　表5.1-1に、アンケート調査表の回収状況を示す。送付数578件、回収数306件、回収率52.9%であった。

表5.1-1 アンケートの回収状況

送付数	回収数	未回収数	回収率
578	306	272	52.9%

　表5.1-2に、業種別の回収状況を示す。各業種を一般系、機械系、化学系、電気系と大きく4つに分類した。以下、「○○系」と表現する場合は、各企業の業種別に基づく分類を示す。それぞれの回収率は、一般系56.5%、機械系63.5%、化学系41.1%、電気系51.6%であった。

表5.1-2 アンケートの業種別回収件数と回収率

業種と回収率	業種	回収件数
一般系 48/85=56.5%	建設	5
	窯業	12
	鉄鋼	6
	非鉄金属	17
	金属製品	2
	その他製造業	6
化学系 39/95=41.1%	食品	1
	繊維	12
	紙・パルプ	3
	化学	22
	石油・ゴム	1
機械系 73/115=63.5%	機械	23
	精密機器	28
	輸送機器	22
電気系 146/283=51.6%	電気	144
	通信	2

図 5.1 に、全回収件数を母数にして業種別に回収率を示す。全回収件数に占める業種別の回収率は電気系 47.7%、機械系 23.9%、一般系 15.7%、化学系 12.7%である。

図 5.1 回収件数の業種別比率

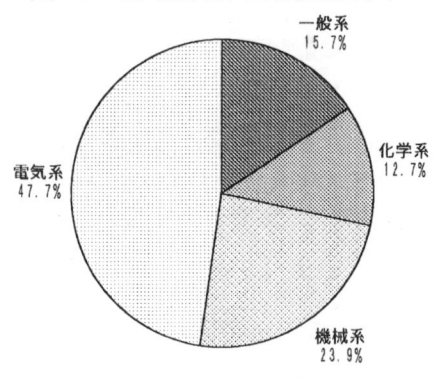

一般系	化学系	機械系	電気系	合計
48	39	73	146	306

表 5.1-3 に、技術テーマ別の回収件数と回収率を示す。この表では、技術テーマを一般分野、化学分野、機械分野、電気分野に分類した。以下、「〇〇分野」と表現する場合は、技術テーマによる分類を示す。回収率の最も良かった技術テーマは焼却炉排ガス処理技術の 71.4%で、最も悪かったのは有機 EL 素子の 34.6%である。

表 5.1-3 テーマ別の回収件数と回収率

分野	技術テーマ名	送付数	回収数	回収率
一般分野	カーテンウォール	24	13	54.2%
	気体膜分離装置	25	12	48.0%
	半導体洗浄と環境適応技術	23	14	60.9%
	焼却炉排ガス処理技術	21	15	71.4%
	はんだ付け鉛フリー技術	20	11	55.0%
化学分野	プラスティックリサイクル	25	15	60.0%
	バイオセンサ	24	16	66.7%
	セラミックスの接合	23	12	52.2%
	有機EL素子	26	9	34.6%
	生分解ポリエステル	23	12	52.2%
	有機導電性ポリマー	24	15	62.5%
	リチウムポリマー電池	29	13	44.8%
機械分野	車いす	21	12	57.1%
	金属射出成形技術	28	14	50.0%
	微細レーザ加工	20	10	50.0%
	ヒートパイプ	22	10	45.5%
電気分野	圧力センサ	22	13	59.1%
	個人照合	29	12	41.4%
	非接触型ICカード	21	10	47.6%
	ビルドアップ多層プリント配線板	23	11	47.8%
	携帯電話表示技術	20	11	55.0%
	アクティブマトリックス液晶駆動技術	21	12	57.1%
	プログラム制御技術	21	12	57.1%
	半導体レーザの活性層	22	11	50.0%
	無線LAN	21	11	52.4%

5.2 アンケート結果
5.2.1 開放特許に関して
(1) 開放特許と非開放特許

他者にライセンスしてもよい特許を「開放特許」、ライセンスの可能性のない特許を「非開放特許」と定義した。その上で、各技術テーマにおける保有特許のうち、自社での実施状況と開放状況について質問を行った。

306件中257件の回答があった（回答率84.0%）。保有特許件数に対する開放特許件数の割合を開放比率とし、保有特許件数に対する非開放特許件数の割合を非開放比率と定義した。

図5.2.1-1に、業種別の特許の開放比率と非開放比率を示す。全体の開放比率は58.3%で、業種別では一般系が37.1%、化学系が20.6%、機械系が39.4%、電気系が77.4%である。化学系（20.6%）の企業の開放比率は、化学分野における開放比率（図5.2.1-2）の最低値である「生分解ポリエステル」の22.6%よりさらに低い値となっている。これは、化学分野においても、機械系、電気系の企業であれば、保有特許について比較的開放的であることを示唆している。

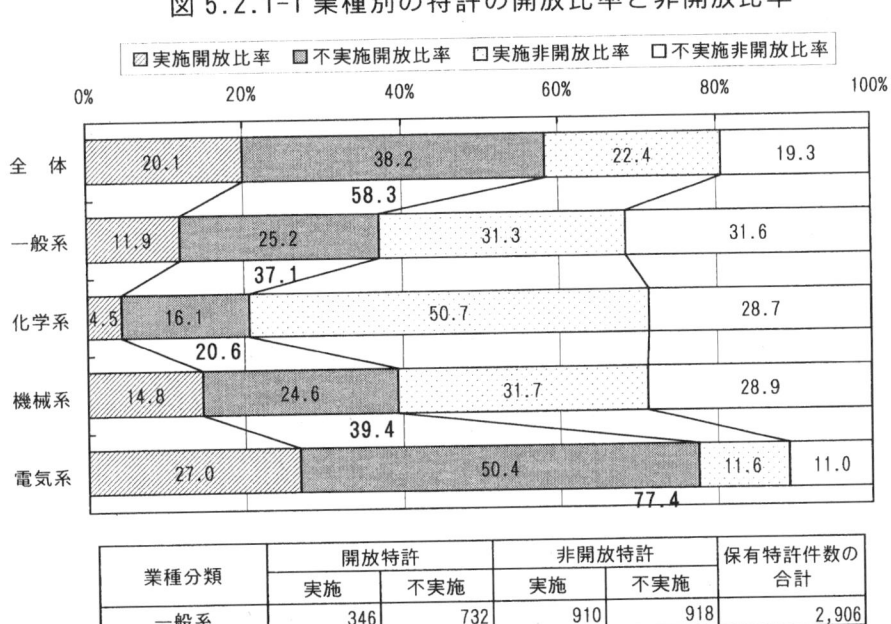

図5.2.1-1 業種別の特許の開放比率と非開放比率

業種分類	開放特許 実施	開放特許 不実施	非開放特許 実施	非開放特許 不実施	保有特許件数の合計
一般系	346	732	910	918	2,906
化学系	90	323	1,017	576	2,006
機械系	494	821	1,058	964	3,337
電気系	2,835	5,291	1,218	1,155	10,499
全体	3,765	7,167	4,203	3,613	18,748

図5.2.1-2に、技術テーマ別の開放比率と非開放比率を示す。

開放比率（実施開放比率と不実施開放比率を加算。）が高い技術テーマを見てみると、最高値は「個人照合」の84.7%で、次いで「はんだ付け鉛フリー技術」の83.2%、「無線LAN」の82.4%、「携帯電話表示技術」の80.0%となっている。一方、低い方から見ると、「生分解ポリエステル」の22.6%で、次いで「カーテンウォール」の29.3%、「有機EL」の30.5%である。

図 5.2.1-2 技術テーマ別の開放比率と非開放比率

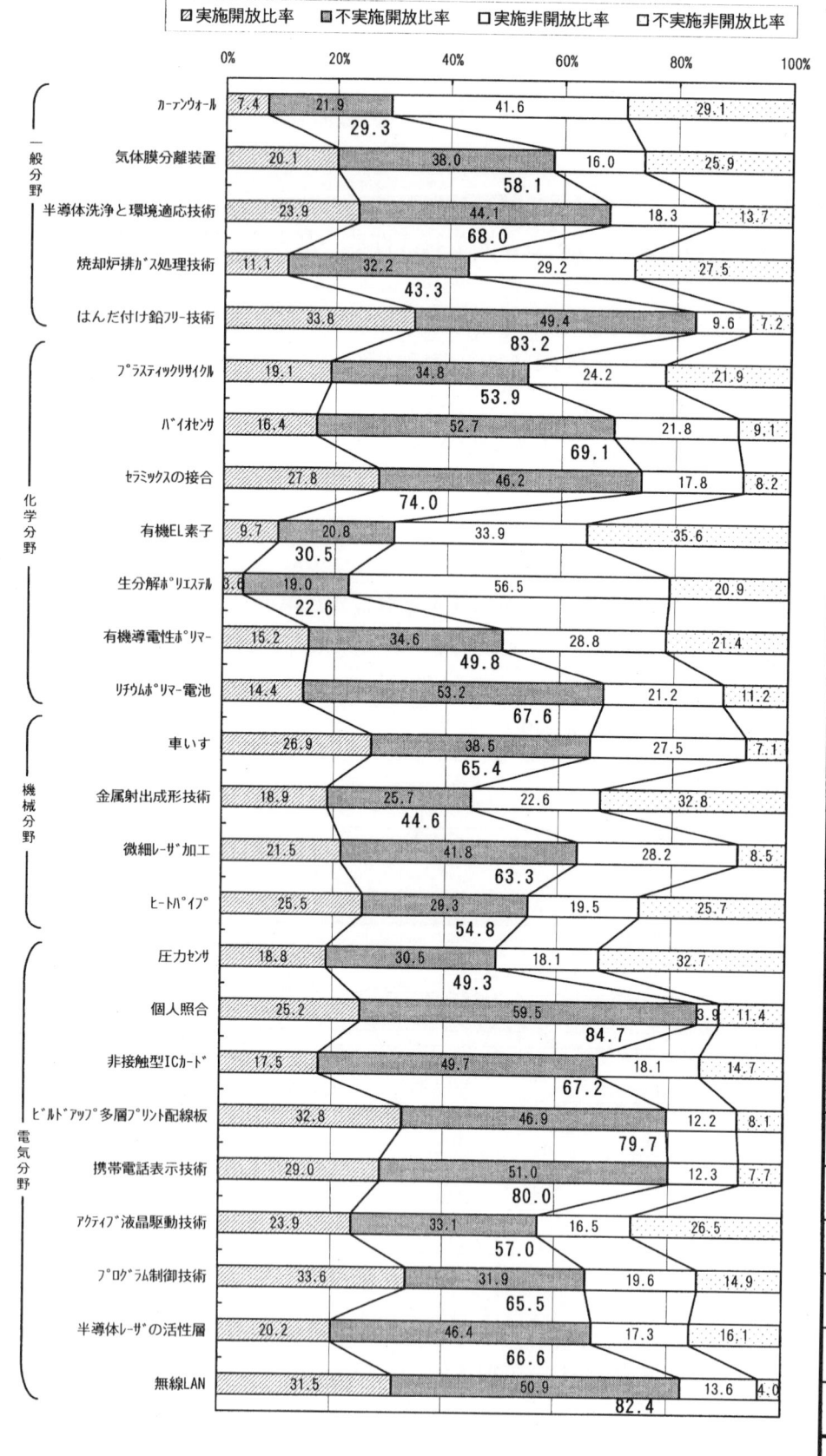

凡例: ■実施開放比率　■不実施開放比率　□実施非開放比率　□不実施非開放比率

分野	技術テーマ	実施開放比率	不実施開放比率	実施非開放比率	不実施非開放比率	開放計	開放特許 実施	開放特許 不実施	非開放特許 実施	非開放特許 不実施	保有特許件数の合計
一般分野	カーテンウォール	7.4	21.9	41.6	29.1	29.3	67	198	376	264	905
	気体膜分離装置	20.1	38.0	16.0	25.9	58.1	88	166	70	113	437
	半導体洗浄と環境適応技術	23.9	44.1	18.3	13.7	68.0	155	286	119	89	649
	焼却炉排ガス処理技術	11.1	32.2	29.2	27.5	43.3	133	387	351	330	1,201
	はんだ付け鉛フリー技術	33.8	49.4	9.6	7.2	83.2	139	204	40	30	413
化学分野	プラスティックリサイクル	19.1	34.8	24.2	21.9	53.9	196	357	248	225	1,026
	バイオセンサ	16.4	52.7	21.8	9.1	69.1	106	340	141	59	646
	セラミックスの接合	27.8	46.2	17.8	8.2	74.0	145	241	93	42	521
	有機EL素子	9.7	20.8	33.9	35.6	30.5	90	193	316	332	931
	生分解ポリエステル	3.6	19.0	56.5	20.9	22.6	28	147	437	162	774
	有機導電性ポリマー	15.2	34.6	28.8	21.4	49.8	125	285	237	176	823
	リチウムポリマー電池	14.4	53.2	21.2	11.2	67.6	140	515	205	108	968
機械分野	車いす	26.9	38.5	27.5	7.1	65.4	107	154	110	28	399
	金属射出成形技術	18.9	25.7	22.6	32.8	44.6	147	200	175	255	777
	微細レーザ加工	21.5	41.8	28.2	8.5	63.3	68	133	89	27	317
	ヒートパイプ	25.5	29.3	19.5	25.7	54.8	215	248	164	217	844
電気分野	圧力センサ	18.8	30.5	18.1	32.7	49.3	164	267	158	286	875
	個人照合	25.2	59.5	3.9	11.4	84.7	220	521	34	100	875
	非接触型ICカード	17.5	49.7	18.1	14.7	67.2	140	398	145	117	800
	ビルドアップ多層プリント配線板	32.8	46.9	12.2	8.1	79.7	177	254	66	44	541
	携帯電話表示技術	29.0	51.0	12.3	7.7	80.0	235	414	100	62	811
	アクティブ液晶駆動技術	23.9	33.1	16.5	26.5	57.0	252	349	174	278	1,053
	プログラム制御技術	33.6	31.9	19.6	14.9	65.5	280	265	163	124	832
	半導体レーザの活性層	20.2	46.4	17.3	16.1	66.6	123	282	105	99	609
	無線LAN	31.5	50.9	13.6	4.0	82.4	227	367	98	29	721
	合計						3,767	7,171	4,214	3,596	18,748

図5.2.1-3は、業種別に、各企業の特許の開放比率を示したものである。
　開放比率は、化学系で最も低く、電気系で最も高い。機械系と一般系はその中間に位置する。推測するに、化学系の企業では、保有特許は「物質特許」である場合が多く、自社の市場独占を確保するため、特許を開放しづらい状況にあるのではないかと思われる。逆に、電気・機械系の企業は、商品のライフサイクルが短いため、せっかく取得した特許も短期間で新技術と入れ替える必要があり、不実施となった特許を開放特許として供出やすい環境にあるのではないかと考えられる。また、より効率性の高い技術開発を進めるべく他社とのアライアンスを目的とした開放特許戦略を採るケースも、最近出てきているのではないだろうか。

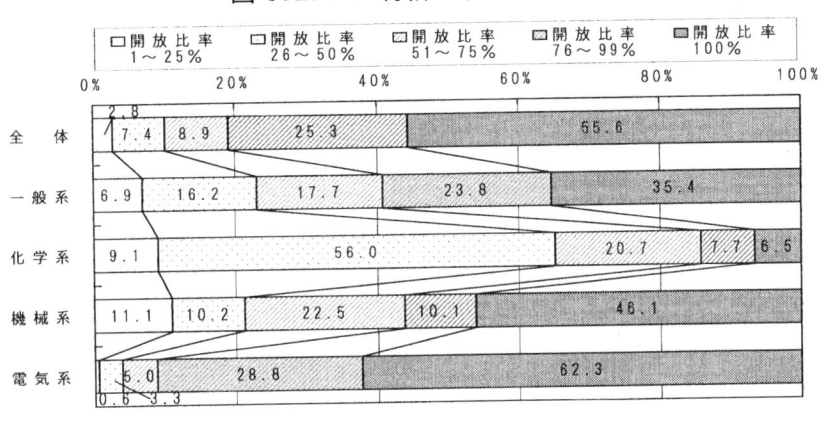

図5.2.1-3 特許の開放比率の構成

　図5.2.1-4に、業種別の自社実施比率と不実施比率を示す。全体の自社実施比率は42.5%で、業種別では化学系55.2%、機械系46.5%、一般系43.2%、電気系38.6%である。化学系の企業は、自社実施比率が高く開放比率が低い。電気・機械系の企業は、その逆で自社実施比率が低く開放比率は高い。自社実施比率と開放比率は、反比例の関係にあるといえる。

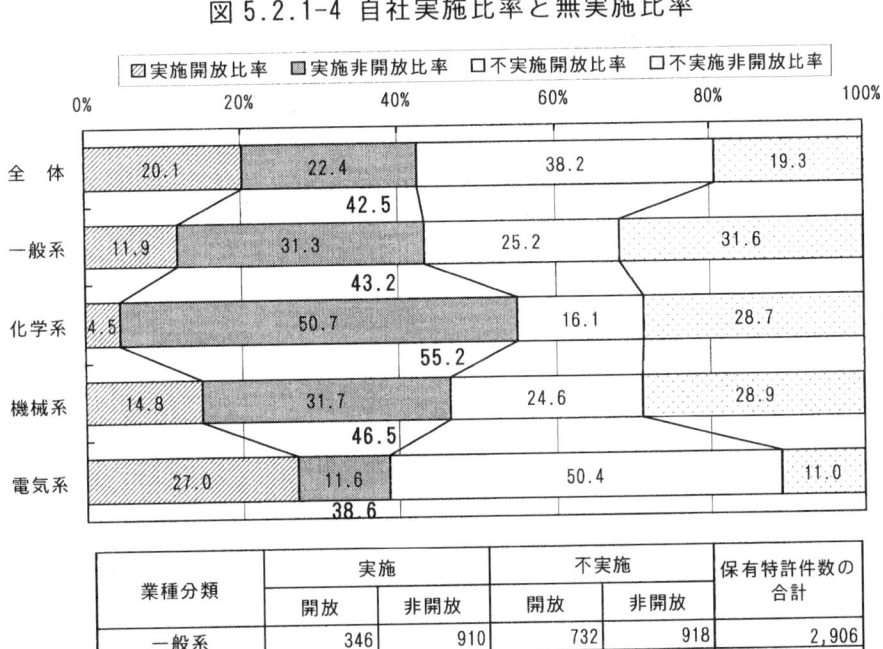

図5.2.1-4 自社実施比率と無実施比率

業種分類	実施 開放	実施 非開放	不実施 開放	不実施 非開放	保有特許件数の合計
一般系	346	910	732	918	2,906
化学系	90	1,017	323	576	2,006
機械系	494	1,058	821	964	3,337
電気系	2,835	1,218	5,291	1,155	10,499
全体	3,765	4,203	7,167	3,613	18,748

（2）非開放特許の理由

開放可能性のない特許の理由について質問を行った（複数回答）。

質問内容	一般系	化学系	機械系	電気系	全体
・独占的排他権の行使により、ライバル企業を排除するため（ライバル企業排除）	36.3%	36.7%	36.4%	34.5%	36.0%
・他社に対する技術の優位性の喪失（優位性喪失）	31.9%	31.6%	30.5%	29.9%	30.9%
・技術の価値評価が困難なため（価値評価困難）	12.1%	16.5%	15.3%	13.8%	14.4%
・企業秘密がもれるから（企業秘密）	5.5%	7.6%	3.4%	14.9%	7.5%
・相手先を見つけるのが困難であるため（相手先探し）	7.7%	5.1%	8.5%	2.3%	6.1%
・ライセンス経験不足等のため提供に不安があるから（経験不足）	4.4%	0.0%	0.8%	0.0%	1.3%
・その他	2.1%	2.5%	5.1%	4.6%	3.8%

図5.2.1-5は非開放特許の理由の内容を示す。

「ライバル企業の排除」が最も多く36.0%、次いで「優位性喪失」が30.9%と高かった。特許権を「技術の市場における排他的独占権」として充分に行使していることが伺える。「価値評価困難」は14.4%となっているが、今回の「特許流通支援チャート」作成にあたり分析対象とした特許は直近10年間だったため、登録前の特許が多く、権利範囲が未確定なものが多かったためと思われる。

電気系の企業で「企業秘密がもれるから」という理由が14.9%と高いのは、技術のライフサイクルが短く新技術開発が激化しており、さらに、技術自体が模倣されやすいことが原因であるのではないだろうか。

化学系の企業で「企業秘密がもれるから」という理由が7.6%と高いのは、物質特許のノウハウ漏洩に細心の注意を払う必要があるためと思われる。

機械系や一般系の企業で「相手先探し」が、それぞれ8.5%、7.7%と高いことは、これらの分野で技術移転を仲介する者の活躍できる潜在性が高いことを示している。

なお、その他の理由としては、「共同出願先との調整」が12件と多かった。

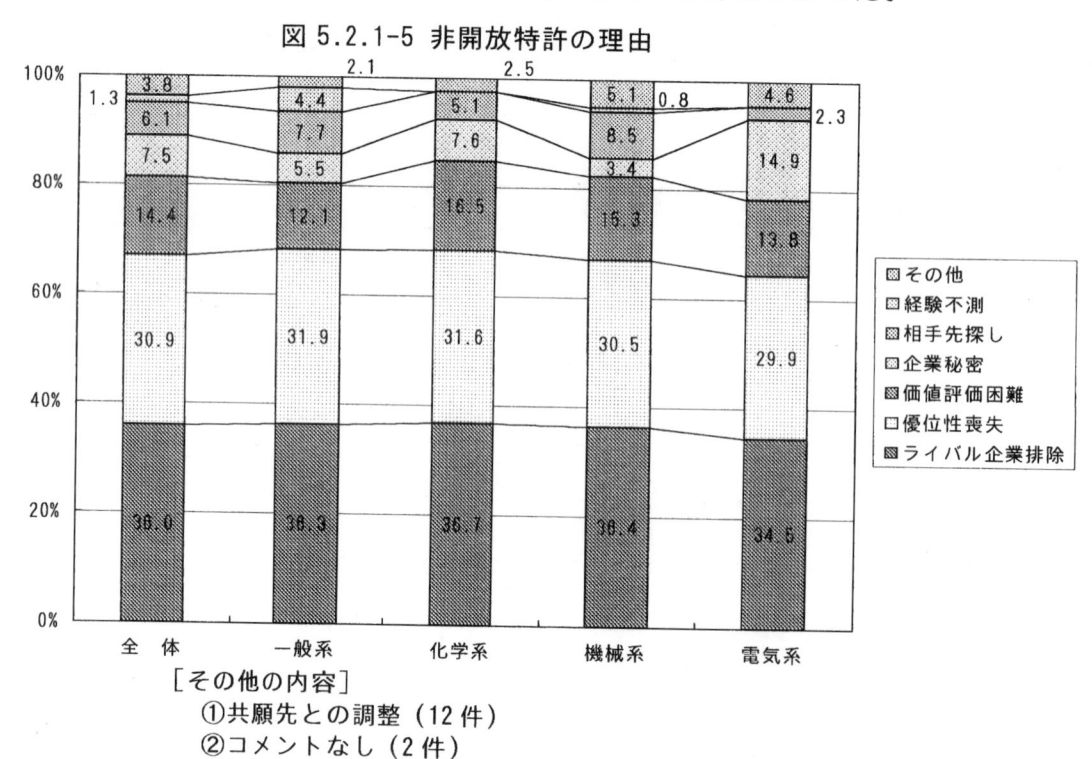

図5.2.1-5 非開放特許の理由

[その他の内容]
①共願先との調整（12件）
②コメントなし（2件）

5.2.2 ライセンス供与に関して
(1) ライセンス活動

ライセンス供与の活動姿勢について質問を行った。

質問内容	一般系	化学系	機械系	電気系	全体
・特許ライセンス供与のための活動を積極的に行っている（積極的）	2.0%	15.8%	4.3%	8.9%	7.5%
・特許ライセンス供与のための活動を行っている（普通）	36.7%	15.8%	25.7%	57.7%	41.2%
・特許ライセンス供与のための活動はやや消極的である（消極的）	24.5%	13.2%	14.3%	10.4%	14.0%
・特許ライセンス供与のための活動を行っていない（しない）	36.8%	55.2%	55.7%	23.0%	37.3%

その結果を、図5.2.2-1 ライセンス活動に示す。306件中295件の回答であった(回答率96.4%)。

何らかの形で特許ライセンス活動を行っている企業は62.7%を占めた。そのうち、比較的積極的に活動を行っている企業は48.7%に上る（「積極的」＋「普通」）。これは、技術移転を仲介する者の活躍できる潜在性がかなり高いことを示唆している。

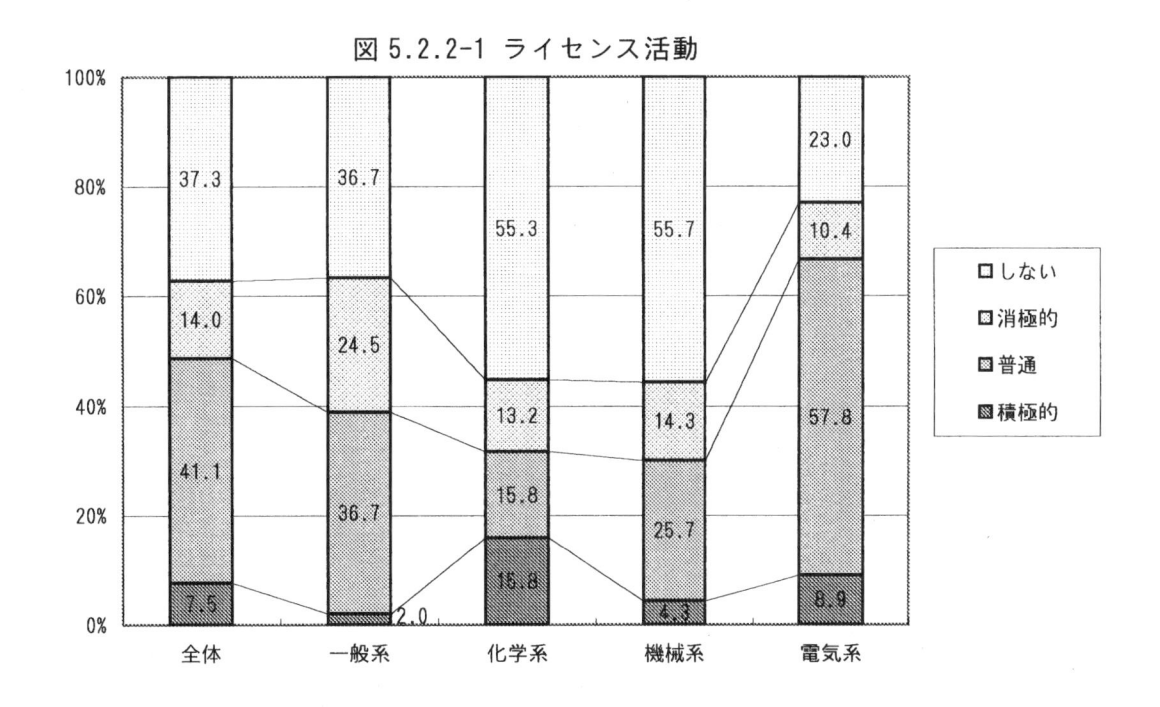

図5.2.2-1 ライセンス活動

(2) ライセンス実績

ライセンス供与の実績について質問を行った。

質問内容	一般系	化学系	機械系	電気系	全体
・供与実績はないが今後も行う方針(実績無し今後も実施)	54.5%	48.0%	43.6%	74.6%	58.3%
・供与実績があり今後も行う方針(実績有り今後も実施)	72.2%	61.5%	95.5%	67.3%	73.5%
・供与実績はなく今後は不明(実績無し今後は不明)	36.4%	24.0%	46.1%	20.3%	30.8%
・供与実績はあるが今後は不明(実績有り今後は不明)	27.8%	38.5%	4.5%	30.7%	25.5%
・供与実績はなく今後も行わない方針(実績無し今後も実施せず)	9.1%	28.0%	10.3%	5.1%	10.9%
・供与実績はあるが今後は行わない方針(実績有り今後は実施せず)	0.0%	0.0%	0.0%	2.0%	1.0%

図 5.2.2-2 に、ライセンス実績を示す。306件中295件の回答があった(回答率96.4%)。ライセンス実績有りとライセンス実績無しを分けて示す。

「供与実績があり、今後も実施」は73.5%と非常に高い割合であり、特許ライセンスの有効性を認識した企業はさらにライセンス活動を活発化させる傾向にあるといえる。また、「供与実績はないが、今後は実施」が58.3%あり、ライセンスに対する関心の高まりが感じられる。

機械系や一般系の企業で「実績有り今後も実施」がそれぞれ90%、70%を越えており、他業種の企業よりもライセンスに対する関心が非常に高いことがわかる。

図 5.2.2-2 ライセンス実績

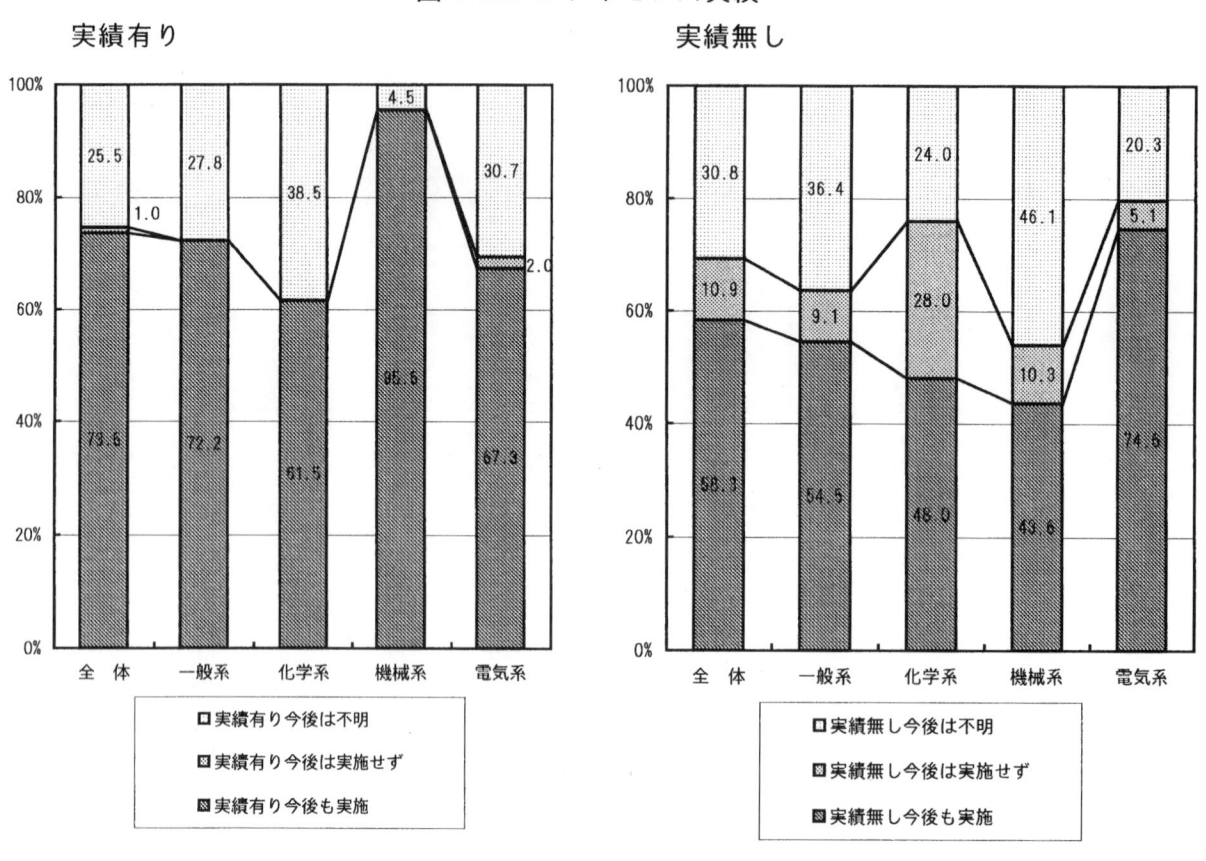

(3) ライセンス先の見つけ方

ライセンス供与の実績があると 5.2.2 項の(2)で回答したテーマ出願人にライセンス先の見つけ方について質問を行った(複数回答)。

質問内容	一般系	化学系	機械系	電気系	全体
・先方からの申し入れ(申入れ)	27.8%	43.2%	37.7%	32.0%	33.7%
・権利侵害調査の結果(侵害発)	22.2%	10.8%	17.4%	21.3%	19.3%
・系列企業の情報網(内部情報)	9.7%	10.8%	11.6%	11.5%	11.0%
・系列企業を除く取引先企業(外部情報)	2.8%	10.8%	8.7%	10.7%	8.3%
・新聞、雑誌、TV、インターネット等(メディア)	5.6%	2.7%	2.9%	12.3%	7.3%
・イベント、展示会等(展示会)	12.5%	5.4%	7.2%	3.3%	6.7%
・特許公報	5.6%	5.4%	2.9%	1.6%	3.3%
・相手先に相談できる人がいた等(人的ネットワーク)	1.4%	8.2%	7.3%	0.8%	3.3%
・学会発表、学会誌(学会)	5.6%	8.2%	1.4%	1.6%	2.7%
・データベース(DB)	6.8%	2.7%	0.0%	0.0%	1.7%
・国・公立研究機関(官公庁)	0.0%	0.0%	0.0%	3.3%	1.3%
・弁理士、特許事務所(特許事務所)	0.0%	0.0%	2.9%	0.0%	0.7%
・その他	0.0%	0.0%	0.0%	1.6%	0.7%

その結果を、図 5.2.2-3 ライセンス先の見つけ方に示す。「申入れ」が 33.7%と最も多く、次いで侵害警告を発した「侵害発」が 19.3%、「内部情報」によりものが 11.0%、「外部情報」によるものが 8.3%であった。特許流通データベースなどの「DB」からは 1.7%であった。化学系において、「申入れ」が 40%を越えている。

図 5.2.2-3 ライセンス先の見つけ方

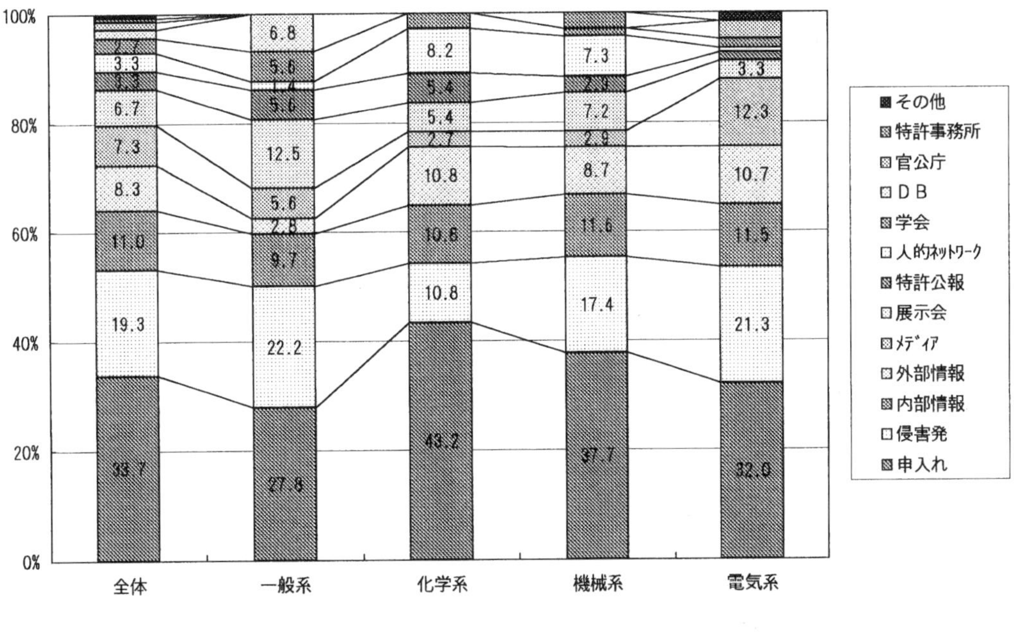

〔その他の内容〕
①関係団体(2件)

(4) ライセンス供与の不成功理由

5.2.2項の(1)でライセンス活動をしていると答えて、ライセンス実績の無いテーマ出願人に、その不成功理由について質問を行った。

質問内容	一般系	化学系	機械系	電気系	全体
・相手先が見つからない（相手先探し）	58.8%	57.9%	68.0%	73.0%	66.7%
・情勢（業績・経営方針・市場など）が変化した（情勢変化）	8.8%	10.5%	16.0%	0.0%	6.4%
・ロイヤリティーの折り合いがつかなかった（ロイヤリティー）	11.8%	5.3%	4.0%	4.8%	6.4%
・当該特許だけでは、製品化が困難と思われるから（製品化困難）	3.2%	5.0%	7.7%	1.6%	3.6%
・供与に伴う技術移転（試作や実証試験等）に時間がかかっており、まだ、供与までに至らない（時間浪費）	0.0%	0.0%	0.0%	4.8%	2.1%
・ロイヤリティー以外の契約条件で折り合いがつかなかった（契約条件）	3.2%	5.0%	0.0%	0.0%	1.4%
・相手先の技術消化力が低かった（技術消化力不足）	0.0%	10.0%	0.0%	0.0%	1.4%
・新技術が出現した（新技術）	3.2%	5.3%	0.0%	0.0%	1.3%
・相手先の秘密保持に信頼が置けなかった（機密漏洩）	3.2%	0.0%	0.0%	0.0%	0.7%
・相手先がグランド・バックを認めなかった（グランドバック）	0.0%	0.0%	0.0%	0.0%	0.0%
・交渉過程で不信感が生まれた（不信感）	0.0%	0.0%	0.0%	0.0%	0.0%
・競合技術に遅れをとった（競合技術）	0.0%	0.0%	0.0%	0.0%	0.0%
・その他	9.7%	0.0%	3.9%	15.8%	10.0%

その結果を、図5.2.2-4 ライセンス供与の不成功理由に示す。約66.7%は「相手先探し」と回答している。このことから、相手先を探す仲介者および仲介を行うデータベース等のインフラの充実が必要と思われる。電気系の「相手先探し」は73.0%を占めていて他の業種より多い。

図5.2.2-4 ライセンス供与の不成功理由

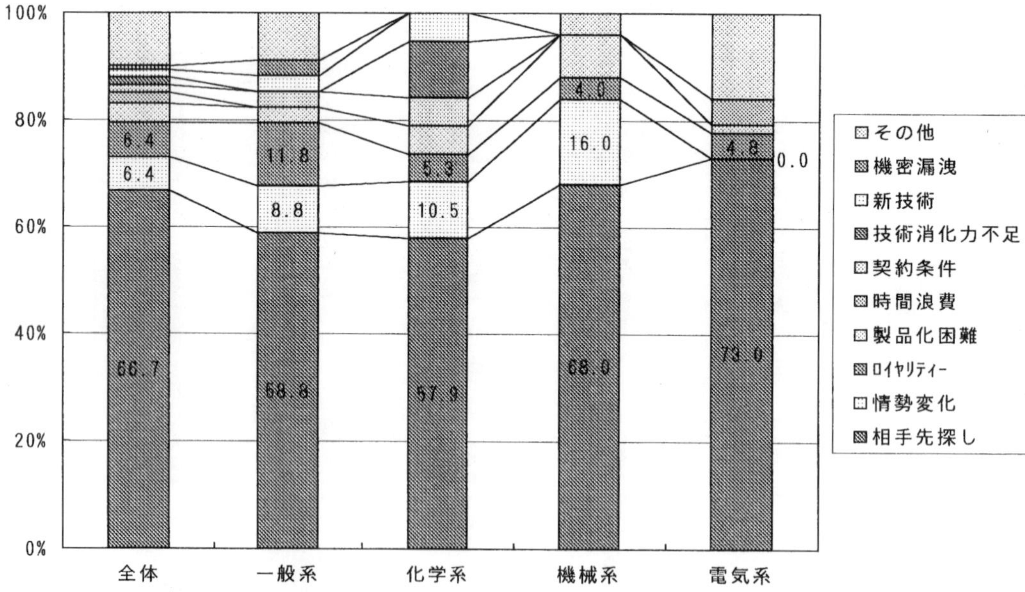

〔その他の内容〕
①単独での技術供与でない
②活動を開始してから時間が経っていない
③当該分野では未登録が多い（3件）
④市場未熟
⑤業界の動向（規格等）
⑥コメントなし（6件）

5.2.3 技術移転の対応
(1) 申し入れ対応

技術移転してもらいたいと申し入れがあった時、どのように対応するかについて質問を行った。

質問内容	一般系	化学系	機械系	電気系	全体
・とりあえず、話を聞く(話を聞く)	44.3%	70.3%	54.9%	56.8%	55.8%
・積極的に交渉していく(積極交渉)	51.9%	27.0%	39.5%	40.7%	40.6%
・他社への特許ライセンスの供与は考えていないので、断る(断る)	3.8%	2.7%	2.8%	2.5%	2.9%
・その他	0.0%	0.0%	2.8%	0.0%	0.7%

その結果を、図5.2.3-1 ライセンス申し入れ対応に示す。「話を聞く」が55.8%であった。次いで「積極交渉」が40.6%であった。「話を聞く」と「積極交渉」で96.4%という高率であり、中小企業側からみた場合は、ライセンス供与の申し入れを積極的に行っても断られるのはわずか2.9%しかないということを示している。一般系の「積極交渉」が他の業種より高い。

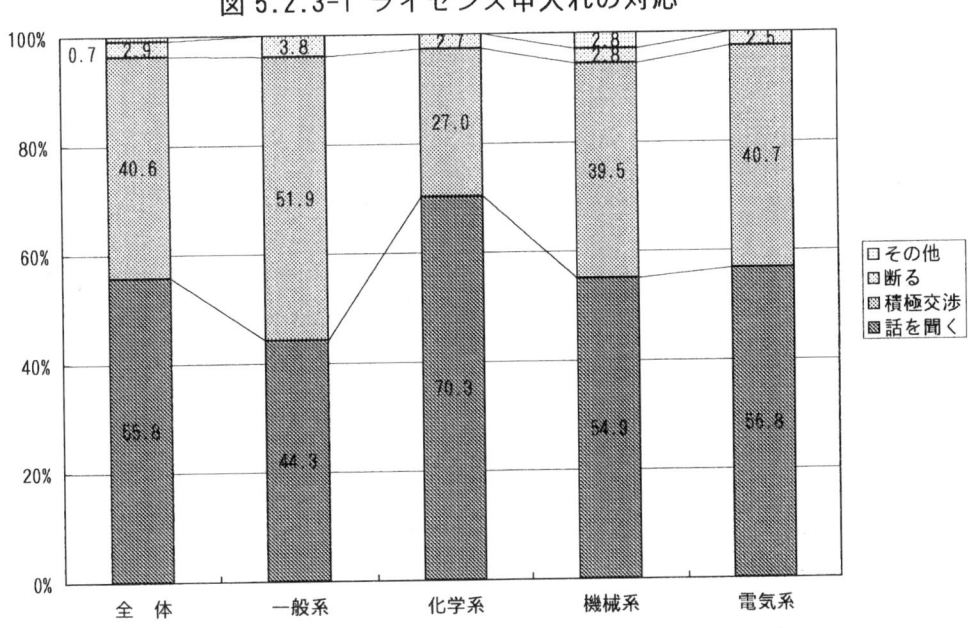

図5.2.3-1 ライセンス申入れの対応

(2) 仲介の必要性

ライセンスの仲介の必要性があるかについて質問を行った。

質問内容	一般系	化学系	機械系	電気系	全体
・自社内にそれに相当する機能があるから不要（社内機能あるから不要）	36.6%	48.7%	62.4%	53.8%	52.0%
・現在はレベルが低いので不要（低レベル仲介で不要）	1.9%	0.0%	1.4%	1.7%	1.5%
・適切な仲介者がいれば使っても良い（適切な仲介者で検討）	44.2%	45.9%	27.5%	40.2%	38.5%
・公的支援機関に仲介等を必要とする（公的仲介が必要）	17.3%	5.4%	8.7%	3.4%	7.6%
・民間仲介業者に仲介等を必要とする（民間仲介が必要）	0.0%	0.0%	0.0%	0.9%	0.4%

　図5.2.3-2に仲介の必要性の内訳を示す。「社内機能あるから不要」が52.0%を占め、最も多い。アンケートの配布先は大手企業が大部分であったため、自社において知財管理、技術移転機能が整備されている企業が50%以上を占めることを意味している。

　次いで「適切な仲介者で検討」が38.5%、「公的仲介が必要」が7.6%、「民間仲介が必要」が0.4%となっている。これらを加えると仲介の必要を感じている企業は46.5%に上る。

　自前で知財管理や知財戦略を立てることができない中小企業や一部の大企業では、技術移転・仲介者の存在が必要であると推測される。

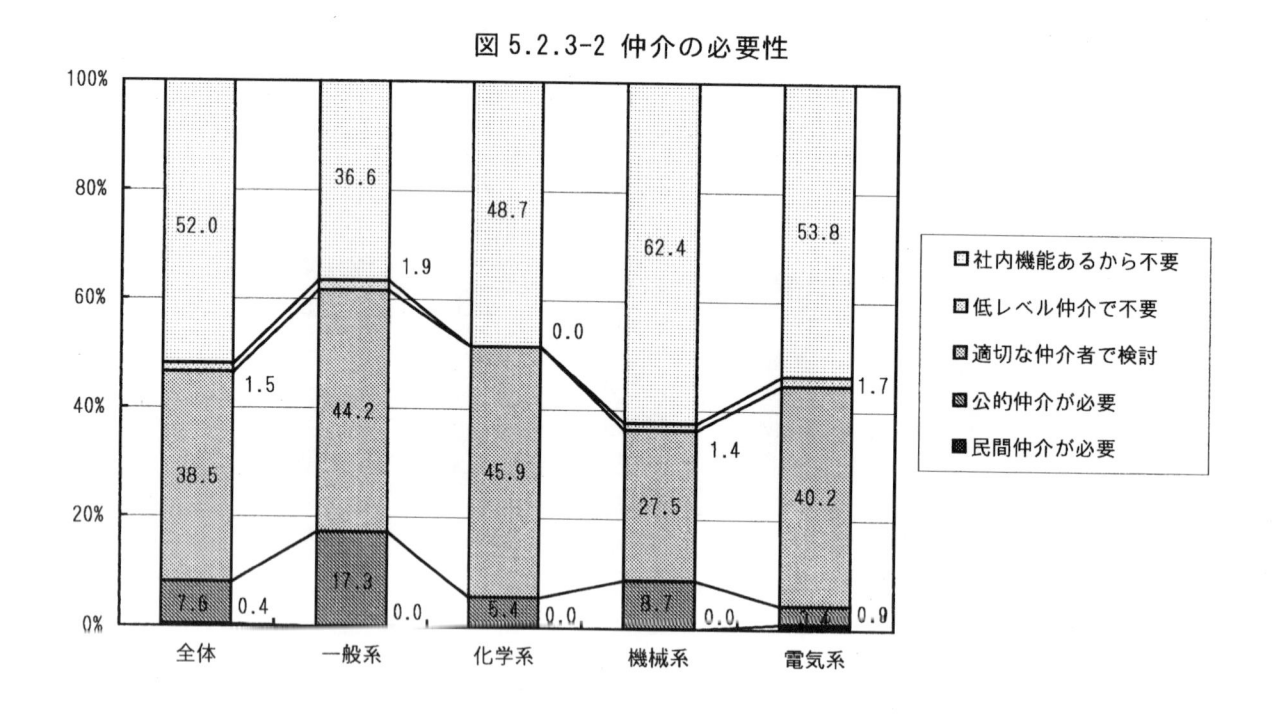

図5.2.3-2 仲介の必要性

5.2.4 具体的事例
(1) テーマ特許の供与実績

技術テーマの分析の対象となった特許一覧表を掲載し(テーマ特許)、具体的にどの特許の供与実績があるかについて質問を行った。

質問内容	一般系	化学系	機械系	電気系	全体
・有る	12.8%	12.9%	13.6%	18.8%	15.7%
・無い	72.3%	48.4%	39.4%	34.2%	44.1%
・回答できない(回答不可)	14.9%	38.7%	47.0%	47.0%	40.2%

図 5.2.4-1 に、テーマ特許の供与実績を示す。

「有る」と回答した企業が 15.7%であった。「無い」と回答した企業が 44.1%あった。「回答不可」と回答した企業が 40.2%とかなり多かった。これは個別案件ごとにアンケートを行ったためと思われる。ライセンス自体、企業秘密であり、他者に情報を漏洩しない場合が多い。

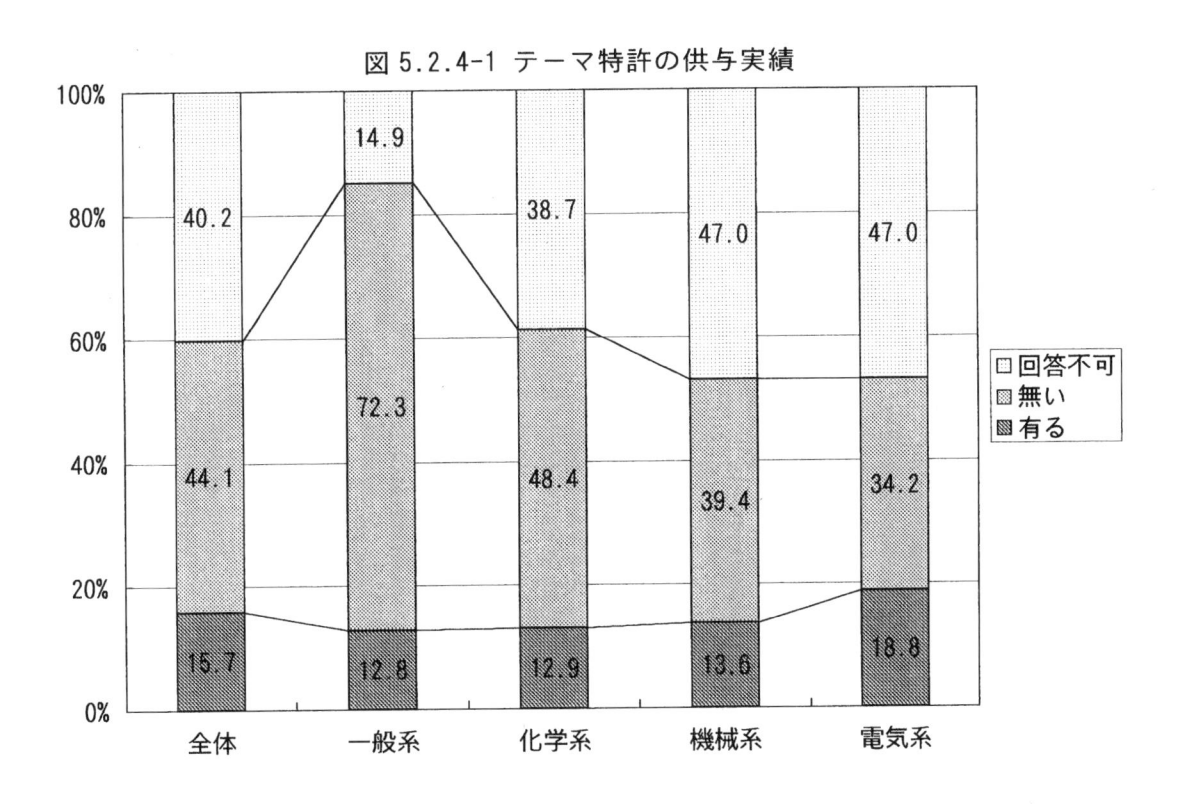

図 5.2.4-1 テーマ特許の供与実績

(2) テーマ特許を適用した製品

「特許流通支援チャート」に収蔵した特許（出願）を適用した製品の有無について質問を行った。

質問内容	一般系	化学系	機械系	電気系	全体
・回答できない(回答不可)	27.9%	34.4%	44.3%	53.2%	44.6%
・有る。	51.2%	43.8%	39.3%	37.1%	40.8%
・無い。	20.9%	21.8%	16.4%	9.7%	14.6%

図 5.2.4-2 に、テーマ特許を適用した製品の有無について結果を示す。

「有る」が 40.8%、「回答不可」が 44.6%、「無い」が 14.6%であった。一般系と化学系で「有る」と回答した企業が多かった。

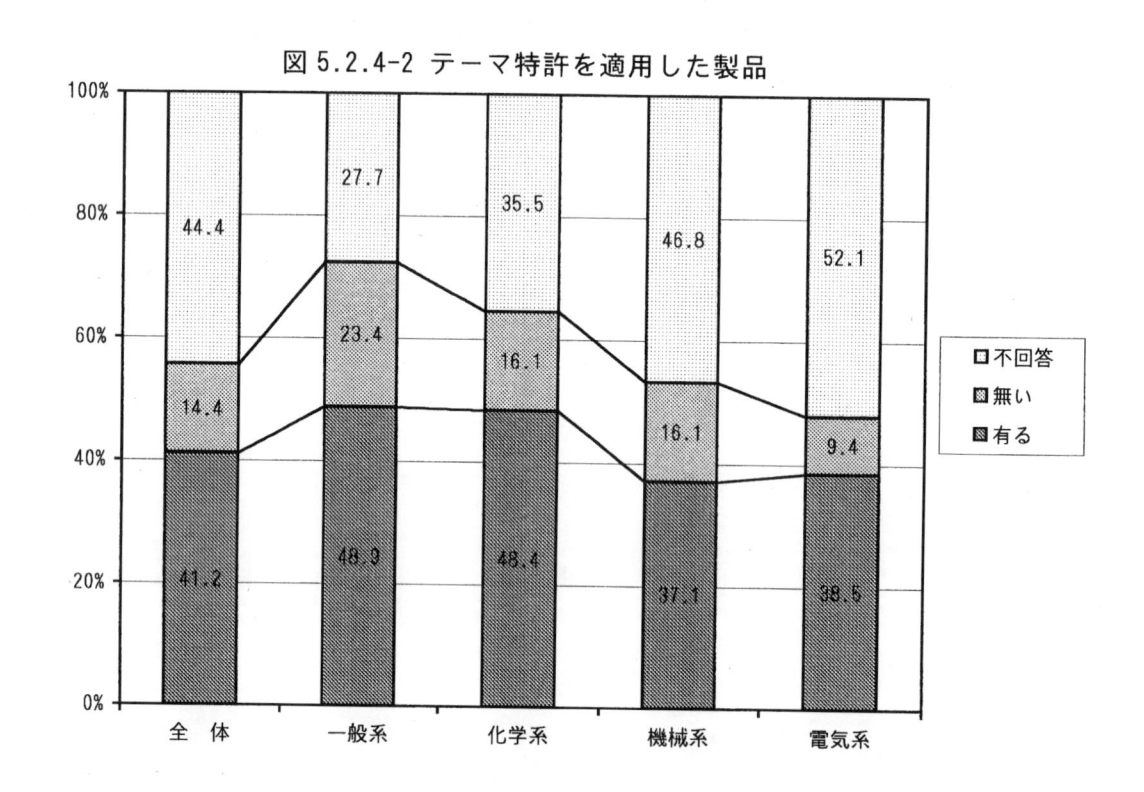

図 5.2.4-2 テーマ特許を適用した製品

5.3 ヒアリング調査

アンケートによる調査において、5.2.2の(2)項でライセンス実績に関する質問を行った。その結果、回収数306件中295件の回答を得、そのうち「供与実績あり、今後も積極的な供与活動を実施したい」という回答が全テーマ合計で25.4％(延べ75出願人)あった。これから重複を排除すると43出願人となった。

この43出願人を候補として、ライセンスの実態に関するヒアリング調査を行うこととした。ヒアリングの目的は技術移転が成功した理由をできるだけ明らかにすることにある。

表5.3にヒアリング出願人の件数を示す。43出願人のうちヒアリングに応じてくれた出願人は11出願人(26.5％)であった。テーマ別且つ出願人別では延べ15出願人であった。ヒアリングは平成14年2月中旬から下旬にかけて行った。

表5.3 ヒアリング出願人の件数

ヒアリング候補出願人数	ヒアリング出願人数	ヒアリングテーマ出願人数
43	11	15

5.3.1 ヒアリング総括

表5.3に示したようにヒアリングに応じてくれた出願人が43出願人中わずか11出願人（25.6％）と非常に少なかったのは、ライセンス状況およびその経緯に関する情報は企業秘密に属し、通常は外部に公表しないためであろう。さらに、11出願人に対するヒアリング結果も、具体的なライセンス料やロイヤリティーなど核心部分については充分な回答をもらうことができなかった。

このため、今回のヒアリング調査は、対象母数が少なく、その結果も特許流通および技術移転プロセスについて全体の傾向をあらわすまでには至っておらず、いくつかのライセンス実績の事例を紹介するに留まらざるを得なかった。

5.3.2 ヒアリング結果

表5.3.2-1にヒアリング結果を示す。

技術移転のライセンサーはすべて大企業であった。

ライセンシーは、大企業が8件、中小企業が3件、子会社が1件、海外が1件、不明が2件であった。

技術移転の形態は、ライセンサーからの「申し出」によるものと、ライセンシーからの「申し入れ」によるものの2つに大別される。「申し出」が3件、「申し入れ」が7件、「不明」が2件であった。

「申し出」の理由は、3件とも事業移管や事業中止に伴いライセンサーが技術を使わなくなったことによるものであった。このうち1件は、中小企業に対するライセンスであった。この中小企業は保有技術の水準が高かったため、スムーズにライセンスが行われたとのことであった。

「ノウハウを伴わない」技術移転は3件で、「ノウハウを伴う」技術移転は4件であった。

「ノウハウを伴わない」場合のライセンシーは、3件のうち1件は海外の会社、1件が中小企業、残り1件が同業種の大企業であった。

大手同士の技術移転だと、技術水準が似通っている場合が多いこと、特許性の評価やノウハウの要・不要、ライセンス料やロイヤリティー額の決定などについて経験に基づき判断できるため、スムーズに話が進むという意見があった。

　中小企業への移転は、ライセンサーもライセンシーも同業種で技術水準も似通っていたため、ノウハウの供与の必要はなかった。中小企業と技術移転を行う場合、ノウハウ供与を伴う必要があることが、交渉の障害となるケースが多いとの意見があった。

　「ノウハウを伴う」場合の4件のライセンサーはすべて大企業であった。ライセンシーは大企業が1件、中小企業が1件、不明が2件であった。

　「ノウハウを伴う」ことについて、ライセンサーは、時間や人員が避けないという理由で難色を示すところが多い。このため、中小企業に技術移転を行う場合は、ライセンシー側の技術水準を重視すると回答したところが多かった。

　ロイヤリティーは、イニシャルとランニングに分かれる。イニシャルだけの場合は4件、ランニングだけの場合は6件、双方とも含んでいる場合は4件であった。ロイヤリティーの形態は、双方の企業の合意に基づき決定されるため、技術移転の内容によりケースバイケースであると回答した企業がほとんどであった。

　中小企業へ技術移転を行う場合には、イニシャルロイヤリティーを低く抑えており、ランニングロイヤリティーとセットしている。

　ランニングロイヤリティーのみと回答した6件の企業であっても、「ノウハウを伴う」技術移転の場合にはイニシャルロイヤリティーを必ず要求するとすべての企業が回答している。中小企業への技術移転を行う際に、このイニシャルロイヤリティーの額をどうするか折り合いがつかず、不成功になった経験を持っていた。

表5.3.2-1 ヒアリング結果

導入企業	移転の申入れ	ノウハウ込み	イニシャル	ランニング
—	ライセンシー	○	普通	—
—	—	○	普通	—
中小	ライセンシー	×	低	普通
海外	ライセンシー	×	普通	—
大手	ライセンシー	—	—	普通
大手	ライセンシー	—	—	普通
大手	ライセンシー	—	—	普通
大手	—	—	—	普通
中小	ライセンサー	—	—	普通
大手	—	—	普通	低
大手	—	○	普通	普通
大手	ライセンサー	—	普通	—
子会社	ライセンサー	—	—	—
中小	—	○	低	高
大手	ライセンシー	×	—	普通

＊ 特許技術提供企業はすべて大手企業である。

(注)
　ヒアリングの結果に関する個別のお問い合わせについては、回答をいただいた企業とのお約束があるため、応じることはできません。予めご了承ください。

資料6．特許番号一覧

　リチウムポリマー電池技術全体として、出願件数の多い50社のうち主要20社については、前述の2.1～2.20でそれぞれの保有特許を紹介したが、それ以外の30社について保有特許を紹介する。なお、これらの特許は全てが開放可能とは限らない。

　以下の保有特許の一覧表においては、各企業の特許を、表1.3.1-2（本書における特許解析の区分）で示した技術要素ごとに出願順に掲載しているが、ポリマー電解質分野については、真性ポリマー電解質とゲル電解質の開発が密接に関連しているので、これらの技術要素をまとめて表示している。また、一つの特許が複数の開発課題を有する場合はそれらを併記したうえで、解決手段の概要を記載している。また、ポリマー電解質分野では、解決手段を図1.1.2-1（ポリマー電解質の種類）に従って区分するとともに、解決手段の概要を述べている。

（1）ティーディーケイ（株）

ティーディーケイの保有特許リスト（1/3）

分野	技術要素	公報番号	特許分類	課題		概要（解決手段要旨）
ポリマー電解質	ゲル	特開平10-269844	H01B 1/12	イオン伝導度	均一系ゲル電解質	電解質を有機化合物に溶解した電解液と、該電解液との混合によりゲルを形成する高分子材料と、膨潤性を示す層状粘土化合物粒子との混合体
	ゲル	特開平10-275521	H01B 1/12	能率	構造系ゲル電解質	フィラーを含有する高分子溶液をフィルム化し、これから溶媒を揮発させ、これにそのまま電解液を含浸させる高分子固体電解質の製造方法
	ゲル	特開平11-86631	H01B 1/12	イオン伝導度	均一系ゲル電解質	フッ化ビニリデン－6フッ化アセトン共重合体である高分子
	ゲル	特開平10-265635	C08L 27/16	イオン伝導度	均一系ゲル電解質	フッ化ビニリデンと塩化3フッ化エチレンの共重合体である直鎖高分子
	ゲル	特開平10-154415	H01B 1/12	イオン伝導度	均一系ゲル電解質	フッ化ビニリデン共重合体を主鎖とし、ポリフッ化ビニリデンを側鎖に有する高分子
	ゲル 真性ポリマー	特開平11-144767	H01M 10/40	能率	均一体、均一系ゲル電解質	第1の電極の少なくとも一面に第1の固体電解質層を形成し、第2の電極の少なくとも一面に第2の固体電解質層を形成し、第1の固体電解質層と第2の固体電解質層を境にして第1の電極と第2の電極とを接合したシート型電極・電解質構造体

225

ティーディーケイの保有特許リスト（2/3）

分野	技術要素	公報番号	特許分類	課題		概要（解決手段要旨）
ポリマー電解質（続き）	ゲル	特開平11-297360	H01M 10/40	イオン伝導度	均一系ゲル電解質	シート型電極及びゲル系高分子固体電解質の両者に高温で相溶する第3成分をシート型電極及びゲル系高分子固体電解質の接合面にそれぞれ設ける
	ゲル	特開平11-306858	H01B 1/12	イオン伝導度	均一系ゲル電解質、構造系ゲル電解質	フッ素系高分子化合物のマトリックス中に、特定の化学式で表されるイミダゾリウム塩とリチウム塩とを含有
	ゲル	特開平11-306859	H01B 1/12	イオン伝導度	均一系ゲル電解質、構造系ゲル電解質	フッ素系高分子化合物のマトリックス中に、特定の化学式で表されるイミダゾリウム塩とリチウム塩とを含有（製法）
	ゲル	特開平11-149825	H01B 1/12	イオン伝導度	均一系ゲル電解質、構造系ゲル電解質	フッ化ビニリデンと、6フッ化プロピレンとのゴム状共重合体であって、フッ化ビニリデンの含有量が55モル％以上である高分子
	ゲル	特開平11-242951	H01M 2/16	機械的変形による寿命	構造系ゲル電解質	繊維布であるシート、電解液、およびこの電解液によって高分子が膨潤して得られる高分子固体電解質を有するセパレータ
	ゲル	特開2000-123633	H01B 1/06	イオン伝導度、機械的変形による寿命、生産性	構造系ゲル電解質	電気化学的に不活性な無機粒子と、高分子と、電解液を含有し、無機粒子と高分子の重量比が55：45〜90：10、かつ無機粒子の平均粒径が0.2〜10μm
	ゲル	特開2000-149659	H01B 1/06	イオン伝導度、機械的変形による寿命、生産性	構造系ゲル電解質	ポリマー粒子、このポリマー粒子を結着するポリマーおよび電解液を含有する固体電解質
	ゲル	特開2000-149660	H01B 1/06	イオン伝導度	均一系ゲル電解質	N−アルキルマレイミドとオレフィンとのオレフィン・マレイミド共重合体
	ゲル	特開平11-238525	H01M 10/40	機械的変形による寿命	構造系ゲル電解質	多孔質のシート状基体、この基体に含浸された電解液、およびこの基体に含浸された電解液を包囲するゲル状の高分子固体電解質層を備えるシート状電解質
	ゲル	特開平11-242964	H01M 10/40	機械的変形による寿命	均一系ゲル電解質	フッ素系高分子を用いた固体電解質において、リチウム塩電解液以外の第三成分として、エチレンとテトラフルオエチレンの共重合体を添加
	ゲル	特開平11-238411	H01B 1/06	サイクル寿命	均一系ゲル電解質、構造系ゲル電解質	電解質溶液を保持可能な高分子物質をプラズマ処理し、これに電解質溶液を保持させてゲル化させた固体電解質
	ゲル	特開2001-102089	H01M 10/40	薄膜化など	構造系ゲル電解質	微多孔膜が、湿式相分離法により空孔率：50％以上、孔径：0.02μm以上、2μm以下に制御されている固体状電解質

ティーディーケイの保有特許リスト（3/3）

分野	技術要素	公報番号	特許分類	課題	概要（解決手段要旨）	
導電剤・結着剤		特開平6-243896	H01M 10/40	サイクル寿命	単機能結着剤	架橋高分子を含むバインダー
シート電極・シート素電池		特開平11-144707	H01M 4/02	大電流化	電解質	正極と負極の周囲に電解液貯蔵層
		特開平11-144709	H01M 4/02	大電流化	正極・負極	活物質、導電助剤、バインダーを含む電極シートの集電体側に金属層
		特開平11-176419	H01M 4/02	生産性	方法	不織布を使用し、この両面に、電極を未塗布部を設けながら印刷して未塗布部から切断
		特開平11-288723	H01M 4/70	大電流化	リード・端子	無孔面で囲まれた内側部分を多数の貫通孔のある領域とした集電体構造
		特開平11-297332	H01M 4/66	サイクル寿命	集電体	酸変性ポリオレフィンと導電性フィラーの塗膜で金属集電体をコーティング
外装		特開平11-345599	H01M 2/06	シール性	封止構造	端子部に酸変成ポリオレフィンを介在
		特開2000-260411	H01M 2121/01	安全性	外装構造	貫通孔の上に排気手段
		特開2000-353497	H01M 2/02	安全性	外装構造	ガス抜き孔
		特開2001-57182	H01M 2/02	シール性	封止構造	端子部にポリオレフィン樹脂を介在
		特開2001-57184	H01M 2/06	シール性	封止構造	端子部に2種の樹脂を介在
		特開2001-93580	H01M 10/40	安全性	外装構造	ガス抜き孔
		特開2001-118547	H01M 2/02	シール性	封止構造	端部を折り曲げる
		特開2001-148234	H01M 2/06	シール性	封止構造	端子表面を粗くする

（2）日立マクセル（株）

日立マクセルの保有特許リスト（1/3）

分野	技術要素	公報番号	特許番号	課題		概要（解決手段要旨）
ポリマー電解質	ゲル	特開平11-219727	H01M 10/40	機械的変形による寿命、生産性	構造系ゲル電解質	繊維状無機質フィラーを含有する多孔質シート
	ゲル	特開平11-219728	H01M 10/40	サイクル寿命	構造系ゲル電解質	気相表面処理した多孔質ポリオレフィンシート
	ゲル	特開平11-260336	H01M 2/16	機械的変形による寿命	構造系ゲル電解質	繊維径が1μm以下で空孔率が80～95%のガラス繊維不織布
	ゲル	特開平11-260340	H01M 2/16	機械的変形による寿命	構造系ゲル電解質	平均孔径が0.5μm以上の微孔を多数有し空孔率が60～80%の微孔性ポリオレフィンシート

日立マクセルの保有特許リスト（2/3）

分野	技術要素	公報番号	特許番号	課題	概要（解決手段要旨）	
ポリマー電解質（続き）	ゲル	特開平11-260346	H01M 2/34	安全性	構造系ゲル電解質	高温または高電圧にさらされることによって気体を発生しイオン伝導を妨げる妨害体を形成する物質
	ゲル	特開平11-260410	H01M 10/40	生産性	均一系ゲル電解質	三次元構造のゲル状電解質
	ゲル	特開2000-67917	H01M 10/40	安全性	均一系ゲル電解質、構造系ゲル電解質	ゲル状ポリマー電解質層の厚さが30〜80μm
	ゲル	特開2000-67866	H01M 4/62	生産性	構造系ゲル電解質	活性光線で重合可能な二重結合を一分子あたり2個以上含むモノマーまたはプレポリマーを主成分とする架橋性組成物
	ゲル	特開2000-188130	H01M 10/40	生産性、薄膜化など	構造系ゲル電解質	電極を多孔質シートからなる支持体で包囲して、電極と支持体とを一体化し、それにゲル化成分を含有する電解液を含浸させる
	ゲル	特開2000-188131	H01M 10/40	機械的変形による寿命	構造系ゲル電解質	四官能以上の多官能モノマーを4〜10重量%含有する電解液を含浸させ、活性光線の照射によりゲル化
	ゲル	特開2000-188129	H01M 10/40	機械的変形による寿命	構造系ゲル電解質	電解液中の四官能以上の多官能モノマーを重合してできるゲル状ポリマー電解質中に残存するモノマー量が初期量の40重量%以下でかつ電解液総量の3重量%以下である
	ゲル	特開2000-215916	H01M 10/40	イオン伝導度	構造系ゲル電解質	架橋性組成物、有機溶媒および無機イオン塩を有する液状混合物を活性光線で重合させてゲル化したゲル状ポリマー電解質を含むセパレータの表面の粗さが$R_{max}=0.6\mu m$以下である
	ゲル	特開2000-231924	H01M 6/18	生産性、薄膜化など	構造系ゲル電解質	電極を多孔質シートからなる支持体で包囲して、電極と支持体とを一体化し、それにゲル化成分を含有する電解液を含浸させる
	ゲル	特開2000-251936	H01M 10/40	機械的変形による寿命	構造系ゲル電解質	不織布にゲル状ポリマー電解質を保持し、不織布が、厚さ15〜150μmで、空孔率30〜85体積%のポリプロピレンテレフタレート
	ゲル、真性ポリマー	特開2000-260468	H01M 10/40	安全性	均一体、均一系ゲル電解質	電解質中に特定の化学式で表されるトリオキサンまたはその誘導体を含有する
	ゲル	特開2000-260470	H01M 10/40	機械的変形による寿命	構造系ゲル電解質	ポリマー電解質層のポリマーの濃度を最高濃度、電極の集電体に接する部分を最低濃度とした

日立マクセルの保有特許リスト (3/3)

分野	技術要素	公報番号	特許分類	課題		概要 (解決手段要旨)
正極	リチウム複合酸化物	特開2000-215916	H01M 10/40	充放電特性、伝導性	LiCo複合酸化物、LiNi複合酸化物、LiMn複合酸化物、その他	リチウム含有複合酸化物およびゲル状ポリマー電解質を含む正極であって、活性光線で重合させてゲル化し表面の粗さがRmax=0.6μm以下とする
	リチウム複合酸化物	特開2000-228197	H01M 4/58	生産性など	LiMn複合酸化物、その他	球状ないし楕円状のスピネル型リチウムマンガン酸化物 (例:平均粒子径が1～45μm) の正極活物質に結着剤としてフッ素ゴムを使用
導電剤・結着剤		特開平11-297357	H01M 10/40	生産性	電極製法	正極合剤および負極合剤をゲル化する際に90～120℃でゲル化
		特開2000-228197	H01M 4/58	容量特性	単機能結着剤	結着剤の主成分としてフッ素ゴム
シート素電池・シート電極		特開2000-215879	H01M 2/26	保存寿命	リード・端子	外装体のシール部分より外側の部分を金属製の被覆材で被覆
		特開2001-76706	H01M 2/30	歩留り	リード・端子	正極端子の一方の端部のアルミニウム部分をリード部と接続し、正極端子の他方の端部を外装材の封止部分より外側に引き出す
外装		特開平11-260408	H01M 10/40	安全性	封止方法	充電後、内部を減圧してから封止
		特開2000-235850	H01M 2/22	実装性	封止構造	リード部を積層し、補強板で挟む
		特開2000-251870	H01M 2/26	量産性	外装構造	上下最外層を構成する電極を同一極性とする
		特開2000-268786	H01M 2/02	安全性	封止構造	リード部と外装材との間に封止材を介在させる
		特開2000-268787	H01M 2/02	安全性	外装材	外装材の金属箔と接着樹脂層の間に高融点の絶縁樹脂層
		特開2001-52659	H01M 2/02	安全性	外装構造	端子部接合の耐衝撃性向上
		特開2001-68161	H01M 10/40	安全性	外装構造	積層電極群の外側に金属板を配置
		特開2001-126701	H01M 2/22	薄形軽量化	外装構造	リード部を積層体の面に折り返す

(3) 日本電気(株)

日本電気の保有特許リスト (1/3)

分野	技術要素	公報番号	特許分類	課題		概要 (解決手段要旨)
ポリマー電解質	ゲル	特許3013815	H01B 1/06	イオン伝導度、機械的変形による寿命	均一系ゲル電解質	電子線照射により側鎖が導入されたポリフッ化ビニリデン化合物と、該化合物に包含される、イオン性化合物を非水系有機溶媒に溶解した電解液
	ゲル	特許3109460	C08L 27/16	イオン伝導度、機械的変形による寿命	均一系ゲル電解質	繰り返し単位の主鎖部分にカルボニル基を有するポリマーを1～40重量%、ポリフッ化ビニリデン系ポリマーを20～70重量%

日本電気の保有特許リスト（2/3）

分野	技術要素	公報番号	特許分類	課題		概要（解決手段要旨）
ポリマー電解質（続き）	ゲル	特許3082839	H01B 1/06	イオン伝導度、機械的変形による寿命	構造系ゲル電解質	多孔質のフッ化ビニリデン重合体薄膜に電子線照射により架橋構造を形成した後、電解液を含浸させ多孔質膜を均質化
	ゲル 真性ポリマー	特開平11-73819	H01B 1/12	イオン伝導度、機械的変形による寿命	均一体、均一系ゲル電解質	特定の化学式（1）で表されるエポキシ基を有する環状化合物と、特定の化学式（2）で表されるアルキレンオキサイド誘導体との共重合体よりなる高分子化合物
	ゲル	特許3171238	H01M 10/40	イオン伝導度、機械的変形による寿命	構造体	高分子複合電解質中に高分子濃度の高い部分と低い部分が存在し、高分子濃度が位置によって連続的かつ周期的に変化している
	ゲル 真性ポリマー	特開平11-111050	H01B 1/12	イオン伝導度、機械的変形による寿命	均一体、均一系ゲル電解質	主鎖に共役二重結合を、側鎖にイオン伝導性化合物を有する高分子化合物
	ゲル	特許3045120	C08L 71/02	イオン伝導度、機械的変形による寿命	均一系ゲル電解質	液晶性化合物からなる置換基を有するアルキレンオキサイド誘導体と、それとは異なるアルキレンオキサイド誘導体との共重合体よりなる高分子化合物
	ゲル	特許3036492	H01B 1/06	イオン伝導度、機械的変形による寿命	均一系ゲル電解質	1～40重量％の特定の化学式で表されるユニットを主たる繰り返し単位として有する分子量500以上のポリマーと、20～70重量％のポリフッ化ビニリデン系ポリマー
	ゲル	特開平11-185816	H01M 10/40	イオン伝導度、機械的変形による寿命	均一系ゲル電解質	マトリックスポリマーが、フッ化ビニリデン重合体に、化合物（1）：同一分子内に重合性機能基を2つ以上含む化合物、（2）：重合性機能基を有しアミド基を含む化合物を分散、重合させて高分子ネットワークを形成
	ゲル	特開2000-40527	H01M 10/40	イオン伝導度	構造系ゲル電解質	固体電解質上にゲル電解質、又は電解液を1層以上積層
	ゲル	特許3109497	H01M 10/40	サイクル寿命	均一系ゲル電解質	正負極間の高分子電解質膜が非水系溶媒及びリチウム塩を含有する弗化ビニリデン系重合体からなる薄膜
	ゲル	特開2001-026661	C08J 7/02	イオン伝導度、機械的変形による寿命	均一系ゲル電解質	繰り返し単位の主鎖部分にカルボニル基を有するポリマーを1～40重量％、ポリフッ化ビニリデン系ポリマーを20～70重量％
正極	高分子	特許3111945	H01M 4/60	充放電特性	ポリアニリン系	正極または負極のポリマー活物質層上に、式量酸化還元電位が異なる化学種の層を積層する
	高分子	特許2943792	H01M 4/60	寿命、充放電特性	ポリアニリン系	窒素原子を含むπ共役高分子がポリアニリン及びその誘導体

日本電気の保有特許リスト（3/3）

分野	技術要素	公報番号	特許分類	課題		概要（解決手段要旨）
導電剤・結着剤	結着剤	特許3109497	H01M 10/40	サイクル寿命、容量	単機能結着剤	結着体の空隙に充填されたポリマーゲル組成物からなるイオン伝導層
シート素電池	シート電極・	特開2001-35523	H01M 10/04	安全性	方法	予備充電方法
外装		特許3114719	H01M 2/30	薄形軽量化	外装構造	正負極を隔離配置
		特開2001-57183	H01M 2/06	シール性	封止構造	端子を外装材内面に固定

（4）日本電信電話（株）

日本電信電話の保有特許リスト

分野	技術要素	公報番号	特許分類	課題		概要（解決手段要旨）
ポリマー電解質	ゲル	特許3152264	H01M 10/40	イオン伝導度、機械的変形による寿命	均一系ゲル電解質	高極性高分子相と、粒子形状を保持した低極性高分子相からなる相分離構造を有する高分子マトリックスの当該中高極性高分子相に、電解質溶液を含浸してなる高分子固体電解質
	ゲル	特開平7-320713	H01M 2/16	イオン伝導度、サイクル寿命	構造系ゲル電解質	高分子マトリックス内に、高分子マトリックスと相分離し、連続して三次元網目状に形成されたイオン伝導路から構成される電池用セパレータ
	ゲル	特開平7-335258	H01M 10/40	イオン伝導度	均一系ゲル電解質	電解液を含浸する高極性高分子相が架橋構造を持つ高分子固体電解質
	ゲル	特開平8-34929	C08L101/00	イオン伝導度	均一系ゲル電解質	低極性高分子相が架橋構造を持ち、低極性高分子相の高分子成分が、2重結合を有し、更にその2重結合の一部が開裂して生成した分子内あるいは分子間架橋を有する高分子固体電解質
	ゲル	特開平9-259924	H01M 10/40	イオン伝導度	構造系ゲル電解質	延伸多孔質ポリテトラフルオロエチレン膜の内部細孔中に有機電解液と高分子からなる高分子ゲルを担持させた複合高分子電解質膜
負極	無機系その他	特開平9-106808	H01M 4/02	容量特性	酸・窒化物等	Li含有遷移金属窒化物含有負極で、容量及びサイクル特性を向上
	無機系その他	特開2001-202996	H01M 10/40	寿命	酸・窒化物等	Li含有複合窒化物中の遷移金属(M)の量を制御して、充放電に伴う体積変化を抑制

(5) 三菱電線工業（株）

三菱電線工業の保有特許リスト

分野	技術要素	公報番号	特許分類	課題		概要（解決手段要旨）
ポリマー電解質	真性ポリマー	特許3205397	H01M 10/40	イオン伝導度、サイクル寿命	均一体	特定のユニットを重合または共重合してなる高分子およびイオン解離性金属塩よりなる固体電解質
	真性ポリマー	特開平6-52893	H01M 10/40	イオン伝導度、サイクル寿命	均一体	ポリエチレンオキシド、ポリシロキサンおよびイオン解離性金属塩よりなる固体電解質
	真性ポリマー	特開平6-52894	H01M 10/40	イオン伝導度、サイクル寿命	均一体	特定のユニットを主鎖または側鎖に有する重合体または共重合体およびイオン解離性金属塩よりなる固体電解質
	ゲル	特開平7-331019	C08L 33/20	イオン伝導度、薄膜化など	均一系ゲル電解質	分子中に特定の構造単位を少なくとも20重量%含有するポリマーと、電解質よりなる高分子固体電解質
負極	無機系その他	特開平6-36763	H01M 4/40	寿命	Li合金	アルカリ土類金属と2B、3B、4B族元素の金属および半金属から選ばれる少なくとも1種との合金化で、デンドライトの形成や電極の劣化を抑止
	無機系その他	特開平7-302588	H01M 4/02	寿命	Li合金	Li-Si-C系の合成物で、Liデンドライトの発生を防止し、起電力の低下は小さい
	無機系その他	特開平7-326344	H01M 4/02	寿命	Li合金	Liイオン透過性ポリマー被覆層で、Liデンドライト成長を抑制
正極	リチウム複合酸化物	特開平6-223832	H01M 4/58	寿命、充放電特性、安全性	LiCo複合酸化物、その他	$LiwCo_{1-x-y}M_xP_yO_{2+z}$（ただし、Mは1種又は2種以上の遷移金属であり、wは0＜w≦2、xは0≦x＜1、yは0＜y＜1、zは-1≦z≦4）である活物質と固体電解質との複合体
	リチウム複合酸化物	特開平10-172608	H01M 10/40	容量特性、薄形軽量化、安全性	LiCo複合酸化物	正極活物質層の実効容量100に対して負極活物質層の実効容量が80〜120とする
シート素電池・シート電極		特開2000-100471	H01M 10/40	高出力化	組電池	バイポーラ電極ユニットを有し、且つ電解質として固体電解質を使用
外装		特開平11-339856	H01M 10/40	シール性	封止方法	減圧封止
		特開2000-11969	H01M 2/06	安全性	封止構造	電極端子の露出根部を補強体でカバー
		特許3059708	H01M 2/08	シール性	封止構造	端子の全周囲をエチレン-アクリル酸共重合体によりシール

(6) 三菱レイヨン（株）

三菱レイヨンの保有特許リスト (1/2)

分野	技術要素	公報番号	特許分類	課題		概要（解決手段要旨）
ポリマー電解質	ゲル	特開平10-212687	D21H 13/18	イオン伝導度	構造系ゲル電解質	非水電解液により溶解又は膨潤しうる繊維状高分子重合体を主体とする繊維状物を厚さ5μm以上のシート状物とした高分子ゲル電解質形成用シート状物
	ゲル	特開平10-308238	H01M 10/40	サイクル寿命、機械的変形による寿命	構造系ゲル電解質	高分子固体電解質が、高分子重合体を主成分とする繊維状物からなるシート状物に、少なくとも該高分子の溶媒もしくは膨潤剤を含浸させて形成されたゲル状高分子電解質であること
	ゲル	特開平11-102612	H01B 1/12	イオン伝導度	構造系ゲル電解質	非水電解液に溶解しない高分子重合体よりなる繊維状物又はパルプ状物よりなる支持相と、非水電解液により溶解又は可塑化しうる高分子重合体の繊維状物又はパルプ状物からなるマトリックス形成相とが一体化され、支持相が連続相を形成
	ゲル	特開平11-273452	H01B 1/12	機械的変形による寿命、イオン伝導度	構造系ゲル電解質	非水溶媒可溶性重合体より形成された空孔率が20～80%であるイオン導電性ゲル状固体電解質形成用多孔質シート
	ゲル	特開平11-273453	H01B 1/12	イオン伝導度、生産性	均一系ゲル電解質	溶剤の凝固点以上室温以下なる温度の非水溶剤でゲル形成用高分子化合物を浸漬してスラリーあるいは膨潤状態となし、次いで該スラリーあるいは膨潤状物を加熱して高分子化合物を溶解させて溶液となし、次いで冷却する
	ゲル	特開2000-30529	H01B 1/12	機械的変形による寿命、イオン伝導度	構造系ゲル電解質	繊維状の幹から、多数の直径0.2～1μmのフィブリル繊維が分岐している（メタ）アクリロニトリル系重合体パルプと、ポリオレフィン系重合体パルプからなる、空孔率20～85%かつ厚さ150μm以下のイオン導電性固体電解質形成用多孔質シート
	ゲル	特開2000-58078	H01M 6/18	イオン伝導度	均一系ゲル電解質	アクリロニトリルと当該アクリロニトリルと共重合可能なビニル系モノマーの少なくとも1種との共重合体よりなる高分子材料と、非水電解液とから構成されるゲル状高分子電解質
	ゲル	特開2000-58126	H01M 10/40	イオン伝導度、能率	均一系ゲル電解質	高分子重合体を主成分とする繊維状物からなるシート状物に、エチルメチルカーボネートを溶媒もしくは膨潤剤として含む非水電解液を含浸させたゲル状高分子電解質
	ゲル	特開2000-90730	H01B 1/12	イオン伝導度	均一系ゲル電解質	支持電解質塩と、粘度1.0cP以下の非水溶媒を5wt%以上含む非水電解液と、10mol%以上のメタクリロニトリルユニットを有するアクリロニトリル系共重合体、またはポリメタクリロニトリルからなる高分子ゲル電解質
	ゲル	特開2000-133310	H01M 10/40	サイクル寿命	均一系ゲル電解質	ゲル状有機ポリマー電解質が、比誘電率4以上の有機ポリマーと、非プロトン性溶媒と、電解質塩を有する
	ゲル	特開2000-223105	H01M 2/16	イオン伝導度	均一系ゲル電解質	非水電解液の存在下で非水溶媒可溶性重合体と膨潤可能な架橋ポリマーからなるマトリックスに非水電解液を含浸
	ゲル	特開2000-243133	H01B 1/06	イオン伝導度	均一系ゲル電解質	支持電解質塩と、粘度1.0cP以下の非水溶媒を5wt%以上含む非水電解液と、メタクリロニトリル系重合体とアクリロニトリル系共重合体との混合物からなる高分子ゲル電解質

三菱レイヨンの保有特許リスト（2/2）

分野	技術要素	公報番号	特許分類	課題	概要（解決手段要旨）
ポリマー電解質（続き）	ゲル	特開2000-282388	D21H 13/14	イオン伝導度	均一系ゲル電解質	アクリロニトリル系重合体の繊維状物10～100wt%、オレフィン系重合体の繊維状物90wt%以下から構成され、空孔率が15～90%かつ厚さ150μm以下の高分子ゲル電解質形成用多孔質シート状物
	ゲル	特開2001-110448	H01M 10/40	イオン伝導度	構造系ゲル電解質	アクリロニトリル系重合体から構成され、空孔率が30%～80%、フィルム断面内の空孔サイズが直径20μm以下、厚さ100μm以下なる多孔質フィルムよりなる高分子ゲル電解質用アクリロニトリル系重合体多孔質フィルム
	ゲル	特開2001-118603	H01M 10/40	イオン伝導度	構造系ゲル電解質	ジエチルカーボネートの液面に対して該繊維シートを垂直に浸漬したときに、ジエチルカーボネートの電解液を1.5mm/min以上吸い上げる機能を備えた繊維質シートである高分子ゲル電解質形成用多孔質シート状物
	ゲル	特開2001-196045	H01M 2/16	イオン伝導度	構造系ゲル電解質	重量平均分子量500,000以上のアクリロニトリル系重合体にて構成され、空孔率が30%～80%、厚さ100μm以下であるアクリロニトリル系重合体多孔質フィルム
導電剤・結着剤	結着剤	特開2000-133271	H01M 4/62	サイクル寿命	単機能結着剤	比誘電率4以上の有機ポリマーと、比誘電率10以上の非プロトン性溶媒と、電解質塩とを有するゲル状組成物

（7）日立化成工業（株）

日立化成工業の保有特許リスト（1/2）

分野	技術要素	公報番号	特許分類	課題		概要（解決手段要旨）
ポリマー電解質	真性ポリマー	特開2000-268871	H01M 10/40	サイクル寿命	構造体	高分子固体電解質の相中に電子伝導性高分子化合物を濃度勾配を有して含む
	真性ポリマー	特開2000-331713	H01M 10/40	イオン伝導度	均一体、均一系ゲル電解質	分子内に少なくとも2つのスルホン酸基を有するスルホン酸化合物、その誘導体又はそのハライド化合物と分子内に少なくとも2つのアミノ基を有するアミノ化合物とを反応させる
	真性ポリマー ゲル	特開2001-35250	H01B 1/06	イオン伝導度	均一体、均一系ゲル電解質	オキセタン化合物を反応させて得られるポリエーテルポリマーからなる高分子固体電解質
	ゲル	特開2001-43731	H01B 1/06	イオン伝導度	均一系ゲル電解質	ポリアミド系樹脂中間体と、エポキシ樹脂及びポリオキシアルキレンモノアミンとを反応させて得られる、側鎖にポリオキシアルキレンモノアミン成分残基を有するポリアミド系樹脂
	真性ポリマー	特開2001-43896	H01M 10/40	イオン伝導度	均一体	ポリアミド系樹脂中間体、エポキシ樹脂及びポリオキシアルキレンモノアミンとを反応させて得られる、側鎖にポリオキシアルキレンモノアミン成分残基を有するポリアミド系樹脂にアルカリ金属塩を溶解させる

日立化成工業の保有特許リスト (2/2)

分野	技術要素	公報番号	特許分類	課題		概要（解決手段要旨）
ポリマー電解質（続き）	ゲル	特開2001-43732	H01B 1/06	イオン伝導度	均一系ゲル電解質	ポリアミド系樹脂中間体、特定の化学式（I）のエーテル結合含有脂肪族エポキシ樹脂又は特定の化学式（II）のエーテル結合含有脂肪族エポキシ樹脂及びポリオキシアルキレンモノアミンとを反応させて得られる、側鎖にポリオキシアルキレンモノアミン成分残基を有するポリアミド系樹脂
	ゲル真性ポリマー	特開2001-81293	C08L 65/00	イオン伝導度	均一体、均一系ゲル電解質	特定の化学式で表される五員環を繰り返し単位として有するポリマー
	ゲル真性ポリマー	特開2001-81294	C08L 65/00	イオン伝導度	均一体、均一系ゲル電解質	特定の化学式で表される繰り返し単位を有するポリマー
	ゲル真性ポリマー	特開2001-81321	C08L 79/00	イオン伝導度	均一体、均一系ゲル電解質	特定の化学式で表される繰り返し単位を有するポリマー
	ゲル真性ポリマー	特開2001-81295	C08L 65/00	イオン伝導度	均一体、均一系ゲル電解質	特定の化学式で表される繰り返し単位を有するポリマー
	ゲル真性ポリマー	特開2001-81303	C08L 71/10	イオン伝導度	均一体、均一系ゲル電解質	特定の化学式で表される繰り返し単位を有するポリマー
	ゲル	特開2001-167638	H01B 5/14	薄膜化など	構造系ゲル電解質	反応性樹脂組成物を支持体上に塗布し、必要に応じて乾燥して反応層を形成してなる高分子電解質用エレメント
	ゲル	特開2001-185217	H01M 10/40	イオン伝導度	均一系ゲル電解質	（メタ）アクリレート、アクリロニトリル及びエポキシ基を有する（メタ）アクリレートモノマーに夫々由来する構造単位からなる重量平均分子量が100,000～1,000,000のアクリル樹脂に、エポキシ基と反応する架橋用モノマーを加えて架橋させたマトリックスポリマー
負極	炭素系	特開平11-219704	H01M 4/58	容量特性	複合体	異なる比重の粒子混合で、容量特性と電解質浸透性を確保

(8) (株) 日立製作所

日立製作所の保有特許リスト (1/2)

分野	技術要素	公報番号	特許分類	課題		概要（解決手段要旨）
ポリマー電解質	ゲル	特開平10-199527	H01M 4/58	イオン伝導度	均一系ゲル電解質	ポリエチレンオキサイド、ポリアクリロニトリル、ポリメタクリル酸メチル、ポリフッ化ビニリデンの一種類以上を含む樹脂が、電解液を含有してなるゲル状膜
	ゲル真性ポリマー	特開平10-208747	H01M 4/62	イオン伝導度	均一体、均一系ゲル電解質	固体電解質が、リチウム塩をエチレンオキシド、アクリロニトリル、弗化ビニリデン、メタクリル酸メチル、ヘキサフルオロプロピレンの高分子群のうち少なくとも1種類の高分子に保持

日立製作所の保有特許リスト (2/2)

分野	技術要素	公報番号	特許分類	課題	概要（解決手段要旨）	
ポリマー電解質（続き）	ゲル	特開平11-102727	H01M 10/40	安全性	均一系ゲル電解質	電解質がゲル電解質を形成しうるポリマーと非水溶媒とリチウム塩とからなり、非水溶媒が少なくともハロゲン化溶媒を含む
	ゲル	特許3182391号	H01M 10/40	生産性	均一系ゲル電解質	エチレンカーボネートまたはプロピレンカーボネートからなる主溶媒と、第2溶媒のジメチルカーボネートとの混合液に六フッ化リン酸リチウムを溶解させ、主溶媒に対する第2溶媒の体積比が0.3～1である電解液
	ゲル	特開2000-12082	H01M 10/40	安全性	均一系ゲル電解質	電池ケース内の可燃性物質である非水電解液の一部もしくは殆どが前もって該電池ケースに準備された弁体を通って、酸素が存在しない所定の空間へ移動すること
	ゲル	特開2001-43731	H01B 1/06	イオン伝導度	均一系ゲル電解質	ポリアミド系樹脂中間体と、エポキシ樹脂及びポリオキシアルキレンモノアミンとを反応させて得られる、側鎖にポリオキシアルキレンモノアミン成分残基を有するポリアミド系樹脂
	ゲル	特開2001-85058	H01M 10/40	イオン伝導度	均一系ゲル電解質	有機溶媒が特定の化学式で表されるフッ素化エーテル
	ゲル	特開2001-185217	H01M 10/40	イオン伝導度	均一系ゲル電解質	（メタ）アクリレート、アクリロニトリル及びエポキシ基を有する（メタ）アクリレートモノマーに夫々由来する構造単位からなる重量平均分子量が100,000～1,000,000のアクリル樹脂に、エポキシ基と反応する架橋用モノマーを加えて架橋させたマトリックスポリマー
負極	炭素系	特開2001-126768	H01M 10/40	寿命	表面処理・被覆	炭素粒子上にFe、Ni、Cuのうちの少なくとも1種金属のを付着させ、電解質との親和性を向上
	無機系その他	特開平11-86853	H01M 4/38	容量特性	他金属	金属間化合物構成元素を含む第2相を加え、充放電に伴う構造変化を緩和
	無機系その他	特開平11-86854	H01M 4/38	容量特性	他金属	Li吸蔵相に、充放電に関与しない元素の存在により、充放電に伴う構造変化を緩和
正極	リチウム複合酸化物	特開平11-40154	H01M 4/58	寿命、充放電特性、薄形軽量化、安全性	LiCo複合酸化物、LiNi複合酸化物、LiMn複合酸化物、複合活物質、導電集電体	$A_wP_vNi_xM_yN_zO_2$(但しAはアルカリ金属から選ばれた少なくとも1種であり、PはMg、B、P、Inから選ばれた少なくとも1種であり、MはMn、Co、Alから選ばれた少なくとも1種であり、NはSi、Al、Ca、Cu、Sn、Mn、Nb、Y、Bから選ばれた少なくとも1種)
	リチウム複合酸化物	特開平10-241691	H01M 4/58	容量特性、寿命、充放電特性、安全性	LiCo複合酸化物、LiNi複合酸化物、LiMn複合酸化物、複合活物質	正極の活物質を構成する元素としてLi、O、Mgを必須元素とし、層状もしくはジグザグ層状の$LiMeO_2$構造を有し、MeがMn、Co、Ni、Feから選ばれた少なくとも1種を含み、$LiMeO_2$構造におけるLi位置にMgが存在する
導電剤・結着剤	結着剤	特開平10-208747	H01M 4/62	容量特性	有機・無機導電剤	炭素以外の無機原子が連結した鎖状結合あるいは網目状結合を有する無機系バインダー
		特開平11-40154	H01M 4/58	大電流化	有機・無機導電剤	Lcが150Å以上の黒鉛と比表面積が50m^2/g以上のカーボンブラック

(9) キヤノン（株）

キヤノンの保有特許リスト（1/2）

分野	技術要素	公報番号	特許分類	課題	概要（解決手段要旨）	
ポリマー電解質	ゲル	特開平6-151262	H01G 9/16	安全性、イオン伝導度	均一系ゲル電解質	第1の電極に密接して配置され、架橋された高分子物質と液体からなる高分子電解質層と、前記高分子電解質層から離れて配置された第2の電極とを有する電気化学素子において、前記高分子電解質層と第2の電極との間の間隙が液体を主とする媒体によって満たされている
	真性ポリマー	特開2000-111860	G02F 1135/00	イオン伝導度	均一体	ディスコティック液晶
	真性ポリマーゲル	特開平11-345629	H01M 10/40	サイクル寿命	構造体、構造系ゲル電解質	イオン伝導構造体は、正極面と負極面とを結ぶ方向にイオン伝導度が高くなるように、イオンチャネルが配向している
	真性ポリマー	特開2000-340032	H01B 1/06	イオン伝導度	均一体	ディスコティック液晶
	ゲル	特開2001-167629	H01B 1/06	イオン伝導度、サイクル寿命	均一系ゲル電解質	少なくともゲル化剤と動作温度下で液体状の高イオン伝導性物質を含有するゲル電解質
	ゲル	特開2001-155541	H01B 1/06	イオン伝導度、サイクル寿命	均一系ゲル電解質	少なくとも両親媒性を有するゲル化剤と、動作温度下で液体状の高イオン伝導性物質を含有して構成されるゲル電解質
負極	無機系その他	特開平11-233116	H01M 4/64	寿命	その他	Liと合金化しない金属集電体を充放電による体積変化に応じ変形させ、集電体の亀裂、破断を防止
	無機系その他	特開2000-100429	H01M 4/38	寿命	その他	Liと合金化しない金属集電体で、集電体界面の電極材料層の充電時の膨張を抑制する
	無機系その他	特開平11-283627	H01M 4/58	容量特性	他金属	特定の非晶質を含む活物質で、高容量と長いサイクル寿命を達成
正極	リチウム複合酸化物	特許2771406	H01M 10/40	容量特性、寿命、安全性	その他	正極表面が電池反応に関与するイオンを透過できる絶縁体、半導体、絶縁体と半導体の複合体、から選択される膜で一層または二層以上被覆
	リチウム複合酸化物	特開平11-283627	H01M 4/58	容量特性、寿命	LiCo複合酸化物、LiNi複合酸化物、LiMn複合酸化物	コバルト、ニッケル、マンガン、鉄から少なくとも選択される一種類以上の元素を含み、非晶質相を有し、X線回折角度2θに対する回折線強度を取ったX線回折チャートにおける2θに対して最も強い回折強度が現れたピークの半価幅が0.48度以上である活物質

キヤノンの保有特許リスト（2/2）

分野	技術要素	公報番号	特許分類	課題		概要（解決手段要旨）
正極（続き）	リチウム複合酸化物	特開2001-143697	H01M 4/04	寿命、安全性、生産性など	LiMn複合酸化物、その他	電極活物質と固体電解質をゾルゲル法で作製した全固体電池
	外装	特開2001-167744	H01M 2/02	安全性	外装構造	外装材の表面に絶縁部で隔てられた正負極端子を設ける

（10）東芝（株）

東芝の保有特許リスト（1/2）

分野	技術要素	公報番号	特許分類	課題		概要（解決手段要旨）
ポリマー電解質	ゲル	特開平9-306544	H01M 10/40	イオン伝導度	均一系ゲル電解質	可塑剤と高分子化合物とを含有する高分子組成物を層状に成形した後、可塑剤を低分子量有機シリコーン化合物を用いて溶解抽出する工程と、可塑剤が溶解抽出された前記高分子化合物層に非水溶液系電解液を含浸して、固体高分子電解質層を形成する工程
	ゲル	特開平11-67273	H01M 10/40	サイクル寿命	構造系ゲル電解質	セパレータが多孔質膜であり、前記セパレータの孔内及び表面は、ゲル状の電解液を含有している
	ゲル	特開平11-86905	H01M 10/40	安全性	構造系ゲル電解質	リチウムイオンと、特定の化学式で表される骨格を有する有機物カチオンと、ホウ素、リン及びイオウから選ばれる少なくとも1種類以上の元素を含有するフッ化物アニオンからなる溶融塩を含む電解質
	ゲル	特開2001-85060	H01M 10/40	サイクル寿命	構造系ゲル電解質	ビニリデンフルオライド成分を含有する樹脂及び樹脂に保持される非水電解液を含むセパレータの前記樹脂は溶融粘度（230℃／100 s^{-1}）が1,000〜3,000Pa/secである
	ゲル	特開2001-85061	H01M 10/40	機械的変形による寿命	構造系ゲル電解質	ビニリデンフルオライド成分を含有し、かつ溶融粘度（230℃／100 s^{-1}）が5,000 Pa/sec以上である樹脂及び前記樹脂に保持される非水電解液を含むセパレータ
	ゲル	特開2001-84987	H01M 2/16	薄膜化など	構造系ゲル電解質	非水電解液、この非水電解液を保持するポリマー及び補強材を含むセパレータの補強材は、燐片状のフィラーを含む
	ゲル	特開2000-348776	H01M 10/40	機械的変形による寿命、安全性	構造系ゲル電解質	非水電解質は、電解質が溶解された非水溶媒からなる20℃における粘度が3cp〜20cpである溶液を含む
負極	炭素系	特開平11-260366	H01M 4/58	容量特性	複合体	Li吸蔵量の大きい炭素質に、電子伝導性の大きい繊維状炭素質を混合し、伝導性を改善
正極	リチウム複合酸化物	特開2001-126729	H01M 4/58	容量特性、充放電特性、生産性など	複合活物質	$Li_xFe_{1-y}M_y(O,A)_4$（但し、MはFe以外の1価乃至6価のうちのいずれかの陽イオンとなる元素から選ばれる少なくとも1種類以上の元素、AはO以外の、Oと価数の異なる陰イオンとなる元素から選ばれる少なくとも1種類以上の元素を表す）

東芝の保有特許リスト（2/2）

分野	技術要素	公報番号	特許分類	課題	概要（解決手段要旨）	
結着剤・導電剤		特開2000-223159	H01M 10/40	サイクル寿命	電解質兼用結着剤	分子量2.5×10⁵以上でかつ結晶化温度が120℃以上170℃以下の範囲のフッ素系樹脂
		特開2001-85060	H01M 10/40	サイクル寿命	電解質兼用結着剤	ビニリデンフルオライド成分を含有する樹脂樹脂の溶融粘度（230℃／100s⁻¹）が5,000Pa/sec以上
		特開2001-85065	H01M 10/40	サイクル寿命	単機能結着剤	架橋したポリビニルアセタール樹脂を含有する接着剤
外装		特開2000-315481	H01M 2/02	安全性	外装材	熱可塑性樹脂層の融点を規定

（11）大阪瓦斯（株）

大阪瓦斯の保有特許リスト

分野	技術要素	公報番号	特許分類	課題		概要（解決手段要旨）
負極	炭素系	特開平9-151382	C10C 3/02	安全性	表面処理・被覆	MCMBを炭化するか黒鉛化して、基底面が外側に配向したピッチ成分で覆い、溶媒との反応を抑制する
	炭素系	特開2000-90925	H01M 4/58	生産性など	表面処理・被覆	炭化ピッチ被覆黒鉛、黒鉛と揮発成分含有炭素混合物を焼成し、溶媒に安定な炭化ピッチ被覆黒鉛を安価に製造
	炭素系	特許2976299	C01B 31/02	安全性	表面処理・被覆	安価な心材を、ピッチ、タールなどで被覆し、電解液との反応を抑制する
	炭素系	特許2976300	C01B 31/02	安全性	表面処理・被覆	安価な心材を、ピッチ、タールなどで被覆し、電解液との反応を抑制する
シート電極・シート素電池		特開2000-195480	H01M 2/10	サイクル寿命、大電流化	組電池	両側の単電池を押圧するための少なくとも1つ以上の押圧部材と、前記複数の単電池を固定するための外装部材
		特開2000-251940	H01M 10/40	歩留り	組電池	電池容器内の圧力を、大気圧未満とする
		特開2000-251941	H01M 10/40	歩留り	組電池	最終封口されることにより、電池容器内の圧力を大気圧未満とする
		特開2001-216953	H01M 2/30	安全性	組電池	2個以上の電極端子を有し、且つこれら2個以上の端子が連結部材により連結固定されている
外装		特開2000-260477	H01M 10/40	薄形軽量化	外装構造	端子をボルトナットで止める
		特開2000-260478	H01M 10/40	量産性	外装方法	ガイドピンで位置決め
		特開2001-35466	H01M 2121/01	安全性	外装構造	低い作動圧の圧力開放機構

(12) ジェイエスアール（株）

ジェイエスアールの保有特許リスト

分類	技術要素	公報番号	特許分類	課題	特許分類	概要（解決手段要旨）
ポリマー電解質	ゲル	特許2928551	H01M 4/74	イオン伝導度	構造系ゲル電解質	縦糸の線径が20～50μm及び経糸の線径が縦糸の線径の1.05～1.3倍である平織織布を、ロール間で経糸方向に連続的に圧延する固体電解質シートの支持体用織布の製法
	真性ポリマー	特開平10-3818	H01B 1/06	イオン伝導度	構造体	分子内の炭素－炭素二重結合に無水硫酸または無水硫酸－電子供与性化合物錯体を付加させた重合体、およびリチウムイオン伝導性無機固体電解質よりなるリチウムイオン伝導性固体電解質
	ゲル	特開平10-338799	C08L 67/00	イオン伝導度	均一系ゲル電解質	熱可塑性ポリエステルエラストマー20～90重量%および極性基を有するゴム10～80重量%よりなる成分
	真性ポリマー	特開平11-86899	H01M 10/36	イオン伝導度、機械的変形による寿命	構造体	ブタジエン共重合体を水素添加した水素添加ブロック共重合体、および固体電解質よりなる固体電解質成形体
	ゲル	特開平11-213753	H01B 1/12	イオン伝導度	均一系ゲル電解質	架橋構造を有するアクリロニトリル－ブタジエン共重合体
	ゲル	特開平11-185525	H01B 1/12	イオン伝導度	均一系ゲル電解質	架橋共重合体が、脂肪族共役ジエンに由来する繰り返し単位、等から構成される共重合体と、有機過酸化物を配合してなる共重合体組成物を架橋させることにより得られる架橋共重合体
	ゲル	特開平11-102613	H01B 1/12	イオン伝導度	均一系ゲル電解質	脂肪族共役ジエンに由来する繰り返し単位と、特定の化学式に示す極性化合物に由来する繰り返し単位から構成される共重合体と、有機過酸化物とを配合してなる共重合体組成物を架橋させることにより得られる架橋共重合体
	ゲル	特開平11-232925	H01B 1/12	イオン伝導度	均一系ゲル電解質	オルガノポリシロキサンの存在下に、アクリル酸アルキルエステル単位、エチレン系不飽和カルボン酸単位、必要に応じこれらと共重合可能な他の単量体単位を重合して得られるポリオルガノシロキサン系重合体
	ゲル	特開2000-11754	H01B 1/12	イオン伝導度	均一系ゲル電解質	架橋構造を有するアクリルゴム、非水溶媒、アルカリ金属塩を含有する高分子固体電解質
	真性ポリマー	特開2000-123874	H01M 10/40	イオン伝導度、機械的変形による寿命	構造体	1,2-ビニル結合含量が70%以上で結晶化度が5～50%の1,2-ポリブタジエン50～100重量%と極性ゴム0～50重量%とからなる高分子組成物および固体電解質を主体とする固体電解質成形体
導電剤・結着剤	結着剤	特開平11-86899	H01M 10/36	大電流化、サイクル寿命	単機能結着剤	水素添加ブロック共重合体にイオン伝導性固体粉末含有

(13) 古河電気工業（株）

古河電気工業の保有特許リスト

分野	技術要素	公報番号	特許分類	課題		概要（解決手段要旨）
ポリマー電解質	ゲル	特開平10-64585	H01M 10/40	サイクル寿命	均一系ゲル電解質	保持相がアクリロニトリルーブタジエン共重合体の水素添加物を主成分とする
	ゲル	特開平10-64586	H01M 10/40	サイクル寿命	均一系ゲル電解質	電極の活物質形成面に高極性高分子と低極性高分子を主成分とする液状またはペースト状混合物を塗布し乾燥させたのち、電解液を含浸
	ゲル	特開平10-255841	H01M 10/40	イオン伝導度、サイクル寿命	均一系ゲル電解質	アクリロニトリルーブタジエン共重合体と、γ-ブチロラクトンを主成分とする非水溶媒と、アルカリ金属塩とからなる固体電解質
	ゲル	特開平11-213753	H01B 1/12	イオン伝導度	均一系ゲル電解質	架橋構造を有するアクリロニトリルーブタジエン共重合体
	ゲル	特開平11-185525	H01B 1/12	イオン伝導度	均一系ゲル電解質	架橋共重合体が、脂肪族共役ジエンに由来する繰り返し単位、等から構成される共重合体と、有機過酸化物を配合してなる共重合体組成物を架橋させることにより得られる架橋共重合体
	ゲル	特開2000-21234	H01B 1/12	サイクル寿命、機械的変形による寿命	構造系ゲル電解質	分子内に2個以上の水酸基を有する化合物と分子内に2個以上のイソシアネート基を有する化合物との重付加物の網目構造内に電解質を保持するゲル体が、高分子多孔質膜の空隙部内に充填されている固体電解質膜
	真性ポリマー	特開2000-164205	H01M 4/02	イオン伝導度、サイクル寿命	均一体	架橋構造を有するアクリロニトリルーブタジエン共重合体と、エチレンカーボネートと、鎖状カーボネート
	ゲル	特開2000-195552	H01M 10/40	イオン伝導度、機械的変形による寿命	構造系ゲル電解質	多孔質芯材と、前記連通孔に充満している電解液と、前記多孔質芯材の少なくとも片面を被覆して形成されたゲル状電解質の固化膜とから成る
	ゲル	特開2001-143753	H01M 10/40		均一系ゲル電解質	過塩素酸リチウムと四フッ化ほう酸リチウムの混合塩が含まれているポリアクリロニトリル系ゲル状電解質
正極	複合リチウム酸化物	特開2000-164205	H01M 4/02	寿命、充放電特性	複合活物質	正極合剤の気孔率が32～39%
外装		特開平11-329382	H01M 2/06	シール性	封止構造	端子部にフィルム状シール材
		特開2000-149993	H01M 10/40	安全性	封止構造	ポリマー固体電解質のフィルムを挟み込んで外装材周縁部を封止

(14)（株）ジャパンエナジー

ジャパンエナジーの保有特許リスト

分野	技術要素	公報番号	特許分類	課題		概要（解決手段要旨）
ポリマー電解質	ゲル	特開平7-114941	H01M 10/40	イオン伝導度、機械的変形による寿命	均一系ゲル電解質	含フッ素ポリエーテルに、アルカリ金属塩と有機溶媒を含有
	ゲル	特開平8-106920	H01M 10/40	イオン伝導度、サイクル寿命	均一系ゲル電解質	高分子固体電解質中にリチウムイオンと錯体を形成し得る物質添加
	ゲル	特開平8-222270	H01M 10/40	イオン伝導度、機械的変形による寿命	均一系ゲル電解質	含フッ素ポリエーテルに、アルカリ金属塩と有機溶媒を含有
	ゲル	特開平9-48832	C08F299/02	イオン伝導度、機械的変形による寿命	均一系ゲル電解質	含フッ素ポリエーテルのアクリレート又はメタクリレートを加熱及び／又は活性光線によって重合した架橋体、アルカリ金属塩及び有機溶媒からなるイオン伝導体
	真性ポリマー、ゲル	特開平9-50816	H01M 6/18	機械的変形による寿命、サイクル寿命	構造体	高分子固体電解質を含有するリチウムイオン伝導性高分子電解質中に、金属炭酸化物を分散
	ゲル	特開平9-50802	H01M 4/04	生産性	均一体	ベースフィルムに、光重合性モノマーを含んだ電解液を塗布し含浸させた後、光を照射して、光重合性モノマーを重合
	真性ポリマー、ゲル	特開平9-185962	H01M 10/40	イオン伝導度、機械的変形による寿命	均一体、均一系ゲル電解質	セパレータ層で用いられる高分子固体電解質の動的弾性率が、複合電極で用いられる高分子固体電解質の動的弾性率より大
負極	炭素系	特開平9-161848	H01M 10/40	充放電特性	表面処理・被覆	Liイオン導電性高分子固体電解質で被覆し、イオン伝導性を確保し、炭素表面での分解反応を抑制する

(15) 三井化学（株）

三井化学の保有特許リスト（1/2）

分野	技術要素	公報番号	特許分類	課題		概要（解決手段要旨）
ポリマー電解質	ゲル	特開平10-177814	H01B 1/12	イオン伝導度	均一系ゲル電解質	非水電解液の溶媒として、少なくとも1種のハロゲン置換炭酸エステルを含有しているイオン伝導性高分子ゲル電解質
	真性ポリマー、ゲル	特開平11-144524	H01B 1/12	イオン伝導度	均一体、均一系ゲル電解質	ポリカーボネートポリオールと(メタ)アクリル酸とのエステル化物から誘導される構成単位を含むポリカーボネート(メタ)アクリレート重合体
	ゲル	特開平10-223044	H01B 1/12	イオン伝導度	均一系ゲル電解質	特定の化学式で表されるアクリル酸エステルから選ばれる少なくとも1種のアクリル酸エステルから誘導される構成単位を含有するアクリル酸エステル系重合体マトリックス

三井化学の保有特許リスト（2/2）

分野	技術要素	公報番号	特許分類	課題		概要（解決手段要旨）
ポリマー電解質（続き）	ゲル	特開2000-58128	H01M 10/40	イオン伝導度	均一系ゲル電解質	ゲル電解質が少なくとも溶媒、溶質および高分子で構成され、該高分子が特定の化学式の化合物の重合体
	ゲル	特開2000-207934	H01B 1/06	イオン伝導度	均一系ゲル電解質	非水溶媒として、少なくとも1種の特定の化学式で表されるシアノエチルエーテル化合物を含むイオン伝導性高分子ゲル電解質
	ゲル 真性ポリマー	特開2000-319381	C08G 64/42	イオン伝導度	均一体、均一系ゲル電解質	特定の化学式で表わされるジ(メタ)アクリル酸エステル
	ゲル 真性ポリマー	特開2000-322931	H01B 1/06	イオン伝導度	均一体、均一系ゲル電解質	特定の化学式で表わされるポリ（ジエチレングリコールカーボネート）ジアクリル酸エステルを重合させて得られる重合体
	ゲル 真性ポリマー	特開2000-351843	C08G 64/30	イオン伝導度	均一体、均一系ゲル電解質	ポリカーボネート（メタ）アクリレート樹脂中に周期律表第Ⅰa族金属の塩が含有されてなる高分子固体電解質
	ゲル 真性ポリマー	特開2000-311516	H01B 1/06	イオン伝導度	均一体、均一系ゲル電解質	ポリエステルポリオールが持つ水酸基の少なくとも一部を（メタ）アクリル酸エステルに変換したポリエステル（メタ）アクリレートの重合体
	ゲル 真性ポリマー	特開2001-84832	H01B 1/06	イオン伝導度	均一体、均一系ゲル電解質	105℃以上のガラス転移温度を有する重合体からなるハードセグメントと、30℃以下のガラス転移温度を有する重合体からなるソフトセグメントとを含むポリマー

(16)（株）フジクラ

フジクラの保有特許リスト（1/2）

分野	技術要素	公報番号	特許分類	課題		概要（解決手段要旨）
ポリマー電解質	ゲル	特開平10-162644	H01B 1/12	イオン伝導度	均一系ゲル電解質	アルカリ金属塩と、ポリエーテル系高分子と、高極性高分子と、高極性の可塑剤からなる固体状イオン伝導性組成物
	真性ポリマー	特開平10-77401	C08L 71/02 LQD	イオン伝導度	均一体	アルカリ金属塩と、ポリエーテル系高分子と、高極性高分子からなる固体状イオン伝導性組成物
	ゲル	特開平11-176239	H01B 1/12	イオン伝導度	均一系ゲル電解質	ビニリデンフルオライドとヘキサフルオロプロピレンとの共重合体からなり、室温においてゴム状、あるいは融点が140℃以下である高分子成分
	ゲル 真性ポリマー	特開2000-80265	C08L 71/02	イオン伝導度	均一体、均一系ゲル電解質	イオン伝導性ポリマーに、ベンゼン環および/またはナフタレン環が含まれるホウ素化合物のアルカリ金属塩を配合してなる固体状イオン伝導性組成物

フジクラの保有特許リスト (2/2)

分野	技術要素	公報番号	特許分類	課題		概要（解決手段要旨）
ポリマー電解質（続き）	ゲル・真性ポリマー	特開2000-90731	H01B 1/12	イオン伝導度	均一体、均一系ゲル電解質	ポリエーテル系高分子と、ホウ素により架橋されたポリビニルアルコールを混合してなる固体状イオン伝導性組成物
	ゲル	特開2000-215915	H01M 10/40	イオン伝導度	構造系ゲル電解質	不織布あるいは貫通孔を有する多孔膜の表層および内部に膨潤可能な高分子膜を形成してなる電解質前駆体を電解液で膨潤
	ゲル	特開2000-348769	H01M 10/40	イオン伝導度	構造系ゲル電解質	多孔質膜の表面および内部にポリエーテル系ポリマーマトリックスが形成され、このポリマーマトリクスが電解液によって膨潤
	ゲル	特開2001-64418	C08J 7/00	イオン伝導度	均一系ゲル電解質	フッ素系ポリマーと高極性溶媒とアルカリ金属塩とからなる組成のフィルムに電子線を照射し架橋してイオン伝導性フィルムを製造する際、電子線照射中のフィルムの温度が120℃を越えないような照射条件で照射
	ゲル	特開2001-110449	H01M 10/40	イオン伝導度	構造系ゲル電解質	繊維からなるシート材の表面にイオン伝導性を示しうる緻密層が設けられたイオン伝導性シート
	ゲル	特開2001-179864	B32B 5/00	イオン伝導度	構造系ゲル電解質	メッシュ状シート材の表面にイオン伝導性を示し得る緻密層が設けられたイオン伝導性シート

(17) 三菱電機（株）

三菱電機の保有特許リスト (1/2)

分野	技術要素	公報番号	特許分類	課題		概要（解決手段要旨）
ポリマー電解質	ゲル	特開平10-302834	H01M 10/40	イオン伝導度	均一系ゲル電解質、構造系ゲル電解質	リチウム塩及び非水系有機溶剤からなる非水電解質溶液を、油ゲル化剤にてゲル化させた有機ゲル電解質
	真性ポリマー	特開平11-86629	H01B 1/12	イオン伝導度	構造体	主鎖と、該主鎖に結合されたイオンに対する配位能を持つ配位鎖と、該配位鎖に結合されたメソゲン基とを有する有機分子鎖に、イオン解離する塩を複合した構成で、上記分子鎖が特定の方向に配向している
	ゲル	特開平11-307124	H01M 10/40	イオン伝導度	構造系ゲル電解質	正極および負極の少なくともいずれかの活物質層表面に、モノマーとスペーサ粒子とを電解液に混合した混合液を塗布し、上記正極および負極の活物質層表面を対向させて重ね合わせる工程と、重ね合わせた状態でモノマを重合する工程とを備える
結着剤・導電剤		特開平10-284055	H01M 4/02	サイクル寿命	有機・無機導電剤	導電性繊維
		特開平10-302843	H01M 10/40	サイクル寿命	単機能結着剤	接着剤が、1分子中にビニル基を2個以上含む有機ビニル化合物を少なくとも1種類以上含み、反応触媒および揮発性有機溶剤を混合

三菱電機の保有特許リスト（2/2）

分野	技術要素	公報番号	特許分類	課題	概要（解決手段要旨）	
外装		特開2000-133220	H01M 2/08	安全性	外装材	ゲル化膜内張り
		特開2000-200587	H01M 2/02	シール性	封止構造	シール部への電解液付着防止
		特開2000-223087	H01M 2/02	シール性	封止構造	封止部を補助材で被覆
		特開2001-102090	H01M 10/40	シール性	封止方法	端子封止部以外から電解液を注入
		特開2000-311673	H01M 2/30	実装性	外装構造	外装フィルムの挟持部分に電極端子を表出させる開口部

（18）昭和高分子（株）

昭和高分子の保有特許リスト（1/2）

分野	技術要素	公報番号	特許分類	課題		概要（解決手段要旨）
ポリマー電解質	ゲル	特開平9-263612	C08F220/26	サイクル寿命、イオン伝導度	均一系ゲル電解質	1分子中に（メタ）アクリロイル基とアセトアセトキシ基とを共有するモノマー、1分子中に1個より多い（メタ）アクリロイル基を有する架橋用モノマー、リチウム化合物およびリチウム化合物を溶解可能な溶剤を含む
	ゲル	特開平9-278970	C08L 33/14	サイクル寿命、イオン伝導度	均一系ゲル電解質	1分子中に（メタ）アクリロイル基とアセトアセトキシ基とを共有するモノマー、メチレンビスアクリルアミド、リチウム化合物およびリチウム化合物を溶解可能な溶剤を含む
	ゲル	特開平9-278841	C08F290/06	サイクル寿命、イオン伝導度	均一系ゲル電解質	1分子中に（メタ）アクリロイル基とアセトアセトキシ基とを共有するモノマー、不飽和イソシアナートとポリエーテルとを反応させて得られる不飽和ウレタン、リチウム化合物およびリチウム化合物を溶解可能な溶剤を含む
	ゲル	特開平9-278840	C08F290/06	サイクル寿命、イオン伝導度	均一系ゲル電解質	1分子中に（メタ）アクリロイル基とアセトアセトキシ基とを共有するモノマー、不飽和ポリエーテルとイソシアナート化合物とを反応させて得られる不飽和ウレタン、リチウム化合物およびリチウム化合物を溶解可能な溶剤を含む
	ゲル	特開平9-278971	C08L 33/14	サイクル寿命、イオン伝導度	均一系ゲル電解質	1分子中に（メタ）アクリロイル基とアセトアセトキシ基とを共有するモノマー、1分子中に（メタ）アクリロイル基とヒドロキシル基とを共有する不飽和ポリエステルとイソシアナート化合物とを反応させて得られる不飽和ウレタン、リチウム化合物およびリチウム化合物を溶解
	ゲル	特開平9-278972	C08L 33/14	サイクル寿命、イオン伝導度	均一系ゲル電解質	1分子中に（メタ）アクリロイル基とアセトアセトキシ基とを共有するモノマー、ポリエステルポリオールと不飽和イソシアナートとを反応させて得られる不飽和ウレタン、リチウム化合物およびリチウム化合物を溶解可能な溶剤を含む
	真性ポリマー	特開平9-31344	C08L101/12	サイクル寿命、イオン伝導度	均一体	側鎖にβ-ジケトン構造を有するポリマー、ホルムアルデヒドおよびリチウム化合物を含む

245

昭和高分子の保有特許リスト (2/2)

分野	技術要素	公報番号	特許分類	課題		概要（解決手段要旨）
ポリマー電解質（続き）	ゲル	特開平10-17708	C08L 1/26	イオン伝導度、機械的変形による寿命	均一系ゲル電解質	不飽和セルロース誘導体および特定組成のモノマー成分のグラフト重合体
	ゲル	特開平10-17709	C08L 1/26	イオン伝導度、機械的変形による寿命	均一系ゲル電解質	不飽和エチルセルロース誘導体および特定組成のモノマー成分のグラフト重合体

(19) ハイドロ ケベック (カナダ)

ハイドロ ケベックの保有特許リスト (1/2)

分野	技術要素	公報番号	特許分類	課題		概要（解決手段要旨）
ポリマー電解質	真性ポリマー	特許2698471	H01M 10/40	サイクル寿命	均一体	ポリマー電解質が、アノードの金属Mの少なくとも1種の塩及び、金属Mの陽イオンと溶媒和できる、酸素及び／又は窒素のヘテロ原子を含む溶媒和可能ポリマーとから構成されており、金属塩が溶媒和ポリマー中に存在
	真性ポリマー	特開平6-256673	C08L101/00	イオン伝導度、機械的変形による寿命	均一体	有機セグメントおよびラジカル架橋等による架橋を可能にする官能基を少なくとも1つ含んでいるセグメント (CH$_2$) jで構成されている架橋可能なコポリマー
	ゲル 真性ポリマー		C08G 73/10	イオン伝導度、機械的変形による寿命	均一体、均一系ゲル電解質	有機セグメントAと有機セグメントBで構成されるセグメント化された共重合体
	真性ポリマー	特開平10-214641	H01M 10/40	サイクル寿命	均一体、構造体	ポリマー電解質は、機械的変形に抵抗性であり、アノードに圧力を伝達し、アノード金属の樹枝状応力変形に抵抗し得る均一セパレータを構成し、アノード／ポリマー電解質の境界面のイオン交換品質を保持するためにアルカリ金属の消費に対応する最大量で含む
	ゲル 真性ポリマー	特開平10-279554	C07C307/06	イオン伝導度	均一体、均一系ゲル電解質	一般式：R$_1$R$_2$NSO$_2$NR$_3$R$_4$（式中、1〜3個のR置換基はメチル基であり、残りはエチル基であるか、又は1個のRがメトキシエチル基であり、残りのRがメチルもしくはエチル基である）をもつ電解質組成物又は非プロトン性溶媒用スルファミド又は混合物
	ゲル 真性ポリマー	特開平10-308210	H01M 4/02	イオン伝導度	均一体、均一系ゲル電解質	正極及びその集電体を含む複数の薄膜と、後に負極を構成することを意図されたホスト金属シートと、アルカリイオンに対して伝導性を有する電解質と、アルカリイオン源を構成する手段とを備えた、ホスト金属シートに特徴の電気化学的発電装置
	ゲル	特表2000-507387	H01M 2/16	サイクル寿命	均一系ゲル電解質	非プロトン性電解質組成物はセパレータ及び複合電極内に配置され、ポリエーテルからなる第1のポリマーマトリックス及び第2のポリマーマトリックスを含み、且アルカリ金属塩並びに極性非プロトン性溶媒をも含有
負極	無機系その他	特開平10-214641	H01M 10/40	寿命	Li合金	不働態化フィルムつき負極と電解質からの圧力で、Li/Li合金の表面形態の変化を抑制

246

ハイドロ ケベックの保有特許リスト（2/2）

分野	技術要素	公報番号	特許分類	課題		概要（解決手段要旨）
負極（続き）	無機系その他	特開平10-308210	H01M 4/02	寿命	その他	Liを吸蔵して合金化する時の膨張を吸収する空隙を設け、充電時の変形を防止
	無機系その他	特開2000-340261	H01M 10/40	寿命	酸・窒化物等、複合体	無機電解質で活物質の劣化を防止し、ポリマー電解質でイオン導電性を確保
正極	バナジウム酸化物、その他	特開2000-340261	H01M 10/40	寿命	V$_2$O$_5$系、V$_6$O$_{13}$系、その他	活物質、集電体、第1固体電解質、第2固体電解質を含む複合電極であって、第1電解質が無機固体導電体であって、第2電解質が固体かつ有機物である
導電剤・結着剤		特開2000-348711	H01M 4/02	サイクル寿命	電解質兼用結着剤	有機性の第1電解質は、乾燥またはゲル化ポリマーからなり、これは塩または塩類混合物を溶解させることにより導電性とされ、複合材料のバインダーとなる

（20）日石三菱（株）

日石三菱の保有特許リスト

分野	技術要素	公報番号	特許分類	課題		概要（解決手段要旨）
ポリマー電解質	真性ポリマー	特許2543996	C08F299/02	イオン伝導度	均一体	特定の化学式で示される化合物の硬化物からなる網状分子中にエチレンオキシド共重合体などを含有させる
	真性ポリマー	特許2934655	C08F 20/28	イオン伝導度	均一体	側鎖にオキシエチレンユニットを有するポリエーテル系マクロモノマーである特定の化学式により表示される化合物にラジカル重合開始加速剤が溶解した溶液に、両端末がアルキルエーテル化されたポリエーテルオリゴマーである他の特定の化学式により表示される化合物などを混合して硬化
	ゲル	特許2851722	H01B 1/12	イオン伝導度、サイクル寿命	均一系ゲル電解質	有機非水溶媒、多官能アクリレート化合物および特定のポリエーテル系マクロモノマーを、ラジカル重合開始加速剤およびラジカル重合開始剤を用いて反応
	真性ポリマー	特許3130341	H01M 10/40	イオン伝導度、サイクル寿命	均一体	ポリエチレングリコールジアクリレート重合体からなる網状分子中に、共重合体と、両端末がメチルエーテル化された低分子量ポリエチレングリコールと、アルカリ金属塩又はアンモニウム塩とを含有するイオン導電性ポリマーフィルムからな固体電解質
	ゲル	特許3045852	H01M 10/40	生産性	構造系ゲル電解質	少なくとも一方にアルカリ金属塩を含むA液とB液（ポリアルキレングリコールジアルキルエステルおよび／又は有機非水溶媒）とを混合して得た生成物を液状で電池内に注入し、セパレータに含浸または保持させその後硬化
	ゲル	特開平8-295711	C08F290/06	イオン伝導度、生産性	均一系ゲル電解質	単官能アクリロイル変性ポリアルキレンオキシドと、多官能アクリロイル変性ポリアルキレンオキシドと、極性有機溶媒
	ゲル	特開平8-295715	C08F299/06	イオン伝導度、薄膜化など	均一系ゲル電解質	ウレタンアクリレート、有機非水溶媒、および支持電解質を含む組成物

(21) 信越化学工業(株)

信越化学工業の保有特許リスト

分野	技術要素	公報番号	特許分類	課題		概要(解決手段要旨)
ポリマー電解質	真性ポリマー	特許2544016	H01M 10/40	イオン伝導度	均一体	電解質としてブロック-グラフト共重合体のリチウム塩とポリアルキレンオキサイドとの複合物
	ゲル	特開平10-223043	H01B 1/12	イオン伝導度	均一系ゲル電解質	ブロック鎖Aと、ブロック鎖Bとから構成されるブロック-グラフト共重合体、および非プロトン性有機溶媒から成る複合固体電解質
	ゲル	特開平10-237143	C08F297/02	イオン伝導度、機械的変形による寿命	均一系ゲル電解質	ブロック鎖Aと、ブロック鎖Bとから成るブロック-グラフト共重合体およびこれに非水系電解液を添加した高分子固体電解質
	ゲル	特開平10-245427	C08F297/02	イオン伝導度、機械的変形による寿命	均一系ゲル電解質	ブロック鎖Aと重合体のブロック鎖Bとから成るブロック-グラフト共重合体
	ゲル	特開2000-281737	C08F299/02	イオン伝導度、機械的変形による寿命	均一系ゲル電解質	ブロック鎖AとブロックB及び/又はブロック鎖Cから構成されるブロック-グラフト共重合体に、反応性ポリアルキレンオキサイドとリチウム系無機塩を添加し、反応性ポリアルキレンオキサイドを架橋
	ゲル	特開2000-285751	H01B 13/00	イオン伝導度、機械的変形による寿命	均一系ゲル電解質	ブロック鎖AとブロックB及び/又はブロック鎖Cから構成される自己架橋型ブロック-グラフト共重合体に反応性ポリアルキレンオキサイドとリチウム系無機塩を添加し架橋
負極	無機系その他	特開2001-216961	H01M 4/48	充放電特性	酸・窒化物等	シランカップリング剤でケイ素酸化物の表面を制御し、初期充放電特性を改善する

(22) シャープ(株)

シャープの保有特許リスト(1/2)

分野	技術要素	公報番号	特許分類	課題		概要(解決手段要旨)
ポリマー電解質	ゲル 真性ポリマー	特開平11-35765	C08L 27/16	サイクル寿命	均一体、均一系ゲル電解質	エチレンオキシド或いはプロピレンオキシド又はこれらの両者を構成成分とするエーテル系ポリマーとフッ素系ポリマーとの混合ポリマーに金属塩を含有
	ゲル	特開平11-172096	C08L 71/02	サイクル寿命	均一系ゲル電解質	電解質塩及び有機溶媒を含有する高分子固体電解質において、前記有機溶媒がフッ素系有機溶媒であること
	ゲル 真性ポリマー	特開2001-110447	H01M 10/40	イオン伝導度	均一体、均一系ゲル電解質	正極と負極とが異なる組成の固体電解質を含み、かつ両極の間に第三の組成の固体電解質層を有する
	ゲル 真性ポリマー	特開2001-210380	H01M 10/40	機械的変化による寿命	構造体、構造系ゲル電解質	少なくとも炭素材料を活物質とする負極と、電解質層と、リチウムを含有するカルコゲン化物を少なくとも活物質とする正極とからなり、電解質層がイオン伝導化合物とポリマー繊維とを含み、かつ炭素材料が、表面に非晶質炭素を付着させた黒鉛粒子からなるポリマー電池

シャープの保有特許リスト（2/2）

分野	技術要素	公報番号	特許分類	課題	概要（解決手段要旨）	
負極	炭素系	特許2976299	C01B 3102 1/01	安全性	表面処理・被覆	安価な心材を、ピッチ、タールなどで被覆し、電解液との反応を抑制する
	炭素系	特許2976300	C01B 3102 1/01	安全性	表面処理・被覆	安価な心材を、ピッチ、タールなどで被覆し、電解液との反応を抑制する
	炭素系	特開2001-210380	H01M 10/40	充放電特性	表面処理・被覆	黒鉛粒子表面に非晶質炭素を付着させ、電解質の分解を防ぐ
正極	リチウム複合酸化物	特許2643046号	H01M 4/58	容量特性	LiCo複合酸化物	リチウムコバルトアンチモン酸化物 $Li_xCo_{1-y}Sb_yO_2$ を正極活物質とする（$0.05<x<1.1, 0.001<y<0.10$）
外装		特開2001-167743	H01M 2/02	薄形軽量化	外装構造	フリースペースを備える

（23）三星エスディアイ（韓国）

三星エスディアイの保有特許リスト

分野	技術要素	公報番号	特許分類	課題		概要（解決手段要旨）
ポリマー電解質	真性ポリマー	特許3047225	H01B 1/06	イオン伝導度、機械的変形による寿命	均一体	B_2O_3、P_2S_5、SiS_2及びGeS_2のうちの少なくとも一種以上を含んでなる化合物とリチウム含有物質を含むガラス電解質と、高分子電解質を含むガラス－高分子複合電解質
	ゲル	特開2000-149922	H01M 4/02	イオン伝導度	構造系ゲル電解質	高分子樹脂及び熱分解性可塑剤を含み、前記熱分解性可塑剤の含量が高分子電解質マトリックス組成物の総重量を基準として10～60重量％
	真性ポリマー	特開2001-40168	C08L 33/14	イオン伝導度、機械的変形による寿命	均一体	環式アルキルまたはヘテロアルキル分子中心にエチレングリコールアクリル酸が三つ導入された構造の架橋剤による三次元網目構造固体高分子
シート素電池・シート電極		特開2000-100466	H01M 10/04	サイクル寿命	シート電池配置	電極ロール用固定部材であるキャップと軽量ケース
		特開2000-311718	H01M 10/40	大電流化	正極・負極	前面陽極シートと異なる厚さの背面陽極シート
		特開2000-311719	H01M 10/40	生産性	方法	陽極と陰極は各々一枚の極板よりなり、セパレータを介在して巻取る
外装		特開2000-299101	H01M 2/30	シール性	外装構造	外装金属を利用
		特開2000-311713	H01M 10/40	安全性	外装構造	電池ケースと正負極端子の短絡を防止

(24) トヨタ自動車（株）

トヨタ自動車の保有特許リスト

分野	技術要素	公報番号	特許分類	課題		概要（解決手段要旨）
ポリマー電解質	真性ポリマー	特開平11-54151	H01M 10/40	イオン伝導度	均一体	イオン伝導にたずさわるイオン伝導分子と該イオン伝導分子に結合されイオン伝導用電解質塩のアニオンを捕捉するボロキシンリングとを持つイオン伝導体用基材
	ゲル 真性ポリマー	特開平11-154416	H01B 1/12	イオン伝導度	均一体、均一系ゲル電解質	特定のモノマー単位より構成されるポリマーからなる、高分子固体電解質
	ゲル	特開平11-214041	H01M 10/40	サイクル寿命	構造系ゲル電解質	融点200℃以下のポリオレフィンと電解質を保持したポリマーとが均一に分散しているセパレータを有する
	ゲル	特開2000-12084	H01M 10/40	機械的変形による寿命	均一系ゲル電解質	ゲル電極及びゲル電解質の少なくとも一方にゴム系ポリマー添加
	真性ポリマー	特開2000-30530	H01B 1/12	イオン伝導度	均一体	有機ポリマーは主鎖にオリゴエチレンオキシド鎖と該オリゴエチレンオキシド鎖に結合した連結分子とからなる繰り返し単位を有する
	真性ポリマー	特開2001-55441	C08G 65/321	イオン伝導度、機械的変形による寿命	均一体	イオン伝導用電解質塩と、イオン伝導に携わるイオン伝導分子と、イオン伝導分子に結合されイオン伝導用電解質塩のアニオンを捕捉するボロキシンリングをもつイオン導電性分子と、イオン導電性分子およびイオン伝導用電解質塩を分散、固定する構造材

(25) 矢崎総業（株）

矢崎総業の保有特許リスト（1/2）

分野	技術要素	公報番号	特許分類	課題		概要（解決手段要旨）
ポリマー電解質	真性ポリマー	特開平10-74418	H01B 1/06	イオン伝導度、機械的変形による寿命	均一体	高分子化合物とアルカリシロキシアルミナートとからなる
	ゲル 真性ポリマー	特開平11-111049	H01B 1/06	イオン伝導度、機械的変形による寿命	均一体、均一系ゲル電解質	アルカリアルミナートユニットからなる有機高分子化合物を1種以上有する
	ゲル 真性ポリマー	特開平11-140318	C08L 83/04	イオン伝導度、機械的変形による寿命	均一体、均一系ゲル電解質	アルカリシロキシアルミナートポリマー、ゲル形成性物質及び有機溶媒とからなるゲル
	ゲル	特開平10-241460	H01B 1/12	イオン伝導度、機械的変形による寿命	構造系ゲル電解質	アニオンが固定化されている繊維強化固体電解質材料
	ゲル	特開平11-353935	H01B 1/12	イオン伝導度、機械的変形による寿命	構造系ゲル電解質	繊維構造体中のゲル形成性ポリマーをゲル化

矢崎総業の保有特許リスト (2/2)

分野	技術要素	公報番号	特許分類	課題	概要（解決手段要旨）	
正極	高分子	特開平9-153362	H01M 4/60	容量特性、充放電特性	有機イオウ系	テトラゾール環を有するスルフィド系電極材料、5,5'-ジチオビス（5-フェニルテトラゾール）を含有
	高分子	特開平9-153363	H01M 4/60	充放電特性	有機イオウ系	オキサジアゾール環を有するスルフィド系電極材料、2,2'-ジチオビス（5-フェニル-1,3,4-オキサジアゾール）を含有

(26) 帝人（株）

帝人の保有特許リスト

分野	技術要素	公報番号	特許分類	課題		概要（解決手段要旨）
ポリマー電解質	ゲル・真性ポリマー	特開平11-339555	H01B 1/12	イオン伝導度、機械的変形による寿命	均一体、均一系ゲル電解質、構造系ゲル電解質	イオン伝導度が25℃にて$5×10^{-4}$S/cm以上であり、突刺し強度が300g以上であり、かつ膜の力学的な耐熱温度が300℃以上である固体型ポリマー電解質膜
	ゲル	特開平11-339556	H01B 1/12	生産性	均一系ゲル電解質	ポリマー溶液を基材上に塗布後乾燥しフィルムを作製し、該フィルムを、該フィルムを溶解しない非水溶媒に浸漬し、リチウム塩を含む非水電解液に浸漬
	ゲル・真性ポリマー	特開平11-354162	H01M 10/40	イオン伝導度、機械的変形による寿命	均一体、構造系ゲル電解質	イオン伝導度が25℃にて$5×10^{-4}$S/cm以上であり、突刺し強度が300g以上であり、かつ膜の力学的な耐熱温度が300℃以上である複合型ポリマー電解質膜
	ゲル	特開2000-21233	H01B 1/12	イオン伝導度、機械的変形による寿命	構造系ゲル電解質	電解液の膨潤量が25phr以上のポリ弗化ビリニデン(PVdF)を主成分とするフッ素樹脂多孔膜
	ゲル	特開2000-57846	H01B 1/12	イオン伝導度、機械的変形による寿命	構造系ゲル電解質	フィブリル状の耐熱性樹脂(B)と該フィブリルの間隙を充填する状態のフッ素樹脂(A)とがA:B=3:7～7:3の重量比で一体化された複合体薄膜と、それに含浸された50重量%以上の非水電解液とからなる複合型ポリマー電解質膜
	ゲル	特開2000-57847	H01B 1/12	イオン伝導度、機械的変形による寿命	均一系ゲル電解質、構造系ゲル電解質	弗化ビニリデン(VdF)とパーフロロメチルビニルエーテル(FMVE)との共重合体と非水電解液とからなるポリマー電解質膜
	ゲル	特開2000-315523	H01M 10/40	イオン伝導度、機械的変形による寿命	構造系ゲル電解質	イオン伝導度が25℃にて$5×10^{-4}$S/cm以上であり、突刺し強度が300g以上であり、かつ膜の力学的な耐熱温度が300℃以上である固体型ポリマー電解質膜

（27）ダイソー（株）

ダイソーの保有特許リスト

分野	技術要素	公報番号	特許分類	課題	概要（解決手段要旨）
ポリマー電解質	真性ポリマー	特許3022317	C08L 71/02	イオン伝導度、機械的変形による寿命	均一体	オリゴオキシエチレン側鎖を有するポリエーテル共重合体
	ゲル真性ポリマー	特開平11-7980	H01M 10/40	イオン伝導度	均一体、均一系ゲル電解質	側鎖に重合度1～12のエチレンオキシド単位を有するグリシジルエーテルおよびエチレンオキシドからなるコポリマーに電解質塩化合物を溶解した高分子固体電解質の膜
	ゲル真性ポリマー	特開平11-39940	H01B 1/12	薄膜化など	均一体、均一系ゲル電解質	ポリエーテル重合体および電解質塩化合物を、沸点60℃～300℃の有機溶媒に溶解させ、これを離型性の基材上に塗布した後、溶媒を除去し、高分子薄膜を形成
	真性ポリマー	特開平11-269263	C08G 65/24	イオン伝導度、機械的変形による寿命	均一体	エピクロロヒドリンから誘導される繰り返し単位5～40モル％、エチレンオキシドから誘導される繰り返し単位95～60モル％、更に架橋が可能な反応性オキシラン化合物から誘導される繰り返し単位0.001～15モル％のポリエーテル共重合体
	ゲル真性ポリマー	特開平11-73992	H01M 10/40	イオン伝導度	均一体、構造体、均一系ゲル電解質	側鎖に重合度1～12のエチレンオキシド単位を有するグリシジルエーテル1～98モル％と、エチレンオキシド1～95モル％と、1つのエポキシ基および少なくとも1つの反応性官能基を有する単量体0.005～15モル％からなる高分子固体電解質
	ゲル真性ポリマー	特開平11-345628	H01M 10/40	イオン伝導度	均一体、構造体、均一系ゲル電解質	ポリエーテル共重合体または該ポリエーテル共重合体の架橋体
	ゲル真性ポリマー	特開2000-123632	H01B 1/06	イオン伝導度、機械的変形による寿命	均一体、均一系ゲル電解質	プロピレンオキサイドから誘導される繰り返し単位3～30モル％、エチレンオキサイドから誘導される繰り返し単位96～69モル％、更に架橋が可能な反応性オキシラン化合物から誘導される繰り返し単位0.01～15モル％のポリエーテル共重合体

（28）日本製箔（株）

日本製箔の保有特許リスト（1/2）

分野	技術要素	公報番号	特許分類	課題	概要（解決手段要旨）
シート電極・シート素電池		特開平11-86873	H01M 4/66	サイクル寿命	集電体	銅が99.5％以上、銀が0.01～0.30％である銅合金圧延箔
		特開平11-86871	H01M 4/64	大電流化	集電体	銅99.90％以上、酸素0.01～0.05％、不純物元素の総含有量が0.02％以下
		特開平11-86872	H01M 4/64	サイクル寿命	集電体	銅が99.5％以上、酸素の含有量が0.002％以下
		特開平11-97035	H01M 4/80	サイクル寿命	集電体	貫通孔の長径は5～1000μm、短径は2～100μm
		特開平11-97032	H01M 4/66	サイクル寿命	集電体	アルミニウム純度が99.70％以上、表面から0.1μm厚さの表層において、特定不純物元素の総含有量が0.1％以下

日本製箔の保有特許リスト（2/2）

分野	技術要素	公報番号	特許分類	課題		概要（解決手段要旨）
外装		特開2000-67823	H01M 2/02	シール性	外装材	樹脂材質（封止部の薄利防止）
		特開2001-176459	H01M 2/02	薄形軽量化	外装材	アルミニウム合金組成

（29）大日本印刷（株）

大日本印刷の保有特許リスト

分野	技術要素	公報番号	特許分類	課題		概要（解決手段要旨）
外装		特開平11-288737	H01M 10/40	シール性	外装構造	外装材表面に部分的に露出する導電性フィルムを電極として構成
		特開2000-340187	H01M 2/02	シール性	外装材	最内層の融点、軟化点を規定
		特開2001-6632	H01M 2/02	シール性	外装材	2層のバリア層
		特開2001-176462	H01M 2/02	シール性	外装材	エンボスタイプ外装体
		特開2001-176465	H01M 2/02	シール性	外装材	複層アルミニウム箔
		特開2001-176466	H01M 2/02	シール性	外装材	複層アルミニウム箔
		特開2001-199413	B65B 51/10	シール性	外装材	シール外側強圧下

（30）鐘淵化学工業（株）

鐘淵化学工業の保有特許リスト（1/2）

分野	技術要素	公報番号	特許分類	課題		概要（解決手段要旨）
ポリマー電解質	真性ポリマー	特許3071262	C08L101/02	サイクル寿命	均一体	(A)分子中に少なくとも1個のアルケニル基を有する化合物、(B)分子中に少なくとも2個のヒドロシリル基を有する化合物、(C)ヒドロシリル化触媒、及び(D)アルカリ金属塩、よりなる固体電解質用硬化性組成物。
	真性ポリマー	特開平11-302383	C08G 77/14	イオン伝導度	均一体	各ケイ素上に環状カーボネートを含有する置換基を2つ有するポリシロキサン
	真性ポリマー	特開平11-302384	C08G 77/14	イオン伝導度	均一体	各ケイ素上に環状エーテルを含有する置換基を2つ有するポリシロキサン
	真性ポリマー	特開平11-306856	H01B 1/12	イオン伝導度	均一体	ポリシロキサンとポリエーテルの共重合体および該共重合体に可溶性の電解質塩化合物からなる

鐘淵化学工業の保有特許リスト (2/2)

分野	技術要素	公報番号	特許分類	課題	概要(解決手段要旨)
ポリマー電解質(続き)	真性ポリマー	特開平11-306857	H01B 1/12	イオン伝導度	均一体	ポリシロキサンとポリエーテルの共重合体および該共重合体に可溶性の電解質塩化合物からなる
	ゲル	特開2001-118602	H01M 10/40	サイクル寿命	均一系ゲル電解質	アクリロニトリル―塩化ビニリデン系共重合体及び非プロトン性有機溶媒にリチウム塩を溶解した電解液からなるゲル電解質

下表に出願件数の多い50社の本社所在地および電話番号を示す。

特許出願件数(1991年1月~2001年7月公開)上位50社の連絡先(1/2)

出願人名(網掛は主要20社)	出願件数	本社住所	TEL
ユアサコーポレーション	169	大阪府高槻市古曽部町2-3-21	0726-86-6181
東芝電池	100	東京都品川区南品川3-4-10	03-5479-3883
松下電器産業	97	大阪府門真市大字門真1006	06-6908-1121
三洋電機	97	大阪府守口氏京阪本通2-5-5	06-6991-1181
ソニー	90	東京都品川区北品川6-7-35	03-5448-2111
三菱化学	83	東京都千代田区丸の内2-5-2	03-3283-6254
リコー	77	東京都港区南青山1-15-5	03-3479-3111
日本電池	75	京都府京都市南区吉祥院西ノ庄猪之馬場町1	075-312-1211
旭化成	44	東京都千代田区有楽町1-1-2	03-3507-2730
昭和電工	37	東京都港区芝大門1-13-9	03-5470-3111
富士写真フイルム	34	東京都港区西麻布2-26-30	03-3406-2111
ティーディーケイ	33	東京都中央区日本橋1-13-1	03-3278-5111
日立マクセル	29	東京都渋谷区渋谷2-12-24	03-5467-9645
第一工業製薬	22	京都府京都市下京区西七条東久保町55	075-321-1550
旭硝子	22	東京都千代田区有楽町1-12-1	03-3218-5555
日本電気	22	東京都港区芝5-7-1	03-3454-1111
大塚化学	21	大阪府大阪市中央区大手通3-2-27	06-6943-7711
新神戸電機	19	東京都中央区日本橋本町2-8-7	03-5695-6111
日本電信電話	18	東京都千代田区大手町2-3-1	03-5205-5111
東海ゴム工業	17	愛知県小牧市東3-1	0568-77-2121
三菱電線工業	17	東京都千代田区丸の内3-4-1	03-3216-1551
三菱レイヨン	17	東京都港区港南1-6-41	03-5495-3100
富士通	15	東京都千代田区丸の内1-6-1	03-3216-3211
花王	15	東京都中央区茅場町1-14-10	03-3660-7111
日立化成工業	14	東京都新宿区西新宿2-1-1	03-3346-3111
日立製作所	13	東京都千代田区神田駿河台4-6	03-3258-1111
キヤノン	12	東京都大田区下丸子3-30-2	03-3758-2111
東芝	12	東京都港区芝浦1-1-1	03-3457-4511
大阪瓦斯	12	大阪府大阪市中央区平野町4-1-2	06-6202-2221
ジェイエスアール	12	東京都中央区築地2-11-24	03-5565-6500
古河電気工業	11	東京都千代田区丸の内2-6-1	03-3286-3001
住友化学工業	10	東京都中央区新川2-27-1	03-5543-5500
ジャパンエナジー	10	東京都港区虎ノ門2-10-1	03-5573-6085
三井化学	10	東京都千代田区霞が関3-2-5	03-3592-4105
フジクラ	10	東京都江東区牙-5-1	03-5606-1030

特許出願件数（1991年1月～2001年7月公開）上位50社の連絡先（2/2）

出願人名 （網掛は主要20社）	出願件数	本社住所	TEL
三菱電機	10	東京都千代田区丸の内2-2-3	03-3218-2111
積水化学工業	9	大阪府大阪市北区西天満2-4-4	06-6365-4122
昭和高分子	9	東京都千代田区神田錦町3-20	03-3293-8844
ハイドロ ケベック （カナダ）	9	75 Rene-Levesque Blvd. West Montreal (Quebec), Canada	
日石三菱	9	東京都港区西新橋1-3-12	03-3502-1131
信越化学工業	8	東京都千代田区大手町2-6-1	03-3246-5011
シャープ	8	大阪府大阪市阿倍野区長池町22-22	06-6621-1221
三星エスディアイ （韓国）	8	120, Taepyung-Ro 2-ka, Seoul, Korea	
トヨタ自動車	7	愛知県豊田市トヨタ町1	0565-28-2121
矢崎総業	7	東京都港区三田1-4-28	03-3455-8811
帝人	7	大阪府大阪市中央区南本町1-6-7	06-6268-3003
ダイソー	7	大阪府大阪市西区江戸堀1-10-8	06-6443-5501
日本製箔	7	大阪府大阪市淀川区西中島4-1-1	06-6309-1285
大日本印刷	7	東京都新宿区市谷加賀町1-1-1	03-3266-2111
鐘淵化学工業	7	大阪府大阪市北区中之島3-2-4	06-6226-5050

資料7．開放可能な特許一覧

　リチウムポリマー電池技術に関連する開放可能な特許（ライセンス提供の用意のある特許）を、主要20社のホームページおよび特許流通データベース（独立行政法人工業所有権総合情報館のホームページ参照）による検索結果に基づき、以下に示す。

開放可能な特許リスト

出願人	特許番号	発明の名称	技術要素	出典
旭化成	特許2547816	固体電解質二次電池	シート電極・シート素電池	ホームページ
旭化成	特公平7-123053	有機固体電解質二次電池	シート電極・シート素電池	ホームページ
理化学研究所	特公平5-52843	高分子固体電解質	真性ポリマー電解質	特許流通DB
日本電気	特公昭63-061725	イオン導電性固体組成体	ゲル電解質	特許流通DB

特許流通支援チャート　化 学 7
リチウムポリマー電池

2002年（平成14年）6月29日　初 版 発 行

編　集　　独立行政法人
ⓒ2002　　工 業 所 有 権 総 合 情 報 館

発　行　　社 団 法 人 発 明 協 会

発行所　　社 団 法 人 発 明 協 会

〒105-0001　東京都港区虎ノ門2-9-14
　　電　話　　03（3502）5433（編集）
　　電　話　　03（3502）5491（販売）
　　Ｆ ａ ｘ　　03（5512）7567（販売）

ISBN4-8271-0678-9 C3033　印刷：株式会社　丸井工文社
Printed in Japan

乱丁・落丁本はお取替えいたします。

本書の全部または一部の無断複写複製
を禁じます（著作権法上の例外を除く）。

発明協会HP：http：//www.jiii.or.jp/

平成13年度「特許流通支援チャート」作成一覧

電気	技術テーマ名
1	非接触型ICカード
2	圧力センサ
3	個人照合
4	ビルドアップ多層プリント配線板
5	携帯電話表示技術
6	アクティブマトリクス液晶駆動技術
7	プログラム制御技術
8	半導体レーザの活性層
9	無線LAN

機械	技術テーマ名
1	車いす
2	金属射出成形技術
3	微細レーザ加工
4	ヒートパイプ

化学	技術テーマ名
1	プラスチックリサイクル
2	バイオセンサ
3	セラミックスの接合
4	有機EL素子
5	生分解性ポリエステル
6	有機導電性ポリマー
7	リチウムポリマー電池

一般	技術テーマ名
1	カーテンウォール
2	気体膜分離装置
3	半導体洗浄と環境適応技術
4	焼却炉排ガス処理技術
5	はんだ付け鉛フリー技術